卓越系列·国家示范性高等职业院校重点建设专业教材(计算机类)

计算机应用基础

主 编 李 佳

内 容 简 介

计算机应用基础是非计算机专业的一门必修的公共基础课。本书强调实践和动手能力，会用、会做是本书追求的教学目标。全书共分8章，分别是计算机的基础知识、计算机网络基础、Windows 2000 Professional 操作系统、中文 Word 2000、中文 Excel 2000、中文 PowerPoint 2000、常用工具软件的使用、常用办公设备的工作原理及常见故障的排除。本书最大的特点是采用任务驱动教学，通过操作实例介绍软件的使用。突出实用性和能力培养，注重计算机主流技术和新知识的介绍，适合职业院校学生使用。

本书内容充实、图文并茂。可作为高等职业院校计算机应用基础课的教材，也可作为中等职业学校的相关教材使用，还可作为计算机自学者的相关知识参考书。

图书在版编目(CIP)数据

计算机应用基础/李佳主编. —天津：天津大学出版社，2009.4
(卓越系列)
国家示范性高等职业院校重点建设专业教材. 计算机类
ISBN 978-7-5618-2877-9

Ⅰ. 计… Ⅱ. 李… Ⅲ. 电子计算机－高等学校：技术学校－教材 Ⅳ. TP3

中国版本图书馆 CIP 数据核字(2009)第 030711 号

出版发行 天津大学出版社
出 版 人 杨欢
地　　址 天津市卫津路 92 号天津大学内(邮编：300072)
电　　话 发行部：022-27403647　邮购部：022-27402742
网　　址 www.tjup.com
印　　刷 廊坊市长虹印刷有限公司
经　　销 全国各地新华书店
开　　本 169mm×239mm
印　　张 20.75
字　　数 443 千
版　　次 2009 年 4 月第 1 版
印　　次 2009 年 4 月第 1 次
印　　数 1－3 000
定　　价 38.00 元

卓越系列·国家示范性高等职业院校重点建设专业教材(计算机类)

编审委员会

总序

“卓越系列·国家示范性高等职业院校重点建设专业教材(计算机类)”(以下简称“卓越系列教材”)是为适应我国当前的高等职业教育发展形势,配合国家示范性高等职业院校建设计划,以国家首批示范性高等职业院校建设单位之一——天津职业大学为载体而开发的一批与专业人才培养方案捆绑、体现工学结合思想的教材。

为更好地做好“卓越系列教材”的策划、编写等工作,由天津职业大学电子信息工程学院院长丁桂芝教授牵头,专门成立了由高职高专院校的教师和企业、研究院所、行业协会、培训机构的专家共同组成的教材编审委员会。教材编审委员会的核心组成员为:丁桂芝、邱钦伦、杨欢、徐孝凯、安志远、高文胜、李韵琴。核心组成员经过反复学习、深刻领会教育部《关于全面提高高等职业教育教学质量的若干意见》(教高[2006]16号)及教育部、财政部《关于实施国家示范性高等职业院校建设计划　加快高等职业教育改革与发展的意见》(教高[2006]14号),就“卓越系列教材”的编写目的、编写思想、编写风格、体系构建方式等方面达成了如下共识。

1. 核心组成员发挥各自优势,物色、推荐“卓越系列教材”编审委员会成员和教材主编,组成工学结合作者团队。作者团队首先要学习、领会教高[2006]16号文件和教高[2006]14号文件精神,转变教育观念,树立高等职业教育必须走工学结合之路的思想。校企合作,共同开发适合国家示范性高等职业院校建设计划的教学资源。

2. “卓越系列教材”与国家示范校专业建设方案捆绑,力争成为专业教学标准体系和课程标准体系的载体。

3. 教材风格按照课程性质分为理论+实验课程教材、职业训练课程教材、顶岗实习课程教材、有技术标准课程教材和课证融合课程教材等类型,不同类型教材反映了对学生不同要求的培养。

4. 教材内容融入成熟的技术标准,既兼顾学生取得相应的职业资格认证,又体现对学生职业素质的培养。

追求卓越是本系列教材的奋斗目标，为我国高等职业教育发展勇于实践、大胆创新是“卓越系列教材”编审委员会努力的方向。在国家教育方针、政策引导下，在各位编审委员会成员和作者团队的协同工作下，在天津大学出版社的大力支持下，向社会奉献一套“示范性”的高质量教材，不仅是我们的美好愿望，也必须变成我们工作的实际行动。通过此举，衷心希望能够为我国职业教育的发展贡献自己的微薄力量。

借“卓越系列教材”出版之际，向长期以来给予“卓越系列教材”编审委员会全体成员帮助、鼓励、支持的前辈、专家、学者、业界朋友以及幕后支持的家人们表示衷心的感谢！

“卓越系列教材”编审委员会

2008年1月于天津

前言

随着计算机技术的迅速发展和其应用领域的不断拓展，计算机的使用已渗透到人类社会的各个领域，并发挥着越来越重要的作用。掌握计算机知识并具备计算机应用的能力已经成为各行各业的工作人员不可缺少的一项技能。培养学生的计算机基本操作能力和提高其对计算机的实际使用能力，已成为国家示范性高等职业院校建设的重要内容。计算机应用基础为非计算机专业的一门必修的公共基础课。

本书的教学目标是强调实践和动手能力，追求会用、会做。通过操作实例介绍软件的使用。突出实用性和能力培养，注重计算机主流技术和新知识的介绍。本书内容翔实、深入浅出、图文并茂，既可作为高等职业院校计算机应用基础课教材使用，也可作为计算机自学者的相关知识参考用书。

本书共分 8 章，第 1 章 计算机的基础知识、第 2 章 计算机网络基础、第 3 章 Windows 2000 Professional 操作系统、第 4 章 中文 Word 2000、第 5 章 中文 Excel 2000、第 6 章 中文 PowerPoint 2000、第 7 章 常用工具软件的使用、第 8 章 常用办公设备的工作原理及常见故障的排除。

为了帮助任课教师更好地备课，按照教学计划顺利完成教学任务，我们将对选用本教材的授课教师免费提供一套包括电子教案、教学大纲、教学计划、教学课件，本门课程的电子习题库、电子模拟试卷、实验指导、有关例题源代码等在内的完整的教学解决方案，从而为读者提供全方位的、细致周到的教学资源增值服务（索取教师专用版光盘的联系电话：022－85977234，电子信箱：zhaohongzhi1958@126.com）。

本书由天津职业大学李佳副教授主编。第 1、2 章由天津职业大学李佳编写，第 3、6、7 章由天津职业大学陈洁编写，第 4、5 章由天津职业大学张亚军编写，第 8 章由天津海运职业学院李建刚编写。本书在编写过程中得到了丁桂芝教授的大力支持和帮助，在此谨表感谢。

由于编者水平有限，书中难免存在疏漏和不足之处，欢迎读者不吝指正。

作　者

2009 年 1 月

学习引导

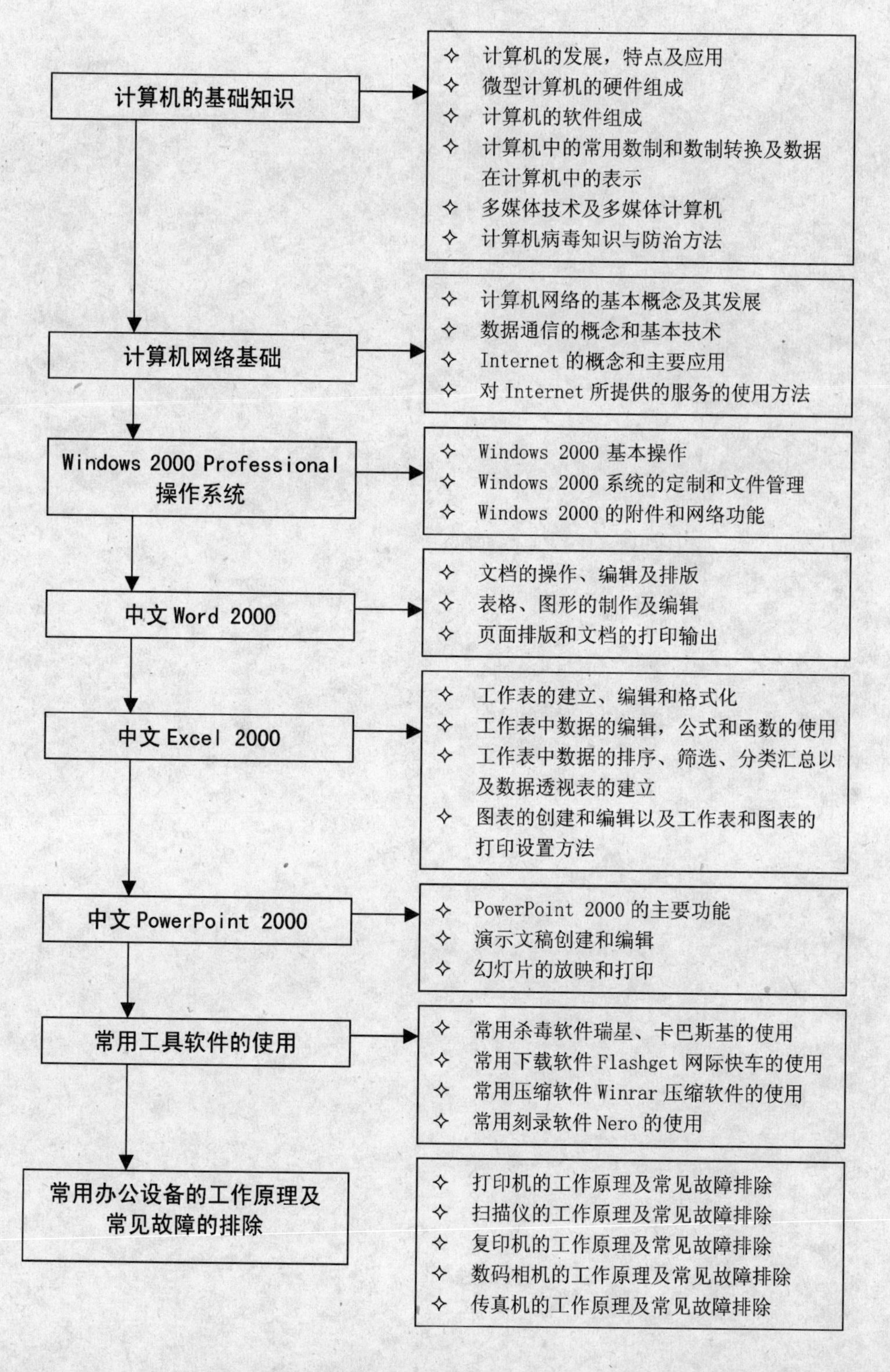

计算机的基础知识
✧ 计算机的发展，特点及应用
✧ 微型计算机的硬件组成
✧ 计算机的软件组成
✧ 计算机中的常用数制和数制转换及数据在计算机中的表示
✧ 多媒体技术及多媒体计算机
✧ 计算机病毒知识与防治方法
计算机网络基础
✧ 计算机网络的基本概念及其发展
✧ 数据通信的概念和基本技术
✧ Internet 的概念和主要应用
✧ 对 Internet 所提供的服务的使用方法
Windows 2000 Professional 操作系统
✧ Windows 2000 基本操作
✧ Windows 2000 系统的定制和文件管理
✧ Windows 2000 的附件和网络功能
中文 Word 2000
✧ 文档的操作、编辑及排版
✧ 表格、图形的制作及编辑
✧ 页面排版和文档的打印输出
中文 Excel 2000
✧ 工作表的建立、编辑和格式化
✧ 工作表中数据的编辑，公式和函数的使用
✧ 工作表中数据的排序、筛选、分类汇总以及数据透视表的建立
✧ 图表的创建和编辑以及工作表和图表的打印设置方法
中文 PowerPoint 2000
✧ PowerPoint 2000 的主要功能
✧ 演示文稿创建和编辑
✧ 幻灯片的放映和打印
常用工具软件的使用
✧ 常用杀毒软件瑞星、卡巴斯基的使用
✧ 常用下载软件 Flashget 网际快车的使用
✧ 常用压缩软件 Winrar 压缩软件的使用
✧ 常用刻录软件 Nero 的使用
常用办公设备的工作原理及常见故障的排除
✧ 打印机的工作原理及常见故障排除
✧ 扫描仪的工作原理及常见故障排除
✧ 复印机的工作原理及常见故障排除
✧ 数码相机的工作原理及常见故障排除
✧ 传真机的工作原理及常见故障排除

目 录

1 计算机的基础知识

1.1 计算机概述 …………………………………………………………（2）
1.2 计算机中的数据与编码 …………………………………………（9）
1.3 微型计算机系统的组成与应用 …………………………………（26）
1.4 计算机病毒及其防治 ……………………………………………（39）
本章小结 ……………………………………………………………………（42）
习题1 ………………………………………………………………………（43）

2 计算机网络基础

2.1 计算机网络概述 ……………………………………………………（46）
2.2 计算机通信技术 ……………………………………………………（51）
2.3 Internet 的基本概念和使用 ……………………………………（54）
2.4 电子邮件 ……………………………………………………………（58）
2.5 IE 浏览器的使用 …………………………………………………（64）
2.6 Web 搜索引擎的使用 ……………………………………………（66）
本章小结 ……………………………………………………………………（68）
习题2 ………………………………………………………………………（69）

3 Windows 2000 Professional 操作系统

3.1 Windows 2000 简介…………………………………………………（72）
3.2 Windows 2000 的基本操作………………………………………（75）
3.3 Windows 2000 的程序……………………………………………（82）
3.4 Windows 2000 的文件管理………………………………………（88）
3.5 Windows 2000 的定制……………………………………………（105）
3.6 Windows 2000 的附件……………………………………………（114）
3.7 Windows 2000 的网络使用………………………………………（119）
本章小结 ……………………………………………………………………（121）
习题3 ………………………………………………………………………（121）

4 中文 Word 2000

4.1 中文 Word 2000 的基本操作 …………………………………… (124)
4.2 编辑文档 ………………………………………………………… (131)
4.3 设定文档的格式 ………………………………………………… (143)
4.4 文档中表格的处理 ……………………………………………… (151)
4.5 文档中图形的处理 ……………………………………………… (163)
4.6 设计页面格式与打印文档 ……………………………………… (172)
本章小结 …………………………………………………………… (179)
习题 4 ……………………………………………………………… (179)

5 中文 Excel 2000

5.1 Excel 2000 基础知识 …………………………………………… (184)
5.2 创建、保存和打开工作簿 ……………………………………… (187)
5.3 工作表的基本操作 ……………………………………………… (190)
5.4 工作表中单元格的操作 ………………………………………… (194)
5.5 工作表的格式化 ………………………………………………… (203)
5.6 工作表中的公式和函数 ………………………………………… (209)
5.7 图表的使用 ……………………………………………………… (214)
5.8 Excel 数据库管理 ……………………………………………… (216)
5.9 打印工作表 ……………………………………………………… (226)
本章小结 …………………………………………………………… (230)
习题 5 ……………………………………………………………… (230)

6 中文 PowerPoint 2000

6.1 PowerPoint 2000 的基础 ………………………………………… (234)
6.2 创建和编辑演示文稿 …………………………………………… (240)
6.3 演示文稿的外观设计 …………………………………………… (255)
6.4 格式化单元格 …………………………………………………… (262)
6.5 放映和打印演示文稿 …………………………………………… (268)
本章小结 …………………………………………………………… (273)
习题 6 ……………………………………………………………… (273)

7 常用工具软件的使用

7.1 防病毒软件 …………………………………………… (276)
7.2 下载软件 …………………………………………… (292)
7.3 压缩软件 …………………………………………… (294)
7.4 计算机刻录软件 …………………………………… (297)
本章小结 …………………………………………………… (303)
习题 7 ……………………………………………………… (304)

8 常用办公设备的工作原理及常见故障的排除

8.1 打印机的工作原理与常见故障的排除 ……………… (306)
8.2 扫描仪的工作原理及常见故障的排除 ……………… (308)
8.3 复印机的工作原理及常见故障的排除 ……………… (310)
8.4 数码相机的工作原理及常见故障的排除 …………… (313)
8.5 传真机的工作原理及常见故障的排除 ……………… (314)
本章小结 …………………………………………………… (317)
参考文献 …………………………………………………… (318)

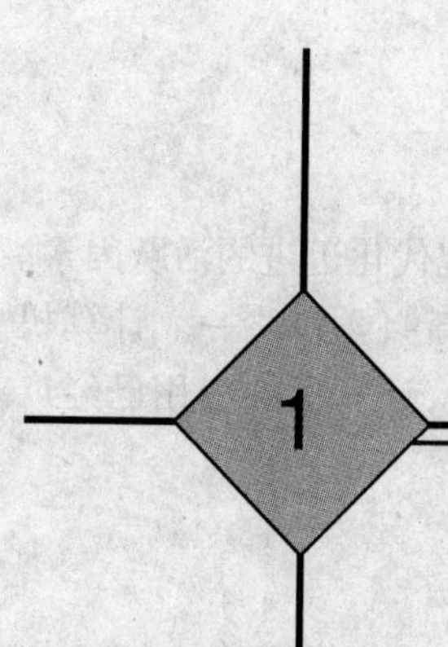

计算机的基础知识

📖 本章主要内容

☑ 计算机的发展、特点及应用
☑ 微型计算机的软硬件组成
☑ 计算机中的常用数制和数制转换及数据在计算机中的表示
☑ 多媒体技术及多媒体计算机
☑ 计算机病毒及其防治方法

1.1 计算机概述

计算机是新技术革命的一支主要力量，也是推动社会向现代化迈进的活跃因素。计算机科学是第二次世界大战以来发展最快、影响最深远的新兴学科之一。计算机产业已在世界范围内发展成为极富生命力的战略产业。今天，计算机的应用已经广泛深入到科研、生产、国防、文化教育等各个领域。

1.1.1 计算机的概念

计算机是一种按程序控制自动进行信息加工处理的通用工具。它的处理对象和结果都是信息。就这一点来看，计算机与人的大脑有某些相似之处。因为人的大脑也是信息识别、转换、存储、处理的器官，所以人们常把计算机称为电脑。

人们利用计算机解决科学计算、数据处理、过程控制、通信技术和辅助设计与制造、人工智能等各种问题，都是按照一定的方法和步骤进行的。这些方法和步骤是定义精确的一系列规则，它指出怎样使给定的输入信息经过有限步骤的处理产生所需要的结果信息。

计算机的高速运算、快速逻辑判断、大容量快速存取、通用性强和自动控制等特点，决定了它在现代人类社会各种活动领域都有越来越重要的应用。随着信息时代的到来，全球信息化进入了一个全新的发展时期。人们越来越认识到计算机强大的信息处理功能，计算机已成为信息产业的基础和支柱。人们在物质需求不断得到满足的同时，对各种信息的需求也在日益增强，计算机已成为人们生活、工作中必不可少的工具。

1.1.2 计算机的发展阶段

1. 计算机的诞生

第二次世界大战决战时期，在新式武器的研究中日益复杂的数字运算问题需要迅速、准确地加以解决。因为手摇或电动式机械计算机、微分分析仪等计算工具已远远不能满足要求，所以必须研制新的计算工具，才能发挥武器的效力，赢得战争的优势。宾夕法尼亚大学莫尔电工学院（The Moore School of Electrical Engineering at the University of Pennsylvania）和阿伯丁弹道研究所（Ballistic Research Laboratory, Aberdeen, Md.）于 1943 年草拟了建造一台电子数字计算机的规划，1946 年 2 月一台名为“电子数值积分器和计算机”（ENIAC——Electronic Numerical Integrator and Computer）的人类第一台电子计算机正式通过验收并投入运行。

人类第一台电子计算机由于采用了电子管和电子线路，大大提高了运算速度，每秒完成的加法运算达到 5000 次，但它不能存储程序。

1944 年 8 月，世界著名的数学家冯·诺依曼（Von Neumann）博士，首先提出了电子计算机中存储程序的概念,并在设计人类第一台具有存储程序功能的计算机 EDVAC(Electronic Discrete Variable Automatic Computer——离散变量自动电子计算机)上起了关键作用。

冯·诺依曼提出的存储程序的思想和他规定的计算机硬件的基本结构思想(包括数据指令用二进制;硬件由5部分即运算器、控制器、存储器、输入设备、输出设备组成;存储程序)沿袭至今。这就是世人总是把冯·诺依曼称为"计算机鼻祖",把发展到今天的整个四代计算机统称为"冯氏计算机"的原因。

2. 计算机的发展阶段

从人类第一台电子计算机的诞生到现在,它的发展之快,种类之多,用途之广,受益之大,都是人类科学技术发展史中任何一门学科或任何一种发明所无法比拟的。

计算机发展年代的划分是根据计算机所采用的电子元器件的不同,即通常所说的电子管、晶体管、集成电路、大规模和超大规模集成电路4个年代。

(1)第一代计算机(1946~1957)称为电子管计算机时代。主要用于军事目的和科学研究。它的逻辑开关元件采用电子管,因此体积庞大、笨重、耗电多、可靠性差、速度慢、维护困难。代表机器有 ENIAC、EDVAC、EDSAC、UNIVAC 等。

(2)第二代计算机(1958~1964)称为晶体管计算机时代。其应用由军事领域和科学计算扩展到数据处理和事务处理。它的逻辑开关元件采用晶体管,体积减小、质量减轻、耗电量减少、速度加快、可靠性增强。代表机器有 UNIVAC Ⅱ、IBM 的 7090、7094、7040、7044 等。

(3)第三代计算机(1965~1970)称为集成电路计算机时代。主要用于科学计算、数据处理以及过程控制。它的逻辑开关元件采用中、小规模的集成电路。计算机的体积、质量进一步减小,运算速度和可靠性有了进一步提高。代表机器有 IBM360 系列、Honeywell 6000 系列、富士通 F230 系列等。

(4)第四代计算机(1971~今)称为大规模或超大规模集成电路计算机时代。它的逻辑开关元件采用大规模或超大规模的集成电路。计算机的体积、质量、功耗进一步减小,运算速度、存储容量、可靠性等又有了大幅度提高。

未来新一代计算机是把信息采集、存储、处理、通信和人工智能结合在一起的计算机系统,它不仅能进行一般的信息处理,而且能面向知识处理,具有形式推理、联想、学习和解释能力,能帮助人类开拓未知的领域和获取新的知识。

1.1.3 计算机的分类及主要特点

计算机可分为模拟计算机和数字计算机两类。模拟计算机是对连续的模拟量进行操作的计算机。所谓模拟量是指连续变化的物理量,如电流、电压、压力、时间以及流体的体积等。数字计算机是对离散的数字量进行操作的计算机。数字计算机一般又可分为通用机和专用机两类。我们通常所说的计算机一般是指通用数字计算机。

根据规模大小、运算速度的快慢、指令系统功能的强弱、主存储器容量的大小、配套设备的情况以及软件是否丰富等诸多因素,可将计算机分为巨型机、大型机、中型机、小型机和微型机。巨型机还可划分为巨型机和小巨型机;微型机又可划分为工作站、个人计算机和单板机等。

巨型机代表了一个国家或地区的技术水平,主要面向尖端科学和国防技术;大型机主要面向大型企业和计算中心;而中小型机主要面向中小型企业和计算中心,其中工作站主要面向某些特殊的专业领域;微型计算机是一种面向家庭和个人的计算机(PC 机)。

计算机作为一种通用的智能工具,具有以下 5 个特点。

1. 运算速度快

现代的巨型计算机系统的运算速度已达每秒几十亿次乃至几百亿次。大量复杂的科学计算在过去靠人工计算需要几年、几十年,而现在用计算机计算只需要几天或几小时甚至几分钟就可以完成。

2. 运算精度高

由于计算机内采用二进制数制进行运算,因此可以用增加表示数字的设备和计算技术,使数值计算的精度越来越高。例如对圆周率的计算,数学家们经过长期艰苦的努力只算到了小数点后 500 位,而使用计算机很快就算到了小数点后 200 万位。

3. 通用性强

计算机可以将任何复杂的信息处理任务分解成一系列的基本算术和逻辑操作,反映在计算机的指令操作中,按照各种规律执行的先后次序把它们组织成各种不同的程序,存入存储器中。计算机在工作过程中,利用这种存储程序指挥和控制计算机自动快速地进行信息处理,并且十分灵活、方便、易于变更,这就使计算机具有极大的通用性。

4. 具有记忆和逻辑判断功能

计算机有内部存储器和外部存储器,可以存储大量的数据,随着存储容量的不断增大,可存储记忆的信息量也越来越大。计算机程序加工的对象不只是数值量,还可以包括形式和内容十分丰富的各种信息,如语言、文字、图形、图像、音乐、影像等。编码技术使计算机既可以进行算术运算又可以进行逻辑运算,可以对语言、文字、符号、大小、异同等进行比较、判断、推理和证明,从而极大地扩大了计算机的应用范围。

5. 具有自动控制能力

计算机内部操作、控制是根据人们事先编好的程序自动进行的,不需要人工干预。

1.1.4 微型计算机的种类及应用领域

1. 微型计算机的种类

微型计算机可按多种不同方式分类。按机器的组成可分为位片式微型计算机、单片式微型计算机和多片式微型计算机;按制造工艺可分为 MOS 型微型计算机和双极型微型计算机;按中央处理器的型号可分为286微型计算机、386微型计算机、486微型计算机和奔腾微型计算机;按中央处理器的字长可分为8位微型计算机、16位微型计算机、32位微型计算机和64位微型计算机。

微型计算机的发展是以中央处理器的发展为表征的。大规模或超大规模集成电路技术可以将传统计算机的运算器和控制器集成在一块(或多块)半导体芯片上。这种半导体集成电路就是中央处理器(CPU)。

微型计算机的核心部件就是中央处理器(CPU),再配上存储器、输入输出接口电路及系统总线等,构成微型计算机的硬件系统。微型计算机一经问世,便以其体积小、质量轻、价格低廉、可靠性高、结构灵活、适应性强和应用面广等一系列优点占领世界计算机市场,并得到了广泛的应用,成为现代社会不可缺少的重要工具。微型计算机的出现和迅速发展,对计算机的普及及其应用水平的提高起到了划时代的作用。

Intel公司1994年推出Pentium Pro芯片。该芯片内集成了550万个晶体管,时钟频率为200 MHz,内部数据总线和外部数据总线均为64位,地址总线也为64位。Pentium Pro由5条并行的流水线构成,能在单个时钟周期内执行5条简单指令。

Intel公司1996年底推出多功能奔腾Pentium MMX芯片,1997年5月推出了二代奔腾PentiumⅡ,1999年2月又推出了三代奔腾PentiumⅢ。PentiumⅢ中央处理器芯片的主频高达1000 MHz,芯片内集成了2810万个晶体管,体积更小,能耗更低,而性能更强。2001年11月Intel公司又推出了四代奔腾PentiumⅣ,其主频达1.5 GHz。目前PentiumⅣ的主频已达2.8 GHz。

2.微型计算机的应用

微型计算机具有体积小、价格低、软件丰富、功能齐全、可靠性高和能耗少等优点,所以应用十分广泛。它涉及科学计算、信息处理、事物管理、过程控制、计算机辅助工程和工农业生产、文化教育等各个方面。这可以概括为以下几个方面。

1)科学计算(数值计算)

科学计算也称为数值计算,指用于完成科学研究和工程技术中提出的数学问题的计算。它是计算机的重要应用领域之一,世界上第一台计算机就是为了科学计算而设计的。计算机高速、高精度的运算是人工计算所望尘莫及的。随着科学技术的发展,各种领域中的计算模型日趋复杂,人工计算已无法解决这些复杂的计算问题。例如,天文学、量子化学、空气动力学、核物理学和天气预报等领域,都需要依靠计算机进行复杂的运算。科学计算的特点是计算量大和数值变化范围大。

2)数据处理(信息管理)

数据处理也称为非数值计算,指对大量的数据进行加工处理,例如分析、合并、分类、统计等,形成有用的信息。与科学计算不同,数据处理涉及的数据量大,但计算方法简单。

人类在很长一段时间内,只能用自身的感官去收集信息,用大脑存储和加工信息,用语言交流信息。在当今的信息社会中,面对积聚起来的浩如烟海的各种信息,为了全面、深入、精确地认识和掌握这些信息所反映的事物本质，必须用计算机进行处理。

计算机进行数据处理包括下列 8 个方面。

(1)数据采集　采集所需的信息。

(2)数据转换　把采集到的信息转换成计算机能接收的形式。

(3)数据分组　指定编码，按有关信息进行有效分组。

(4)数据组织　整理数据或用某些方法安排数据，以便进行处理。

(5)数据计算　进行各种算术和逻辑运算，以便得到进一步的信息。

(6)数据存储　将原始数据或计算结果保存起来备用。

(7)数据检索　按用户的要求找出有用的信息。

(8)数据排序　把数据按一定要求排成序列。

3)过程控制(实时控制)

过程控制又称实时控制，指用计算机及时采集数据，将数据处理后，按所得的最佳值迅速地对控制对象进行控制。

过程控制的主要作用是：保证生产过程稳定和产品质量，防止发生事故，节约原材料、能源，降低成本，提高劳动生产率，充分发挥设备潜力，减轻劳动强度，改善劳动条件。

利用计算机及时采集数据、分析数据、制订最佳方案、进行自动控制，这样不仅可以大大提高自动化水平，减轻劳动强度，而且可以提高产品质量及成品合格率。因此，在冶金、机械、石油、化工、电力以及各种应用自动化系统的部门，计算机过程控制都已得到了广泛的应用，并获得了较为理想的效果。

4)计算机通信

现代通信技术与计算机相结合，构成联机系统和计算机网络，这是微型机具有广阔前途的一个应用领域。计算机网络的建立，不仅解决了一个地区、一个国家中计算机之间的通信和网络内各种资源的共享，还可以促进国际间的通信和各种数据的传输与处理的发展。

5)计算机辅助系统

计算机辅助系统包括 CAD、CAM、CAT 和 CBE 等。

1°计算机辅助设计 CAD(Computer-Aided Design)

利用计算机帮助各类设计人员进行设计。由于计算机有快速的数值计算能力，较强的数据处理及模拟能力，CAD 技术得到了广泛的应用。例如，飞机设计、船舶设计、建筑设计、机械设计、大规模集成电路设计等。采用计算机辅助设计后，不但降低了设计人员的工作量，提高了设计的速度，更重要的是提高了设计的质量。

2°计算机辅助制造 CAM(Computer-Aided Manufacturing)

在机器制造业中，利用计算机高速处理和大容量存储的功能，通过各种数值控制机床和设备，自动完成离散产品的加工、装配、检测和包装等生产制造过程，称为计算机辅助制造。例如，在产品生产过程中，利用微型计算机控制机器的运行，处理生产过程中所需的数据，控制和处理材料的流动以及对产品的检测等，以达到提高产品质量、降低成本、缩短生产周期、改善劳动条件的目的。

3°计算机辅助测试 CAT(Computer-Aided Test)

利用计算机作为工具对测试对象进行测试的过程，称为计算机辅助测试。例如，在大规模和超大规模集成电路的生产过程中，由于逻辑电路十分庞大复杂，必须利用计算机进行各种参数的自动测试，并对产品进行分类和筛选。

4°计算机辅助教育 CBE(Computer-Based Education)

利用计算机对学生进行教学、训练和对教学事务进行管理，称为计算机辅助教育。计算机辅助教育包括计算机辅助教学 CAI(Computer-Assisted Instruction)和计算机辅助教学管理 CMI(Computer Management Instruction)。通过学生与计算机系统之间的对话实现对学生的教学，称为计算机辅助教学。利用计算机帮助教师指导教学的过程，称为计算机辅助教学管理。

5°人工智能 AI(Artificial Intelligence)

人工智能是利用计算机模拟人类某些智能行为(如感知、思维、推理、学习等)的理论和技术。它是在计算机科学、控制论等基础上发展起来的边缘学科，包括知识工程、专家系统、机器翻译、机器学习、自然语言理解、模式识别、机器定理证明、神经网络、人工视觉及智能机器人等。

6°电子商务(E-Business)

电子商务是利用现有的计算机硬件、软件和网络基础设施，在基于一定协议连接起来的电子网络环境中进行各种各样商务活动的方式。电子商务主要采用电子数据交换、电子邮件、电子资金转账及其他 Internet 的主要技术在个人间、企业间和国家间进行无纸化业务。电子商务的应用非常广泛，像网上银行、网上购物、网上订票、网上租赁等等。

1.1.5　多媒体计算机

所谓媒体是指信息表示和传播的载体，如文字、声音、图像等。在计算机领域，有以下几种主要媒体：感觉媒体、表示媒体、表现媒体、存储媒体和传播媒体。多媒体是指文、图、声、像等多种信息媒体同计算机融合在一起形成的信息传播媒体。多媒体计算机(MPC)是 PC 领域综合了多种技术的一种集成形式，它汇集了计算机体系结构，计算机系统软件，视频、音频信号的获取、处理、特技以及显示输出等技术。多媒体技术是利用计算机技术把文字、声音、图形和图像等多媒体综合一体化，使它们建立起逻辑联系，并能进行加工处理的技术。

多媒体计算机系统一般由硬件系统和软件系统组成。

1. 多媒体计算机的硬件系统

多媒体计算机硬件系统主要包括以下 6 部分。

(1)多媒体主机,如PC机、工作站等。

(2)多媒体输入设备,如摄像机、电视机、麦克风、录像机、录音机、视盘、扫描仪、CD-ROM等。

(3)多媒体输出设备,如打印机、绘图仪、音响、电视机、喇叭、录音机、录像机、高分辨率屏幕等。

(4)多媒体存储设备,如硬盘、光盘、声像磁带等。

(5)多媒体功能卡,如视频卡、声卡、压缩卡、家电控制卡、通信卡等。

(6)操纵控制设备,如鼠标器、操纵杆、键盘、触摸屏等。

2. 多媒体计算机的软件系统

多媒体计算机的软件系统是以操作系统为基础的。除此之外,还有多媒体数据库管理系统、多媒体压缩/解压缩软件、多媒体声像同步软件、多媒体通信软件等。特别需要指出的是,多媒体系统在不同领域中的应用需要有多种开发工具,而多媒体开发和创作工具为多媒体系统提供了更为方便直观的创作途径,一些多媒体开发软件包提供了图形、色彩板、声音、动画、图像以及各种媒体文件的转换与编辑手段。

3. 多媒体的技术特征

1)集成性

多媒体技术的集成性是指将多种媒体有机地组织在一起,共同表达一个完整的多媒体信息,使声、文、图、像一体化。

2)交互性

交互性是指人和计算机能“对话”,以便进行人工干预控制。交互性是多媒体技术的关键特征。

3)数字化

数字化是指多媒体中的各个单媒体都是以数字形式存放在计算机中的。

4)实时性

多媒体技术是多种媒体集成的技术,在这些媒体中,有些媒体(如声音和图像)是与时间密切相关的,这就决定了多媒体技术必须要支持实时处理。

多媒体技术是基于计算机技术的综合技术,它包括数字信号处理技术,音频和视频技术,计算机硬件和软件技术,人工智能和模式识别技术,通信和图像技术等。它是一门跨学科的综合性高新技术。

4. 多媒体技术的应用

多媒体技术的应用主要有以下4个方面。

1)教育与培训

多媒体技术为丰富多彩的教学方式又增添了一种新的手段。多媒体技术可以将课文、图表、声音、动画、影片和录像等组合在一起构成教育产品,这种图、文、声、像并茂的学习体验将大大提高学生的学习兴趣,并且可以方便地进行交互式指导。

2）商业领域

多媒体技术在商业领域中的应用也十分广泛，如多媒体技术用于商业广告、商品展示、商业演讲、电子商务等方面。

3）信息领域

CD-ROM 的大容量存储与多媒体声像功能结合，可提供大量的信息产品。如电子出版物、多媒体电子邮件、多媒体会议电子商务等都是多媒体在信息领域中的应用。

4）娱乐与服务

多媒体技术用于计算机后，使声音、图像、文字融于一体，用计算机既能听音乐，又能看影视节目，使家庭文化进入到一个更加美妙的境地。

1.2 计算机中的数据与编码

在计算机科学中，数据是事实、概念或指令的一种表示形式，可由人工或自动装置进行处理，其形式包括数字、文字、图形或声音等。数据经过解释，赋予一定的意义后，便成为了信息。

编码是用代码表示字符。每个字符的代码都是唯一的，都是二进制数码“0”和“1”的组合。

计算机中的数据与编码技术是计算机技术中的一个重要组成部分。计算机中的数据与编码均是基于二进制、八进制或十六进制来工作的。

1.2.1 常用的数制及相互转换

1. 常用数制

数制又称计数制，是指用一组固定的符号和统一的规则来表示数值的方法。按进位的方法进行计数，称为进位计数制。在日常生活和计算机中采用的都是进位计数制。

数制的种类很多，这里主要介绍与计算机技术有关的几种常用数制。

数码在一个数中的位置称为数位。在某种计数制中，每个数位上所能使用的数码符号个数称为该计数制的基数。在每个数位上的数码符号所代表的数值等于该数位上的数码乘上一个固定的数值。这个固定的数值就是这种计数制的位权数。

1）十进制

十进位计数制简称十进制，它具有下列特点。

（1）有十个不同的数码符号 0,1,2,3,4,5,6,7,8,9。

（2）每一个数码符号根据它在这个数中所处的位置（数位），按“逢十进一”来决定其实际数值，即各个数位的位权是以 10 为底的幂次方。

例如，$(234.56)_{10}$以小数点为界，从小数点往左依次为个位、十位、百位，从小数点往右依次为十分位、百分位、千分位。因此小数点左边第一位4代表数值4,即4×10^0;第二位3代表数值30,即3×10^1;第三位2代表数值200,即2×10^2;小数点右边第一位5代表数值0.5,即5×10^{-1};第二位6代表数值0.06,即6×10^{-2}。因此该数可表示为如下形式:

$$(234.56)_{10}=2\times 10^2+3\times 10^1+4\times 10^0+5\times 10^{-1}+6\times 10^{-2}$$

由上例可知,任意一个十进制数D可写成如下形式:

$$(D)_{10}=D_{n-1}\times 10^{n-1}+D_{n-2}\times 10^{n-2}+\cdots+D_1\times 10^1+D_0\times 10^0+D_{-1}\times 10^{-1}+D_{-2}\times 10^{-2}+\cdots+D_{-m+1}\times 10^{-m+1}+D_m\times 10^{-m}$$

式中,D_n为数位上的数码,其取值范围为0~9;n为整数位个数;m为小数位个数;10为基数;$10^{n-1},10^{n-2},\cdots,10^1,10^0,10^{-1},\cdots,10^{-m}$是十进制数的位权。

2)二进制

二进位计数制简称二进制,其特点如下。

(1)有两个不同的数码符号0,1。

(2)每个数码符号根据它在这个数中的数位,按"逢二进一"来决定其实际数值。例如:

$$(11011.101)_2=1\times 2^4+1\times 2^3+0\times 2^2+1\times 2^1+1\times 2^0+1\times 2^{-1}+0\times 2^{-2}+1\times 2^{-3}=(27.625)_{10}$$

由上例可知,任意一个二进制数B可写成如下形式:

$$(B)_2=B_{n-1}\times 2^{n-1}+B_{n-2}\times 2^{n-2}+\cdots+B_1\times 2^1+B_0\times 2^0+B_{-1}\times 2^{-1}+B_{-2}\times 2^{-2}+\cdots+B_{-m+1}\times 2^{-m+1}+B_{-m}\times 2^{-m}$$

式中,B_n为数位上的数码,其取值范围为0、1;n为整数位个数;m为小数位个数;2为基数;$2^{n-1},2^{n-2},\cdots,2^1,2^0,2^{-1},\cdots,2^{-m}$是二进制数的位权。

在计算机中数的运算、存储都使用二进制。这是因为0和1这两个数码可以十分容易地用电子的、磁的或机械的元器件来表示。

3)八进制

八进位计数制简称八进制,其特点如下。

(1)有八个不同的数码符号0,1,2,3,4,5,6,7。

(2)每个数码符号根据它在这个数中的数位,按"逢八进一"来决定其实际的数值。

例如:

$$(472.64)_8=4\times 8^2+7\times 8^1+2\times 8^0+6\times 8^{-1}+4\times 8^{-2}=(314.8125)_{10}$$

由上例可知,任意一个八进制数S可写成如下形式:

$$(S)_8=S_{n-1}\times 8^{n-1}+S_{n-2}\times 8^{n-2}+\cdots+S_1\times 8^1+S_0\times 8^0+S_{-1}\times 8^{-1}+S_{-2}\times 8^{-2}+\cdots+S_{-m+1}\times 8^{-m+1}+S_{-m}\times 8^{-m}$$

式中，S_n为数位上的数码，其取值范围为 0～7；n 为整数位个数；m 为小数位个数；8 为基数；$8^{n-1}, 8^{n-2}, \cdots, 8^1, 8^0, 8^{-1}, \cdots, 8^{-m}$是八进制数的位权。

八进制数是计算机中常用的一种计数方法，它可以弥补二进制数书写位数过长的不足。

4）十六进制

十六进位计数制简称十六进制。其特点如下。

（1）有十六个不同的数码符号 0,1,2,3,4,5,6,7,8,9,A,B,C,D,E,F。

（2）每个数码符号根据它在这个数中的数位，按“逢十六进一”来决定其实际的数值。

例如：

$$(3AB.28)_{16} = 3 \times 16^2 + A \times 16^1 + B \times 16^0 + 2 \times 16^{-1} + 8 \times 16^{-2}$$
$$= (939.15625)_{10}$$

由上例可知，任意一个十六进制数 H 可写成如下形式：

$$(H)_{16} = H_{n-1} \times 16^{n-1} + H_{n-2} \times 16^{n-2} + \cdots + H_1 \times 16^1 + H_0 \times 16^0 + H_{-1} \times 16^{-1} + H_{-2} \times 16^{-2} + \cdots + H_{-m+1} \times 16^{-m+1} + H_{-m} \times 16^{-m}$$

式中，H_n为数位上的数码，其取值范围为 0～F；n 为整数位个数；m 为小数位个数；16 为基数；$16^{n-1}, 16^{n-2}, \cdots, 16^1, 16^0, 16^{-1}, \cdots, 16^{-m}$是十六进制数的位权。

十六进制数是计算机中常用的一种计数方法，它也可以弥补二进制数书写位数过长的不足。

以上四种计数制可将其特点概括如下：

（1）每一种计数制都有一个固定的基数 K（K 为大于 1 的整数），它的每一数位可取 0～K 个不同的数值；

（2）每一种计数制都有自己的“权”，并遵循“逢 K 进一”的原则。

因此任一种进位计数制的数均可表示为：

$$(S)_K = \pm(S_{n-1} \times K^{n-1} + S_{n-2} \times K^{n-2} + \cdots + S_1 \times K^1 + S_0 \times K^0 + S_{-1} \times K^{-1} + \cdots + S_{-m} \times K^{-m}) = \pm \sum_{i=n-1}^{-m} S_i K^i$$

式中，S_i表示数位上的数码，其取值范围为 0～$K-1$；K 为基数；i 为数位的编号（整数位从 $n-1$～0，小数位从 -1～$-m$）。

表 1.1　十进制、二进制、八进制和十六进制数的常用表示方法

十进制	二进制	八进制	十六进制
0	0000	0	0
1	0001	1	1
2	0010	2	2

续表

十进制	二进制	八进制	十六进制
3	0011	3	3
4	0100	4	4
5	0101	5	5
6	0110	6	6
7	0111	7	7
8	1000	10	8
9	1001	11	9
10	1010	12	A
11	1011	13	B
12	1100	14	C
13	1101	15	D
14	1110	16	E
15	1111	17	F
16	10000	20	10

2. 各数制间的转换

计算机中数的运算和存储都使用二进制数,因此输入或输出时,必须对其进行转换。不同数制之间的转换,实质上是基数间的转换。其原则是:如果两个有理数相等,则两个数的整数部分和小数部分一定分别相等。因此,各数制间进行转换时,一般将整数部分和小数部分分别转换。

1)非十进制数转换成十进制数

非十进制数转换成十进制数通常采用按权展开相加的方法。即把各个非十进制数按以下公式展开求和。

$$(S)_K = \pm \sum_{i=n-1}^{-m} S_i K^i$$

例 1.1 将下列各数转换成十进制数:

(1) $(1011.101)_2$;(2) $(456.124)_8$;(3) $(32CF.48)_{16}$。

解:(1) $(1011.101)_2 = 1\times2^3 + 0\times2^2 + 1\times2^1 + 1\times2^0 + 1\times2^{-1} + 0\times2^{-2} + 1\times2^{-3}$

$= (11.625)_{10}$;

(2) $(456.124)_8 = 4\times8^2 + 5\times8^1 + 6\times8^0 + 1\times8^{-1} + 2\times8^{-2} + 4\times8^{-3}$

$= (302.1640625)_{10}$;

(3) $(32CF.48)_{16} = 3\times16^3 + 2\times16^2 + C\times16^1 + F\times16^0 + 4\times16^{-1} + 8\times16^{-2}$

$= 12288 + 512 + 192 + 15 + 0.25 + 0.03125$

$=(13007.28125)_{10}$。

2）十进制整数转换成非十进制整数

把十进制整数转换成二进制、八进制、十六进制数的方法是“除 K 取余法”。

例 1.2 把十进制数 125 转换成二进制整数。

解：

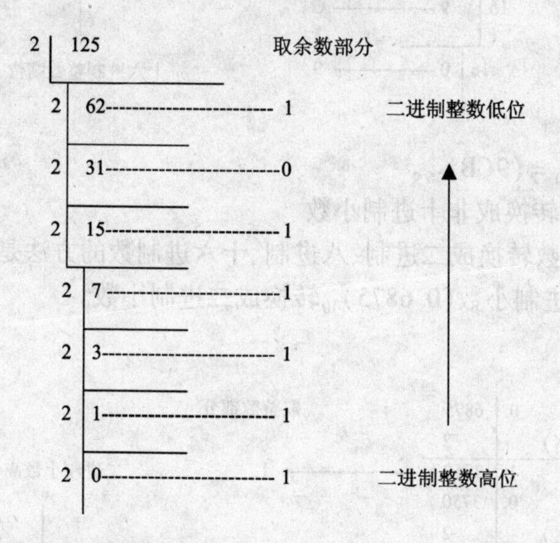

所以，$(125)_{10}=(1111101)_2$。

“除二取余”的规律是：不断用 2 去除要转换的十进制整数，余数为 1，则相应数位数码为 1；余数为 0，则相应数位数码为 0。直到商为 0 止。最后再按从高位到低位的顺序写出这个转换后的二进制数。

类似地，可以采用“除八取余”或“除十六取余”法把十进制整数转换为八进制或十六进制整数。

例 1.3 把十进制整数$(1725)_{10}$转换成八进制整数。

解：

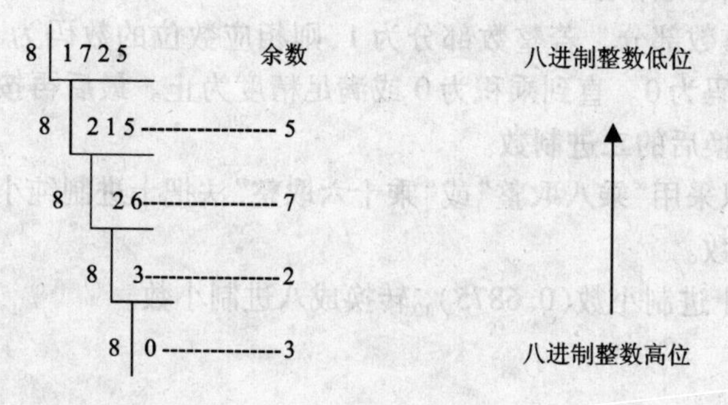

所以，$(1725)_{10}=(3275)_8$。

例 1.4 把十进制整数$(2507)_{10}$转换成十六进制整数。

解:

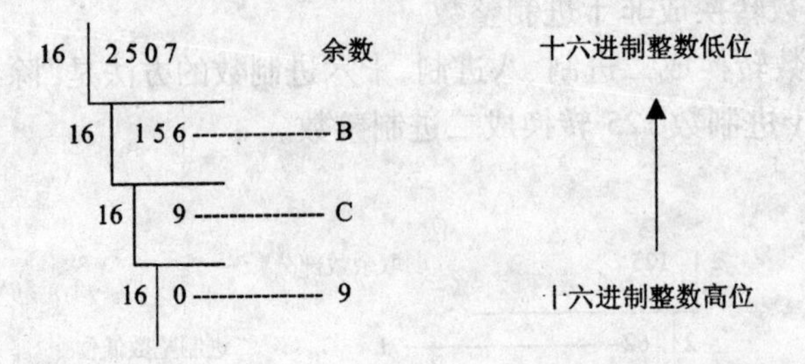

所以,$(2507)_{10}=(9CB)_{16}$。

3)十进制小数转换成非十进制小数

把十进制纯小数转换成二进制、八进制、十六进制数的方法是:"乘 K 取整法"。

例 1.5 把十进制小数$(0.6875)_{10}$转换成二进制小数。

解:

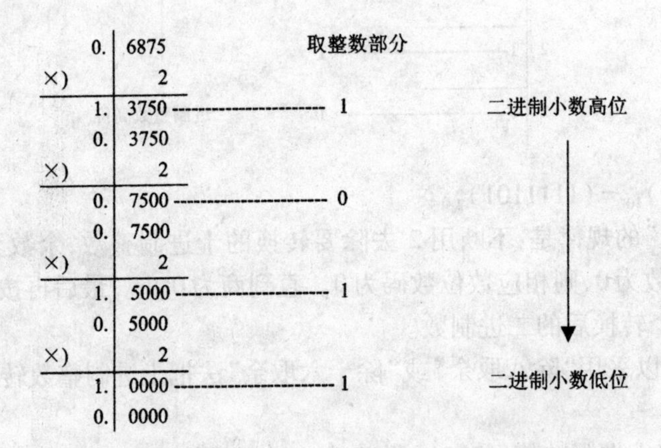

所以,$(0.6875)_{10}=(0.1011)_2$。

"乘二取整"的规律是:不断用 2 去乘要转换的十进制数的小数部分,每乘一次 2 后,取其得数的整数部分。若整数部分为 1,则相应数位的数码为 1;若整数部分为 0,则相应数位数码为 0。直到乘积为 0 或满足精度为止。最后再按从高位到低位的顺序写出这个转换后的二进制数。

类似地,可以采用"乘八取整"或"乘十六取整"法把十进制纯小数转换为八进制或十六进制纯小数。

例 1.6 把十进制小数$(0.6875)_{10}$转换成八进制小数。

解:

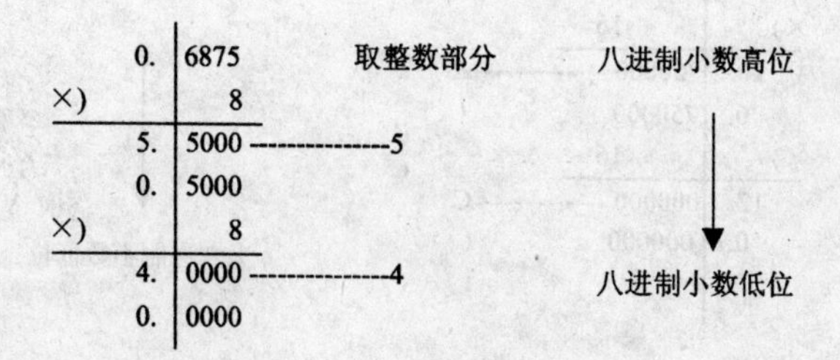

所以, $(0.6875)_{10}=(0.54)_8$

例 1.7 把十进制小数 $(0.671875)_{10}$ 转换成十六进制小数。

解:

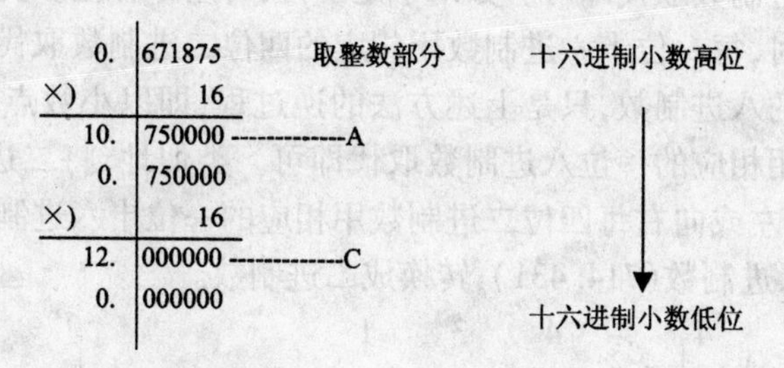

所以, $(0.671875)_{10}=(0.AC)_{16}$。

如果将十进制混合小数转换成非十进制混合小数,需要将十进制混合小数的整数部分和小数部分分别进行转换,然后再将它们组合起来。

例 1.8 把十进制数 $(12345.671875)_{10}$ 转换成十六进制数。

解:

整数部分 12345 转换过程如下:

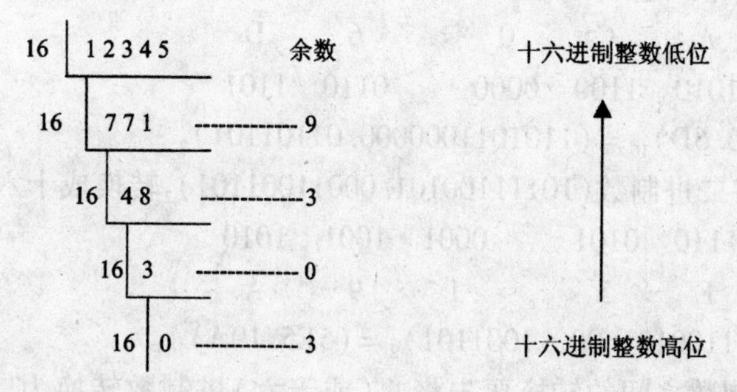

小数部分 0.671875 转换如下:

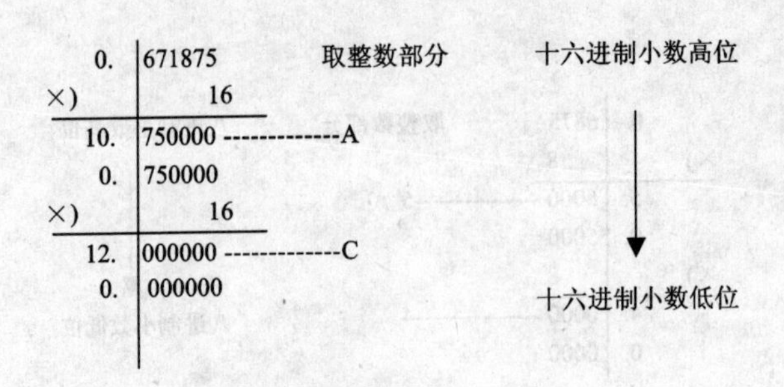

所以，$(12345.671875)_{10}=(3039.AC)_{16}$。

4）二、八、十六进制数之间的相互转换

将八进制数换成二进制数时，只需以小数点为界，向左或向右将每一位八进制数用相应的三位二进制数取代即可。如果不足三位，可用零补足。类似地，将十六进制数换成二进制数时，每一位十六进制数用相应的四位二进制数取代即可。反之，二进制数转换成相应的八进制数，只是上述方法的逆过程，即以小数点为界，向左或向右每三位二进制数用相应的一位八进制数取代即可。类似地，将二进制数转换成十六进制数时，只需向左或向右每四位二进制数用相应的一位十六进制数取代即可。

例 1.9 将八进制数 $(714.431)_8$ 转换成二进制数。

解： 7 1 4 . 4 3 1

111 001 100 . 100 011 001

所以，$(714.431)_8=(111001100.100011001)_2$。

例 1.10 将二进制数 $(11101110.00101011)_8$ 转换成八进制数。

解： 011 101 110 . 001 010 110

3 5 6 . 1 2 6

所以，$(11101110.00101011)_2=(356.126)_8$。

例 1.11 将十六进制数 $(1AC0.6D)_{16}$ 转换成二进制数。

解： 1 A C 0 . 6 D

0001 1010 1100 0000 . 0110 1101

所以，$(1AC0.6D)_{16}=(1101011000000.01101101)_2$。

例 1.12 将二进制数 $(10111100101.00011001101)_2$ 转换成十六进制数。

解： 0101 1110 0101 . 0001 1001 1010

5 E 5 . 1 9 A

所以，$(10111100101.00011001101)_2=(5E5.19A)_{16}$。

八、十六进制数之间的转换要先将八（或十六）进制数转换为二进制数，然后再将该二进制数转换为十六（或八）进制数。

1.2.2 二进制数的运算

二进制数的运算包括算术运算和逻辑运算。

1. 二进制数的算术运算

二进制数的算术运算包括加法、减法、乘法和除法,其中加法和减法是基本运算。

1)二进制数的加法运算

二进制数的加法运算按下列四条运算法则进行:

(1)0 + 0 = 0

(2)0 + 1 = 1

(3)1 + 0 = 1

(4)1 + 1 = 10(逢二进一,向高位进位)

例 1.13 计算$(11101)_2 + (10101)_2$。

解:算式如下:

	被加数	1 1 1 0 1
	加数	1 0 1 0 1
+)	进位	1 1 1 0 1
	和数	1 1 0 0 1 0

所以,$(11101)_2 + (10101)_2 = (110010)_2$。

由上述执行加法的过程可以看出,两个二进制数相加时,每一位最多有三个数相加。即本位被加数、加数和从低位来的进位(进位可能是0,也可能是1)。按加法运算法则可得到本位加法的和以及向高位的进位。

2)二进制数的减法运算

减法运算按下列四条法则进行:

(1)0 - 0 = 0

(2)1 - 1 = 0

(3)1 - 0 = 1

(4)0 - 1 = 1(此时要向高位借位,借 1 当 2)

例 1.14 计算$(11100101)_2 - (10011010)_2$。

解:算式如下:

	被减数	1 1 1 0 0 1 0 1
	减数	1 0 0 1 1 0 1 0
-)	借位	0 0 1 1 0 1 0
	差数	0 1 0 0 1 0 1 1

所以,$(11100101)_2 - (10011010)_2 = (1001011)_2$。

由上述执行减法的过程可以看出,两个二进制数相减时,每一位最多有三个数相减。即本位被减数、减数和向高位的借位,借 1 当 2。所以减法运算除了每位相减外,还要考虑借位情况。

3)二进制数的乘法运算

二进制数的乘法运算按下列三条法则进行:

(1)$0\times0=0$

(2)$0\times1=1\times0=0$

(3)$1\times1=1$

例 1.15 计算$(1101)_2\times(1010)_2$。

解:

```
         被乘数       1 1 0 1
     ×)  乘数         1 0 1 0
  ----------------------------
                      0 0 0 0
                    1 1 0 1
  部分积          0 0 0 0
                1 1 0 1
  ----------------------------
   乘积       1 0 0 0 0 0 1 0
```

所以,$(1101)_2\times(1010)_2=(10000010)_2$。

由上述执行乘法的运算过程可以看出,每个部分积都取决于乘数相应位是0还是1。若乘数的相应位为0,则部分积为0;若乘数相应位为1,则部分积就是被乘数。乘数有几位,就有几个部分积。每次的部分积依次要左移一位,然后将各部分积累加起来即得到最终的乘积。

在计算机中实现二进制数的乘法运算,通常采用的是移位相加的方法。

4)二进制数的除法运算

二进制数的除法运算按下列三条法则进行:

(1)$0\div0=0$

(2)$0\div1=0$($1\div0$是无意义的)

(3)$1\div1=1$

例 1.16 计算$(111011)_2\div(1011)_2$。

解:

```
                      1 0 1        商
  除数     1011 ) 1 1 1 0 1 1      被除数
                  1 0 1 1
                  ---------
                    1 1 1 1
                    1 0 1 1
                  ---------
                      1 0 0        余数
```

所以,$(111011)_2\div(1011)_2$的商为$(101)_2$,余数为$(100)_2$。

计算机中实现二进制数的除法运算,通常采用移位相减的方法。

2. 二进制数的逻辑运算

二进制数的1和0具有逻辑含义,可以表示"是"与"否"、"真"与"假"、"存在"与"不存在"等变量。这种变量称为逻辑变量。描述逻辑变量关系的函数称为逻辑函数。实现逻辑函数的电路称为逻辑电路。分析逻辑电路的数学工具是逻辑代数。逻辑变量之间的运算称为逻辑运算。

在逻辑代数中,变量的数值并无大小之意,只代表事物的两个不同性质。计算机的逻辑运算与算术运算的主要区别是:逻辑运算的操作数和结果都是单个数位的操作,值与位之间没有进位和借位的关系。

逻辑运算有三种基本运算:逻辑加法(又称“或”运算)、逻辑乘法(又称“与”运算)和逻辑否定(又称“非”运算)。此外,可以推演出其他逻辑运算(如“异或”运算)。

1)逻辑加法

逻辑加法通常用符号“+”或“∨”表示,它具有“或”的意义。如逻辑变量 A 和 B 之间的“或”运算可表示为 $A+B=C$,或 $A \vee B=C$,读作“A 或 B 等于 C”。

逻辑加法遵守下列运算规则:

(1)$0+0=0$ 或者 $0 \vee 0=0$

(2)$0+1=1$ 或者 $0 \vee 1=1$

(3)$1+0=1$ 或者 $1 \vee 0=1$

(4)$1+1=1$ 或者 $1 \vee 1=1$

由上述运算规则可知,在给定的逻辑变量中,只要其中有一个逻辑变量的值为1,那么逻辑加法运算的结果就为1。只有当所有参加运算的逻辑变量的值都为0时,其逻辑加法运算结果才为0。

逻辑加法的这种作用如同用并联开关控制一盏灯。任一开关接通或所有并联的开关都接通,灯亮;只有所有的开关都断开时,灯才不亮。

2)逻辑乘法

逻辑乘法通常用符号“×”或“∧”或“·”表示,它具有“与”的意义。如 A 和 B 之间的“与”运算可表示为 $A \times B=C$,或 $A \wedge B=C$,或 $A \cdot B=C$,读作“A 与 B 等于 C”。

逻辑乘法遵守下列运算规则:

(1)$0 \times 0=0$ 或者 $0 \wedge 0=0$ 或者 $0 \cdot 0=0$

(2)$0 \times 1=0$ 或者 $0 \wedge 1=0$ 或者 $0 \cdot 1=0$

(3)$1 \times 0=0$ 或者 $1 \wedge 0=0$ 或者 $1 \cdot 0=0$

(4)$1 \times 1=1$ 或者 $1 \wedge 1=1$ 或者 $1 \cdot 1=1$

由上述运算规则可知,在给定的逻辑变量中,只有参加与运算的逻辑变量的值都同时为1,其逻辑乘法运算的结果才为1。若其中有一个逻辑变量的值为0,则逻辑乘法运算结果都为0。

逻辑乘法的这种作用如同用串联开关控制一盏灯。显然,只有所有的开关都接通时,灯才亮;若其中任一开关未接通,则灯都不会亮。

3)逻辑否定

逻辑否定又称逻辑非运算。其运算符号为,在逻辑变量上方画一横线,如 $\bar{A}$,表

示"非 A"。其运算规则为:

$\overline{0}=1$

$\overline{1}=0$

因为逻辑变量只能取两个值,所以如果逻辑变量 A 是 1,则 $\overline{A}$ 的值就是 0;反之,如果 $\overline{A}$ 的值为 0,则 A 的值就是 1。

应当指出的是,逻辑运算是按位进行的,对应位之间按上述规则进行运算,而不同位之间不发生任何关系。

例 1.17 (1)计算二进制数 10011010 和 00101011 之间的逻辑或运算。

解:

$$\begin{array}{r} 10011010 \\ \vee\quad 00101011 \\ \hline 10111011 \end{array}$$

所以,$10011010 \vee 00101011 = 10111011$。

(2)计算二进制数 10101101 和 00101011 之间的逻辑与运算。

解:

$$\begin{array}{r} 10101101 \\ \wedge\quad 00101011 \\ \hline 00101001 \end{array}$$

所以,$10101101 \wedge 00101011 = 00101001$。

(3)计算二进制数 1010110 的逻辑非运算。

解:

$C = 1010110$

$\overline{C} = 0101001$

所以,$\overline{1010110} = 0101001$。

1.2.3 二进制与计算机

数在计算机中是以元器件的物理状态表示的。在计算机中采用二进制数字系统,也就是说要使计算机处理的所有的数都用二进制数字系统表示,所有的字母、符号也都用二进制编码表示。

为什么计算机中要使用二进制呢?这是因为二进制有以下优点。

1. 可靠性

计算机要使用电信号表示数字。数字符号越少,信号就越简单清楚,出错的可能性也就越小。由于二进制只有两种状态,所以数字的传输和处理就不易出错,计算机工作的可靠性就高。

2. 可行性

采用二进制,只有 0 和 1 两种状态,这在物理上极易实现。例如,电平的高与低、电流的有与无、开关的接通与断开、晶体管的导通与截止、灯的亮与灭等两个截然不同的对立状态都可用来表示二进制。计算机通常是采用双稳态触发电路来表示二进制数的,这比用十稳态电路来表示十进制数容易得多。

3. 简易性

二进制数的运算法则简单,其求和法则只有三种,而十进制数的求和法则却有一百种之多。因此,采用二进制可以使计算机运算器的结构大为简化。

4. 逻辑性

二进制只有0和1两个数码符号,可以用它来代表逻辑代数中的"假"和"真"。对二值变量进行逻辑运算的逻辑代数,可以对计算量进行"与"、"或"、"非"等逻辑运算。可见,计算机采用二进制后,不但可以实现高速的算术运算,还可以实现逻辑运算和逻辑判断。

1.2.4 计算机数据的存储单位

计算机内部的信息可分为两大类:一类是控制信息,主要是指令,它指挥计算机的各种操作;另一类是数据信息,是计算机加工处理的对象,包括数值数据和非数值数据。数值数据有确定的值。非数值数据包括逻辑数据、各种文字符号数据、图形数据等等,它没有数值大小之分。

计算机中数据的常用单位有位、字节和字。

1. 位(bit)

计算机采用二进制。运算器运算的是二进制数,控制器发出的各种指令也表示成二进制数,存储器中存放的数据和程序也是二进制数,网络上进行数据通信时发送和接收的也是二进制数。很显然,计算机内部都是由0和1组成的数据流。

计算机中最小的数据单位是二进制的一个数位,简称位(bit,比特),通常用小写字母b表示。计算机中最直接、最基本的操作就是对二进制位的操作。二进制位数越多,所表示的状态就越多。

2. 字节(Byte)

8个二进制位称为字节(Byte),通常用大写字母B表示。一个字节由8个二进制位组成,即1 Byte = 8 bits。字节是数据处理和数据存储的基本单位。例如,计算机内存的存储容量、磁盘的存储容量等都是以字节为单位表示的。

除用字节为单位表示存储容量外,计算机中的存储容量通常还用kB(千字节)、MB(兆字节)和GB(十亿字节)表示,下面是它们之间的换算关系。

$$1\ \text{kB} = 2^{10}\ \text{B} = 1024\ \text{B}$$

$$1\ \text{MB} = 2^{20}\ \text{B} = 1024\ \text{kB} = 1024 \times 1024\ \text{B}$$

$$1\ \text{GB} = 2^{30}\ \text{B} = 1024\ \text{MB} = 1024 \times 1024\ \text{kB} = 1024 \times 1024 \times 1024\ \text{B}$$

外存储器中的软盘,经格式化软件划分为磁道,每个磁道又划分为扇区,每个扇区有512个字节。例如双面高密软盘,每面划分为80个磁道,每个磁道又划分成15

个扇区,每个扇区有 512 个字节。该软盘的容量为

2 面×80 磁道×15 扇区×512 字节=1228800 B=1.2 MB

3. 字(Word)

字是由若干字节组成的,是计算机进行数据存储和数据处理的基本运算单位。

字长是计算机性能的重要标志,它是一个计算机字所包含的二进制位的个数。不同档次的计算机有不同的字长。按字长可以将计算机划分为 8 位机(如 Apple Ⅱ)、16 位机(如 286 机)、32 位机(如 386 机、486 机)、64 位机(如某些奔腾系列机)。计算机的字长是在设计机器时规定的,它表示存储、传送、处理数据的信息单位。字长越长,在相同时间内能传送的信息越多,从而使计算机运算速度越快;字长越长,计算机系统支持的指令数量越多,功能也就越强。

1.2.5 计算机中数据的表示

1. 数值数据的编码

在计算机中,任何信息都以二进制代码表示。数值在计算机中的表示形式称为机器数。机器数所对应的原来的数值称为真值。常用的机器数表示法有原码、反码和补码 3 种,并采用定点或浮点两种方式来表示小数点的位置。

1)原码、反码和补码

机器数的形式是人们规定的,原码、反码和补码是最常用的机器数形式。为方便起见,下面仅介绍整数的原码、反码和补码的表示法。

(1)原码　机器数的最高位(最左边的位)为符号位,若该位为 0,表示正数;如该位是 1,则表示负数。数值部分为真值的绝对值。

(2)反码　正数的反码与其原码相同;负数的反码是将其原码除符号位以外的各位取反(即 0 变 1,1 变 0)。

(3)补码　正数的补码与其原码相同;负数的补码是将其原码除符号位以外的各位取反(即 0 变 1,1 变 0),然后最低位加 1,即"反码+1"。

真值、原码、反码与补码的示例如表 1.2 所示。

表 1.2　真值、原码、反码与补码示例

十进制数	+37	-37	+0	-0
真　值	+100101	-100101	+0	-0
原　码	0 0100101	1 0100101	0 0000000	1 0000000
反　码	0 0100101	1 1011010	0 0000000	1 1111111
补　码	0 0100101	1 1011011	0 0000000	0 0000000(因设备字长限制,最后进位丢失)

2)定点或浮点

机器数中采用定点或浮点方式来表示小数点的位置。

定点表示是把小数点约定在机器数的某个固定的位置上。若小数点约定在符号位和数值的最高位之间,则所表示的数的绝对值小于1,即为定点小数;如小数点约定在数值的最低位之后,则所表示的数是整数,即为定点整数。

例1.18 某机器数原码为11010000,分别求出其所代表的定点小数X1和定点整数X2。

11010000 ↑ 定点小数的小数点位置

11010000 ↑ 定点整数的小数点位置

$X1 = -(1\times 2^{-1} + 1\times 2^{-3}) = -0.625$　　$X2 = -(1\times 2^{6} + 1\times 2^{4}) = -80$

浮点表示对应于数的指数表示,即机器数用阶码和尾数两部分表示。一般规定,阶码是定点整数,尾数是定点纯小数。它们可采用原码、补码或其他编码表示。浮点表示中,尾数的大小和正负决定了所表示的数的有效数字和正负,阶码的大小和正负决定了小数点的位置,因此小数点的位置随阶码的变化而浮动。

例如,一个数M用8位机器数浮点表示为11001100,其中前3位表示阶符和阶码值,后五位表示尾符和尾数值,它们都用原码表示:

1	10	0	1100
↓	↓	↓	↓
阶符	阶码值	尾符	尾数值

那么,$M = 0.1100\times 2^{-10} = 0.001100 = 1\times 2^{-3} + 1\times 2^{-4} = 0.1875$。

定点表示所能表示的数值范围非常有限,计算机在进行定点数运算时,结果可能超出表示范围而发生溢出错误。浮点数的表示范围比定点表示范围大,但浮点数的运算规则复杂,运算速度相对较慢。

2. 字符数据的编码——ASCII码

计算机内部用来表示字符的二进制编码称为字符编码。在多种字符编码中,使用最广泛的是ASCII码(American Standard Code for Information Interchange),即美国信息交换标准代码。见表1.3。

表1.3 ASCII代码表

低4位码	高3位码($d_6d_5d_4$)							
($d_3d_2d_1d_0$)	000	001	010	011	100	101	110	111
0000	NUL	DEL	SP	0	@	P	`	p
0001	SOH	DC1	!	1	A	Q	a	q
0010	STX	DC2	“	2	B	R	b	r
0011	ETX	DC3	#	3	C	S	c	s

续表

低4位码	高3位码($d_6d_5d_4$)							
($d_3d_2d_1d_0$)	000	001	010	011	100	101	110	111
0100	EOT	DC4	$	4	D	T	d	t
0101	ENQ	NAK	%	5	E	U	e	u
0110	ACK	SYN	&	6	F	V	f	v
0111	BEL	ETB	′	7	G	W	g	w
1000	BS	CAN	(	8	H	X	h	x
1001	HT	EM	)	9	I	Y	i	y
1010	LF	SUB	*	:	J	Z	j	z
1011	VT	ESC	+	;	K	[	k	{
1100	FF	FS	,	<	L	\	l	|
1101	CR	GS	-	=	M	]	m	}
1110	SO	RS	.	>	N	^	n	~
1111	SI	US	/	?	O	_	o	DEL

在表1.3中,d_6为最高位,d_0为最低位。例如,字母“D”的ASCII码是1000100,若用十六进制表示为44H,用十进制表示则为68。

ASCII码是7位二进制编码,可以表示128个字符(0000000~1111111)。其中包括34个控制字符,94个可显示字符。

ASCII码确定了西文字符的大小顺序:小写字母大于大写字母,所有可显示字符大于空格符,小于空格符的都是控制符,而同是大写字母或小写字母时,其大小顺序与字母的字典顺序一致。这样,只要记住字母“A”、“a”和数字“0”的ASCII码,就容易推算出所有英文大、小写字母和数字的ASCII码了。

由于一个字节在计算机中用8位表示,而ASCII码的二进制形式只需要7位,在计算机中占据一个字节的右7位,所以最高位d7正常情况下为0。

3.汉字编码

汉字也是字符,但是用计算机进行汉字信息处理远比处理西文信息复杂。因为不仅要解决汉字在计算机内部的编码问题,还要解决汉字的输入和输出问题。所以,汉字的代码体系由输入码、机内码和字型码等编码构成。

1)输入码

输入汉字时使用的编码称为汉字输入码,包括数字编码、拼音编码和字形编码等。

(1)数字编码　用若干数字作为汉字的输入编码。例如,区位码就是用4位十进制数字串代表一个汉字。

(2)拼音编码　以汉字读音为基础的一种编码。例如,全拼、智能 ABC、微软拼音输入法等。

(3)字形编码　根据汉字的形状进行编码。例如,五笔字形码、表形码等。

2)机内码

汉字机内码(也称汉字内码)是计算机系统内部处理和存储汉字时使用的代码。常见的汉字机内码有 GB 码、GBK 码、BIG5 码等。

1°GB 码

GB 码又称为国标(内)码,是建立在汉字国标码基础上的一种汉字内码。

国标码的全称是《信息交换用汉字编码字符集——基本集》(GB2312—80),1980 年发布,是中文信息处理的国家标准,收录了 6763 个简体汉字和 682 个符号。其中 6763 个汉字分为两级,第一级汉字有 3755 个,属常用汉字,按拼音字母顺序排列;第二级汉字 3008 个,属次常用汉字,按部首排列。

汉字的国标码是将汉字区位码的区码和位码分别用十六进制表示,然后再加上十六进制数 2020 形成的。

国标码中一个汉字用两个字节表示,每个字节也只用 7 位。为了保证系统的中西文兼容,系统的机内码中必须同时保证 ASCII 码和汉字机内码的使用,并且使两者之间没有冲突。如果直接用国标码作为机内码,那么系统中同时存在 ASCII 码和国标码时,将会产生二义性。解决的方法是:将国标码的每个字节最高位置成“1”,用公式表示为:

$$汉字内码 = 汉字国标码 + (8080)_{16}$$

加上十六进制 8080 的目的是将表示汉字国标码的两个字节的最高位分别置为“1”。

由于 GB 码两个字节的最左位是 1,而 ASCII 码的最左位是 0,系统就能正确区分汉字与西文字符,从而成功地实现了汉字和西文的并存。多年来,这种汉字的 GB 内码在我国大陆地区占据主导地位。

2°GBK 码

为了更进一步与国际标准一致,1995 年我国公布了新的中文编码扩展国家标准——GBK 码。该码兼容 GB2312—80,共收录了汉字 21003 个、符号 883 个,并提出 1894 个造字码位,简、繁体字融于一库。

Windows 95(中文版)及其以后的版本都是以 GBK 码为基本汉字编码,但兼容支持 GB 码。即用 GB 内码表示的汉字文本,在上述中文 Windows 环境下仍能正常使用。

3°BIG5 码

BIG5 码是目前台湾、香港地区普遍使用的一种繁体汉字的编码标准,包括 440 个符号,一级汉字 5401 个、二级汉字 7652 个,共计 13060 个。

3)字形码

为了显示或打印输出汉字,必须提供汉字的字形码。汉字字形码是汉字字符的形状表示,一般用点阵或矢量形式表示。汉字字形点阵有16×16点阵、24×24点阵、32×32点阵、64×64点阵等等。16×16点阵的字形码需要32个字节,而24×24点阵的字形码需要72个字节。

一个汉字信息系统具有的所有汉字字形的集合构成了该系统的汉字库。字模是汉字库中存放的汉字字形,它可按字体和点阵分类。按字体可分为宋体字模、仿宋体字模、楷体字模、黑体字模等;按点阵大小可分为16×16、24×24、32×32、64×64、96×96等。点阵数越大,字形质量越高。

1.3 微型计算机系统的组成与应用

1.3.1 微型计算机系统的组成

一个完整的微型计算机系统由硬件系统和软件系统两部分组成,如图1.1所示。硬件一般指用电子器件和机电装置组成的计算机实体,是看得见、摸得到的。硬件系统分为主机、外存储器和输入/输出设备几大部分。软件一般指为计算机运行服务的全部技术和各种程序、数据。软件一般分为系统软件和应用软件两大类。

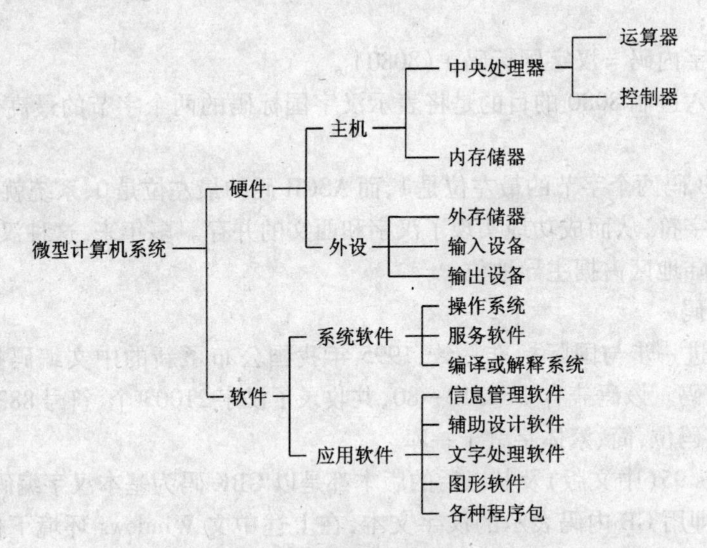

图1.1 微型计算机系统的组成

在计算机系统中,硬件是物质基础,而各种软件则提供了计算机的操作平台、使用界面和应用功能。软件是对计算机硬件系统性能的扩充和完善,硬件必须在软件的支持下才能充分发挥其作用。

1.3.2 微型计算机的硬件系统

计算机硬件的基本功能是接受计算机程序的控制来实现数据的输入、运算、输出等一系列根本性的操作。虽然计算机的制造技术从计算机出现到今天已经发生了很大变化,但在基本的硬件结构方面,一直沿袭着冯·诺依曼的传统框架,即计算机硬件系统由运算器、控制器、存储器、输入设备、输出设备五大基本部件构成。图1.2表明了一台计算机系统的基本硬件结构。图中,实线代表数据流,虚线代表指令流,计算机各部件之间的联系就是通过这两股信息的流动来实现的。原始数据和程序通过输入设备送入存储器,在运算处理过程中,数据从存储器读入运算器进行运算,运算的结果存入存储器,必要时再经输出设备输出。指令也以数据的形式存入存储器中,运算时指令由存储器送入控制器,由控制器控制各部件的工作。

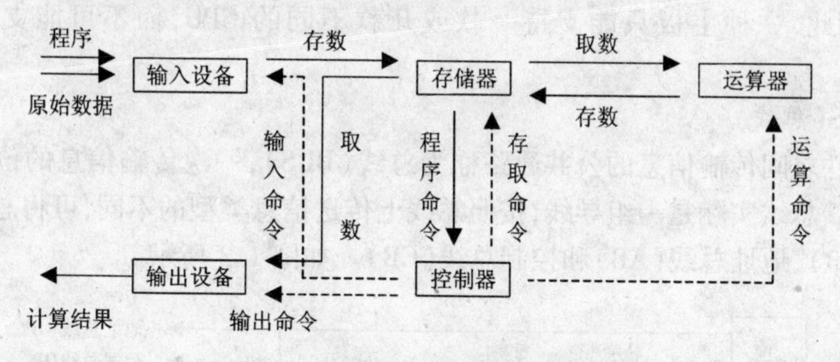

图1.2 计算机系统基本硬件结构

由此可见,输入设备负责把用户的信息(包括程序和数据)输入到计算机中;输出设备负责将计算机中的信息(包括程序和数据)传送到外部媒介,供用户查看或保存;存储器负责存储数据和程序,并根据控制命令提供这些数据和程序,它包括内存储器和外存储器;运算器负责对数据进行算术运算和逻辑运算(对数据进行加工处理);控制器负责对程序所规定的指令进行分析,控制并协调输入、输出操作或对内存的访问。下面分别对其各部分进行介绍。

1. CPU(中央处理器)

CPU(Central Processing Unit)又称为中央处理器,它主要由控制器、运算器和寄存器组成,是计算机的核心部分。

1)控制器

控制器主要由指令寄存器、译码器、程序计数器和操作控制器等组成,是计算机的神经中枢,负责解释和执行指令。控制器工作时,从存储器取出一条指令,指出下一条指令所在的地址,然后对所取指令进行分析,产生相应的控制信号,并由控制信号启动有关部件,使这些部件完成指令所规定的操作。这样逐一执行一系列指令组成的程序,就能使计算机按照程序的要求自动完成预定的任务。

2)运算器

运算器又称算术逻辑单元,主要功能是完成对数据的算术运算、逻辑运算等操作。在控制器控制下,运算器对取自存储器或其内部寄存器的数据按指令码进行相应的运算,并将结果暂时存在内部寄存器或送到存储器中。

3)寄存器

寄存器是 CPU 的临时存储单元,用于保存在运算和控制过程中需要临时存放的数据。

在微型计算机中,中央处理器一般集成在一块超大规模的集成电路芯片上,其典型代表是 Intel 公司的 Pentium 系列。除 Intel 公司外,AMD 公司等也有类似产品。

在微机中,CPU 插槽、内存插槽、输入/输出接口和一些总线扩展槽等等常集成在一块叫做主板的电路板上。部分主板上还集成了声卡、显卡、网卡等。主板有不同的类型,因此,一种主板只能支持一款或几款不同的 CPU,而不可能支持所有的 CPU。

2. BUS(总线)

各部件之间传输信息的公共通路称为总线(BUS),一次传输信息的位数则称为总线宽度。总线实际是一组导线,按照总线上传送信息类型的不同,可将总线分为数据总线(DB)、地址总线(AB)和控制总线(CB)。如图 1.3 所示。

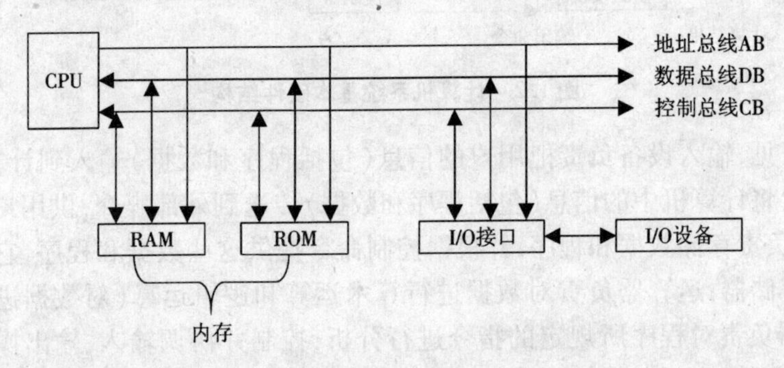

图 1.3 微型计算机的总线结构示意图

1)地址总线 AB(Address Bus)

地址总线用来传送地址信息,是单向总线。CPU 通过地址总线把需要访问的内存单元地址或外部设备端口地址传送出去。地址总线的宽度决定了 CPU 的最大寻址能力。例如,寻址 1MB 地址空间就需要 20 条地址总线($2^{20}=1024\times1024=1M$)。

2)数据总线 DB(Data Bus)

数据总线用来传送数据信息,它是 CPU 同各种部件交换信息的通道,是双向总线。

3)控制总线 CB(Control Bus)

控制总线用来传送控制信号,以协调各部件的操作,它包括 CPU 对内存储器和接口电路的读写信号、中断响应信号等，也包括其他部件送给 CPU 的信号，如中断申请信号、准备就绪信号等。

目前，微机中使用最广泛的是 PCI（Peripheral Component Interconnect）总线。PCI 总线是 Intel 公司 1992 年 7 月推出的 32 位高性能总线，可扩充为 64 位总线。

3. 存储器

存储器是计算机的记忆装置，主要用以保存数据和程序。存储容量以字节（Byte，简记 B）为单位。

存储器分为内存储器（简称内存）和外存储器（简称外存）。内存的存取速度快，但价格较贵，容量不能做得太大，目前微型计算机的内存配置一般为 128 MB、256 MB 或 512 MB。外存的存取速度相对较慢，但价格较便宜，容量可以做得很大，例如，现在的硬盘存储容量通常为几十甚至上百 GB。

1）内存储器

内存由高速的半导体存储器芯片组成，根据其工作方式的不同，可分为 ROM 和 RAM。

1°ROM（Read Only Memory）

ROM 用于存放内容不变的信息，其特点是只能读出其中内容，断电后信息不会丢失，故称为只读存储器。

最典型的 ROM 是主板上的 ROM BIOS，大小为 64 kB，固化了基本输入/输出系统 BIOS（Basic Input Output System）和 CMOS 设置程序。BIOS 由一系列系统服务程序组成，如加电自检程序、系统自举程序以及系统基本输入/输出设备（键盘、显示器、软盘、硬盘和数据通信端口等）驱动程序等；CMOS 设置程序用于对 CMOS 中保存的系统数据进行显示和修改等。

2°RAM（Random Access Memory）

RAM 中的内容可随时按地址进行存取，其特点是既可以读出其中内容，也可以向其写入数据，因此称为随机存储器。人们通常所说的内存实际上指的是以内存条的形式插在主板内存插槽中的 RAM，常见的内存条有 64 MB、128 MB、256 MB 等多种。

应当说明的是，计算机断电后，RAM 中的数据将丢失。因此，用户在结束计算机操作时，应将新建或修改过的程序及相应文件保存到外存。

3°CMOS 与 Cache

（1）CMOS（Complementary Metal Oxide Semiconductor） CMOS 是系统主板上的一块 RAM 形式的存储器，大小一般为 64 B 或 128 B。CMOS 用于保存不需要频繁变化而需要时又能更新的一些计算机配置信息，如系统日期、时间、硬盘参数、软盘规格、启动顺序和口令设置等。

利用 ROM BIOS 中的 CMOS 设置程序可以显示和修改 CMOS 中的数据。在计算机断电时，CMOS 靠主板上的充电电池维持其中的数据。

(2) Cache　Cache 位于内存和 CPU 之间，是一种存取速度高于内存的高速缓冲存储器，简称高速缓存。Cache 的容量是微型计算机硬件的一个重要技术指标。

Cache 可以解决 CPU 与内存之间的速度匹配问题，其工作过程如下。

①当 CPU 从内存中读取数据时，把附近的一批数据读入 Cache。

②CPU 再需要读取数据时，首先从 Cache 中取；如果数据不存在，再从内存中读取。

这样可以大大降低 CPU 直接读取内存的次数，减少 CPU 等待从内存读取数据的现象，从而提高计算机的运行速度。

Cache 分为集成在 CPU 内部的一级 Cache(L1 Cache)和 CPU 外部主板上的二级 Cache(L2 Cache)。

2)外存储器

外存储器，也叫辅助存储器或外存，用以存放处理前后的数据和信息。外存包括存储介质和相应的驱动器。微型计算机常用作外存的存储介质有软盘、硬盘和光盘等。就存储速度而言，Cache > 内存 > 硬盘 > 光盘 > 软盘。

1°软盘

软盘是一种价格便宜的可移动存储介质，其外层是方形塑料封套，内层为表面涂有磁性材料薄层的塑料圆盘。目前，微机上使用的软盘基本上是容量为 1.44 MB 的 3.5 英寸软盘。另外一种软盘是容量为 1.2 MB 的 5.25 英寸软盘(该规格软盘已呈逐渐被淘汰之势)。

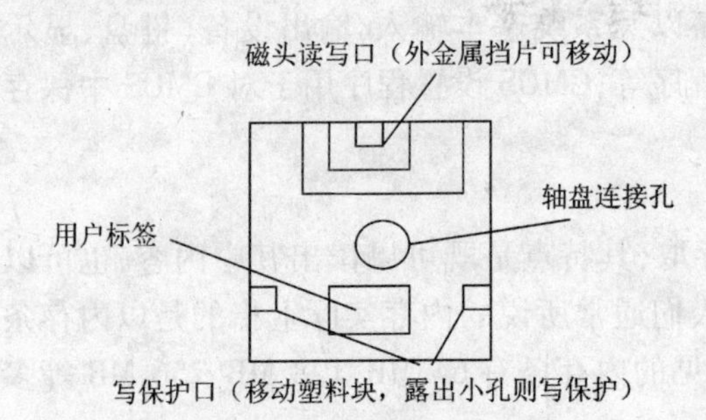

图 1.4　软盘结构示意图

如果按盘片的存储面数和存储信息密度又可分为：单面单密度(SS, SD)、单面双密度(SS, DD)、双面单密度(DS, SD)、双面双密度(DS, DD)、单面高密度(SS, HD)和双面高密度(DS, HD)。这些信息可以从软盘的标签上反映出来。目前常用的 3.5 英寸存储容量为 1.44 MB 的软盘为双面高密度软盘。图 1.4 为软盘结构示意图。

软盘处于写保护状态时，只能从该盘读取数据，而不能写入数据。

新软盘在使用前必须进行格式化。格式化的目的之一是对磁盘划分磁道和扇区。软盘的每一面划分成许多半径不同的同心圆，即磁道；每个磁道被划分成相同个数的扇区，每个扇区存储 512 B 的数据。软盘的存储容量按如下公式来计算。

软盘容量(B) = 面数 × 每面磁道数 × 每个磁道扇区数 × 512

3.5 英寸软盘有两个面，每面 80 磁道，每磁道 18 扇区，它的容量是 2 × 80 × 18 × 512 B = 1474560 B = 1440 kB，通常称为 1.44 MB。

2°硬盘

将读写磁头、电动机驱动部件和若干涂有磁性材料的铝合金圆盘密封在一起就构成硬盘。硬盘是计算机最重要的外存储器,具有比软盘大得多的容量和快得多的速度,而且可靠性高,使用寿命长。计算机的操作系统、大量的应用软件和数据都存放在硬盘上。目前,一块普通硬盘的容量可达几十 GB。

硬盘通常固定安装在计算机的主机箱内,称固定硬盘;如果配置在机箱外,则称为活动硬盘。

硬盘的存储容量可按下列公式计算:

硬盘容量(B)=磁头数×柱面数×每个磁道扇区数×每扇区字节数(512 B)

除存储容量外,硬盘的技术指标主要有:接口类型、数据传输速率、转数和平均寻道时间等。

3°光盘

光盘存储器是利用光学方式进行信息存储的设备,由光盘和光盘驱动器组成。

光盘不像磁盘利用表面磁化状态的不同,而是利用表面有无凹痕来表示信息,有凹痕的记录"0",无凹痕的记录"1"。写入数据时,用高能激光照射盘片,灼烧形成凹痕;读取数据时,用低能激光照射盘片,在无凹痕处准确反射至光敏二极管,而有凹痕处因散射而被吸收,二极管接收到反射光时记"1",否则记"0"。普通光盘一般可存储 650 MB 的信息。

光盘具有记录密度高、存储容量大、信息可长时间保存等优点,因此它在计算机外存储器中占有重要一席,是多媒体计算机不可缺少的部件之一。

光盘存储器可分为只读型光盘 CD-ROM(Compact Disc-Read Only Memory)、一次性写入光盘 CD-R(Compact Disc-Recordable)、可擦写光盘 CD-RW(Compact Disc-ReWritable)和 DVD-ROM(Digital Versatile Disk-Read Only Memory)等。

目前的微型计算机中,大部分使用 32、40、52 倍速甚至更高倍速的 CD-ROM 驱动器,用户只能读取厂家预先在 CD-ROM 中写入的数据和程序,而不能再写入或修改。CD-ROM 的数据传输速率用倍速表示,一倍速的数据传输速率是 150 kbps(1 bps 即 b/s 为每秒一个二进制位),24 倍速 CD-ROM 的数据传输速率是 24×150 kbps = 3.6 Mbps。

CD-R 是一次写入多次读出的光盘,使用光盘刻录机可在其中一次性写入信息;而 CD-RW 则表示可对光盘像软盘一样反复读写数据。

DVD(Digital Video Disk)又称数字视频光盘,是 CD-ROM 的换代产品。DVD 盘片的外形与 CD 盘片相似,但采用了较低的激光波长,其存储容量一般为 4.7 GB,最高可达 17 GB。DVD-ROM 驱动器通常兼容 CD-ROM 盘片。

4°其他外存储器

(1)ZIP　ZIP 驱动器是美国 Iomega 公司研制的一种大容量磁盘驱动器。每张磁盘容量为 100 MB,速度是标准软驱的 20 倍。

(2)U 盘　U 盘又称闪盘或优盘,全称是USB 移动存储器,提供32 MB、64 MB 和128 MB 等多种存储容量,可反复擦写100 万次。相比1.44 MB 容量的软盘,U 盘不仅具有防磁、防震、防潮的特点,而且性能稳定,数据可以长期保存。此外传输速度是普通软盘的数十倍,而外观更是小巧时尚。现在几乎所有的计算机都提供了USB(Universal Serial Bus,通用串行总线)接口,使U 盘不需额外的驱动器,即插即用。随着价格的不断走低,U 盘已经成为目前最热门的移动存储器。

(3)USB 移动硬盘　通过USB 接口与计算机相连,容量从5 GB ~ 100 GB 不等,具有大容量、即插即用、读写速度快等特点。USB 移动硬盘的体积较小,携带方便。有的产品还可对存储的内容进行硬件加密,以确保安全性;有的产品带有写保护开关,能防止文件丢失或被病毒感染等。

(4)闪存(Flash Memory)　闪存设备是广泛应用于掌上电脑和数码相机等领域的移动存储设备。它具有断电时数据能保存、功耗低、密度高、体积小、可靠性高、可擦写、可重复编程等优点。

4. 输入设备

输入设备是外界向计算机传送信息的装置。微型计算机上常用的输入设备有键盘、鼠标器、图形扫描仪、数字化仪、条形码读入仪、光笔和触摸屏等。

1)键盘

键盘是计算机中最基本的输入设备。键盘上排列了字母键、数字键、符号键等,通过按键操作,可把命令、程序和数据等信息手工输入到计算机中。

根据键数的不同,键盘可分为101 键、104 键和107 键。目前常用的标准键盘是104 键和107 键。104 键与101 键相比,多了3 个Windows 专用键,又称Windows 95 键盘;107 键盘比104 键盘多了睡眠(Sleep)、唤醒(Wake Up)、开机(Power)等电源管理键,又称Windows 98 键盘。

2)鼠标器

鼠标器是一种人机交互式屏幕标定输入设备,利用它可代替光标移动键进行光标定位操作及回车操作。它可以在各种应用软件的支持下,通过鼠标器上的按键完成某种特定的功能(如绘图、选择菜单项等)。鼠标器的应用越来越广泛,特别是在Windows 环境下的应用软件几乎都离不开鼠标器。

鼠标器的类型、型号很多。按结构可分为机电式和光电式两类。前者有一个滚动的球,可在普通桌面上使用;后者没有滚动球,但有光电探测器,通常在专门的光栅板上操作。按接口分,有串行接口鼠标器、总线式鼠标器和PS/2 鼠标器。目前微机上普遍使用的是PS/2 鼠标器。按所带按键可分为两键鼠标器(Microsoft 鼠标)和三键鼠标器(Logetich 鼠标)。

鼠标器的主要性能指标是分辨率。鼠标器的分辨率是指每移动1 英寸所能检测出的点数(ppi)。目前鼠标器的分辨率已经达到200 ppi,高的可达320 ~ 400 ppi。

3)其他输入设备

(1)数字化仪　数字化仪由平板加上连接的手动定位器组成,主要用于输入工程图纸、地图等。用户可以通过手动定位器(或定位笔)方便地确定每一条线段的端点位置,从而实现线条图形的输入。

(2)扫描设备　扫描设备用于将纸上记录的信息或图像转化为电子信息,该过程也叫数字化。相应的扫描设备称为数字化设备,有光学扫描仪(即扫描仪)、光学字符阅读器、光学标记阅读器、条形码阅读器等。

扫描仪是一种光敏输入设备,它通过扫描文本和图形,将这些信息转换成电子文档,供计算机处理。条形码是一种用宽窄不同的竖线和间隔组成的标识码。条形码阅读器用激光束从左到右扫描条形码时,就把黑线和白线翻译成数字信息。数码相机同样也是把感光的图像转换成数码信息,存入自身的存储器中,然后可进一步传输到计算机中。

除了文字、数字和图像外,计算机还可以接受声音(音频输入)和录像(视频输入)信息。

5. 输出设备

输出设备是将计算机中的二进制信息变换为用户所需要的并能识别的信息形式的设备。微型计算机中常用的输出设备有显示器、打印机和绘图仪等。

1)显示器

显示器又称监视器,是计算机最基本的输出设备,它通过显示屏向用户提供各种应用软件的操作界面,用户可以通过这些界面输入数据、选择各种功能、获知程序运行的结果等。

无论是输出文字,还是图形或图像,显示器屏幕上总是用光点(像素)来构成输出内容,因此点距越小越好。

显示器实际工作时还需要配置相应的适配器(显示卡)才能构成完整的显示系统。

2)打印机

打印机也是最常用的输出设备,可以在纸或胶片上打印文字和图像信息。打印机一般通过系统主板上的 LPT 并行口与计算机主机相连。

打印机根据色彩分类,可分为黑白打印机和彩色打印机;根据打印方式分类,可分为击打式和非击打式两大类。

1°击打式打印机

击打式打印机以机械撞击方式通过色带在纸上打印字符或图形。最常见的是点阵式打印机,打印时通过针头接触色带击打纸面完成打印。点阵式打印机按打印针头数可分为 16 针、24 针和 48 针等,针数越多,打印出来的字符就越清晰美观。击打式打印机的优点是结构简单、价格便宜、维护费低、可用于票据复写打印,缺点是打印速度慢、噪音大、分辨率较低(一般为 180 dpi,dpi 指的是每英寸的点数)。

2°非击打式打印机

非击打式打印机主要有喷墨打印机和激光打印机。

喷墨打印机的打印头与墨盒有的连成一体,有的是分开的。每个墨盒上有五十到几百个小孔或喷嘴,工作时喷嘴朝打印纸不断喷出带电的墨水雾点,当它们穿过两个带电的偏转板时接受控制,然后落在打印纸的指定位置上形成字符或图像。喷墨打印机的优点是分辨率较高(300 dpi ~ 1400 dpi)、价格便宜、质量轻、噪音低,缺点是耗材费用较高、打印速度较慢。

激光打印机的工作原理与复印机相似,它将来自计算机的数据换成光,并射向一个带正电的旋转硒鼓上。硒鼓上被照射的部分便带上负电,并吸引带色炭粉,鼓与纸接触再把粉末印在纸上,接着在一定的压力和温度作用下溶解在纸的表面上。炭粉是激光打印机常用的印制色料,装在一个专用的盒子里,用完后可以更换。激光打印机的优点是打印速度快、分辨率高(1360 dpi 以上)、无噪音,缺点是价格较高。

3)其他输出设备

常见的输出设备还有绘图仪、音频输出设备、投影机和终端等。

绘图仪是一种主要用来输出图形的输出设备,通常用在工程设计和计算机辅助设计等领域。

音频输出设备包括扬声器和耳机,能够播放音乐、语音或其他声音。

投影机(Data Projector)可以将计算机屏幕显示的内容同时投射到银幕上,常见的有液晶显示投影机(LCD, Liquid Crystal Display)和数字光处理(DLP, Digital Light Processing)投影机两种类型。

终端是一种至少包含键盘、显示器和视频卡,兼有输入和输出功能的设备,分为非智能终端、智能终端和专用终端三类。银行设置的柜员机(ATM, Automatic Teller Machine)属于专用终端。

1.3.3 微型计算机的软件系统

软件系统是计算机系统必不可少的组成部分。有了软件系统一台实实在在的物理机器就变成了一台具有抽象概念的逻辑机器,从而使用户不必更多地了解机器本身就可以使用计算机。也就是说,软件在计算机与用户之间架起了桥梁。计算机软件系统内容丰富、种类很多。通常,可把软件系统分为系统软件和应用软件两大类,每一类又可分为若干种类型。

1. 系统软件

系统软件是指控制、管理和协调微机及其外部设备,支持应用软件的开发和运行的软件的总称。系统软件包括操作系统、语言处理程序、数据库系统以及网络通信管理程序等。

1)操作系统

操作系统是直接控制和管理计算机系统基本资源并使用户充分、有效地使用计算机资源的程序集合。操作系统是系统软件的核心和基础。它负责组织和管理整个计算机系统的软、硬件资源,协调系统各部分之间、系统与用户之间、用户与用户之间的关系,使整个计算机系统高效地运转,并为用户提供一个开发和运行软件的良好而方便的环境。

1°操作系统的功能

从资源管理的角度来看,操作系统的主要功能是进行 CPU 管理、存储管理、设备管理、文件管理和作业管理等。若从用户的角度来看,操作系统是用户与计算机之间的接口,有了操作系统用户可以方便地使用计算机;同时,操作系统又是支持其他软件运行的平台。

2°操作系统的类型

根据不同的用途和使用方式,操作系统可分为以下 5 种类型。

(1)单用户系统　同一时间只能运行一个用户作业,系统的全部软、硬件资源由该用户作业占用,这种操作系统统称为单用户操作系统。一般微型计算机多采用这种类型的操作系统。根据管理的作业数量,单用户微机操作系统又分为单用户单任务操作系统和单用户多任务操作系统。

①单用户单任务操作系统　一台计算机同时只允许一个用户使用,该用户一次只能提交一个任务。DOS 是以前微机上广泛使用的单用户单任务操作系统。

②单用户多任务操作系统　一台计算机同时只允许一个用户使用,但允许提交多项任务。目前广泛使用的 Windows 系列的操作系统就是单用户多任务操作系统。

(2)分时系统　分时系统是一种多用户系统。它允许一台计算机上连接多个终端,CPU 按固定时间片轮流为各个终端服务,各用户分时共享计算机系统资源。UNIX 系统就是目前高档微机使用的分时系统。

(3)多道批处理系统　“多道”是指内存储器中有多个作业同时存在,外存储器中还有大量后备作业。“批处理”是指系统运行过程中用户将作业提交给操作系统后,就不再与作业发生交互关系,直到运行完毕才根据输出结果分析作业运行状况。这种操作系统一般多用于大型计算机系统。

(4)实时系统　实时系统是一种时间性强、响应快的操作系统。它能及时对外来信息作出响应。实时系统可分为实时过程控制系统和实时信息处理系统两类。

(5)网络操作系统　计算机网络操作系统是指可以对整个计算机网络范围内的资源进行管理的操作系统。它要求保证信息传输的准确性、安全性和保密性。

2)语言处理程序

语言处理程序是用来对各种程序设计语言源程序进行翻译和产生计算机可直接执行的目标程序(二进制代码表示的程序)的各种程序的集合。

3)数据库管理系统

数据库管理系统用于管理数据库中数据的软件。它一般包括以下 4 个方面的功能。

(1)数据库描述功能　定义数据库的全局逻辑结构、局部逻辑结构以及其他各种数据库对象。

(2)数据库管理功能　包括系统控制、数据存取及更新管理、数据安全性及数据一致性的维护。

(3)数据查询及操作功能　能从数据库中检索信息、插入信息、修改信息和删除信息。

(4)数据库建立维护功能　包括数据装入、数据库重组以及数据库结构维护、恢复及系统性能监视等。

4)网络通信管理程序

网络通信管理程序是用于计算机网络系统中的通信管理软件。主要作用是控制网络中信息的传送和接受。

2. 应用软件

为解决计算机各种不同的具体应用问题而编写的程序称为应用软件。它又分为套装软件、专用软件、共享软件和自由软件。应用软件随着计算机应用领域的不断扩展而与日俱增。

(1)套装软件是指将多个应用软件包装在一起作为一个整体销售的软件。Office 2000 就是一套典型的套装软件,它包括文字处理软件 Word、电子表格处理软件 Excel 和演示文稿制作软件 PowerPoint 等。

(2)专用软件是针对用户的特殊要求开发的。如为某工厂生产过程监控编写的软件、工资系统管理软件、销售管理软件等。

(3)共享软件指的是那些公开发布,并在试用期内免费使用的软件。如果要使用超过试用期的共享软件,则需要交纳费用,然后获得有关帮助和升级等服务。

(4)自由软件是由公司或个人无偿提供给用户使用的软件。

1.3.4　指令和指令系统

计算机的工作就是顺序地执行存放在存储器中的一系列指令。为解决某一实际问题而设计的一系列指令称为程序。

指令是一组二进制代码,告诉计算机执行程序的一步操作。而程序是由指令组成的,为解决某一特定问题而设计的一系列指令的集合。

一种计算机所能识别并执行的全部指令的集合,称为该计算机的指令系统。指令和指令系统与计算机的硬件密切相关,每一种计算机都有它们各自的指令系统。

1. 计算机语言

计算机语言是人们根据描述实际问题的需要而设计的、用于书写计算机程序的语言。语言的基础是一组记号和规则。根据规则由记号构成的记号串的总体就是语言。在计算机语言中,这些记号串就是程序。每种语言都有它自己的特性和特殊功能。

按照语言对机器的依赖程度,计算机语言可分为机器语言、汇编语言和高级语言三大类。机器语言是计算机硬件系统所能理解的程序语言。除机器语言可直接被计算机理解外,不论汇编语言还是高级语言,要让计算机理解执行,必须经过"翻译"。这种"翻译"工作由特殊的程序完成,这就是语言处理程序。一般说,"翻译"工作要进行语法、语义等方面的检查,最终完成语言之间的转换。

2. 语言处理程序

用程序设计语言编写的程序称为源程序。可以把一种语言编写的程序翻译成与之等价的用另一种语言表示的程序,具有这种翻译功能的程序称为语言处理程序。源程序通过语言处理程序生成的用目标语言表示的程序称为目标程序。常见的语言处理程序有汇编程序、编译程序和解释程序。

汇编程序又称汇编系统,其功能是将用汇编语言编写的源程序翻译成与之等价的机器语言程序。

编译程序又称编译系统,其功能是将用高级语言编写的源程序翻译成目标程序。目标程序可以是机器语言程序或汇编语言程序。若为汇编语言程序,则需再经汇编程序处理,最终成为机器语言程序。

解释程序又称解释系统,其功能是将用高级语言编写的源程序逐句分析并立即执行取得结果。解释程序与编译程序的区别是,前者不是在程序执行前先把整个源程序翻译成机器语言形式的目标程序,而是将源程序的每一条语句的翻译和执行结合在一起进行,不产生机器语言形式的目标程序。

3. 机器语言

机器语言由机器指令组成,是计算机硬件系统所能识别的、不需要翻译的、可直接为机器所接受的语言。

计算机技术迅速发展,但计算机硬件仍然只能识别机器自己的语言,即机器指令。机器指令通过电子线路对寄存器中取值为0或1的位进行操作。

每一种型号的计算机都有自己特定的指令系统。系统中的每一条指令都能完成某一具体的功能。早期的计算机以"裸机"形式呈现在用户面前。当要求计算机完成某个任务时,用户就要用机器指令编写机器指令序列,即机器语言程序。这种用二进制代码形式编写的程序,计算机能直接理解和执行。人们在用二进制代码编制程序时,不但要记住机器指令代码,还要直接参与指令存储空间的安排,要记住计算过程中数据、指令等的存储地址。由此可见机器语言编制程序既麻烦又容易出错,调试和修改十分不方便,但它的执行速度最快。

尽管如此,由于计算机只能接受以二进制形式表示的机器语言,因此用任何高级语言编写的源程序最后都要翻译成由二进制代码组成的程序(即目标程序)才能在计算机上运行。

4. 汇编语言

为了克服机器语言程序编写和上机调试的困难,人们想到用便于记忆又能描述指令功能的符号来代替机器指令码,用符号或由符号组成的表达式来代替操作数地址,从而引进了汇编语言。汇编语言是一种面向机器的程序设计语言,是一种用符号表示的低级程序设计语言,通常是为特定的计算机或计算机系列设计的,它与机器语言很接近。汇编程序的功能可如下表示。

汇编语言程序(源程序)→汇编程序→机器语言程序(目标程序)

由于汇编语言编写的源程序必须经过汇编程序翻译成与之等价的机器语言程序,汇编语言指令和翻译成的机器语言指令基本上是一对一的关系;但也有的汇编语言中可以有宏指令,它与一串特定的机器指令相对应,这种汇编语言也称宏汇编语言。

5. 高级语言

高级语言是一种有统一语法、独立于机器、便于人们理解和使用的程序设计语言。一般情况下编程人员不必了解计算机内部逻辑,只要选择正确的算法和合适的数据结构,就可以根据高级语言的语法规则编程。当然,用高级语言编写的源程序必须经过编译程序或解释程序的“翻译”,产生机器语言的目标程序后,才能由计算机执行。

各种高级语言的语句种类不同,语句功能也不尽相同但均可分为算术运算和逻辑运算类语句、程序流程控制类语句、输入输出类语句和数据传输类语句。由于高级语言使用的一套符号更接近人们的习惯,对问题的描述方法也非常接近于人们对问题求解过程的表达方法,所以它便于书写,易于掌握。高级语言对程序的查错、验证、修改、调试也十分方便。因此,用高级语言编写的程序不必做过多的修改就可以在不同类型的机器上运行,可移植性和通用性较好。

目前常用的高级语言有 BASIC、C、C ++ 、FORTRAN、PASCAL、VB 等。

1.3.5 微型计算机的主要性能指标

衡量一台计算机性能的好坏,有以下 5 项主要技术指标。

1. 字长

字长是指微机能一次同时直接处理的二进制信息的位数。字长越长,微机的运行速度就越快,运算精度就越高。所以,字长是微机的一个重要性能指标。目前微机的字长以 64 位(某些奔腾系列机)为主。

2. 主频

主频是指微机 CPU 的时钟频率,单位是 MHz。主频的大小在很大程度上决定了微机运算速度的快慢,主频越高,微机的运算速度就越快。所以,主频也是微机的一个重要性能指标。386 微机的主频在 16 ~ 40 MHz;486 微机的主频在 25 ~ 100 MHz;目前奔腾机的主频已高达 2. 8 GHz。

3. 内存容量

内存容量是微机内存储器的容量,它表示内存储器所能容纳信息的字节数。内存容量越大,它所能存储的数据和运行的程序就越多,程序运行的速度就越高,微机的信息处理能力就越强,所以内存容量也是微机的一个重要性能指标。386 微机的内存容量在 2 ~4 MB,486 微机的内存容量一般在 4 ~8 MB,目前奔腾系列微机的内存容量一般为 256 MB 或 512 MB。

4. 存取周期

存取周期是指对存储器进行一次完整的存取(读/写)操作所需的时间,即存储器进行连续存取操作所允许的最短时间间隔。存取周期越短,则存取速度越快。存取周期的大小影响着计算机运算速度的快慢。所以存取周期也是微机的一个重要性能指标。

5. 运算速度

运算速度是指微机每秒所能执行的指令条数,单位用 MI/s(百万条指令/秒)。因为执行不同类型的指令所需要的时间不同,因此用各种指令的平均执行时间及相应指令运行的比例综合计算,作为衡量运算速度的标准。

当前,微型计算机的运算速度已达 800 ~1500 MI/s。

除了上述 5 个主要技术指标外,还有一些因素对微机的性能也能起到重要作用。

(1)可靠性,是指微机平均无故障工作时间。无故障工作时间越长,可靠性就越高。

(2)可维护性,是指微机的维护效率。通常用故障平均排除时间来表示,即从故障发生到故障排除所需的平均时间。

(3)可用性,是指微机的使用效率,它以系统在执行任务的任意时刻能正常工作的概率表示。

(4)兼容性,兼容性强的微机有利于推广使用。

(5)性能价格比,它是一项综合性指标。性能是指硬件、软件的综合性能;价格是指整个微机系统的价格。

1.4 计算机病毒及其防治

计算机病毒(Computer Virus)是能够通过某种途径潜伏在计算机存储介质或程序里,达到某种条件即被激活的具有破坏计算机资源作用的一组程序或指令集合。

1.4.1 计算机病毒的起源与分类

1. 计算机病毒的起源

20 世纪 60 年代初,在美国贝尔实验室(Bell Labs)里,3 个年轻程序员编写了一个名为“磁心大战”的游戏,游戏中通过复制自身来摆脱对方的控制,这成了“病毒”的雏形。20 世纪 70 年代,美国作家雷恩在其出版的一本科幻小说中构思了一种能够自我复制的计算机程序,并第一次称之为“计算机病毒”。

1983 年,美国计算机专家首次将病毒程序在计算机上进行了实验,于是世界上诞生了第一个计算机病毒。1986 年,巴基斯坦有两个以编软件为生的兄弟,为了追踪非法拷贝自己软件的人,设计出了一个名为“巴基斯坦智囊”的病毒,该病毒只传染软盘引导区,成了世界上公认的第一个传染个人电脑的病毒。1988 年,计算机病毒传入我国。

2. 计算机病毒的种类

计算机病毒分类的方法很多,按病毒表现性质分,有良性病毒和恶性病毒;按病毒入侵方式分,有操作系统型、外壳型和入侵型病毒;按病毒传染方式分,有磁盘引导区传染病毒、操作系统传染病毒和一般应用程序传染病毒;按病毒存储方式分,有引导扇区病毒和分区表病毒;按破坏程度分,有无害型病毒、幽默型病毒、更改型病毒和灾难型病毒;按计算机病毒感染的对象来分,有系统引导型病毒、可执行文件型病毒、宏病毒、蠕虫病毒和混合型病毒等。

1)系统引导型病毒

该病毒在系统启动时,先于正常系统的引导将病毒程序自身装入操作系统中,并驻留于内存,然后将系统的控制权转给真正的系统引导程序,完成系统安装。表面看计算机系统能够启动并正常运行,但此时由于计算机病毒驻留在内存,系统已在病毒程序的控制之下了。

一旦硬盘感染了系统引导型病毒,它将感染所有在该系统中使用的软盘。

2)可执行文件型病毒

可执行文件型病毒主要感染扩展名为. com 或. exe 的可执行文件和扩展名为. ovl覆盖文件。感染病毒的文件被执行时,由于病毒修改了原文件的一些参数,系统将首先执行病毒程序的代码,从而使病毒程序取得系统的控制权,进而完成病毒的复制和一些破坏操作,然后执行原文件的程序代码,实现原来的程序功能,以迷惑用户。该类病毒随着被感染文件的执行而扩散。

3)宏病毒

该病毒通过 Microsoft Office 文档中的“宏”起作用,利用宏命令的强大系统调用功能实现某些涉及系统底层操作的破坏。宏病毒主要感染 Word、Excel 和 PowerPoint 等 Office 文档。

4)蠕虫病毒

蠕虫病毒就是像蠕虫一样“寄生”在其他文件上进行传播的计算机病毒。蠕虫病毒的传染机理是利用网络进行复制和传播,传染途径是通过网络和电子邮件。

5)混合型病毒

该病毒的引导方式具有系统引导型病毒和可执行文件型病毒的特点。通常会依附在可执行文件上,以这个文件为载体进行传播。当带毒文件执行时,首先感染硬盘的主引导扇区,并驻留在系统内存中,而驻留内存的病毒程序又对系统中的可执行文件进行感染。当带毒文件被复制到其他计算机中并被执行时,则会重复上述过程,导致病毒的传播。

1.4.2 计算机病毒的主要特征及传染途径

1. 计算机病毒的主要特征

计算机病毒一般有下列特征。

(1)破坏性 占用 CPU 时间和内存空间,造成进程阻塞、数据和文件被破坏并打乱屏幕显示等。

(2)隐藏性 病毒程序大多夹在正常程序中,平时很难发现。

(3)潜伏性 病毒入侵后不立即发作,有一段潜伏期,待条件成熟后才开始活动。

(4)传染性 通过修改别的程序,或将自身复制进去,达到传播扩散的目的。

(5)激活性 病毒在一定条件下可接受外界刺激而激活。

2. 计算机病毒的传染途径

目前,计算机病毒主要利用网络及电子邮件进行传播,通过磁盘介质传播为辅助传播方式。以网络进行传播具有传染方式多、传播速度快、清除难度大和破坏力强等特点,而以电子邮件进行传播的方式有相当高的隐蔽性和诱骗性,使用户在不知情的情况下打开邮件及其附件而被病毒感染。电子邮件是目前最大的计算机病毒传播源。

1.4.3 计算机病毒的防治

1. 计算机病毒的表现

计算机染上病毒或病毒在传播的过程中,系统往往会出现一些异常情况,用户可以通过如下现象,初步确定计算机是否被病毒感染。

(1)程序装入或硬盘访问时间变长。

(2)磁盘空间突然变小。

(3)程序或数据神秘地丢失。

(4)显示器上经常出现一些有规律的或异常的信息。

(5)可执行文件的大小发生变化。

(6)异常死机。

2. 计算机病毒的查杀

清除计算机病毒最常用的方法是使用杀毒软件,如 KV3000、瑞星、金山毒霸、PC-cillin 和 Norton 等。这些软件都采用菜单操作模式,首先能自动检测和消除内存的病毒,然后由用户选择消除哪个磁盘的病毒。

各种杀毒软件除了能检测和消除多种类型的病毒外,还各有其功能与特色,具体可到各厂商的网站上去了解。

3. 计算机病毒的防范

由于计算机病毒种类繁多,防不胜防,有的病毒还具有不同程度的智能,所以目前防病毒的软、硬件不可能自动预防或查杀所有病毒,也不可能正确、自动地恢复所有被病毒感染的文件。实际工作中一定要坚持"预防为主,防治结合"的方针,一般可采用以下防范措施。

(1)不使用来历不明的、无法确定是否带有病毒的磁盘。

(2)计算机启动时尽量不使用软盘引导。

(3)对软盘应注意及时写保护。

(4)不做非法复制。

(5)尽量做到专机专用,专盘专用。

(6)对重要程序或数据要经常做备份,以便一旦染上病毒后能尽快得到恢复。

(7)不轻易打开陌生人发来的电子邮件的附件。

(8)如发现网络上有病毒,应及时断开网络,以控制共享数据。

(9)严禁玩电脑游戏,因为游戏软件是病毒的载体。

(10)修改可执行文件的属性为只读。

本章小结

计算机是一种能够在其内部指令控制下运行的电子设备。随着电子元器件的更新换代,计算机的发展经历了四代,它们是:电子管计算机、晶体管计算机、集成电路计算机和超大规模集成电路计算机。

计算机系统由计算机硬件和软件两部分组成。组成微型计算机的主要硬件有CPU、存储器、基本输入/输出设备和其他外部设备等,其中CPU是计算机的核心部件。计算机软件由程序和有关文档组成,包括系统软件和应用软件,其中操作系统是系统硬件平台上的第一层软件。

在计算机内部,各种信息都必须经过数字化编码后才能被传送、存储和处理;计算机内部均采用二进制处理信息。计算机数据处理的基本单位是字节(B),1 kB = 1024 B,1 MB = 1024 kB,1 GB = 1024 MB,1 TB = 1024 GB。

数值在计算机中的表示形式称为机器数,其中原码和补码是最常见的机器数形式。使用最广泛的字符编码是ASCII码。汉字的代码由输入码、机内码和字形码等编码构成。

计算机病毒是能够破坏计算机系统,影响计算机工作,能实现自我复制并具有传播性质的一段程序或指令代码。计算机病毒具有传染性、破坏性、隐蔽性、潜伏性和可激发性等主要特点。目前,计算机病毒主要是通过网络及电子邮件进行传播,以磁盘传播为辅助传播方式。清除计算机病毒最常用的方法是定期使用杀毒软件杀毒,并经常升级杀毒软件。

习题 1

一、填空题

1. 世界上第一台计算机名叫__________,它采用__________元器件。

2. 计算机发展方向是________、________、________、________。

3. 计算机辅助设计简称__________,计算机辅助教学简称__________。

4. 微型计算机的性能主要取决于______________________________。

5. 微型计算机的总线由__________、__________和__________三部分组成。

6. 已知大写字母 H 的十进制 ASCII 值为 72,则大写 D 的十进制 ASCII 值为__________。

7. 十进制数 625 对应的二进制数是____________。

8. 计算机能直接识别和执行的语言是____________。

9. PⅡ350 中的 350 指的是____________。

10. 存储信息的最小单位是____________。

11. 在计算机中传送信息的单位是________________。

12. 1 个字节由__________个二进制位组成。

13. 设 $M=(101101)_2$、$N=(110011)_2$,则 $M \wedge N$ 的结果为__________。

14. 将二进制数 01011010 扩大至原数的两倍后值为__________,若将其缩小为原来的二分之一,则其值为____________。

15. 多媒体计算机简称__________。

二、选择题

1. 人们常说的内存实际上指的是(　　)。

A. ROM　　B. RAM　　C. Cache　　D. 硬盘

2. 在微型计算机中,使用最普遍的字符编码是(　　)。

A. 汉字拼音　　B. BCD 码　　C. 补码　　D. ASCII 码

3. 汇编语言是面向(　　)的语言。

A. 机器　　B. 用户　　C. 指令　　D. 程序

4. 下列存储器中,CPU 存取(　　)的速度最快。

A. 内存　　B. 硬盘　　C. U 盘　　D. 软盘

5. 在下列措施中,(　　)对计算机病毒的防治无能为力。

A. 定期使用磁盘整理程序　　B. 定期使用杀毒软件

C. 禁止使用来历不明的软盘　　D. 不随意打开来历不明的电子邮件

6. 机器语言程序是用(　　)表示的。

A. ASCII 码　　B. 目标码　　C. 二进制代码　　D. 机器内码

7. 可擦写光盘简称(　　)。

A. CD-ROM　　B. CD-R　　C. CD-RW　　D. DVD-ROM

8. 在内存中每个存储单元被赋予唯一一个序号,这个序号称为(　　)。

A. 操作码　　B. 编号　　C. 编码　　D. 地址

9. 一个无符号非零二进制整数的右边末尾有两个零,现把这两个零删去,形成一个新的无符号二进制数,则该新的数(　　)。

A. 是原数的四分之一　　B. 是原数的三分之一

C. 是原数的二分之一　　D. 是原数的八分之一

10. 防止软盘感染病毒的有效方法是(　　)。

A. 保持机房环境清洁　　B. 定期对软盘进行格式化

C. 对软盘写保护　　D. 不把软盘与有病毒的软盘放在一起

11. 一台字长为 4 个字节的微机,它表示(　　)。

A. 能处理的数值最大为 4 个 ASCII 码字符

B. 能处理的字符串最多为 4 位十进制 9999

C. 在 CPU 中作为一个整体加以传送处理的二进制代码为 32 位

D. 在 CPU 中运算的结果为 8 的 32 次方

12. I/O 接口位于(　　)。

A. 主机和 I/O 设备之间　　B. 主机和总线之间

C. CPU 和主存之间　　D. 总线和 I/O 设备之间

13. 一个英文字符和一个汉字存储时所占字节数的比值是(　　)。

A. 4:1　　B. 2:1　　C. 1:2　　D. 1:4

14. 微机中运算器的主要功能是进行(　　)。

A. 逻辑运算　　B. 算术运算　　C. 关系运算　　D. 算术运算和逻辑运算

15. 下列(　　)属于多媒体功能卡。

A. IC 卡　　B. 磁卡　　C. 声卡　　D. 解压卡

2 计算机网络基础

本章主要内容

- ☑ 计算机网络的基本概念及其发展
- ☑ 数据通信的概念和基本技术
- ☑ Internet 的概念和主要应用
- ☑ Internet 提供的服务的使用方法

2.1 计算机网络概述

随着计算机网络知识的普及,操作的简化,网络已经不只限于科研机构和学校,它已经走进了普通企业和千家万户。计算机网络已经成为计算机使用的一个不可分割的部分。

2.1.1 计算机网络的发展

所谓计算机网络是指分布在不同地理位置上的具有独立功能的多个计算机系统,通过通信设备和通信线路相互连接起来,在网络软件的管理下实现资源共享的系统。

计算机网络是计算机应用的最高形式,它充分体现了信息传输与分配手段和信息处理手段的有机联系。从系统功能角度看,计算机网络主要由资源子网和通信子网两部分组成。资源子网主要包括联网的计算机、终端、外部设备、网络协议及网络软件等。它的主要任务是收集、存储和处理信息,为用户提供网络服务和资源共享功能等。通信子网就是把各站点互相连接起来的数据通信系统,主要包括通信线路(即传输介质)、网络连接设备(如通信控制处理器)、网络协议和通信控制软件等。它的主要任务是连接网上的各种计算机,完成数据的传输、交换和通信处理。通信子网与资源子网的关系如图 2.1 所示。

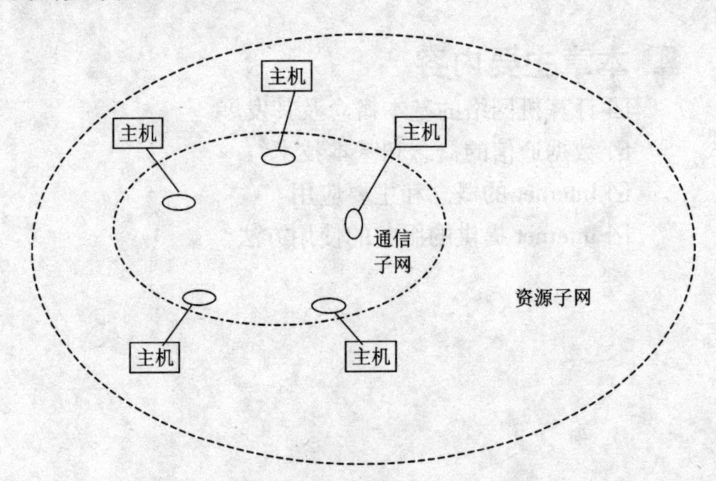

图 2.1 计算机网络的通信子网和资源子网

计算机网络的形成大致经历了四代。

1. 第一代计算机网络

第一代计算机网络是面向终端(用户端不具备数据存储和处理能力)的计算机网络。1946 年,世界上第一台计算机(ENIAC)问世。此后的几年中,计算机与计算机之间还没有建立相互间的联系。当时,电子计算机因价格和数量等诸多因素的制约，很少有人会想到在计算机之间进行通信。1954 年，随着一种叫做收发器的终端研制成功，人们实现了将穿孔卡片上的数据通过电话线路发送到远地的计算机上的梦想。以后，电传打印机也作为远程终端和计算机实现了相连。第一代计算机网络就此问世。

2. 第二代计算机网络

早期的第一代计算机网络是面向终端的，是一种以单个主机为中心的网络，各终端通过通信线路共享主机的硬件和软件资源。第二代计算机网络主要强调了网络的整体性，用户不仅可以共享主机的资源，而且还可以共享其他用户的软、硬件资源。第二代计算机网络的工作方式一直延续到了现在。如今的计算机网络，尤其是中小型局域网，很注重和强调其整体性以扩大系统资源的共享范围。

3. 第三代计算机网络

早期计算机之间的组网是有条件的，在同一网络中只能存在同一厂家生产的计算机，其他厂家生产的计算机无法接入，并且网络技术也缺乏一个统一的标准。

针对这种情况，出现了第三代计算机网络，开始实现将不同厂家生产的计算机互联成网。1977 年前后，国际标准化组织成立了一个专门机构，提出了一个使各种计算机能够在世界范围内互联成网的标准框架，即著名的开放系统互联基本参考模型 OSI/RM，简称 OSI。OSI 模型的提出，为计算机网络技术的发展开创了一个新纪元，现在的计算机网络便是以 OSI 为标准进行工作的。

4. 第四代计算机网络

第四代计算机网络是在进入 20 世纪 90 年代后，随着数字通信的出现而产生的，其特点是综合化和高速化。综合化是指将多种业务综合到一个网络中完成。例如，人们一直在用一种与计算机网络很不相同的电话网传送语言信息，但是现在已经可以将多种业务，如语音、数据、图像等信息以二进制代码的数字形式综合到一个网络中传送。网络向综合化发展是与多媒体技术的迅速发展分不开的。

2.1.2 OSI 参考模型

1977 年，国际标准化组织（ISO）提出的开放系统互联的参考模型是从各国计算机网络领域的研究和实践成果中提炼而成的，它推动着计算机的发展。参考模型中采用七层体系结构，如图 2.2 所示。

应用层
表示层
会话层
传输层
网络层
数据链路层
物理层

图 2.2 OSI 参考模型的层次结构

1. 物理层

物理层的任务是为数据链路层提供物理连接以及负责物理连接的激活、维持和去除，透明地进行数据单元的传输（单位是 bit），并进行物理层的管理。

2. 数据链路层

数据链路层的任务是负责数据链路连接的建立和释放，保证两个相邻节点间的链路无差错地传送以帧为单位的数据；负责数据链路连接的建立、维持和释放；传送的数据中应包括同步信息、地址信息、差错控制信息、流量控制信息等。

3. 网络层

该层的任务是选择合适的路由和交换节点，以透明地向目的站交付发送站发送的分组或包；负责网络连接的建立、维护、多路复用、释放等。

4. 传输层

传输层的任务是根据通信子网的特性最佳地利用资源，并以可靠、经济的方式在源站和目的站之间透明地传送报文。它是计算机通信体系结构中的关键一层。信息传送的单位是报文。报文较长时由网络层进行分组。

5. 会话层

该层提供与面向通信的各层的逻辑用户接口，可以在两个相互通信的应用进程之间建立、组织、协调，并进行会话层的管理。

6. 表示层

表示层的主要任务是解决用户信息的语法表示问题。它将数据从适合于某一用户的抽象的语法变换为适合于 OSI 系统内部使用的传送语法。用户借助于表示层不必考虑对方的某些特性，只注重于交流信息的本身即可。表示层也承担对传送信息的加密、解密任务。

7. 应用层

该层的任务是确定进程之间通信的性质，以满足用户需求，并负责用户信息的语义表示和在两个通信者之间进行语义匹配。

2.1.3 计算机网络的分类

计算机网络的种类繁多，性能各异，根据不同的分类原则，可以得到各种不同类型的计算机网络。为了使大家对各种类型的计算机网络有一个清楚的认识，下面从几个不同的角度对计算机网络的类型作一个简单介绍。

- 按传输带宽分类，有基带网和宽带网。
- 按网络结构分类，有以太网和令牌环网。
- 按使用的传输技术分类，有广播式网络和点到点式网络。
- 按覆盖范围分类，有局域网、城域网和广域网。
- 按信息传输介质分类，有无线网和有线网。
- 按网络的拓扑结构分类，有星型网、环型网、总线型网、树型网等。

1. 按覆盖范围分类

1)局域网

局域网(Local Area Network)简称LAN,它的通信范围一般被限制在中等规模的地理区域内(如一个实验室、一幢大楼、一个校园);它具有较高数据传输速率的物理通信信道,而且这种信道可以保持始终一致的低误码率。它的主要特点可以归纳如下。

• 地理范围有限,参加组网的计算机通常处在1~2 km的范围内。
• 信道的带宽大,数据传输速率高,一般为1~1000 Mbps。
• 数据传输可靠,误码率低。
• 局域网大多采用总线型、星型及环型拓扑结构,结构简单,实现容易。
• 通常网络归一个单一组织所拥有和使用,也不受任何公共网络当局的规定约束,容易进行设备的更新和新技术的引用,不断增强网络功能。

2)城域网

城域网(Metropolitan Area Network),简称MAN。城域网是介于局域网与广域网之间的一种高速网络。最初,城域网的主要应用是互连城市范围内的许多局域网。今天,城域网的应用范围已大大拓宽,能用来传输不同类型的业务,包括实时数据、语音和视频等。城域网能有效地工作于多种环境,其主要特性如下。

• 地理覆盖范围可达100 km。
• 数据传输速率为45~150 Mbps。
• 工作站数大于500个。
• 传错率小于10^{-9}。
• 传输介质主要是光纤。
• 既可用于专用网,又可用于公用网。

3)广域网

广域网(Wide Area Network),简称WAN。当人们提到计算机网络时,通常指的是广域网。它所涉及的范围可以为市、省、国家乃至世界范围,其中最著名的就是Internet(因特网)。广域网的主要特性如下。

• 广域网最根本的特点就是分布范围广,一般从数公里到数千公里。
• 数据传输速率低,一般为几万比特/秒。
• 错误率较高,一般在10^{-3}~10^{-5}。
• 属于公用网络。

单独建造一个广域网是极其昂贵和不现实的,所以,常常借用传统的公共传输(电报、电话)网来实现。因为广域网的布局不规则,使得网络的通信控制比较复杂,尤其是使用公共传输网,要求联到网上的任何用户都必须严格遵守各种标准和规程。

2. 按网络结构分类

1)以太网

以太网(Ethernet)是目前使用最为广泛的局域网。70年代末就有了正式的以太网。如今以太网产品已遍布世界各地,它对计算机网络技术的发展起了重要作用。在以太网无处不在的今天,它以使用方便、价格低廉、高性能(可靠性、可扩展性强)的特点继续向前发展。我们经常使用或可以自己组建的网络几乎都是以太网。

2)令牌环网

令牌环网(Token Ring)主要用于大型局域网和广域网的主干部分。它使用的操作系统大多为UNIX,令牌环网的组建和管理非常烦琐,只有专业人员才能胜任。

3. 按使用的传输技术分类

1)广播式网络

广播式网络(Broadcast Network)仅有一条通信信道,网络中的所有机器都共享这条信道。在发送消息时,首先在数据的头部加上一段地址字段,以指明此数据应被哪台机器接收,数据发送到信道上后,所有的机器都将接收到。一旦收到数据,各机器将检查它的地址字段,如果是发给它的,则处理该数据,否则将它丢弃。

2)点对点式网络

点对点式网络(Point-to-Point Network)主要用于两台机器之间的通信,如在Internet网中两台机器之间要进行数据传输,采用的就是点对点方式。这两台机器不可能直接相连,它们之间的通信,可能必须通过多台中间的机器进行中转,而且还可能存在着多条路径,距离也可能不一样,因此在点对点网络中路由算法显得特别重要。一般来说,在局域网中多采用广播方式,而在广域网中多采用点对点方式。

2.1.4 计算机网络的拓扑结构

计算机的拓扑(Topology)结构,是指网络中的通信线路和各个节点之间的几何排列,它是解释一个网络物理布局的形式图,主要用来反映各个模块之间的结构关系。它影响着整个网络的设计、功能、可靠性和通信费用等方面,是研究计算机网络的主要环节之一。

下面介绍计算机网络拓扑结构分类及其特点。

常见的网络拓扑结构有星型、总线型、环型等。

1. 星型结构

在星型拓扑结构中,节点通过点到点通信线路与中心节点连接,如图2.3所示。中心节点控制全网的通信,任何两个节点之间的通信都要通过中心节点。

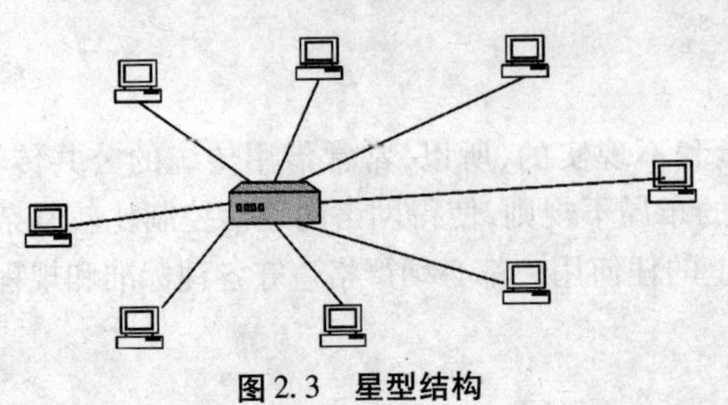

图2.3 星型结构

优点:结构简单,易于实现,便

于管理。

缺点:网络的中心节点是全网可靠性的瓶颈,中心节点的故障将造成全网瘫痪。

2. 总线型结构

总线型结构是用一条电缆作为公共总线,网上的节点通过相应的接口连接到线路上的结构,如图2.4所示。网络中的任何节点,可以把自己要发送的信息送入总线,使信息在总线上传播,供目的节点接收。网上每个节点既可以接收其他节点的信息,又可发送信息到其他节点,它们处于平等的通信地位,属于分布式传输控制关系。

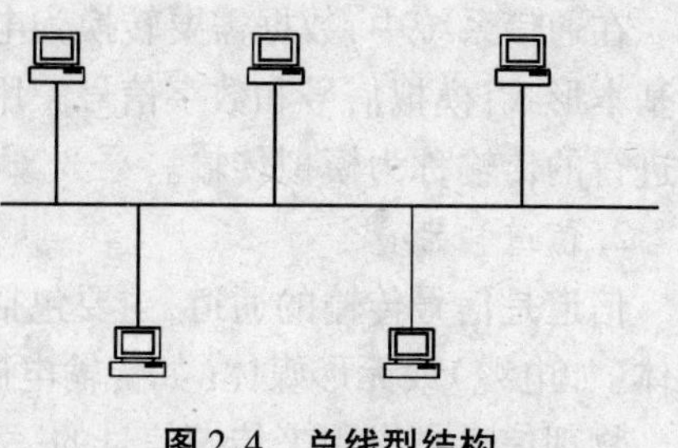

图2.4 总线型结构

优点:节点的插入或拆卸非常方便,易于网络的扩充。

缺点:可靠性不高,如果总线出了问题,则整个网络都不能工作,且断网后查找故障节点较困难。

3. 环型结构

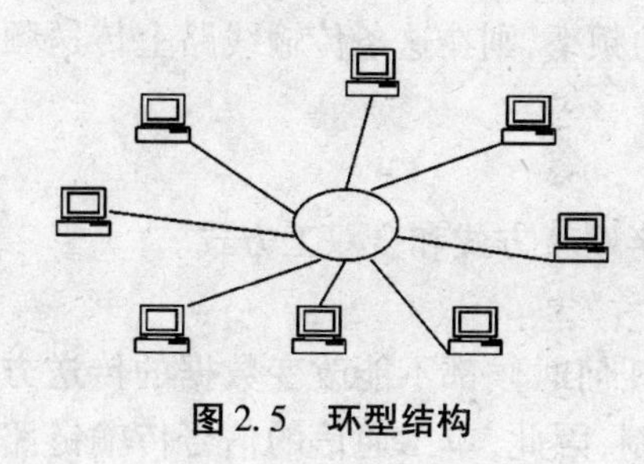

图2.5 环型结构

在环型拓扑结构中,节点通过点到点通信线路连接成闭合环路,如图2.5所示。环中数据将沿一个方向逐站传送。

优点:结构简单,控制简便,结构对称性好,传输速率高,应用广泛。

缺点:环中每个节点与连接节点之间的通信线路都有可能成为网络可靠性的瓶颈,环中任何一个节点出现线路故障,都可能造成网络瘫痪。为保证环的正常工作,需要较复杂的环维护处理,环中节点的加入和撤除过程都较复杂。

2.2 计算机通信技术

计算机通信技术是一门独立的学科,它涉及的范围很广,其任务就是利用通信媒体传输信息,即通过传输媒介,采用网络、通信技术促使信息数据化并传输信息。

2.2.1 数据通信的基本概念

1. 数据和信号

数据有模拟数据和数字数据两种形式。

模拟数据是在一定时间间隔内连续变化的数据。因为模拟数据具有连续性的特点,所以它可以取无限多个数值。例如,声音、电视图像信号等都是连续变化的,因此都表现为模拟数据。

数字数据是表现为离散量的数据,只能取有限个数值。在计算机中一般采用二进制形式,只有"0"和"1"两个数值。

在通信系统中,数据需要转换为电信号的形式从一点传到另一点。电信号有两种基本形式:模拟信号和数字信号。用数字信号进行的传输称为数字传输,用模拟信号进行的传输称为模拟传输。

2. 信道和带宽

信道是信号传输的通道,主要包括通信设备和传输媒体。这些媒体可以是有形媒体(如电缆)或无形媒体(如传输电磁波的空间)。信道有物理信道和逻辑信道之分。物理信道是指用来传送信号的一种物理通路,由传输介质及有关设备组成。逻辑信道在信号的发送端和接收端之间并不存在一条物理上的传输介质,而是在物理信道的基础上,通过节点设备内部的连接来实现的。

模拟信道传输是连续变化的、具有周期性的正弦波信号。而数字信道传输是不连续的、离散的二进制脉冲信号。二者之间不能直接混用。

带宽是指信道能传送信号的频率宽度,即可传送信号的最高频率与最低频率之差。如一条传输线路可以接受从500~2500 Hz的频率,则在这条传输线路上传送频率的带宽就是2000 Hz。

3. 数据传输方式

数据在线路上的传输方式可分为单工方式、半双工方式和全双工方式。

1)单工通信方式

单工通信方式即数据只能向一个方向传输,任何时候都不能改变数据的传送方向。为使双方单工通信,需要另一根线路用于控制,因此,单工通信的信号传输链路一般由两条线路组成,一条用于传输数据,另一条用于传送控制信号,通常又称二线制。收音机、电视机的信号传输方式就是单工通信。

2)半双工通信方式

在半双工通信方式中,数据信息可以双向传送,但必须是交替进行的,同一时刻一个信道只允许单方向传送。它的传输线路只有一条,若想改变信息的传送方向,需要由开关进行切换。这种方式适用于终端之间的会话式通信,但由于通信中要频繁地调换通信方向,故效率较低。对讲机就是半双工通信方式。

3)全双工通信方式

该方式能在两个方向上同时发送和接收信息,它相当于把两个相反方向的单工通信方式组合起来,因此一般采用四线制。全双工通信效率高,控制简单,但组成系统造价高,适用于计算机之间通信。如计算机网络、手机的通信方式。

4. 数据传输技术

1)基带传输

在数据通信中,电信号所固有的基本频率叫基本频带,简称为基带。这种电信号就叫做基带信号。在数字通信信道上,直接传送基带信号的方法称为基带传输。

在发送端,基带传输的信源数据经过编码器变换,变为直接传输的基带信号;在接收端由解码器恢复成与发送端相同的数据。基带传输是一种最基本的数据传输方式。

基带传输只能延伸有限的距离,一般不大于2.5 km,当超过该距离时,需要加中继器,将信号放大再生,以延长传输距离。基带传输简单、设备费用少、经济,适用于传输距离不长的场合,特别适用于在局域网。

2)频带传输

由于电话交换网是用于传输语音信号的模拟通信信道,并且是目前覆盖面最广的一种通信方式,因此利用模拟通信信道进行数据通信也是最普遍使用的通信方式。频带传输技术就是利用调制器把二进制信号调制成能在公共电话线上传输的音频信号(模拟信号),将音频信号在传输介质中传送到接收端后,再由解调器把音频信号还原成二进制的电信号。

频带传输的优点是克服了电话线上不能传送基带信号的缺点,用于语音通信的电话交换网技术成熟,造价较低,而且能够实现多任务的目的,提高了通信线路的利用率。其缺点是数据传输速率和系统效率较低。

3)宽带传输

宽带传输是指具有比语音信道(4 kHz)带宽更宽的信道。使用这种宽带技术进行传输的系统,称为宽带传输系统。宽带传输系统可以进行高速的数据传输,并且允许在同一信道上进行数字信息和模拟信息服务。

2.2.2 多路复用技术

为了高效地利用一些传输介质带宽很宽的资源,多路复用技术出现了。多路复用就是在单一的通信线路上,同时传输多个不同来源的信息。如何实现各个不同信号的复合与分离,是多路复用技术研究的中心问题。

多路复用技术通常分为两类:时分多路复用和频分多路复用。

1.时分多路复用(TDM)

时分多路复用是将传输信号的时间进行分割,使不同的信号在不同的时间内传送,即将整个传输时间分为许多时间间隔(称为时隙或时间片),每个时间片被一路信号占用。也就是说TDM就是通过在时间上交叉发送每一路信号的一部分来实现一条线路传送多路信号。时分多路复用线路上的每一时刻只有一路信号存在。而频分是同时传送若干路不同频率的信号。因为数字信号是有限个离散值,所以适合于采用时分多路复用技术,而模拟信号一般采用频分多路复用。

2.频分多路复用(FDM)

频分复用是把线路或空间的频带资源分成多个频段,将其分别分配给多个用户,每个用户终端通过分配给它的子频段传输,主要用于电话和电缆电视系统。在频分多路复用中,各个频段都有一定的带宽,称之为逻辑信道。为了防止相邻信道信号频率覆盖造成干扰,在相邻两个信号的频率段之间设立一定的"保护"带,"保护"带对应的频率未被使用,以保证各个频带互相隔离不会交叠。如无线电广播或无线电视中将多个电台或电视台的多组节目对应的声音、图像信号分别加载在不同频率的无线电波上,同时在同一无线空间中传播,接收者根据需要接收特定的某种频率的信号收听或收看。

2.2.3 数据交换技术

由于计算机网络中传输系统的设备费用常常要占整个计算机网络费用的一半左右,所以当通信用户较多而传输的距离较远时,通常采用交换技术,以使传输线路为各个用户公用,以提高传输设备的利用率,降低系统费用。

1. 电路交换

电路交换是一种直接的交换方式,它为一对需要进行通信的装置提供一条临时的专用通道,一般由交换机负责建立。即提供一条专用的传输通道,既可以是物理通道又可以是逻辑通道。

2. 报文交换方式

报文交换方式就是用户把需要传输的数据,分割成一定大小的报文。每一个报文由传输的数据和报头组成,报头中有源地址和目标地址。报文由发送端发送,在节点处被暂时存储,节点根据报头中的目标地址为报文进行路径选择,当报文要发送的目的地址线路空闲时,节点立即将报文发送到目的地。

3. 分组交换方式

分组交换方式也称包交换方式,该方式是把长的报文分成若干较短的报文分组,以报文分组为单位进行发送、暂存和转发。每个报文分组,除要传送数据地址信息外,还有数据分组编号。报文在发送端被分组后,各组报文可按不同的传输路径进行传输,经过节点时,同样要存储、转发、最后在接收端将报文分组按编号再重新组成报文。

2.3 Internet 的基本概念和使用

2.3.1 Internet 的基本概念

1. 何谓 Internet

Internet 是将不同类型的计算机,不同技术组成的各种计算机网络,按照一定的协议相互连接在一起,使每一台计算机或终端就像在一个网络中工作,从而实现资源和服务共享。

Internet 的前身是始于 20 世纪 60 年代美国国防部组织研制的 ARPANET,其目的是将各地不同的主机以一种对等的通信方式连接起来，最初只有四台主机。80 年代，由于计算机局部网络的兴起及工作站、个人电脑的普及，许多单位都希望将自己的局部网络连接到 ARPANET 上。当 1985 年 Internet 命名时已有 200 多台计算机在其中互连。几年来 Internet 迅速发展，1999 年有报告指出，目前 Internet 上的用户已达 1. 36 亿，而且增长速度迅速。事实表明 Internet 已经成为人们乐于使用的快速、高效的信息交流媒体。目前 Internet 已能提供数据、电话、广播、出版、软件分发、商业交易、视频会议、视频节目点播等服务，有着巨大的应用前景和深远影响。

2. Internet 的特点

Internet 具有普遍性、开放性和可扩展性，并且有无与伦比的丰富资源。

3. Internet 的功能

因特网的迅猛发展，正在为全世界构筑着一条资源共享的信息高速公路。为了充分享用这条公路给人们带来的效益，因特网提供了很多服务功能。

1）远程登录（Remote Login）

远程登录是 Internet 上较早提供的服务。用户通过 Telnet 命令使自己的计算机暂时成为远程计算机的终端，直接调用远程计算机的资料和服务。利用远程登录，用户可以实时使用远程计算机上对外开放的全部资源，可以查询数据库、检索资料或利用远程计算完成只有巨型机才能做的工作。

2）文件传输

文件传输协议（FTP）是 Internet 文件传输的基础。FTP 使用户能在两台联网的计算机之间传输文件。使用匿名（Anonymous）FTP，用户可以免费获得 Internet 丰富的资源。

FTP 是由 TCP/IP 的文件传输协议支持的。它是一种实时的联机服务，工作时，用户首先要登录到对方的计算机上，登录后只能进行与文件搜索和文件传送有关的操作。

3）电子邮件（E-mail）

E-mail 是 Internet 上使用得最广泛的一种服务，是 Internet 最重要、最基本的应用。使用因特网提供的电子邮件服务实际上并不要求用户总是直接和因特网连接。只要找到一个与因特网真正联网并愿意为用户提供因特网信息服务的 Internet 供应商（ISP），用户就可以通过这个机构收发电子邮件。电子邮件具有方便性、广泛性、廉价性与快捷性的优点。

4. WWW 服务

WWW 的含义是万维网（World Wide Web）。万维网是基于 Internet 的信息服务系统。它是一个基于超文本方式的查询工具。能提供具有一定格式的文本和图形。用户只要提出查询要求，不管到什么地方查询，如何查询都由 WWW 自动完成。因此，WWW 为用户带来的是世界范围的超级文本服务。

5. TCP/IP

TCP/IP（传输控制协议/网间协议）是 Internet 上的标准协议。协议指的是所有网络为了相互交流而共同采用的规则。TCP 为传输控制协议,IP 为网间协议。

TCP/IP 是一个协议集,它包括约 100 多个协议,如 FTP、Telnet、http 等。

TCP/IP 采用把信息打包的方法来简化各种不同类型的计算机之间的信息传输。因而,计算机或网络若与 Internet 相连,就必须遵守这一共同的网络互联协议。

6. DNS(域名管理系统)

域名是 Internet 上的主机的名字。Internet 引入了域名管理系统 DNS(Domain Name System)。它可以提供有效的、可靠的、分布式的名字-地域映射系统,运行名字服务程序的机器称为域名服务器,实现域名转换的服务程序称为解析器。因特网域名服务器也构成一定的层次结构,分层进行解析服务。域名服务器结构与因特网域名层次结构完全一致。每一层构成一个子域名,子域名之间用圆点隔开,自左至右分别为:计算机名.网络名.机构名.最高域名。

域名是按照机构或地理位置描述的。

以机构区分的最高域名如:	com	商业机构
	gov	政府
	mil	军事机构
	org	非赢利组织
	edu	教育机构
	int	国际组织
	net	网络机构
以地域区分的最高域名如:	us	美国
	ca	加拿大
	au	澳大利亚
	uk	英国
	…………	
	cn	中国

域名用文字表达,比用数字表达的 IP 地址容易记忆。加入 Internet 的各级网络依照 DNS 的命名规则对本网内的计算机命名,并负责完成通信时域名到 IP 地址的转换。

7. IP 地址

IP 地址由 4 部分组成,每一部分是一个小于 256 的数,数字之间用“.”隔开(如 202.16.4.101)。一个 IP 地址指网络上的一个主机。因此,加入 Internet 的每一台计算机都有一个唯一的 IP 地址。

8. 电子邮件的地址和简单邮件传送协议(SMTP)

Internet 电子邮件地址的组成比 Internet 网上的计算机名的组成要复杂,因为 E-mail 是直接寻找到用户的,而不是仅到计算机。E-mail 地址具有统一的标准格式:用户名@主机域名。如 tianzhi@163.com 就是表示存在于计算机 163.com 上的名为

tianzhi 的电子邮件地址。

SMTP 用于在 Internet 上传送电子邮件。当一个 SMTP 服务器同意接收信件时,根据需要,可将信件发给本地用户,也可以将信件通过网络转发。

9. 超文本传输协议(HTTP)

超文本(Hypertext)是组织文本、图形或计算机使用的其他信息的方法。它使得单个的信息元素之间互相指向。这是一种非线性组织信息的方法。

HTTP 为超文本传输协议(Hypertext Transfer Protocol),是一种客户程序和 WWW 服务器之间的通讯协议。通过它由 Web 访问多媒体资源。

2.3.2 Internet 的联入

1. 硬件环境

计算机是联网所必需的,因此需要一台 486 以上的计算机,16M 以上内存,足够的硬盘空间,软驱,调制解调器(Modem),如采用拨号入网,还需一根电话线。

2. 选择 Internet 服务供应商(Internet Service Provider,ISP)

ISP 一般都可以提供用户账号及其他服务。首先要得到 ISP 的服务和价格信息,了解 ISP 的名字、所能提供的服务、服务价格及额外费用、注意事项和本地服务情况。

目前我国的 Internet 网络包括两个层次:互联网络和接入网络。直接进行国际联网的信息网络有四个,他们是 CHINANET(商业网)、CSTNET(科研网)、GBNET(金桥网)、CERNET(教育网)。其中 CHINANET 可以进行商业经营。

3. Internet 的接入方式

目前 Internet 的接入方式有三种,即拨号方式、专线方式和 PPP/SLIP 方式。

1)拨号方式

拨号方式最为简单,对于初学者较为实用。使用这种方式时,用户只需一台调制解调器和一条普通电话线及拨号通信管理软件即可。当用户通过 Modem 拨号接通 ISP 后,就可以和因特网连接了。因拨号方式对 WWW 服务器使用的支持较差,因此正在逐渐被 PPP/SLIP 取代。

2)PPP/SLIP 方式

目前这种方式是最常见的方式。所需硬件设备与拨号方式相同。使用这种方式时,拨号连通的客户通过 PPP/SLIP 点对点协议或串行线路的互联网协议在电话线上建立连接,然后即可享受互联网提供的各种服务。PPP/SLIP 方式具备专线方式的全部功能,只是传输速率比专线方式慢。

3)专线方式

该方式是指用户端与因特网服务商之间通过专线连接。其方式有电话专线、DDN 或模拟专线、电缆或双绞线、光纤及卫星通信设备等几种介质。使用这种方式时,用户端的局域网内主机与 ISP 之间必须有路由器连接,所有的路由器必须支持 TCP/IP 协议。同时用户还要向有关部门申请专线连接。专线方式网络传输速率很快,但需要一定的人员维护,而且用户必须支付大笔的专线费用。

2.4 电子邮件

电子邮件(E-mail)是因特网中最流行的一种通信方式。它可以通过存储转发的非定时通信方式提供发送邮件、接收邮件、阅读和处理邮件的基本功能。它是通过计算机网络实现与其他用户通信、交流信息的高效、廉价的现代通信手段。

2.4.1 电子邮件基础

Internet 电子邮件系统遵循简单邮件传输协议(SMTP),采用客户机/服务器模式,由传送代理程序(服务方)和用户代理程序(客户方)两个基本程序协同工作完成邮件的传递。传送代理程序负责接收和发送信件,它运行在计算机后台。传送代理程序对用户是透明的,用户感觉不到它的存在。传送代理程序能随时对客户的请求作出响应,例如,根据邮件的地址连接远地的计算机、发送信件、响应远地计算机的连接请求、接收信件等。用户代理程序是用户使用 Internet 邮件系统的接口,它的功能是允许用户读、写和删除信件。不同的系统上提供的用户代理程序是不相同的,但所有用户代理程序都要遵循 SMTP 协议,因此它们提供的功能都是相同的,其用法也大同小异。

SMTP 协议规定信件必须是 ASCII 类型的文件。为了能在 Internet 上传送二进制文件,需要使用 Internet 电子邮件扩充(Multipurpose Internet Mail Extensions, MIME)协议。MIME 能把附加在信件上的二进制文件装到一个文件中一起发送。因此,如果通信双方都使用支持 MIME 协议的电子邮件软件,就可以传送图形、声音等多媒体文件。

Outlook Express 是 PC 上使用得最广泛的一种电子邮件软件。它在桌面上实现了全球范围的联机通讯。借助于 Outlook Express 以及所建立的 Internet 连接,可以与 Internet 上的任何人交换电子邮件并加入许多有趣的新闻组。

Outlook Express 是一个基于 POP 协议的邮件用户代理程序。POP(Post Office Protocol)为邮局协议,它是一个运行在邮件服务器上的信件存储转发程序。POP 协议的工作原理如下。

当有人发信给你时,信件的传送分两步完成。第一步,邮件首先被传送到服务器上并存储;第二步,电子邮件软件按 POP 协议请求邮件服务器将信件转发到你的计算机。由此可见,当使用 Outlook Express 电子邮件软件时,必须要有一个邮件服务器来提供 POP 服务。通常,只要用户在 ISP 处取得一个账号就可以得到此项服务。

在日常生活中,给某人寄信都要在信封上写明收信人的通信地址,电子邮件和传统邮件一样也需要一个地址。每个使用电子邮件的用户都必须在邮件服务器上建立一个邮箱,拥有一个唯一的电子邮件地址,也就是邮箱地址。邮件传输代理就是根据这个地址将邮件传送到每个用户的邮箱中的。Internet 电子邮件地址由用户名(UserID)和邮件服务器的 Internet 主机名(包括域名)组成,中间用@隔开,格式如下:

Username@ hostname. domain name

其中:Username 是用户名,也就是用户的账号;hostname 是用户邮箱所在的电子邮件服务器的主机名;domain name 是电子邮件服务器所在的域名。

例如,域名为 tjtc. edu. cn,用户名为 Wang,那么电子邮件地址应为:

Wang@ tjtc. edu. cn

2.4.2 Outlook Express 的设置和邮件的收发

用户使用电子邮件服务器前,需要安装并配置好邮件服务。当在计算机上安装了 Outlook Express 后,打开 Outlook Express,单击"工具"菜单中的"选项"命令,进入 Outlook Express"选项"对话框,如图 2.6 所示。

1. Outlook Express 的设置

(1)常规标签如图 2.6 所示。用于设定 Outlook Express 检查新邮件的间隔时间。也可以将 Outlook Express 设置为默认的电子邮件程序或新闻阅读程序等。

(2)发送标签如图 2.7 所示,用于设定邮件发送格式。

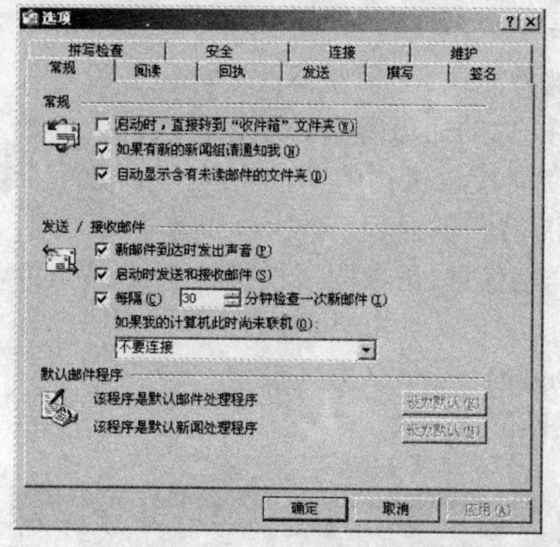

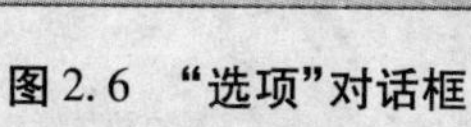

图 2.6 "选项"对话框

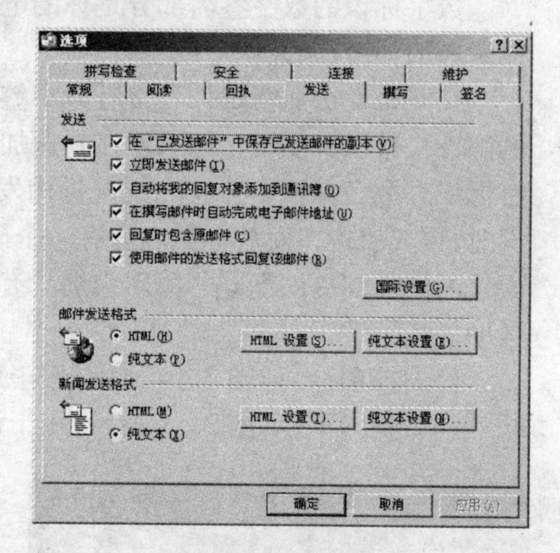

图 2.7 发送标签

(3)阅读标签如图 2.8 所示,用于设定邮件阅读方式。

(4)安全标签如图 2.9 所示,用于设置安全区域和安全邮件。

由于越来越多的人通过电子邮件发送机密信息,因此保证邮件不被除收件人以外的其他人截取和偷阅也变得日趋重要。另外,了解别人是否伪造通过电子邮件发送的文档也同样重要。

使用 Outlook Express 的"数字标识"可以在电子交易中证明你的身份,就像兑付支票时要出示有效证件一样。而使用数字标识加密邮件则可以保护个人隐私。数字标识与 S/MIME 规范共同用于安全的电子邮件。

数字标识由"公用密钥"、"私人密钥"和"数字签名"三部分组成。在将数字标识发给他人时,实际上给他们的是公用密钥,以便他们给你发送加密的邮件,只有你

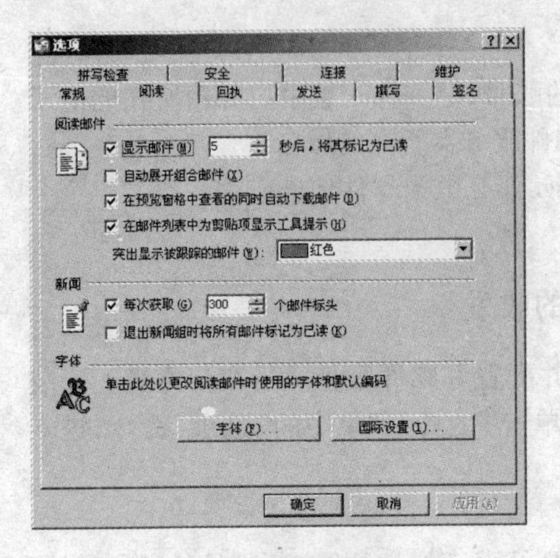

图 2.8　阅读标签

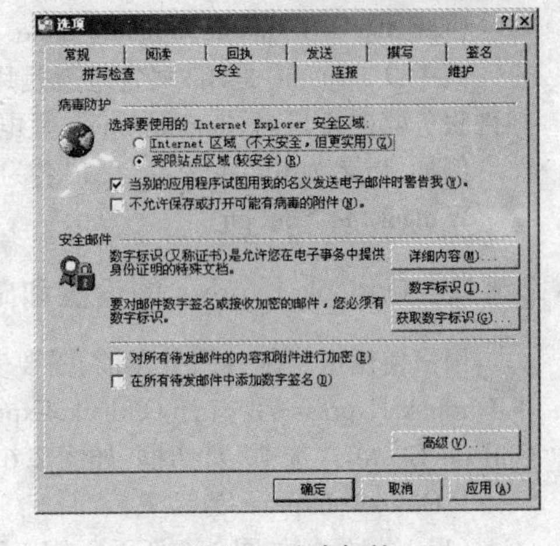

图 2.9　安全标签

自己才可以使用私人密钥对加密邮件进行解密和阅读。

数字标识的数字签名部分是你的电子身份卡。数字签名可使收件人相信邮件是你发送的，并且未被伪造或篡改。

在开始发送加密邮件和带有数字签名的邮件之前，必须获得数字标识并设置你的邮件账号以供使用。如果正在发送加密邮件，你的通讯簿中必须包含收件人的数字标识。数字标识由独立的授权机构发放。在向授权机构的 Web 站点申请数字标识时，授权机构在发放标识之前有一个确认用户身份的过程。数字标识有不同类别，而且不同类别提供不同的信用级别。有关的详细信息，请参阅授权机构 Web 站点的帮助。

(5)连接标签如图 2.10 所示，用于启动 Outlook Express 方式设定。

(6)维护标签如图 2.11 所示，用于设定邮件保留天数。

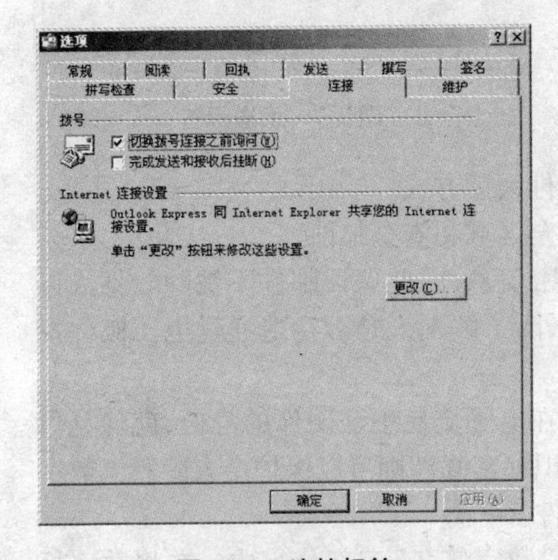

图 2.10　连接标签

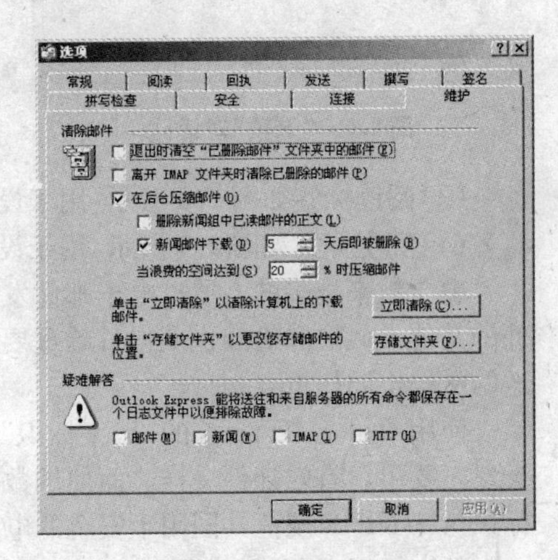

图 2.11　维护标签

2. 邮件的收发

1)邮件的撰写与发送

操作实例 2-1

给张明(zhangming84@ eyou. com)写一封电子邮件。邮件标题:信已收到。内容:“张明你好,你的邮件我已收到。多谢你的帮助。”

执行 Outlook Express 窗口“文件”菜单中的“新建”子菜单中的“邮件”命令或单击工具栏上的“创建邮件”按钮,进入新邮件编辑窗,如图 2. 12 所示。

步骤 1:在“收件人”、“抄送”框中键入收件人的电子邮件地址,不同的电子邮件地址用逗号或分号隔开。要从通讯簿添加电子邮件地址,可单击“新邮件”窗口中的“收件人”图标,然后选择要添加的电子邮件地址。

步骤 2:在“主题”框中,键入邮件的标题。

步骤 3:在正文框中,可以使用 HTML(超文本标识语言)。HTML 是 Internet 的标准文本格式。使用 HTML 格式还可以在邮件中添加图形和指向 Web 站点的链接。要使邮件使用 HTML 格式,只要单击新邮件窗口“格式”菜单中的“多信息文本(HT-ML)”命令即可。

使用 HTML 格式而收件人的邮件或新闻程序不能读取 HTML 时,邮件将显示为纯文本而且附带 HTML 文件,只有支持 MIME 的电子邮件程序才能读取 HTML 格式的文件。

可以通过“文件”菜单中的“保存”命令将所编辑的邮件存盘。如图 2. 13 所示。

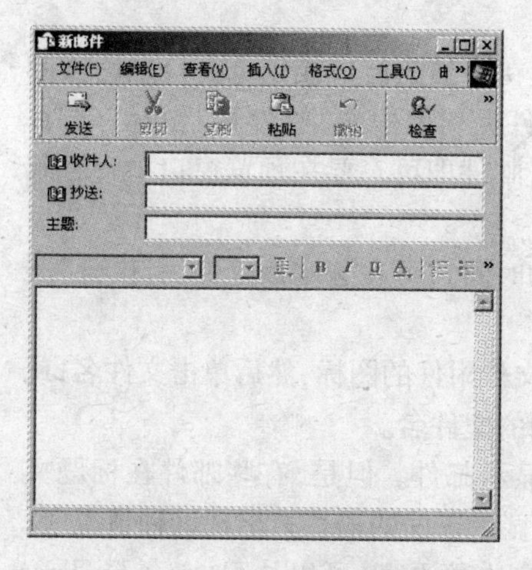

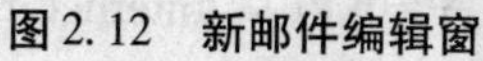
图 2. 12 新邮件编辑窗

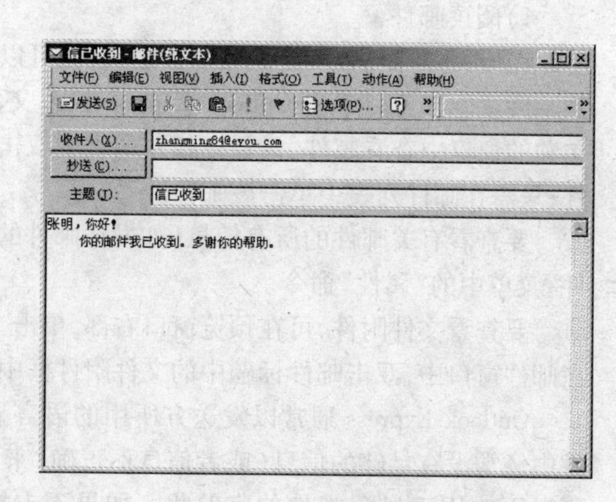

图 2. 13 撰写邮件

步骤 4:当邮件编辑完成后,单击“新邮件”窗口工具栏上的“发送”按钮。要通过邮件账号而不是默认账号发送文件,则使用“文件”菜单中的“发送邮件”命令,在对话框中单击所需的邮件账号。

如果线路不通，所撰写的邮件即保存到“发件箱”中。可以单击“发件箱”窗口“工具”菜单中的“发送与接收”命令，将“发件箱”中的邮件发送出去。

如果是脱机撰写邮件，可以单击“新邮件”窗口的“文件”菜单中的“以后发送”，将邮件保存在“发件箱”中。当联机后，可以单击“发件箱”窗口“工具”菜单中的“发送与接收”命令，将邮件发送出去。

2）在邮件中插入链接、图片或附件

如果在邮件中需要插入链接、图片或附件，则先在邮件中指定想要放置图片或文件的位置，或选定需要链接到文件或 Web 页的文本，然后执行下列操作之一。

（1）要插入链接，可执行“插入”菜单中的“超级链接”命令，选择类型，然后键入链接的位置或地址。

（2）要插入图片，可执行“插入”菜单中的“图片”命令，通过“浏览”查找图片文件，然后双击该文件名。

（3）要插入文件，可执行“插入”菜单中的“附件”命令，然后双击要发送的文件。

3）在发送的邮件中使用信纸

使用 Outlook Express 信纸，可以为电子邮件或新闻组创建更加美观的邮件。信纸包括背景图像、特有的文本字体、想要作为签名添加的各种文本或文件，以及用户的名片。

要使用信纸，可以执行 Outlook Express 窗口“邮件”菜单上的“新邮件使用”，在它的子菜单中选择信纸。

3. 阅读邮件

1）阅读邮件

在 Outlook Express 下载完邮件之后，就可以在单独的窗口或预览窗口中阅读邮件。阅读邮件可以单击 Outlook Express 栏或文件夹列表中的“收件箱”图标。要在单独的窗口中查看邮件，只要在邮件列表中双击邮件即可。要在预览窗口中查看邮件，只需在邮件列表中单击该邮件。

要查看有关邮件的所有信息（如发送邮件的时间），可在选定该邮件后，执行“文件”菜单中的“属性”命令。

要查看文件附件，可在预览窗口右部，单击文件附件的图标，然后单击文件名，或在邮件窗口中，双击邮件标题中的文件附件框中的文件名。

Outlook Express 通常以发送方所用的语言显示邮件。但是，有些邮件在标题文件中经常没有足够的信息（或者信息不正确）来显示正确的语言。出现这种情况时，可以更改用于显示邮件的字符集。如果不支持这种语言，可以从 Internet Explorer Web 站点的“多语言支持”区域获得支持这种语言的字符集。如果“语言”按钮显示在工具栏上，可以单击按钮，然后单击字符集。

2）管理邮件

在接收大量邮件时，为有效地利用联机时间，可以使用 Outlook Express 来查找邮件、自动将邮件分拣到不同的文件夹、在邮件服务器上保存邮件或全部删除。

1°分拣接收的邮件

可以使用“工具”菜单中的“邮件规则”将所收到的满足某项条件的邮件发送到所需的文件夹中。例如，使用同一电子邮件账号，每个人都可以将他们的邮件发送到各自的文件夹中，或者将某人发来的所有邮件自动分拣到指定的文件夹中。

在“工具”菜单中，指向“邮件规则”，然后单击“邮件”。在“邮件规则”选项卡上，单击“新建”。在“选择规则条件”部分中选择所需的复选框以设置规则的条件（必须至少选择一个条件）。可以单击多个复选框为一个规则指定多个条件。在“规则描述”部分中单击带下划线的超级链接以指定规则的条件或操作。可以在“规则描述”部分中单击“包含用户”或“包含特定的词”以指定希望 Outlook Express 在邮件中查找的人或词。如果在每个条件中输入了多个人或多个词，请使用“选择用户”或“键入特定文字”对话框中的“选项”按钮来进一步自定义该条件。在“规则名称”框中选择默认的名称，或是键入规则的新名称，然后单击“确定”。

2°将邮件存储在邮件服务器上

如果需要从多台计算机上阅读邮件，可以将邮件存储在服务器上。从不同的计算机登录到用户的账号时，Outlook Express 将按照用户设置的选项下载邮件。用户可以将邮件存储在 POP3 或 IMAP 邮件服务器上。

在“工具”菜单中，单击“账户”→“邮件账户”→“属性”→“高级”→“在服务器上保留邮件副本”，即可有邮件存储在服务器上。

3°删除邮件

在邮件列表中，单击要删除的邮件，再单击工具栏上的删除按钮即可删除邮件。要恢复已删除的本地邮件，可以打开“已删除邮件”文件夹，然后将邮件复制到收件箱或其他文件夹中。

如果不希望在退出 Outlook Express 时将邮件保存在“已删除邮件”文件夹中，可以用鼠标右键单击“已删除邮件”文件夹，然后单击“清空已删除邮件文件夹”。

4°在邮件文件夹中查找邮件

单击“编辑”菜单的“查找”子菜单中的“邮件”命令，可以在搜索域中键入尽可能多的信息以缩小搜索范围。

5°将邮件移动或复制到其他文件夹

在邮件列表中，用鼠标右键单击要移动或复制的邮件。单击“移动到文件夹”或“复制到文件夹”，然后单击目标文件夹。

3）转发与回复电子邮件

转发电子邮件与发送邮件类似。先打开或选择要转发的邮件，单击工具栏上的“转发邮件”按钮。此时，邮件处在编辑状态，可修改邮件内容或在邮件中插入链接、图片或附件。当键入每一位收件人的电子邮件地址后，单击工具栏上的“发送”按钮即可。

回复邮件时将使用与原邮件相同的字符集发送。如果在回复时更改字符集，除非邮件以 HTML 格式发送（并且接收程序可阅读 HTML 格式的邮件），否则原字符集将无法正常显示。

2.5 IE 浏览器的使用

Internet Explorer（IE）是一种极为灵活方便的网上浏览器，它可以从各种不同的服务器中获得信息，支持多种类型的网页文件。

1. 启动 IE 浏览器

在桌面上双击 IE 图标或在“资源管理器”的左窗格中双击 IE 图标，都可以进入到 IE 窗口。

主页是浏览的起点，从它出发可以连接到其他资源。窗口中的菜单提供了浏览器的所有功能。为方便操作，窗口中提供了工具栏。“地址”栏指示当前显示文件的 URL 地址。图 2.14 的 IE 窗口中所示的为天津职业大学的主页，地址为 http://www.tjtc.edu.cn。

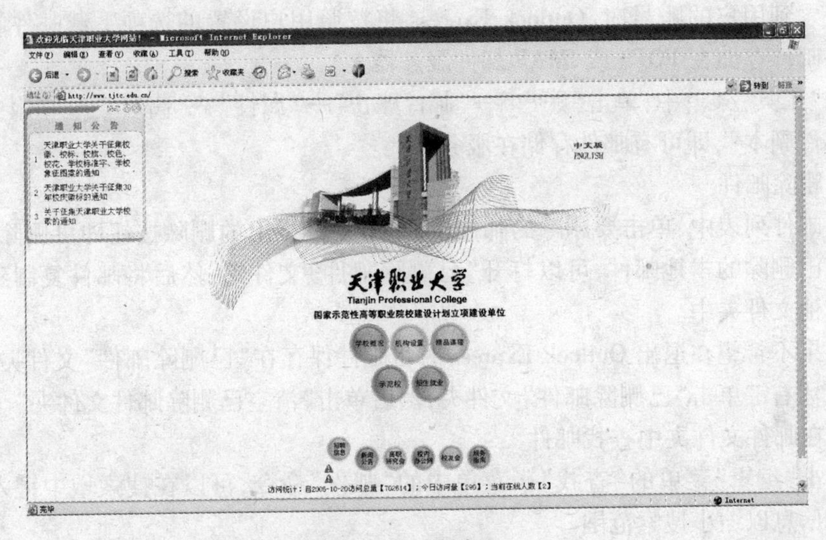

图 2.14 IE 窗口

窗口底部为状态行，显示信息传送进展情况。信息传送时，可看到窗口右上方的地球图标在转动，若要中断传送，可随时单击“停止”按钮。

Web 页上的某些文字和图形可作为超链接。当鼠标指向超链接时，鼠标指针变成手形，用户单击这些文字和图形时，可以进入另一 Web 页。这样一级级浏览下去，就可以漫游整个 WWW 资源。当浏览的页面很多时，也可使用“后退”、“前进”、“主页”等按钮实现返回前页、转入后页、返回主页等浏览功能。

2. 用 URL 直接链接主页

如果已知某资源的 URL 地址，可在“地址”栏输入地址，让 IE 直接打开该页面。当在“地址”栏键入 URL 地址时，IE 会自动帮助用户完成该地址的输入。如果键入或单击了错误的地址，IE 可以搜索相似的 Web 地址以查找匹配的条目。

操作实例 2-2

打开新浪网主页 www. sina. com. cn

启动 IE 浏览器，在地址栏键入 www. sina. com. cn，回车，即打开了新浪网主页。如图 2.15 所示。

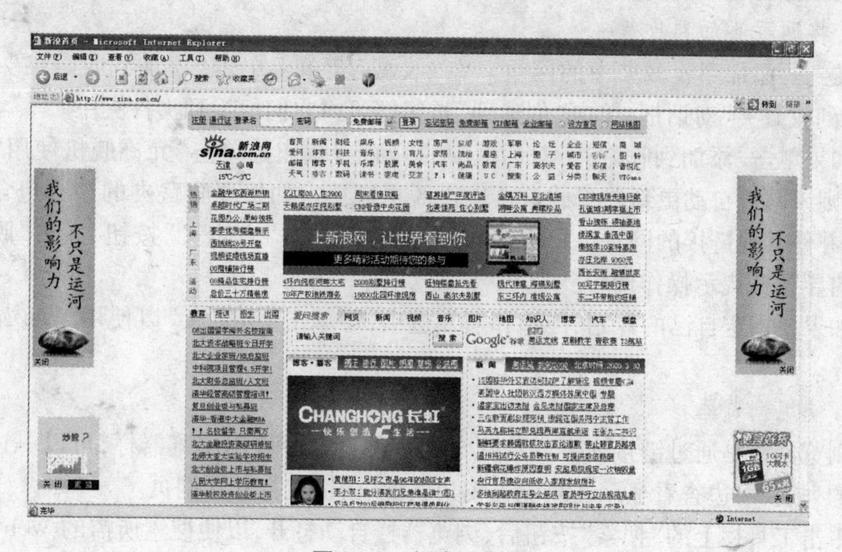

图 2.15　新浪网主页

如果希望快速查找信息，可在“地址”栏键入“go”、“find”或“?”，后面是要查找的单词或短语。这样 IE 会立即开始搜索。转到 Web 页后，可以马上搜索特定的文本。

3. 保存 Web 页的信息

查看 Web 上的网页时，会发现很多有用的信息，这时可以保存整个网页，也可以只保存其中的部分内容。信息保存后，可以在其他文档中使用或作为计算机墙纸在桌面上显示。

1）保存当前页

在“文件”菜单上单击“另存为”。在“另存为”对话框中选择用于保存网页的文件夹，在“文件名”框中键入该页的名字，然后单击“保存”。这种方法保存的文件是一个文本文件，而不是图形。

2）保存当前页上的部分文本

要保存当前页上的部分文本，必须使用剪贴板，再通过另一个处理程序接受剪贴板上的信息。

操作方法如下。

步骤1:选定要复制的信息,使用"编辑"菜单上的"复制"命令将信息存入剪贴板。

步骤2:启动另一个处理程序,如Word、写字板等。

步骤3:在需要显示信息的处理程序中确定放置这些信息的位置,选择程序中的"编辑"菜单上的"粘贴"命令读入信息,最后用"保存"命令存盘

3)将Web页图片作为桌面墙纸

用鼠标右键单击网页上的图片,在弹出菜单内单击"设置为墙纸"。

4. 将网页添加到收藏夹

转到要添加到收藏夹中的网页。在"收藏"菜单上单击"添加到收藏夹",出现"添加到收藏夹"对话框,单击"创建到"按钮即可将它们组织到文件夹中。

如果单击"添加到收藏夹"对话框中的"确定"按钮并单击"允许脱机使用"单选按钮,则该网页自动更新并下载该页以供脱机阅读。如果要收藏夹的该页包含其他链接,并使其他链接的网页也可以脱机使用时,可单击"自定义"按钮,并按"脱机收藏夹向导",按提示操作即可。

如果要指定自己的计划、传递和通知选项,可单击"自定义"以使用Web站点预订向导。

5. 使用浏览器栏

浏览器栏是通过链接列表浏览网页的一种方式。使用浏览器栏,可以一边浏览链接的列表,一边查看显示在浏览器窗口右侧、由链接打开的网页。

单击工具栏上的"搜索"按钮后,浏览器栏自动打开,以便搜索所需的Web站点。单击工具栏上相应的按钮也可以显示收藏夹列表、历史记录列表、频道或搜索。另外,单击"查看"菜单,指向"浏览器"栏,也可以访问这些内容。

2.6 Web搜索引擎的使用

Internet是一个蕴藏着丰富信息资源的汪洋大海,网上漫游的目的不仅仅是浏览网页,还要学会如何从大量的信息中搜索出自己需要的信息或资料。

使用搜索工具是网上查找信息的主要方法,这些搜索工具就是所谓的搜索引擎。

1. 搜索引擎的概念

搜索引擎是指收集了Internet上无数个网页并对网页中的每一个词——关键词进行索引,建立索引数据库的全文搜索引擎。当用户查找某个关键词的时候,所有在页面内容中包含了该关键词的网页都将作为搜索结果被搜出来。在经过复杂的算法进行排序后,这些结果将按照与搜索关键词的相关程度高低,依次排列。所以,搜索引擎并不真搜索互联网,它搜索的实际上是预先整理好的网页索引数据库。

下面列出一些常用的搜索引擎：

http://www.google.com	Google 搜索引擎
http://www.baidu.com	百度搜索引擎
http://e.pku.edu.cn	北京大学天网中/英文搜索引擎
http://search.sina.com.cn	新浪网搜索引擎
http://cn.yahoo.com	雅虎中国搜索引擎
http://search.163.com	网易搜索引擎
http://dir.sohu.com	搜狐分类搜索引擎

2. 搜索引擎的使用

搜索引擎通常提供“分类检索”和“关键词查询”两种查找方法。即先打开搜索引擎主页，然后在提供的分类栏目中逐级查找；或在检索栏内输入搜索的关键字串，单击“搜索”/“搜寻”/“检索”等按钮。

操作实例 2-3

在新浪网搜索引擎中，利用“分类检索”的方法，查找可供下载的显卡驱动程序。

步骤 1：打开新浪网搜索引擎 http://search.sina.com.cn。

步骤 2：单击“计算机与互联网”类别下的“免费资源”，打开该类别的分类目录，如图 2.16 所示。

步骤 3：单击相关的子类别“驱动下载”，逐步找到所需的显卡驱动程序。

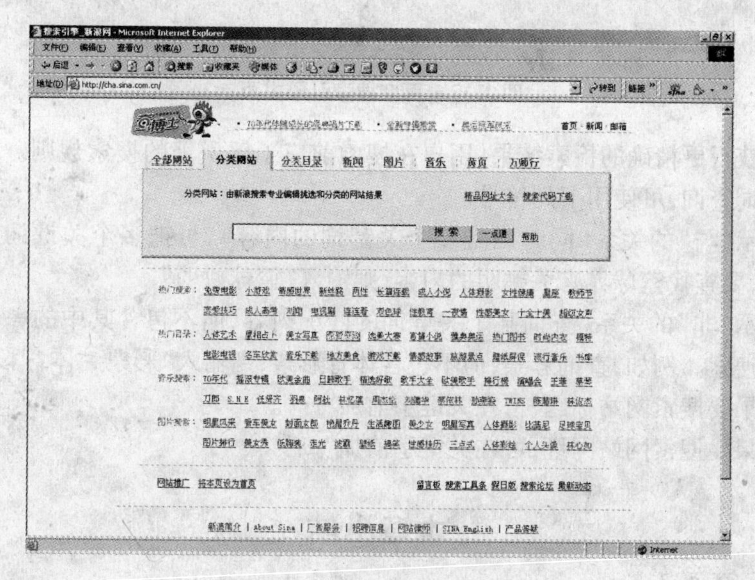

图 2.16 新浪网搜索引擎主页

操作实例 2-4

利用百度搜索引擎的关键词查询方法，查找韩红演唱的 MP3 歌曲。

步骤 1：打开百度搜索引擎：http://www.baidu.com。

步骤 2：先单击“MP3”选项，然后在“百度搜索”按钮左边的文本框中输入“韩红”，如图 2.17 所示。

步骤 3：单击“百度搜索”按钮，稍候即出现检索结果。

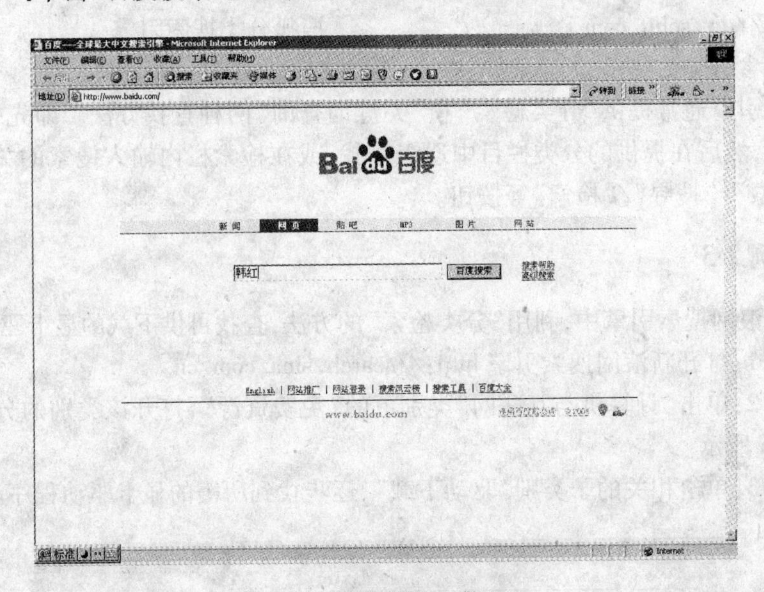

图 2.17 百度搜索引擎主页

为了获得更精确的检索结果，用户在搜索前应了解引擎的搜索规则。如果要进行多关键词查询，可使用下列符号。

- 表示“与”的关系（同时匹配多个关键词的内容），可把多个关键词用空格隔开。例如，要查找篮球界有关姚明的内容，则输入“篮球姚明”。
- 表示“非”的关系（查询某个关键词的匹配内容，但不包含其中的一部分），可使用减号搜索。例如，查询彩票，但不包含体育彩票，则输入“彩票 - 体育彩票”。
- 如果要搜索网站标题，可在关键字前加“t:”。
- 如果要搜索网站网址，可在关键字前加“u:”。

本章小结

本章主要介绍了计算机网络和 Internet 的基本概念和应用，包括：计算机网络按覆盖范围划分为局域网、城域网和广域网；按管理方式划分为客户机/服务器型、对等型和主从式网络；网络的拓扑结构是指网络的布局模式，主要有星型结构、环型结构和总线结构。

组建计算机网络,除计算机外,还要配置用于通信和连接的硬件设备。

网络协议用于制定网络的通信规则。TCP/IP 协议是 Internet 上使用的通信协议。

Internet 的应用包括网页浏览、使用 Outlook Express 收发电子邮件、调用 Web 服务等。

习题 2

一、填空题

1. 网络按覆盖范围划分,可分为______、______和______。

2. 目前实际存在与使用的广域网基本都是采用______拓扑。

3. 网络协议是指______。

4. 电子信箱 name@126.com 采用的邮件服务器是______。

5. 在因特网上进行文件传输使用的协议是______。

6. 在因特网上国际标准化组织指定的非地理域的域名 edu, cn 分别代表______和______。

7. 在因特网上每个网站都有自己的地址,该地址称为______。

8. 在因特网上超文本文件的传输依靠的协议是______。

9. Internet 上的基本服务功能包括______、______、______、______。

10. 使用客户端浏览器进行 Web 页浏览,要保存整个网页,应该选择“文件”下拉菜单的选择项______。

11. 在传输数据时,直接把数字信号送入线路进行传输的称为______。

12. 用模拟通信信道传送数字信号的方式称为______。

13. IP 地址是由一组长度为______的二进制数字组成。

14. 域名系统 DNS 的作用是______。

15. 电子邮件发送系统使用的传输协议是______。

二、选择题

1. 因特网上网页的传输,依赖的协议是(　　)。

A. HTML　　B. FTP　　C. HTTP　　D. SMTP

2. Internet 服务供应商的缩写是(　　)。

A. ICP　　B. ISP　　C. FAQ　　D. FBI

3. 在 IE 浏览器的历史记录中记录的是(　　)。

A. 网页的内容　　B. 网页的地址

C. 本地主机的 IP 地址　　D. 电子邮件

4. URL 的作用是(　　)。

A. 定位主机的地址　　B. 定位网络资源的地址
C. 域名与 IP 地址的转换　　D. 电子邮件地址

5. WWW 系统的作用是(　　)。
A. 信息浏览　　B. 文件传输　　C. 收发电子邮件　　D. 远程登录

6. 在 WWW 中,当超链接以文字方式存在时,文本通常会有(　　)。
A. 下画线　　B. 方框　　C. 括号　　D. 引号

7. 在局域网中以集中方式提供共享资源并对这些资源进行管理的计算机称为(　　)。
A. 服务器　　B. 工作站　　C. 终端　　D. 主机

8. E-mail 地址格式正确的表示是(　　)。
A. 主机地址@用户名　　B. 用户名,用户密码
C. 电子邮箱,用户密码　　D. 用户名@主机域名

9. WWW 中的信息资源是以(　　)为元素构成的。
A. 主页　　B. Web 页　　C. 图像　　D. 文件

10. HTTP 指的是(　　)。
A. 文件传输　　B. TCP/IP 体系中的协议
C. 收发电子邮件的程序　　D. 超文本传输协议

3 Windows 2000 Professional 操作系统

📖 本章主要内容

☑ Windows 2000 基本操作
☑ Windows 2000 系统的定制和文件管理
☑ Windows 2000 的附件和网络功能

计算机系统由硬件系统和软件系统两部分组成的,计算机的硬件和软件是通过操作系统来控制和管理的。操作系统(Operating System)是管理和控制计算机系统软、硬件资源,实现资源分配和作业调度等功能的系统软件。它不仅管理和控制系统软件,也为各种软件提供良好的开发和运行环境,是用户和计算机之间的接口。

常用的操作系统有 DOS、WINDOWS、UNIX、LINUX 等,WINDOWS 操作系统是目前应用最广泛的个人计算机操作系统,有 WINDOWS 98、WINDOWS ME、WINDOWS XP、WINDOWS 2000 等多个版本,属于单用户、多任务的操作系统。

本章以 Windows 2000 操作系统为例,介绍 Windows 2000 Professional 操作系统的基本操作。

3.1 Windows 2000 简介

3.1.1 Windows 2000 的版本

Windows 2000 是微软公司在本世纪初推出的新一代操作系统。它融合了 Windows NT 的安全技术和 Windows 98 的优点,并在此基础上开发了许多新的功能。Windows 2000 系列分为四个版本,它们各具特色,分别适用于不同的环境。

(1) Windows 2000 Professional——Windows2000 专业版。它融合了 Windows 98 在 Internet、工作移动办公方面的易用性,同时拥有 Windows NT 的易管理性、可靠性和安全性,最多支持 2 个 CPU,主要适合于笔记本电脑、商业/家庭台式机、专业工作站。

(2) Windows 2000 Server——Windows 2000 服务器版。它是一个多用途的网络操作系统,最多支持 4 个 CPU,该版本适合于高级工作站和部门/项目组服务器。它是在 Windows NT Server 4.0 的基础上开发出来的,是为服务器开发的多用途操作系统。

(3) Windows 2000 Advanced Server——Windows 2000 高级服务器版。它是专门为电子商务和在线商务应用开发的操作系统,最多支持 8 个 CPU,它具有 Windows 2000 Server 的功能和特色,并且附加了有效性和可伸缩性来支持更多数量的用户和更复杂的应用程序。它有一些专为大型企业级服务器所设计的特性。例如群集、负载平衡和对称多处理器(SMP)支持等,可适合于企业服务器和 Internet 服务器。

(4) Windows 2000 Datacenter Server——Windows 2000 数据中心服务器版。它是目前微软提供的功能最为强大的服务器操作系统。它支持多达 16 个对称多处理器系统,并附加了更高的处理和存储能力以满足集中的联机事物处理、巨型数据仓库以及大的 Internet 和应用服务提供商(ISP 和 ASP)的需求。与 Windows 2000 Advanced Server 一样,它将群集和负载平衡服务作为标准特性,适合海量数据服务器。

Windows 2000 Professional 是一个商业用户的桌面操作系统,也适合移动用户,是

Windows NT Workstation 4.0 的升级,这一版主要的面向对象是桌面计算机和便携机。微机上安装的主要是 Windows 2000 Professional 版本。

3.1.2 Windows 2000 的安装与运行

Windows 2000 操作系统的安装比以前 Windows 版本的安装方便,如果计算机安装有其他的操作系统,在安装 Windows 2000 时,系统不会影响已有的操作系统,Windows 2000 支持多操作系统。

1. Windows 2000 安装的硬件要求

(1)133 MHz Pentium 或更高的微处理器。

(2)最少 64 MB 以上内存。

(3)容量为 2 GB 的硬盘,至少 650 MB 的可用空间。

(4)VGA 或更高分辨率的显示器。

(5)键盘和鼠标。

(6)CD-ROM 或 DVD 驱动器。

2. 安装 Windows 2000 的步骤

步骤 1:利用现有系统启动计算机后,在光驱中插入 Windows 2000 安装盘。选择所安装的 Windows 2000 的版本。

步骤 2:按照安装程序提示阅读并接受授权协议。选择接受之后,提示输入序列号,单击"下一步"按钮,此时安装程序复制安装文件到计算机中,然后系统自动重启,屏幕出现三个选项:

- 开始安装,请按【Enter】;
- 修复 Windows 2000 中文版的安装,请按【R】;
- 停止安装 Windows 2000 并退出安装程序,请按【F3】。

如果选择安装继续进行,则需要选择一个现有分区或创建一个新的分区。

步骤 3:当格式化完成后,安装程序将所需要的文件复制到硬盘上,重新启动机器。

步骤 4:在 Windows 2000 安装向导屏幕上单击"下一步"按钮,出现对话框,要求用户输入自己的姓名、公司名等。

步骤 5:在计算机名和管理员密码屏幕的"计算机名称"框中键入符合要求的计算机名称,然后在"管理员密码"框和"验证密码"框中输入管理员口令。

步骤 6:输入信息后单击"下一步"按钮,设置日期和时间,然后单击"下一步"按钮。

步骤 7:进行网络设置,选择"典型设置"或"自定义设置",然后单击"下一步"按钮。

步骤 8:选择工作组或计算机域,单击"下一步"按钮,屏幕提示正在执行最后的任务。

步骤 9:单击"完成"按钮,安装程序重新启动计算机。

步骤 10:重新启动计算机之后,进入网络标识向导,按提示设置之后,Windows 2000 正常启动。

3. Windows 2000 的运行

完成 Windows 2000 的安装，重新启动计算机，出现 Windows 2000 的登录提示。可以用安装过程中选定的 Administrator 账户和密码登录，也可以再创建用户账户。

3.1.3 Windows 2000 的启动和关闭

安装完操作系统之后，可以看到它友好的界面。

1. Windows 2000 的启动

操作实例 3-1

启动 Windows 2000。

步骤 1：开机。

步骤 2：选择要启动的操作系统。

步骤 3：等待 Windows 2000 的检测和加载。

步骤 4：系统提示"正在加载个人设置"，出现登录提示时，用户输入用户名和密码，进入 Professional 的桌面。

要进入 Windows 2000，用户必须有由用户名和密码组成的账户。在安装 Windows 2000 时，安装程序会自动创建 Administrator 账户，该用户可以完全控制计算机的软件、内容和设置，如创建用户账户、安装软件或完成影响所有用户的更改等。

2. Windows 2000 的关闭

操作实例 3-2

关闭 Windows 2000。

步骤 1：关闭所有的应用程序。

步骤 2：单击桌面左下角的"开始"菜单，选择"关机"。

步骤 3：在"希望计算机做什么?"列表框中，单击下拉列表按钮，出现下拉式文本框，选择"关机"，单击"确定"按钮，屏幕依次出现"保存设置"，"正在关机"消息框，系统自动关闭。

图 3.1 "关闭 windows"窗口

在"关闭 Windows"对话框中常用的有四个选项：注销、关机、重新启动、等待。

当用户希望关闭计算机系统时，只要选择"关机"，并单击"确定"按钮，系统会自动关闭，如图 3.1 所示。

正确退出 Windows 2000 的操作虽然简单但是非常重要，用户切不可用直接关闭电源的方法来退出 Windows 2000。

这是由于 Windows 2000 的多任务特性,运行时可能需要占用大量磁盘空间临时保存信息。在正常退出时,Windows 2000 将做好退出前的准备工作,如删除临时文件、保存设置等,但非正常退出将使 Windows 2000 来不及处理这些工作,从而导致设置信息的丢失、硬盘空间的浪费,也会引起后台运行程序的数据和结果的丢失。

3.2 Windows 2000 的基本操作

3.2.1 Windows 2000 的桌面

Windows 2000 启动完成后所显示的整个屏幕称为桌面,如图 3.2 所示。桌面上可以放置图标、菜单、窗口和对话框等。桌面就是工作区,桌面上排列的一个个图,称为图标,一般来说,这些图标表示程序、文档、文件夹或一些应用程序等文件。若想打开某个文件,只需鼠标左键双击它的图标即可。

图 3.2 Windows 2000 桌面

Windows 2000 的桌面有“我的电脑”、“我的文档”、“网上邻居”、“回收站”、“Internet Explorer”(简称 IE 浏览器)等默认对象。通常也可以把经常使用的程序和文档放在桌面上或在桌面上为它们建立若干个快捷方式图标。

(1)我的电脑:查看并管理本地计算机的所有资源。

(2)网上邻居:当本地计算机与局域网相连时,可以用它查看并使用网络中的资源。

(3)我的文档:桌面上存放文件的首选场所,可包含文件或文件夹。

(4)回收站:回收站用于暂时存放删除的文件或其他项目,利用它可以恢复文件。一旦清空回收站,删除的文件或项目就不能再恢复了。回收站实际上是系统在硬盘中开辟的专门存放被删除文件和文件夹的区域,它的容量一般占磁盘空间的10%左右,用户可以重新设置容量。如果回收站满了,则最先放入回收站的文件将被永久删除。

(5)Internet Explorer:网页浏览软件,这个程序是为了更容易地访问网站。

桌面底端有任务栏,任务栏左端有“开始”按钮,“开始”按钮的右边是快速启动图标,在缺省情况下它有三个,即 Internet Explorer 浏览器、Outlook Express 和桌面,任务栏的右端是提示区。任务栏和“开始”按钮在本章后面将详细介绍。

3.2.2 鼠标与键盘操作

在 Windows 2000 环境下,用户可以使用鼠标也可以使用键盘进行控制和输入操作。

1. 鼠标操作

鼠标是 Windows 2000 环境下最灵活的输入设备,在 Windows 2000 系统中,鼠标指针在屏幕上一般就是一个空心箭头 。指针箭头随着鼠标移动而在屏幕上同步移动。

鼠标有 5 种基本操作,即指向、单击、右击、双击、拖放。

表 3.1 鼠标术语及其含义

术语	操作	含义
指向	移动鼠标	移动鼠标将鼠标指针指向选择对象
单击	单击左键	快速按下鼠标器左键并释放
右击	单击右键	快速按下鼠标器右键并释放
双击	双击左键	连续两次快速单击鼠标器左键
拖放	拖动	按住鼠标器左键并移动鼠标器

鼠标移动时,鼠标指针根据它所在的位置和进行的操作而改变形状。下面是一些常见的鼠标指针形状及其作用。

表 3.2 鼠标指针形状及其功能

指针形状	功能说明	指针形状	功能说明
	正常选择	↕	垂直调整
?	帮助选择	↔	水平调整

续表

指针形状	功能说明	指针形状	功能说明
	后台运行		沿对角线调整
	忙		移动
	选定文本		链接选择

操作实例 3-3

查看 C 盘上 windows 文件夹的属性。

步骤 1:双击"我的电脑"图标,打开"我的电脑"窗口。

步骤 2:双击 C 盘驱动器图标,打开"本地磁盘(C:)"窗口。

步骤 3:找到 windows 文件夹,单击选中,单击鼠标右键,在弹出的菜单中单击"属性"命令。

2. 键盘操作

在 Windows 2000 系统中也可以使用键盘操作。除字母、符号键功能比较明确外,键盘上还有许多功能键和控制键及其组合键。在 Windows 2000 中,许多命令和操作都有相应的键盘热键,或者称为快捷键,它是一些键和键的组合,用于快速调用命令。在操作中,虽然很多人喜欢使用鼠标,但适当使用一些快捷键可以提高操作效率。

表 3.3 键盘功能键和控制键

键位	名称	主要功能
Enter	回车键	确认选择,段落结束
Ese	取消键	取消选择,关闭对话框
Tab	跳格键	跳格选择,光标跳格
Shift	换档键	上端符号或字母大小写
Caps Lock	字母锁存键	切换字母大小写状态
Print Screen	屏幕打印键	复制当前屏幕图像到剪贴板
Insert/Ins	插入状态键	切换当前键盘,改写/插入状态
Delete/Del	删除键	删除当前选择对象
Home	回到开始	插入光标移到行开始
End	直到结束	插入光标移到行结束
PageUp	转移到上页	插入光标移到上页
PageDown	转移到下页	插入光标移到下页

续表

键位	名称	主要功能
Num Lock	数字锁存键	切换右部小键盘功能
F1	帮助功能键	打开帮助窗口

表 3.4 常用组合键及其功能

组合键	功能	组合键	功能
Ctrl + Space	中英文输入法切换	Ctrl + Alt + Del	强制关闭当前程序
Ctrl + Shift	汉字输入法间切换	Shift + Del	永久删除所选项
Ctrl + Ese	打开 windows 开始菜单	Shift + F10	显示所选项目的快捷菜单
Ctrl + A	选中全部内容	Shift + Space	全角/半角切换
Ctrl + X	剪切	Alt + F4	关闭当前那窗口
Ctrl + C	复制	Alt + Space	打开窗口的控制菜单
Ctrl + V	粘贴	Alt + Tab 或 Alt + Ese	在打开的多个窗口间切换
Ctrl + Z	撤消刚进行的操作	Alt + Print Screen	复制当前窗口到剪贴板

复制移动也可以利用鼠标与键盘的组合来完成。

复制文件或文件夹可以按【Ctrl】再加鼠标拖动。(不同盘可以直接拖动完成复制)

移动文件或文件夹可以按【Shift】再加鼠标拖动。(同盘可以直接拖动完成移动)

操作实例 3-4

利用键盘的组合键从 C 盘复制 C:\windows\help 文件夹到 D 盘。

步骤 1:选中 C 盘的文件夹 windows,按【Ctrl + C】复制该文件夹。

步骤 2:打开 D 盘,按【Ctrl + V】组合键,就可以将文件夹粘贴到 D 盘。

操作实例 3-5

把当前屏幕复制到画图工具中。

步骤 1:按住【Alt】不放,再按【Print Screen】,将当前窗口作为图片拷贝到剪贴板中。

步骤 2:点击"开始"→"程序"→"附件"→"画图",打开画图程序,选择编辑菜单中的"粘贴",当前窗口的内容就存放在画图工具中。

3.2.3 窗口操作

所有 Windows 2000 的操作主要是在系统提供的不同窗口中进行的,“windows”一词的含义就是“窗口”,因此熟悉窗口的操作是最基本的。

1. 窗口的组成

Windows 2000 窗口一般由标题栏、菜单栏、工具栏、状态栏、窗口边框、滚动条和工作区等组成,如图 3.3 所示。

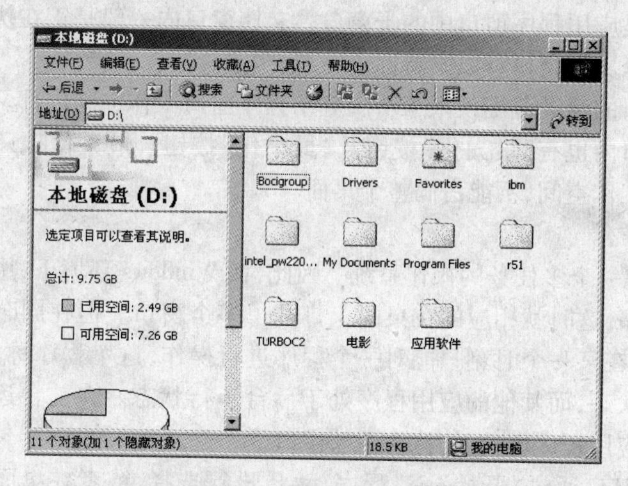

图 3.3 Windows 窗口组成

(1)标题栏:窗口顶部蓝色区域,称为标题栏。每个 Windows 2000 的窗口都有一个标题栏,用于显示应用程序、文件或文件夹的名称。拖动标题栏可以移动窗口,双击标题栏可以使窗口在最大化和还原间切换。

(2)菜单栏:位于标题栏下方,菜单栏有多个菜单项,每个菜单项都有下拉菜单。

(3)工具栏:位于菜单栏下方,提供了快捷访问窗口中最常用菜单项的图标。通过鼠标点击工具按钮即可执行某个菜单命令。

(4)工作区:窗口的中间区域称为工作区,在窗口工作区可以对对象进行操作。

(5)状态栏:位于窗口最下一行,状态栏显示当前窗口的状态,包括所选对象的个数,所占用空间等。

(6)滚动条:如果一个窗口的内容较多,当在窗口限定的工作区内显示不下时,窗口的右边或下边将显示相应的滚动条。滚动条分为垂直滚动条和水平滚动条。

(7)窗口边框:边框是窗口的四条边线,使用鼠标或键盘可以任意改变窗口的大小。

(8)窗口边角:由窗口的边框相交构成的四个直角,可以用来同时在垂直和水平方向改变窗口的大小。

2. 窗口的类型

Windows 2000 的窗口可分为应用程序窗口、文档窗口两类。

1)应用程序窗口

应用程序是完成某种特定工作的计算机程序,应用程序窗口是应用程序运行后的主窗口,它包含了应用程序的菜单和工作区。有些应用程序窗口中可以打开多个文档窗口。

2)文档窗口

文档窗口是应用程序窗口中的子窗口。文档窗口内一般是正在执行的应用程序的数据或文件。文档窗口有以下特性。

• 文档窗口的活动范围仅限于所属应用程序窗口工作空间内部。

• 文档窗口内也有"最大化"按钮及"最小化"按钮。最大化时只能占满所属应用程序窗口的工作空间,不能占满整个桌面。

3. 窗口的操作

Windows 是一个多任务的操作系统。因此,在 Windows 环境下,用户可以同时运行多个应用程序,这时就相应的在桌面上打开了多个窗口。但在同时打开的多个应用程序中,用户在某一个时刻只能对一个程序进行操作,这个程序称为当前程序,它处于前台运行状态,而其他的应用程序处于后台运行状态。在前台运行的应用程序窗口称为活动应用程序窗口,简称为活动窗口。

(1)打开窗口:通过"开始"→"程序"菜单进行选择,或者在桌面上双击要打开的应用程序图标,即可以打开窗口。

(2)最大化窗口:单击最大化按钮 ,该按钮变成还原按钮 ,单击还原按钮,窗口又变成原来的大小。

(3)最小化窗口:单击窗口最小化按钮 ,窗口将缩小成一个图标,其图标只显示在任务栏上,最小化后并不等于已经结束程序的运行,应用程序仍在后台运行。

(4)还原窗口:使窗口还原到最大化或最小化之前的状态,可单击还原按钮 。

(5)移动窗口:将窗口从桌面的一处移到另一处。常用方法有拖动标题栏。也可以当光标移动到标题栏时点击鼠标右键,选择"移动"选项,然后使用键盘上的四个方向键实现窗口的上、下、左、右移动或用鼠标操作。最大化窗口和最小化图标不能移动。

(6)改变窗口大小:根据需要确定窗口在桌面上的大小。常用方法是用鼠标拖动窗口边框(或窗角)。也可以当光标移动到标题栏时点击鼠标右键,选择"大小"选项。

(7)关闭窗口:关闭窗口包括关闭文档窗口和关闭应用程序窗口。单击关闭按钮 ,即可快速关闭该窗口。

(8)切换窗口:切换窗口是指将后台已经打开的窗口切换为当前的活动窗口。

(9)排列窗口:窗口排列有层叠、横向平铺和纵向平铺3种方式。用鼠标右键单击任务栏上的空白区域,弹出一个快捷菜单,然后选择一种排列方式即可。

(10)复制窗口或整个桌面图像:复制整个屏幕的图像到剪贴板按【Print Screen】键。复制当前活动窗口的图像到剪贴板按【Alt + Print Screen】组合键。若某个文件中需要窗口图像或整个桌面图像,可以选定插入点,然后使用“编辑”菜单中的“粘贴”命令,把剪贴板内的图像粘贴到文档的插入点处。

操作实例 3-6

把桌面复制到附件“画图”中并以文件名 desk 保存。

关闭应用程序窗口,按【Print Screen】键,通过“开始”→“附件”→“画图”,打开画图应用程序窗口,在菜单栏选择“编辑”→“粘贴”,粘贴后,再按“文件”菜单,选择“保存”,文件名为 desk,保存在桌面上。

注意:操作实例 3-6 与操作实例 3-5 不同,前者是把这个屏幕复制到附件画图中,后者是复制的是当前活动窗口而不是这个屏幕。

3.2.4 获取帮助信息

Windows 2000 不仅为用户提供了良好的操作环境,而且还提供了各种各样的帮助信息。

在使用 Windows 2000 操作系统和应用程序遇到困难时,可以使用帮助系统。

1. 启动“Windows 2000 帮助”对话框

操作实例 3-7

打开“Windows 2000 帮助”窗口。

获取帮助的方法很简单,有多种方法打开“Windows 2000 帮助”窗口。

方法一:按【F1】键;

方法二:单击“开始”菜单,单击“帮助”按钮;

方法三:通过单击某个对话框标题栏上的“?”按钮。

2. 使用帮助系统

Windows 2000 的帮助系统可以用最适合你的方法查找信息,查找方法包括目录、索引、搜索、书签和 Web Help,如图 3.4 所示。

1)“目录”选项卡

在“目录”选项卡中可以按分类浏览主题。“目录”选项卡的内容像一本书,每个项目左边都有一本书的图标。单击其中任何一项就能显示它内部的章节标题,此时的图标变成一本打开的书,再一次单击下一层章节图标,直至图标以问号方式出现,最后单击需要获得帮助的主题,就可以在右边显示该主题的帮助信息。

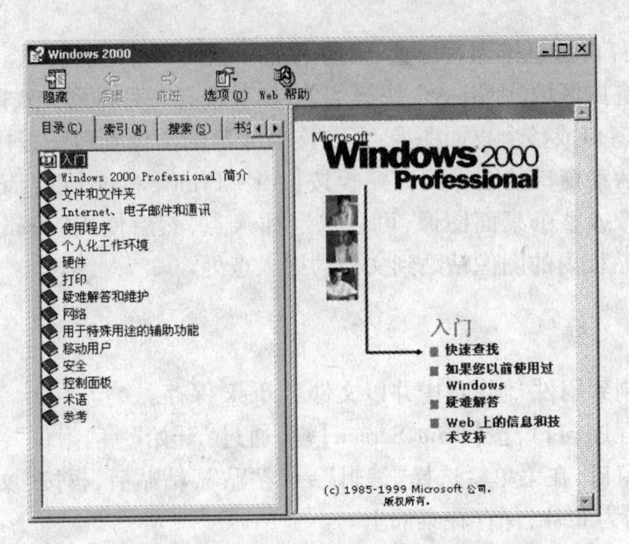

图 3.4 Windows 2000 帮助对话框

2)"索引"选项卡

选择"索引"选项卡可以查看索引列表。在列表框中选定某个项目,然后单击"显示"按钮,就可以得到该项目的具体帮助信息。用户也可以在文本框中直接键入要查找的主题关键字。

3)"搜索"选项卡

选择"搜索"选项卡可以通过搜索获得帮助。在文本框中输入关键字,然后单击"列出主题"按钮,下边的列表框显示了与关键字相关的主题,最后双击某个主题,或者单击主题后单击"显示"按钮,就可以得到帮助信息。

4)书签选项卡

收藏主题书签

5)Web Help 选项

单击 Windows 的这个按钮,在网页上查找信息。

3. 退出 Windows 2000 的帮助系统

操作实例 3-8

退出 Windows 2000 的帮助系统。

单击 Windows 2000 的帮助系统窗口右上角的按钮 ☒ 即可退出帮助系统。

3.3 Windows 2000 的程序

3.3.1 程序的安装与卸载

在使用计算机的过程中,经常需要安装、更新或删除已有的应用程序,安装应用程序可以简单地从软盘或 CD-ROM 中运行安装程序(通常是 setup. exe 或 install. exe),但是删除应用程序最好不要直接打开文件夹,通过删除其中文件的方式来删除某个应用程序。因为一方面这样的操作不一定能完成删除该应用程序,有些 DLL 文件还可能保存在 Windows 目录中,另一方面这样操作也很可能会删除某些其他程序也需要的 DLL 文件,导致破坏其他依赖这些 DLL 的程序。

在 Windows 2000 的控制面板,如图 3.5 所示,有一个添加和删除应用程序的工具。其优点是保持 Windows 2000 对更新、删除和安装过程的控制,用此功能添加或删除程序不会因为误操作而造成对系统的破坏。在控制面板中,双击“添加/删除程序”图标,弹出如图 3.6 所示窗口。

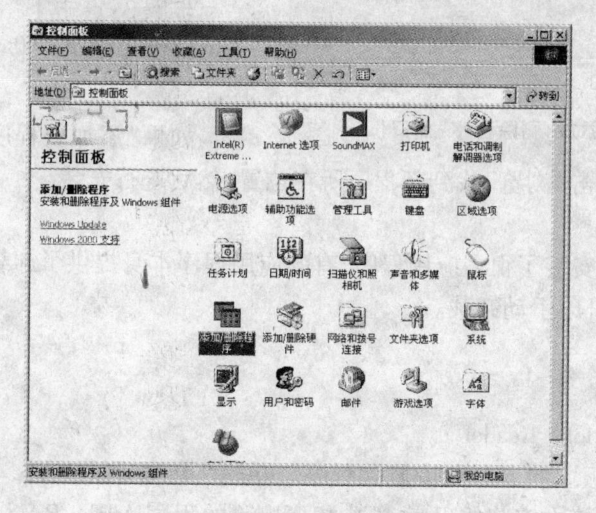

图 3.5 “控制面板”窗口

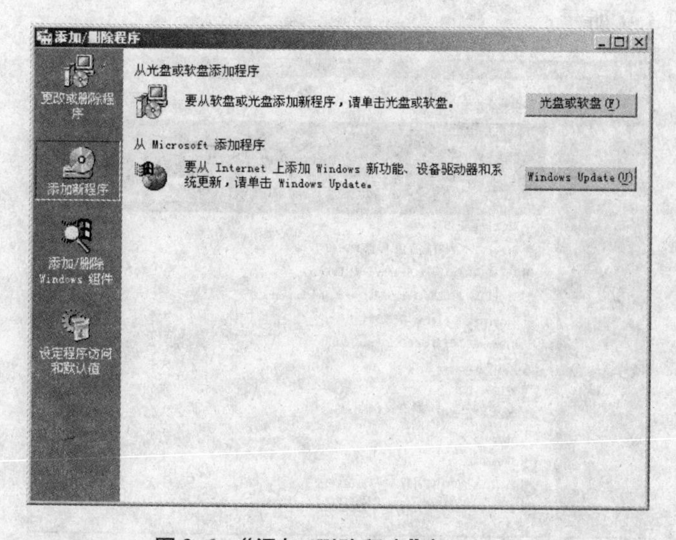

图 3.6 “添加/删除程序”窗口(一)

1. 程序安装

操作实例 3-9

安装程序 Adobe Reader。

步骤 1:在"控制面板"中打开"添加或删除程序"。

步骤 2:单击"添加新程序",然后单击"光盘或软盘",弹出如图 3.7 所示窗口。

步骤 3:点击下一步,按屏幕的提示进行操作即可安装 Adobe Reader 程序。

图 3.7 "添加/删除程序"窗口(二)

如果"添加新程序"不在"光盘或软盘"中,可以点击"浏览"找到新程序所在位置,然后进行安装。

2. 程序的卸载

如果系统中安装了很多应用程序,有的应用程序本身提供了卸载功能,有的没有卸载功能,这时可以手动卸载。

操作实例 3-10

卸载程序 Adobe Reader。

在"控制面板",打开"添加/删除程序",单击"更改/删除程序",如图 3.8 所示,窗口中列出了系统中安装的程序,选中想要删除的程序 Adobe Reader,点击"更改/删除"按钮,如图 3.9 所示。

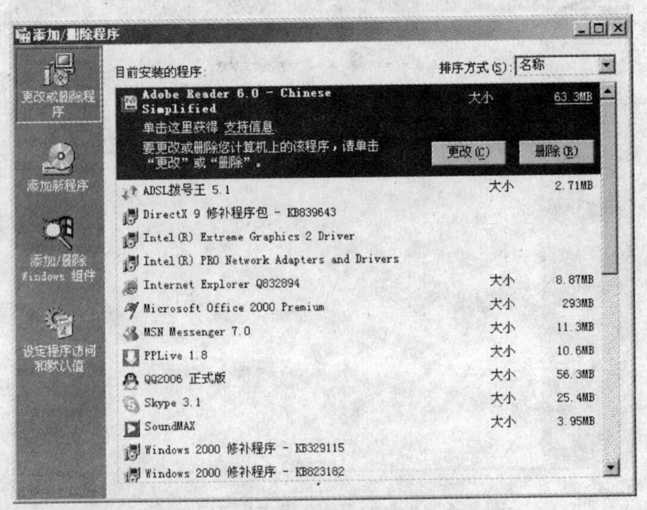

图 3.8 "添加/删除程序"窗口(三)

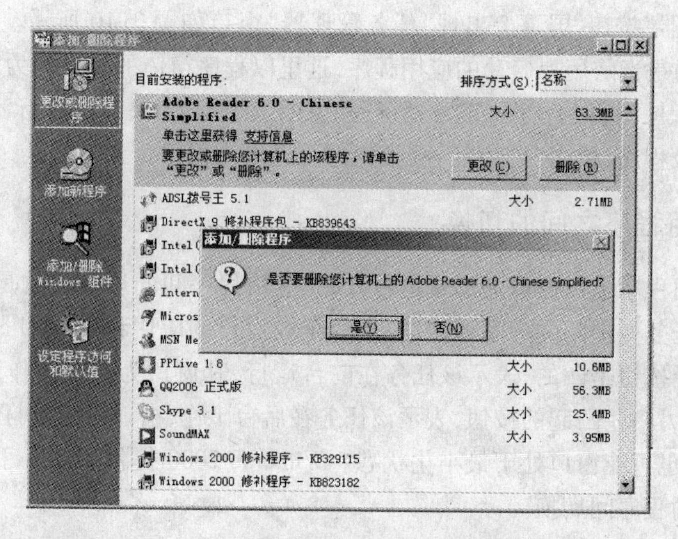

图 3.9 "添加/删除程序"对话框(四)

系统自动删除此应用程序后,回到"添加/删除程序"对话框,可以看到 Adobe Reader 已经被删除了。

3.3.2 程序的启动与退出

1. 启动程序

操作实例 3-11

启动 Word 程序。

单击"开始"按钮,指向"程序"按钮,定位要启动的 Word 程序,然后单击该程序。

2. 退出程序

操作实例 3-12

退出 Word 程序。

对于正在使用的 Word 程序,单击该应用程序窗口的"文件"菜单上的"退出"选项即可。

在 Windows 2000 中,按下【Ctrl + Alt + Del】,屏幕上的所有窗口都会自动隐藏,出现"Windows 安全"窗口。"Windows 安全"窗口包括 6 个操作项目,其中"任务管理器"可以关闭不响应的应用程序。单

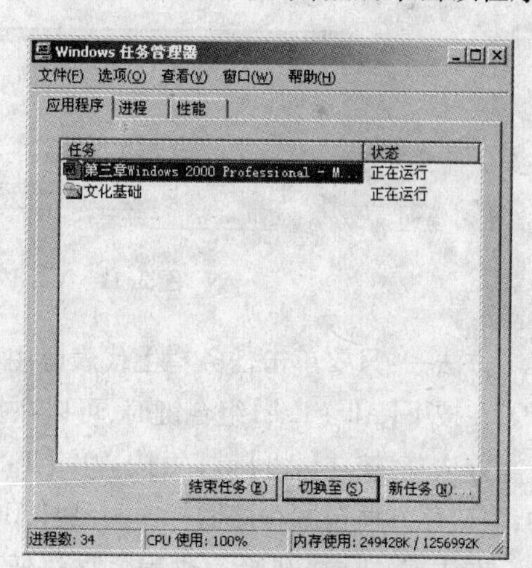

图 3.10 "Windows 任务管理器"窗口

击“任务管理器”按钮，屏幕上出现“任务管理器”窗口如图3.10所示。“应用程序”选项卡显示的是当前用户启动的应用程序，这里以程序窗体的标题作为任务的名称，“状态”表示程序运行的情况，正常情况是“正在运行”，如果有程序标示出“没有响应”，选中这个程序，单击“结束任务”按钮即可退出该程序。

3.3.3 应用程序之间的切换

因为应用程序多以窗口的形式运行，因此应用程序间的切换也就是应用程序窗口的切换。任务栏中间的一系列按钮，表示正在运行的应用程序。如图3.11所示，若其中有一个按钮是凹的，表示该任务在前台运行，其窗口为活动工作窗口，不被其他窗口遮盖，另一些凸起的按钮，表示该任务在后台工作，窗口可能是打开着的，但不是活动窗口；也可能窗口处于最小化状态。Windows 2000 提供了多种手段供用户在多个运行着的程序间切换。

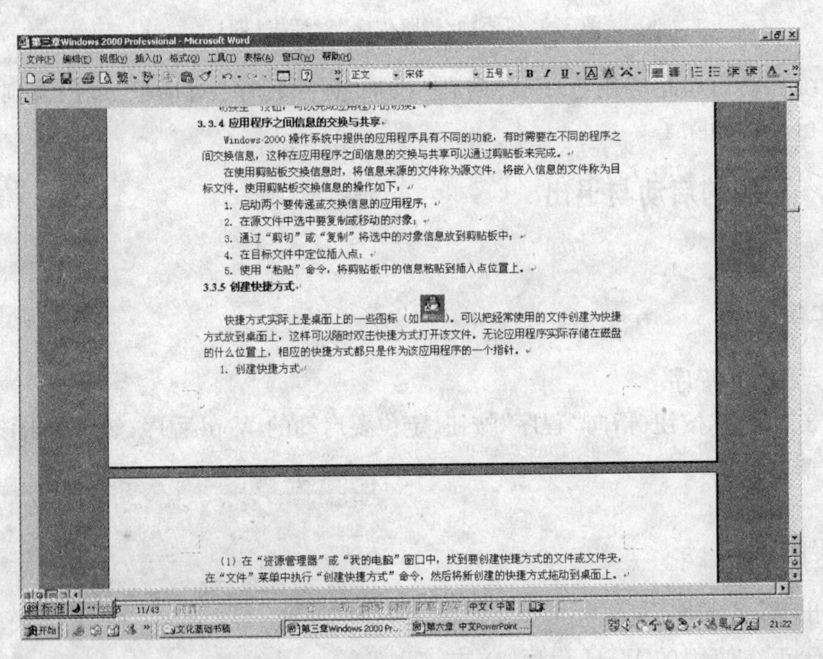

图3.11 Windows 2000 窗口切换

方法一：只要单击任务栏上代表应用程序的凸按钮，就切换至所选的应用程序窗口。在按下【Alt + Ese】组合键时，可以在打开的各程序、窗口间进行循环切换。

方法二：按住【Alt】键，每按一次【Tab】键，蓝色方框在应用程序图标上循环移动，当蓝色方框包围程序图标时，释放【Alt】键可以切换到所选的应用程序窗口。

方法三：选择“开始”→“程序”→“任务管理工具”时，将打开“Windows 任务管理器”窗口，当前正在运行的应用程序名称会出现在“应用程序”选项卡内，选择一种应用后，单击“切换至”按钮，可以完成应用程序的切换。

3.3.4 应用程序之间信息的交换与共享

Windows 2000 操作系统中提供的应用程序具有不同的功能，有时需要在不同的程序之间交换信息，这种在应用程序之间信息的交换与共享可以通过剪贴板来完成。

在使用剪贴板交换信息时，将信息来源的文件称为源文件，将嵌入信息的文件称为目标文件。

使用剪贴板交换信息的操作步骤如下。

步骤 1：启动两个要传递或交换信息的应用程序。

步骤 2：在源文件中选中要复制或移动的对象。

步骤 3：通过“剪切”或“复制”将选中的对象信息放到剪贴板中。

步骤 4：在目标文件中定位插入点。

步骤 5：使用“粘贴”命令，将剪贴板中的信息粘贴到插入点位置上。

3.3.5 创建快捷方式

快捷方式实际上是桌面上的一些图标（如 

）。可以把经常使用的文件创建为快捷方式放到桌面上，这样可以随时双击快捷方式打开该文件。无论应用程序实际存储在磁盘的什么位置上，相应的快捷方式都只是作为该应用程序的一个指针。

1. 创建快捷方式

操作实例 3-13

创建 Word 快捷方式。

方法一：在“资源管理器”或“我的电脑”窗口中，找到要创建快捷方式的 Word 文件，在“文件”菜单中执行“创建快捷方式”命令，然后将新创建的快捷方式拖动到桌面上。

方法二：在“资源管理器”或“我的电脑”窗口中，找到要创建快捷方式的 Word 文件，在“文件”菜单中执行“发送到”命令，然后在子菜单中执行“桌面快捷方式”命令也可以创建桌面快捷方式。

方法三：创建快捷方式还有更简单的方法，直接将 Word 文件名拖动到桌面上。

2. 删除快捷方式

如果某个快捷方式长时间不用，可以将其从桌面上删除。进行这种操作时，对应的程序仍然保留在磁盘原来的位置上，删除的只是快捷方式。

操作实例 3-14

删除 Word 快捷方式。

方法一:将快捷方式从桌面上拖动到“回收站”;

方法二:选中,按下【Del】键;

方法三:选中要删除的快捷方式,点击鼠标右键,在弹出的菜单中选择“删除”。

3.3.6 切换到 MS-DOS 方式

MS-DOS 是 Microsoft 磁盘操作系统(Disk Operating System)的首字母组合,它是一种在个人计算机上使用的命令行界面操作系统。

在 Windows 2000 中,MS-DOS 方式已经更名为“命令提示符”,位于“附件”中。单击“开始”→“程序”→“附件”按钮,然后单击“命令提示符”按钮可完成切换到 MS-DOS 方式的操作。

3.4 Windows 2000 的文件管理

在 Windows 2000 操作系统中,可以进行文件管理的应用程序主要有两个,“我的电脑”和“资源管理器”。

3.4.1 我的电脑

“我的电脑”是 Windows 2000 桌面上最为重要的一个图标,在桌面上双击“我的电脑”图标,出现如图 3.12 所示的“我的电脑”窗口。

单击“我的电脑”窗口上的任意一个驱动器图标,会在“我的电脑”字样下面显示其相应的说明,包括总容量、已经使用的空间和未使用的空间。

双击“我的电脑”窗口上的任意一个驱动器图标,就会打开其相应的窗口,显示该存储器上的文件和文件夹,这时窗口变为当前存储器窗口。在“我的电脑”中双击“控制面板”图标可以打开控制面板窗口,进行相应的设置。如果要回到原来的窗口,可单击工具栏中的“后退”工具按钮。

格式化软盘、复制软盘等软盘管理,在“我的电脑”中操作非常方便。在“我的电脑”窗口中用鼠标右键单击软盘驱动器,在弹出的菜单中选择“格式化”、“复制软盘”

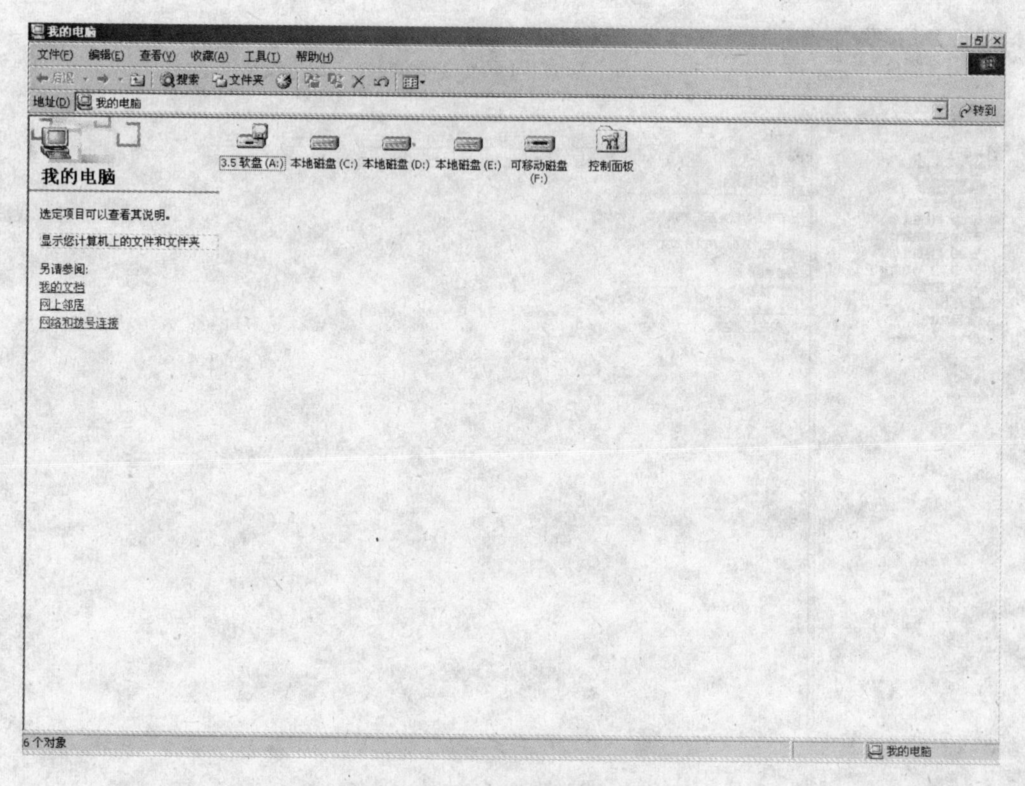

图 3.12 **“我的电脑”窗口**

等选项,就可以进行相应的操作。

使用“我的电脑”窗口还可以对磁盘里文件夹进行复制、删除、重命名和移动等操作。

3.4.2 资源管理器

资源管理器是 Windows 2000 系统用于管理各种类型文件和文件夹的功能强大的应用程序。它可以快速对软盘、硬盘、光盘、U 盘上的文件或文件夹进行查看、查找、复制、移动、发送、删除或重命名,同样可以运行应用程序和打开文件夹,乃至可以直接进入 Internet。

1. 启动资源管理器

操作实例 3-15

启动资源管理器。

常用的方法有以下三种。

方法一:右击“开始”按钮,选择快捷菜单中的“资源管理器”,如图 3.13 所示。

方法二:单击“开始”,在“开始”菜单中选择“程序”,在“程序”菜单中选择“附

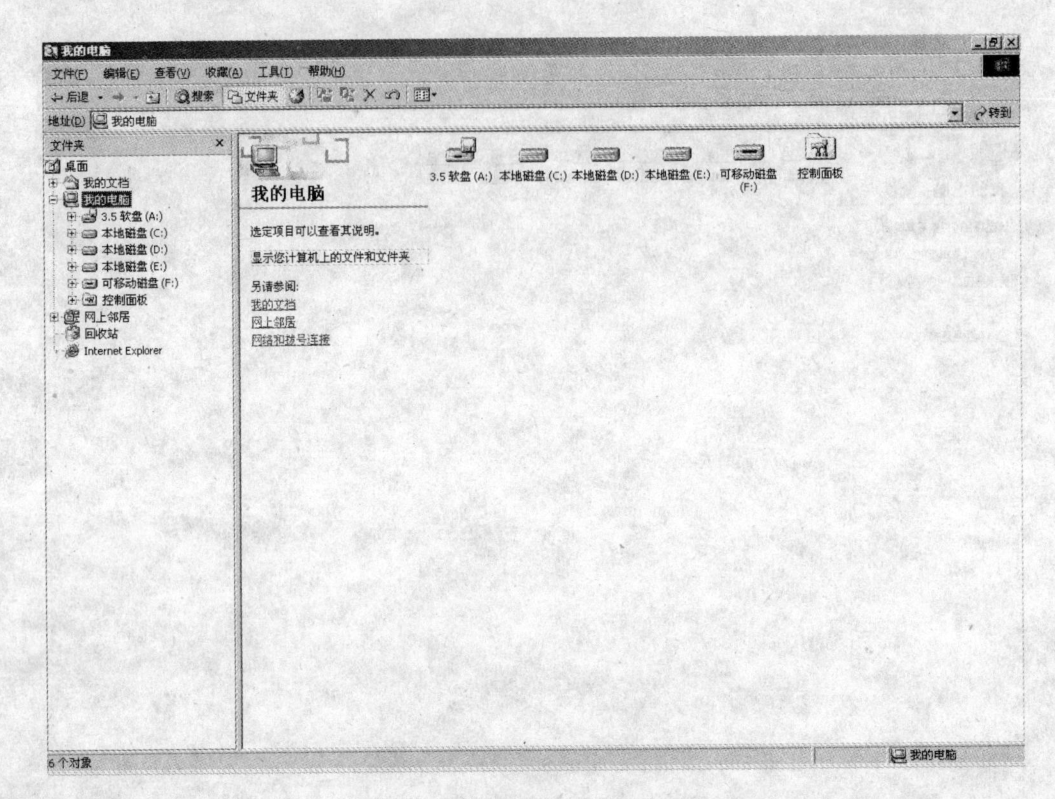

图 3.13 “资源管理器”窗口(一)

件”选项,从“附件”菜单中选择“资源管理器”。

方法三:用鼠标右键单击桌面上的“我的电脑”或“回收站”等图标,在弹出的快捷菜单中选择“资源管理器”。

2.“资源管理器”的窗口组成

“资源管理器”启动后出现的窗口由标题栏、菜单栏、工具栏、地址栏、链接栏、窗口分隔条、文件夹树窗格、文件夹内容窗格和状态栏等部分组成。

资源管理器有左右两个功能窗口,左边窗口称文件夹树窗格,用于显示树状结构的资源列表,如驱动器、文件夹、打印机、控制面板等;右边窗口称文件夹内容窗格,用来显示当前已选取的文件夹的内容。

1)文件夹窗口

单击工具栏中“文件夹”按钮后,如图 3.14 所示,窗口左面是文件夹树窗格。它以树状结构显示计算机中对象的层次。每个对象由状态按钮、图标和标识符(文件夹名)三部分构成。状态按钮呈“-”,表示已经展开该对象的文件夹,单击则闭合为“+”。“+”表示尚未展开对象的文件夹,单击则展开该文件夹。展开后,该处变为“-”。竖虚线代表文件夹层次,“桌面”为文件夹树的根,即“桌面”是第一层,“我的电脑”属于第二层,“我的电脑”又包含了 C、D、E 等驱动器文件夹,驱动器文件夹中

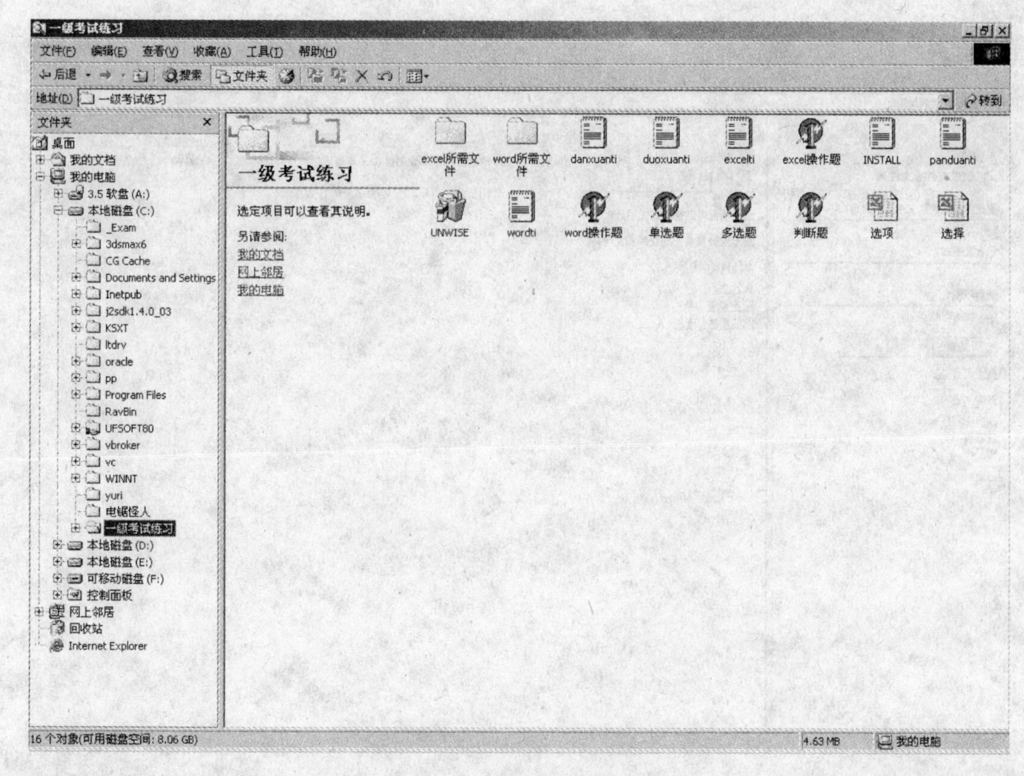

图 3.14 “资源管理器”窗口(二)

包含用户的各级文件夹和文件。单击某个驱动器图标,可以使其成为当前文件夹,在文件夹内容窗格中显示该驱动器上的文件夹和文件。驱动器以及打印机和控制面板等属于第三层,更深层次为实际的文件夹。随着当前文件夹的展开和闭合,窗口的标题栏、地址栏将自动变换为当前对象的标识符,右窗格中显示相应文件夹的所有资源、文件和文件夹列表。展开树枝是用鼠标单击要展开的文件夹图标前的“+”号,树格中即显示出该结点的树枝。此时有二点变化:该结点图标变成打开的形状;在内容格中显示出该结点的内容。如果用鼠标双击结点图标,展开树枝同时显示结点内容,此时有三点变化:该结点图标变成打开的形状;在树格中显示该结点的树枝;在内容格中显示出该结点的内容。用鼠标单击要收缩的结点图标前的“-”号,树格中该结点的树枝就会收缩。

2)搜索窗口

单击资源管理器窗口工具栏中的“搜索”按钮,左窗格切换为搜索窗口,此时可以输入要搜索的内容,如图 3.15 所示。如果搜索所有的 Word 文档,可输入“*.doc”,按“立即搜索”按钮后,就可以在右窗格显示搜索到的信息。

3)历史记录窗口

单击工具栏中“历史”按钮后,左窗格切换为历史记录窗口,如图 3.16 所示。当

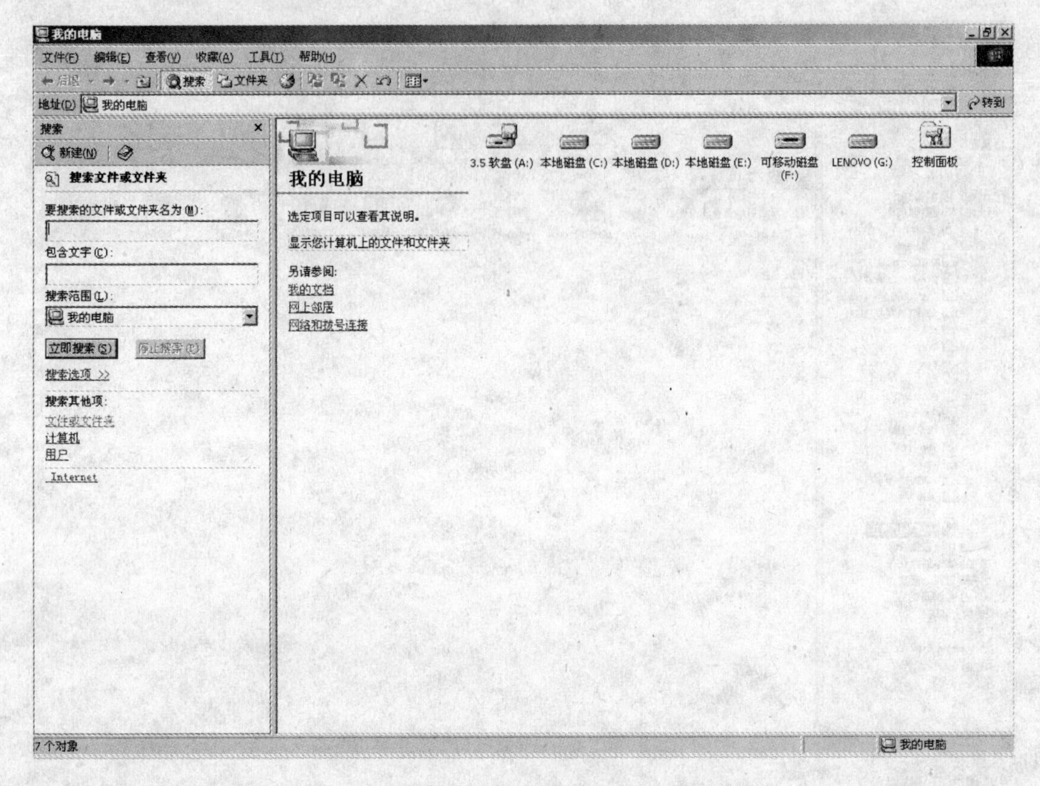

图 3.15　搜索窗口

鼠标停在列表框内的某项时，会出现相应提示，单击则会展开该项，该项详细列出了访问过的网页信息。

3. 资源管理器窗口显示方式的调整

1）文件夹内容的显示方式

在“资源管理器”里，可以用“查看”菜单，选择不同显示方式。显示方式有“大图标”、“小图标”、“列表”和“详细资料”四种。

2）图标的排列

用“查看”菜单的“排列图标”子菜单可以排列文件和文件夹的顺序，排列方式有按名称、类型、大小、日期和自动排列 5 种排列顺序。

3）“工具”菜单下的“文件夹选项”命令

“文件夹选项”命令用来设置显示或隐藏文件的类型、文件扩展名显示或隐藏、显示路径全名和查阅各类文件类型及其相应的图标；设置桌面的风格、在同一窗口或不同的窗口浏览文件夹等。

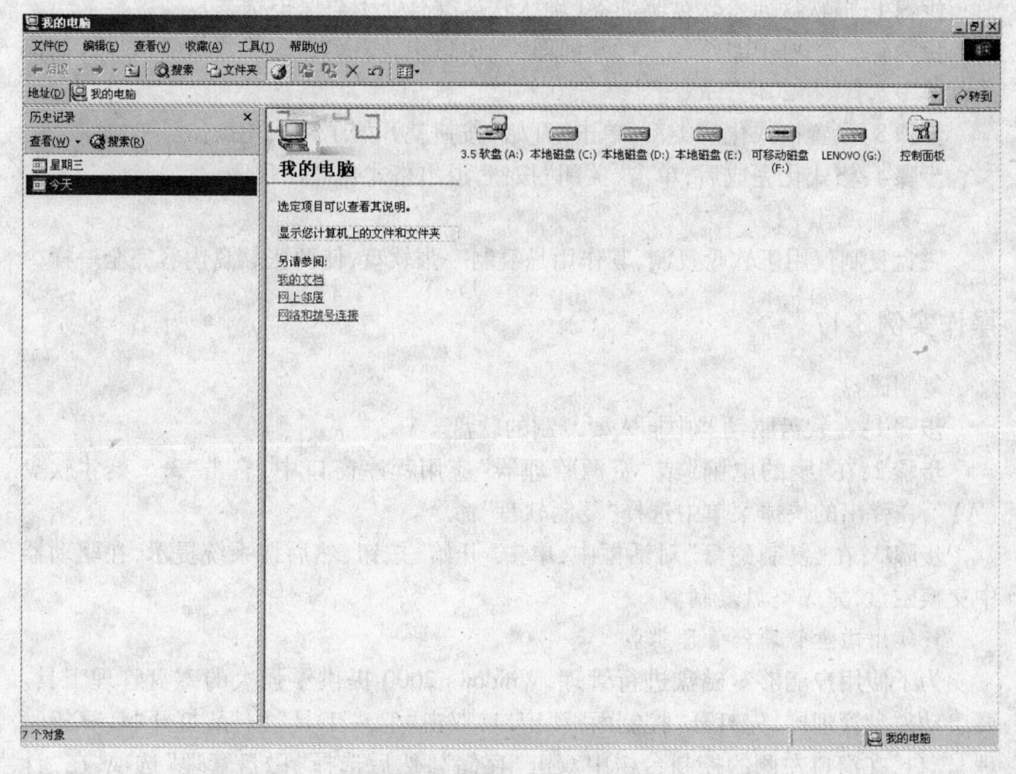

图 3.16 “历史记录”窗口

3.4.3 磁盘管理

磁盘管理包括格式化软盘、备份文件和文件夹以及复制磁盘、清理磁盘、整理磁盘碎片。

1. 格式化磁盘

通常要进行格式化磁盘操作的原因有:

• 新出厂的磁盘;

• 由于磁盘上的全部信息已不再需要而准备用于新的使用目的;

• 为了使因各种原因而产生坏磁道的磁盘仍能继续使用。

格式化磁盘操作由于要在磁盘上重新标记每个磁道和扇区(能自动识别磁道的好坏),所以必然会破坏磁盘上原存放的全部信息,因此使用时要格外谨慎。

磁盘格式化的主要作用是对磁盘划分磁道和扇区,检查坏块,建立文件分配表,为存放程序和数据作准备。

操作实例 3-16

格式化软盘。

步骤1:将软盘插入软盘驱动器(确认软盘没有处于写保护状态)。

步骤2:在“我的电脑”或“资源管理器”窗口中,右击“3.5英寸软盘(A)”,在快捷菜单中选择“格式化”命令。

步骤3:设置格式化的类型,单击“开始”按钮就开始了格式化操作。

步骤4:格式化完成后,单击“关闭”按钮,退出格式化应用程序。

2. 复制磁盘

磁盘复制仅用于软盘复制,其作用是复制一张软盘,使两张软盘内容完全一样。

操作实例 3-17

复制磁盘。

步骤1:在软盘驱动器中插入要复制的软盘。

步骤2:在“我的电脑”或“资源管理器”应用程序窗口中,右击“3.5英寸软盘(A)”,在弹出的快捷菜单中选择“复制软盘”命令。

步骤3:在“复制磁盘”对话框中,单击“开始”按钮,然后按系统提示,在驱动器中交换磁盘,完成整盘复制。

3. 使用磁盘管理器管理磁盘

为了使用户能够对磁盘进行管理,Windows 2000提供了强大的磁盘管理工具。要启动磁盘管理器,先打开“控制面板”窗口,双击“管理工具”图标,打开“计算机管理”窗口,在窗口左侧的控制台树中双击“存储”,然后选择“磁盘管理”选项,在“计算机管理”窗口右侧即出现磁盘管理项目,如图3.17所示。

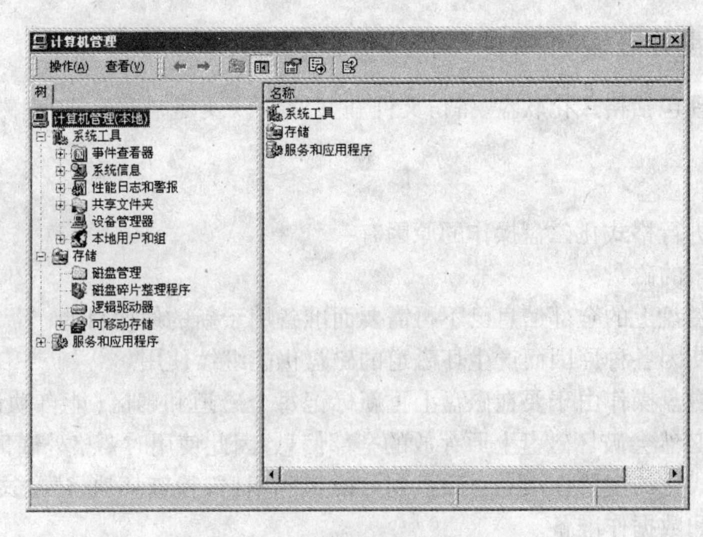

图3.17 计算机管理窗口(一)

4. 查看磁盘空间

在使用计算机过程中,需要了解计算机的磁盘空间信息。

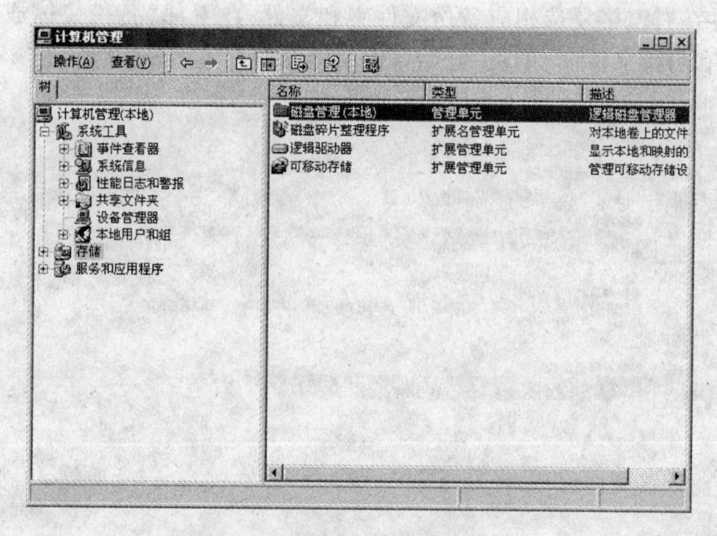

图 3.18 计算机管理窗口(二)

操作实例 3-18

查看 C 盘磁盘空间。

查看磁盘空间信息的方法为双击"我的电脑"图标,打开"我的电脑"窗口,单击要查看的 C 盘磁盘图标,窗口中将显示要查看磁盘的存储空间及使用情况。

5. 备份磁盘信息

备份磁盘信息可以避免由于硬件或存储介质故障而引起系统的破坏或数据的意外丢失,这是使用计算机时常要做的工作。不论是系统设置和系统文件信息,还是用户数据,都可以备份到硬盘、软盘、U 盘、网络磁盘或其他的存储介质上。这样,当计算机系统出现故障时可以及时恢复,减少损失。备份磁盘信息通过"开始"→"程序"→"附件"→"系统工具"→"备份"对话框进行,也可以创建紧急修复盘和数据备份盘。

1)创建紧急修复盘

紧急修复磁盘用于保存有关系统设置和系统文件信息,当更改系统(如添加新硬件或新软件)时,也会使用该磁盘。若系统文件损坏或被意外地擦除,而系统不能启动时,就可用紧急修复磁盘修复系统。创建紧急修复盘时,只要在"欢迎"选项卡上通过"紧急修复磁盘"按钮,并按提示在 A 驱动器中插入一张软盘,按"确定"按钮即可。

2)数据备份与还原

数据备份是一项经常做的工作。当原始数据被意外抹掉或改写时,或因硬盘故障无法访问时,就可以从备份中还原数据,从而减少损失。

(1)备份:利用"备份"选项卡进行备份。在左窗格复选备份内容所在的驱动器和文件夹,并在右窗格复选相应备份文件夹和文件,在下部“备份媒体或文件名”中输入目标盘和目标文件名,单机“开始备份”按钮即可,见图 3. 19 所示。

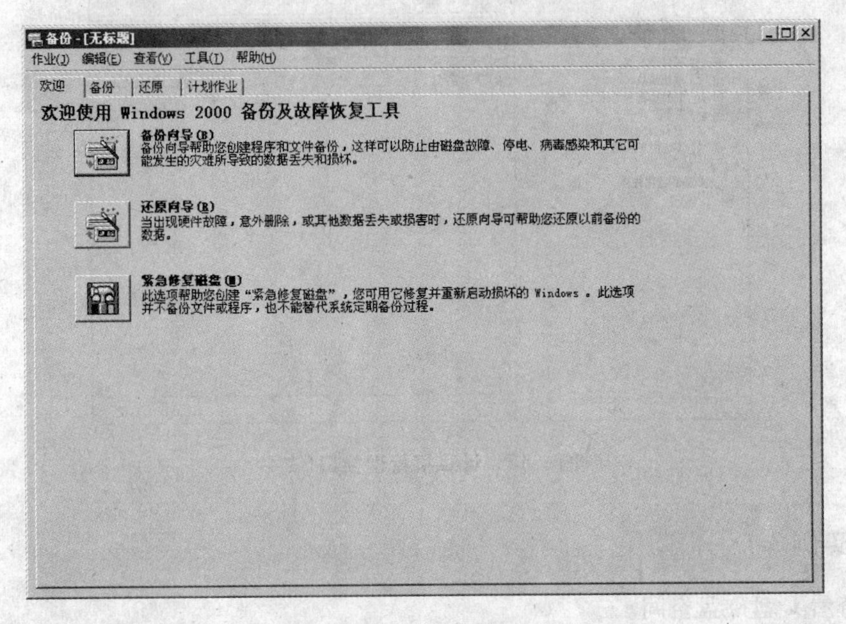

图 3. 19 “备份”对话框(一)

(2)还原:利用“还原”选项卡进行还原。单机“ + ”号展开文件夹,在稍后弹出的“备份文件名”对话框中,输入“编录备份文件”(即备份文件名),单击“确定”后,文件夹即展开。在左窗格复选要还原的文件夹,并在右窗格复选相应的还原文件,在下部“将文件还原到”窗口中设置替换位置,单击“开始还原”即可。

6. 清理磁盘

当磁盘使用一段时间后,会出现一些不需要的文件。这些文件可能是 Internet 临时文件、从 Internet 下载的程序文件、回收站中没有清空的文件以及一些 Windows 2000 的临时文件。可以删除这些不想继续保存在磁盘上的文件,以释放磁盘空间。

操作实例 3-19

清理 D 盘。

在资源管理器的窗口中选中要清理的 D 盘,单击工具栏的“属性”按钮,或者依次单击“文件”→“属性”菜单命令,打开磁盘“属性”对话框。

单击对话框中“常规”选项卡,然后单击“磁盘清理”按钮,这时弹出“磁盘清理程序”对话框。在“要删除的文件”列表框中选择要删除的项目,如果需要,可以单击对话框中的“查看文件”按钮,来查看其中的文件。最后单击“确定”按钮,屏幕显示“确定要删除文件”的提示后确认即可。

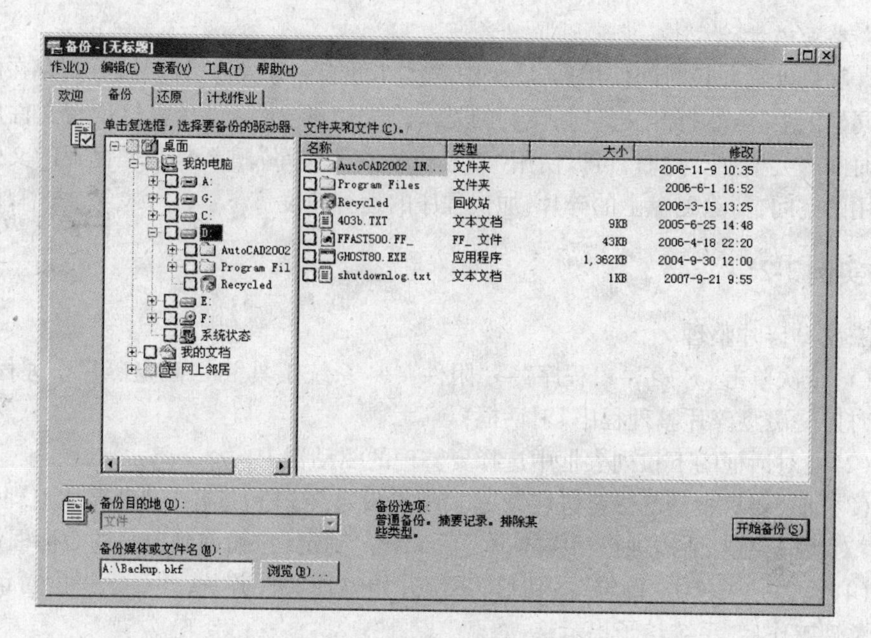

图 3.20 “备份”对话框(二)

7. 修复磁盘

有时保存在磁盘上的文件可能因为出现问题而无法读出。使用 Windows 2000 提供的磁盘诊断修复程序，可以将其检查并修正。磁盘诊断修复程序可用于软盘、硬盘，不能用于光盘。

操作实例 3-20

修复 D 盘。

依次单击“开始”→“程序”→“附件”→“系统工具”→“磁盘扫描系统”按钮，打开“磁盘扫描程序”对话框。

在对话框中选择要扫描的驱动器 D，以及扫描类型。其中，标准扫描仅检查文件和文件夹的问题，而不检查磁盘的物理损坏；全面扫描除了检查文件和文件夹的问题外，还扫描磁盘表面，但全面扫描所需的时间比标准扫描时间要长。可根据情况选择采用哪一种扫描方式，单击“开始”按钮后，系统就开始扫描磁盘。

如果在扫描过程中遇到问题，就会显示对话框，可以从中选择修复错误、删除有冲突的文件或文件夹、忽略错误，通常选择修复操作。扫描结束后会显示扫描结果。

在“磁盘扫描程序”对话框中单击“高级”按钮，打开“磁盘扫描高级选项”对话框，在该对话框中可以控制磁盘扫描程序所做工作的选项。

如果选择“完全”磁盘扫描，磁盘扫描程序将分析该磁盘的物理缺陷。单击“选项”按钮，打开“表面扫描选项”对话框，可以点击“其他”按钮选择相应的选项。

8. 整理磁盘碎片

计算机硬盘在长时间使用后，硬盘中的文件可能会分成许多碎片，分别存在硬盘的不同扇区上，虽然打开文件时，读到的是一个完整的文件，但计算机读写文件所需要的时间将会增加。这时，可以使用“磁盘碎片整理程序”重新整理硬盘上的文件和未使用的空间，清除磁盘上的碎片，加快程序的运行速度。

操作实例 3-21

磁盘 D 碎片整理。

(1)依次单击“开始”→“程序”→“附件”→“系统工具”→“磁盘碎片整理程序”按钮，打开“磁盘碎片整理程序”对话框；

(2)在对话框的下拉列表框中选择要整理的驱动器 D；

(3)如果要对整理的磁盘进行设置，单击“设置”按钮，打开“磁盘碎片整理程序设置”对话框，在对话框进行相应的设置后，单击“确定”按钮回到原来的对话框；

(4)设置完毕单击“确定”按钮后，系统开始整理文件碎片，并显示进度对话框。完成整理工作后，系统给予提示。

3.4.4 文件管理

利用“资源管理器”可以对文件夹或文件进行建立、移动、复制、删除、恢复及更名等操作，这是使用“资源管理器”进行管理的常用操作。此外，它还具有查找文件和文件夹的功能。

1. 创建新文件夹

创建新文件夹对于用户来说是十分重要的，这样可以方便用户管理自己的文件。如果计算机由多个用户使用，则每个用户可以为自己建立文件夹，让自己的文件都放在自己的文件夹中。

操作实例 3-22

在 D 盘创建一个新文件夹，新文件夹名为“计算机文化基础”。

步骤 1：打开“资源管理器”窗口，在左窗格选中 D 盘。

步骤 2：单击“文件”→“新建”→“文件夹”，或右击右窗格中的空白处，在快捷菜单中选择“新建”→“文件夹”。

步骤 3：在 新建文件夹 框中键入新文件夹名“计算机文化基础”。

同样，用户可以在桌面上创建文件夹，方法是：右击桌面的空白处，在弹出的快捷菜单中选择“新建”→“文件夹”，然后再键入文件夹名。

Windows 2000 中文件和文件夹的命名约定如下。

(1)最多可以有255个字符。

(2)文件名或文件夹名中可以包含空格,但不能使用\、/、*、?、"、<、>、:、|这9个字符。

(3)文件名或文件夹名不区分英文字母大小写。

(4)文件名或文件夹名中可以使用汉字。

(5)查找和显示时可以使用通配符"*"和"?"。

(6)一般情况下,每个文件都有3个字符的文件扩展名,用以标识文件类型和创建此文件的程序。

常见的具有固定含义的扩展名如下。

- exe　可执行命令或程序文件
- sys　系统文件或设备驱动程序文件
- txt　文本文件
- doc　Word文档文件
- hlp　帮助文件
- gif　图形文件
- obj　汇编程序或高级语言目标文件

2. 打开文件或文件夹

1)打开文件夹

操作实例3-23

打开D盘名为"计算机文化基础"的文件夹。

方法一:在资源管理器的左窗格中双击D盘,然后单击"计算机文化基础"文件夹图标。

方法二:在资源管理器的左窗格中双击D盘,在右窗格中双击"计算机文化基础"文件夹图标。

2)打开文件

可以打开的文件一般有文档文件和应用程序文件两大类。打开应用程序文件就是执行该应用程序。

打开文件的方法有多种。

方法一:在资源管理器右窗格中双击文件图标。

方法二:在资源管理器右窗格中单击文件图标,按【Enter】键。

方法三:右击要打开的文件,在快捷菜单中单击"打开"。

3. 文件或文件夹重命名

磁盘中的文件或文件夹,可以根据需要对其重命名。

操作实例 3-24

把 D 盘名为“计算机文化基础”的文件夹重命名为“计算机应用基础”。

方法一：选择 D 盘名为“计算机应用基础”的文件夹，单击“文件”菜单中的“重命名”命令，文件夹图标显示为 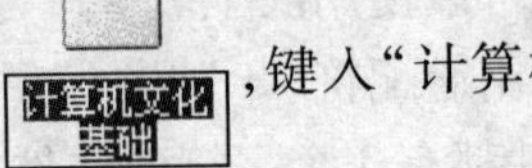

，键入“计算机应用基础”，按【Enter】键或单击该名字方框外任意处即可。

方法二： 选定 D 盘名为“计算机文化基础”的文件夹，再单击一次该文件夹，则文件夹显示为 计算机文化基础，键入“计算机应用基础”，按【Enter】键或单击该名字方框外任意处即可。

文件的重命名与文件夹的重命名方法类似。

4. 文件和文件夹的选定

在“资源管理器”中要对文件或文件夹进行操作，首先应选定文件或文件夹对象，以确定操作的范围。选定对象（文件或文件夹）的操作方法如下。

1）选定单个文件或文件夹

单击所选定的文件或文件夹的图标或名字，所选定的文件名或文件夹名以蓝底反白显示。

2）选定连续的文件或文件夹

方法一：先单击需选定的第一个文件或文件夹，然后按住【Shift】键，再单击最后一个。

方法二：将鼠标指针指向需选定连续文件或文件夹的左上角第一个文件或文件夹，拖动鼠标形成矩形方框，释放鼠标，一个矩形文件或文件夹区被选定。

3）选定不连续文件或文件夹

按住【Ctrl】键，单击需选定的文件或文件夹。

4）选定局部连续而总体不连续的文件或文件夹

先用选定连续的文件或文件夹方法选定第一个连续组，然后按【Ctrl】键，用同样方法选定第二、三个连续组。

5）选定整个选定资源内的文件和文件夹：

方法一：按【Ctrl + A】键。

方法二：选择“编辑”菜单的“全部选取”命令。

6）取消选定的对象

只需用鼠标在空白区域处单击一下，即可取消已经选定的对象。

5. 删除文件与文件夹

操作实例 3-25

把 D 盘“计算机应用基础”文件夹删除。

方法一:选定 D 盘名为“计算机应用基础”的文件夹,直接按键盘上的【Del】键;

方法二:将 D 盘名为“计算机应用基础”的文件夹拖到“回收站”图标中;

方法三:执行“文件”菜单中的删除命令。

方法四:选中“计算机应用基础”的文件夹,然后点击右键,在弹出的菜单中选择删除命令,系统弹出确认对话框,让用户确认是否确实要删除,点击“是”则删除,以后还可以从“回收站”中进行恢复。

文件的删除与文件夹的删除方法类似。

6. 复制和移动文件或文件夹

复制是指原来位置上的源文件保留不动,在指定位置上建立源文件的拷贝。移动是指文件或文件夹从原来位置上消失,将当前的文件或文件夹移动到另外的磁盘或文件夹中。复制和移动文件或文件夹可用菜单命令完成,也可以用鼠标拖动完成。

1)使用菜单命令方式

先选定要复制和移动的源文件,如果要移动文件,选“编辑”菜单中的“剪切”命令;如果要进行复制操作选“编辑”→“复制”项。打开选定目的文件夹,再选“编辑/粘贴”命令,则选定的文件就被移动或复制到当前文件夹里。

2)拖动鼠标操作方式

(1)移动文件:选定要移动的文件,按住鼠标左键拖动文件到目标文件夹图标上,释放鼠标即可完成文件的移动。

(2)复制文件:移动鼠标选定源文件,按住【Ctrl】键的同时,拖动文件到目标文件夹即可完成复制。

3)用鼠标右键操作方式

用鼠标首先选择文件,然后点击右键,在弹出的菜单中选择“剪切”或“复制”命令,再选定目标文件夹,点击右键,在弹出的菜单中选择“粘贴”命令。

4)发送文件和文件夹

如果用户是向 U 盘复制文件或文件夹,只要选定源文件或文件夹,然后选“发送到”U 盘即可。

7. 撤消复制、移动和删除操作

操作实例 3-26

撤消对 D 盘“计算机应用基础”文件夹的删除操作。

方法一:在 D 盘窗口中选择“编辑”菜单中的“撤消”命令;

方法二:单击工具栏上的↶ ▾按钮即可。

如果在完成对象的复制、移动和删除操作后,用户改变主意,想要回到刚才操作前的状态，那么只要按照上述操作即可。“撤消”命令可以及时避免误操作。

8. 搜索文件和文件夹

Windows 2000 提供了“搜索”功能，可以查找文件或文件夹，提高查找的效率。

操作实例 3-27

搜索“计算机文化基础”文件夹，如图 3.21 所示。

步骤 1：单击“开始”按钮。

步骤 2：选择“搜索”。

步骤 3：选择“文件或文件夹”。

步骤 4：输入“计算机应用基础”。

步骤 5：添加文字，“包含文字”框是可选的。

步骤 6：选择硬盘驱动器，在“搜索范围”下选择要搜索的盘符或文件夹等。

步骤 7：单击“立即搜索”。

步骤 8：查看“搜索结果”。

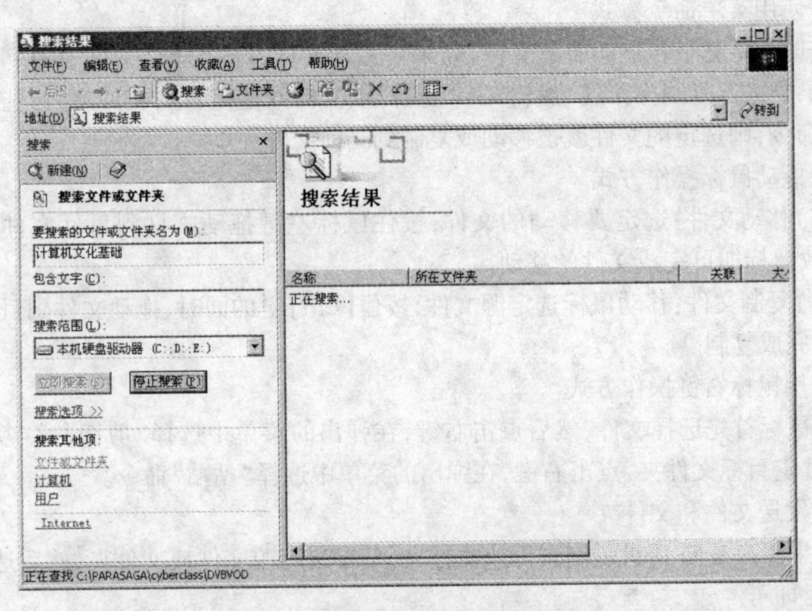

图 3.21 “搜索文件或文件夹”对话框

9. 设置文件和文件夹属性

为了保密，用户需将自己的文件隐含起来，不让别人看到；或者比较重要的文件需防止别人误删或误改。这些都可通过设置文件的属性来实现。设置文件属性可按如下步骤操作。

步骤 1：启动“资源管理器”。

步骤 2：在需要设置属性的文件上单击鼠标右键，在快捷菜单中选择“属性”，弹出“属性”对话框。

步骤 3:单击“常规”标签,然后在“属性”栏中的两个复选项中选择所需设置的属性,有以下两种属性可供选择。

- 只读:这种文件只能阅读,不能修改或删除。
- 隐藏:这种文件一般不能在“我的电脑”或“Windows 资源管理器”中看到。

在该对话框中还提供有“安全”、“自定义”、“摘要”标签,利用它们可以进行相关的设置。在该对话框的“安全”标签中可以进行有关文件安全方面的设定,可以设置用户对文件允许什么操作、拒绝什么操作。在该对话框的“摘要”标签中可以对文件标题、主题、作者等方面进行设定。

3.4.5 回收站的使用

回收站是系统预先设置的一个系统文件夹,是硬盘中的一个分区。“回收站”是一个形象的比喻,用于存放暂时不用的文件和文件夹,等待用户回收或彻底清除。双击“回收站”图标可以打开如图 3.22 所示的窗口,窗口中列出了所有被删除的文件或文件夹。这些文件或文件夹中的所有文件并没有真正被删除,而是从当前位置移动到“回收站”中,用户可以根据需要恢复和删除“回收站”中的文件或文件夹。

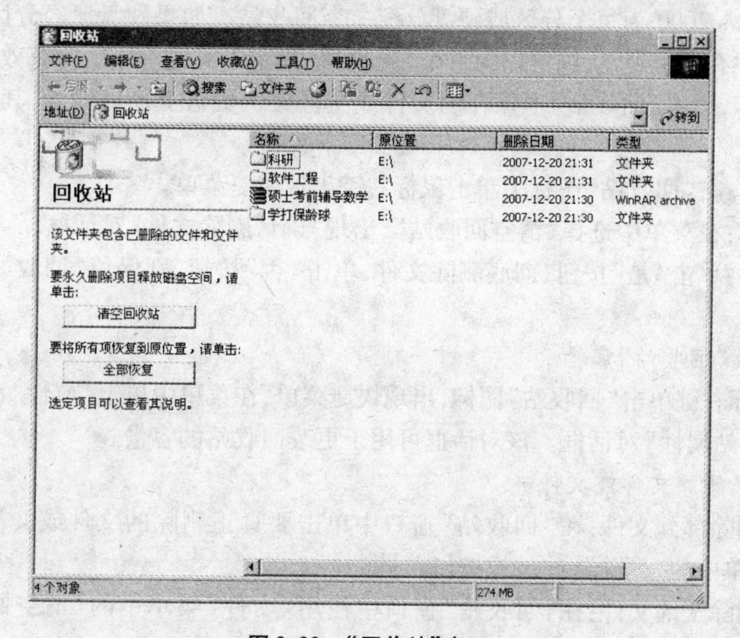

图 3.22 “回收站”窗口

1. 恢复被删除的文件或文件夹

通过“回收站”恢复被误删除的文件或文件夹,是恢复删除操作的常用方法之一。

操作实例 3-28

恢复被删除的"计算机文化基础"文件夹。

方法一:

步骤 1:打开"回收站"窗口;

步骤 2:选定需要恢复"计算机文化基础"文件夹,单击鼠标右键,弹出快捷菜单;

步骤 3:在快捷菜单中选择"还原"命令,即可恢复选定的"计算机文化基础"文件夹。

方法二:

恢复被删除的"计算机文化基础"文件夹也可以用鼠标双击"回收站"图标,打开"回收站"窗口。单击要恢复的"计算机文化基础"文件夹,使用"文件"菜单中的"还原"命令。

2. 清空回收站

虽然被删除的文件或文件夹都暂时存在回收站,但它们占用的仍然是硬盘空间。当回收站充满后,Windows 2000 会自动清除"回收站"中的空间以存放最近删除的文件和文件夹。

Windows 2000 为每个分区或硬盘分配一个回收站。如果硬盘已经分区,或者如果计算机中有多个硬盘,则可以为每个"回收站"指定不同的大小。为有效地利用硬盘空间资源,需将"回收站"中保存的文件或文件夹从磁盘上彻底删除,其操作步骤如下。

步骤 1:在"回收站"图标上单击鼠标右键出现快捷菜单。

步骤 2:在菜单中选择"清空回收站",出现"确认删除文件"对话框。

步骤 3:单击"是"按钮,彻底删除文件;单击"否"按钮,则保留"回收站"中的文件。

3. 更改"回收站"属性

用鼠标右键单击"回收站"图标,出现快捷菜单,在菜单中单击"属性"命令项,即出现"回收站属性"对话框。该对话框可用于更改回收站的容量。

4. 彻底删除文件或文件夹

(1)删除部分文件:在"回收站"窗口中单击要真正删除的文件或文件夹,使用"文件"菜单中的"删除"命令,或按【Del】键。

(2)删除全部文件:在"回收站"窗口中使用"文件"菜单中的"清空回收站"命令。

如果确认硬盘上所选文件或文件夹需要删除,可以按【Shift + Del】键直接进行物理删除。通过这种方式删除的对象,不用发送到回收站,也不能恢复。

3.5 Windows 2000 的定制

3.5.1 控制面板

控制面板是 Windows 2000 中对计算机的硬件和软件设置时经常使用的工具,用户在 Windows 2000 中进行的大多数安装和设置等工作都在控制面板中进行。控制面板在 Windows 2000 中以文件夹形式出现,主要包括显示器、打印机、键盘、鼠标、日期/时间、字体、声音和多媒体、网络和拨号连接、添加/删除硬件、添加/删除程序等应用程序。

1. 启动控制面板

操作实例 3-29

控制面板的启动。

方法一:单击“开始”→“设置”→“控制面板”。

方法二:在“我的电脑”和“资源管理器”窗口中,双击“控制面板”图标,如图 3.23 所示。

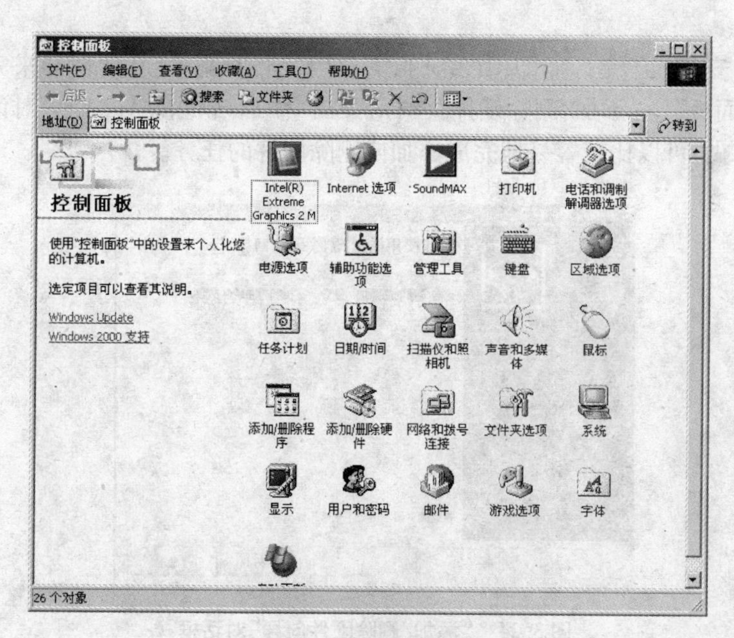

图 3.23 “控制面板”窗口

2. 控制面板的功能

控制面板常见的功能有:添加/删除程序、添加/删除新硬件、电话和调制解调器、日期/时间、显示、键盘、字体、鼠标、多媒体、打印机、区域设置、网络和拨号连接、声音和多媒体、用户和密码、系统等。下面仅举两个例子说明控制面板的功能使用。

1)添加/删除程序

在使用计算机的过程中,经常需要安装或删除应用程序。安装应用程序一般可以通过运行安装程序进行。删除应用程序尽量不要直接删除程序,因为直接删除不仅可能留下垃圾文件,还可能对系统造成隐患。Windows 应用程序一般也有相应的卸载程序,可通过卸载程序卸载。当没有专门的安装或卸载程序时,就必须通过打开"控制面板"→"添加/删除程序"对话框进行安装或删除。

2)添加/删除硬件

在 Windows 2000 中,用户可以根据硬件配置向导方便地添加、删除和调试硬件。当 Windows 2000 检测到新硬件时,会自动检测该设备的当前设置并安装正确的驱动程序。

添加硬件的步骤如下。

步骤 1:关闭正在运行的计算机,并切断电源。

步骤 2:打开机箱安装硬件。

步骤 3:关上机箱并启动计算机,Windows 2000 在启动后会出现一个发现新硬件的提示,然后按提示进行操作,必要时在软驱或光驱中插入含有相应驱动程序的安装盘。

当用户安装的不是即插即用设备时,需要用"添加/删除硬件"向导来完成安装。单击"控制面板"→"添加/删除硬件"图标,弹出"添加/删除硬件向导"对话框,用户按向导要求做,可以比较容易地完成添加或删除硬件的任务。

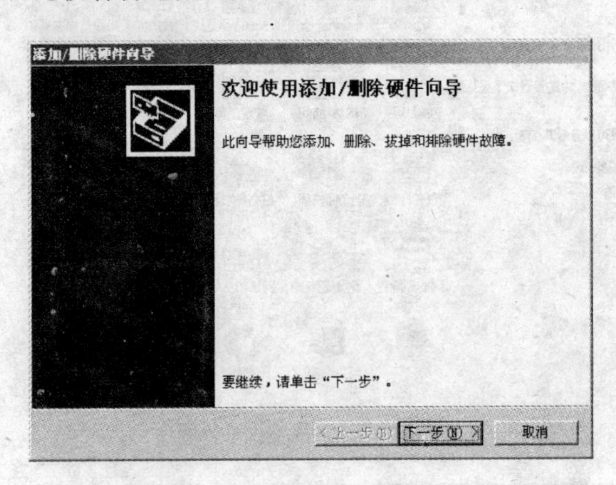

图 3.24 "添加/删除硬件向导"对话框

3.5.2 区域选择

在 Windows 2000 中,用户能够在不同的国家和地区显示不同方式的字符、数字以及日期和时间。

区域设置是面向各个国家和地区的差异而提供的选项。通过“控制面板”→“区域选项”图标,可以打开区域选项对话框。

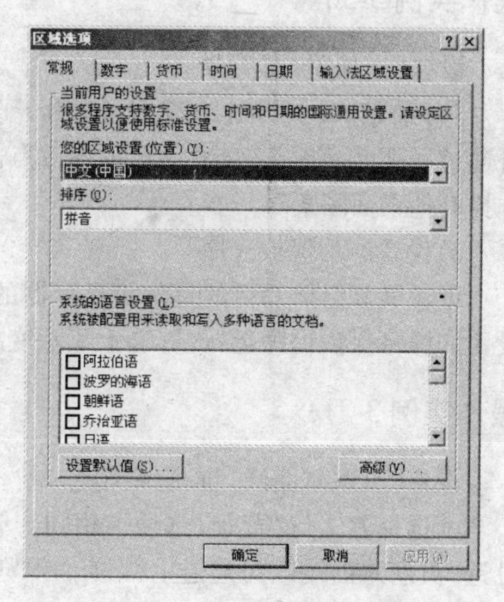

图 3.25 “区域选项”对话框

1)选择区域

在“常规”的“您的区域设置”列表中选择所在的区域,选了国家和区域后系统自动更新计算机中的数字、货币、时间和日期的设置,使之与所选区域相匹配。

2)设置数字格式

使用“数字”选项卡可分别对小数点、小数点后的位数、数字分组符号、负号、负号显示格式进行设置。

3)设置货币格式

使用“货币”选项卡可分别对不同国家或地区使用的货币符号、货币符号格式和小数位数进行设置。

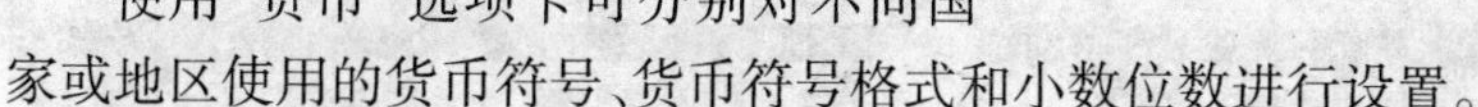

4)设置时间格式

使用“时间”选项卡可分别对时间格式、时间符、上午符号和下午符号进行设置。

5)设置日期格式

使用“日期”选项卡可对短日期和长日期的书写格式进行设置。

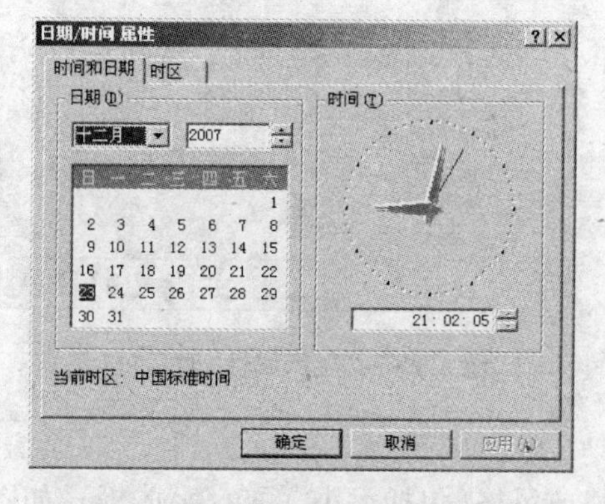

图 3.26 “日期/时间属性”对话框

3.5.3 系统日期和时间的设置

通过任务栏右端显示时间的快捷菜单“日期/时间”或“控制面板”→“日期/时间”图标,就可以打开“日期/时间”属性对话框,直接设置年、月、日和时、分、秒。

3.5.4 显示属性的设置

配置 Windows 2000 桌面,主要设置屏幕显示参数,包括设置屏幕背景颜色、屏幕保护、外观、显示的颜色和分辨率等。

启动“显示属性”的方法是在控制面板窗口双击“显示”图标或者在桌面任意空白处单击鼠标右键,在弹出快捷菜单中选“属性”菜单项。

1)设置屏幕背景

操作实例 3-30

设置“雪松”屏幕背景。

“背景”选项卡如图 3.27 所示,用于选择桌面图案,从下部窗口中挑选“雪松”,可通过上部屏幕预览效果,还可以通过点击“浏览”或“图案”按钮,打开相应对话框,选择其他桌面图案。

2)设置屏幕保护程序

设置屏幕保护的目的是防止显示器的老化和省电。当长时间不使用屏幕时,所设置的屏幕保护程序运行,屏幕上显示变换图案,一般选择低亮度的图案。

操作实例 3-31

设置“贝塞尔曲线”屏幕保护。

其选择方式与“背景”选项卡相同。单击“屏幕保护程序”选项卡,从下部窗口中挑选“贝塞尔曲线”,可通过上部屏幕预览效果,也可以利用该选项卡设置等待时间和解除屏幕保护,如图 3.28 所示。

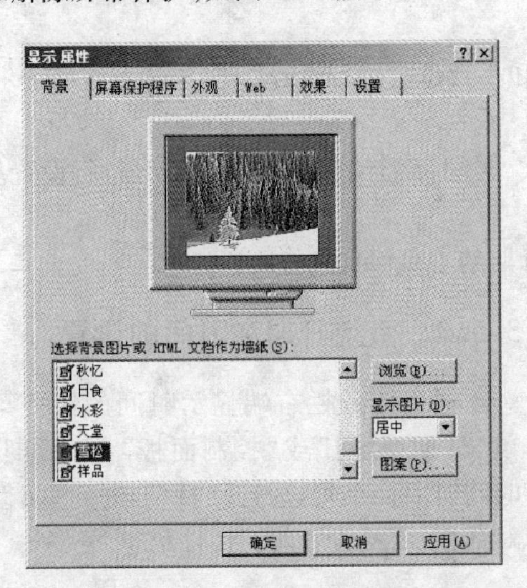

图 3.27 “显示属性”对话框(一)

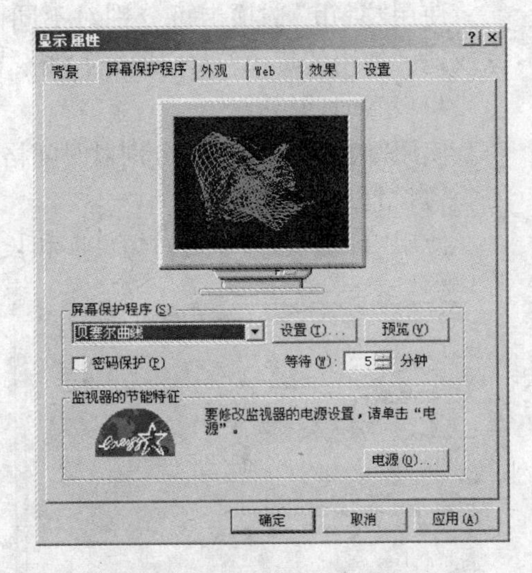

图 3.28 “显示属性”对话框(二)

3)外观的设置

“外观”选项卡用于设置窗口元素的规格或风格(包括大小、颜色、字体等),如图 3.29 所示。可以从“方案”、“项目”、“字体”、“颜色”列表中选择,并可以从上部窗口中查看效果。

4)显示器颜色和分辨率的设置

“设置”选项卡用于设置颜色和显示分辨率,如图 3.30 所示。若设置后出现警告对话框,提示因为调整桌面大小屏幕可能会闪动,则可以按提示操作更改设置。改变颜色后，出现需要重新启动计算机的提示对话框，单击“是”按钮，则重新启动计算机。

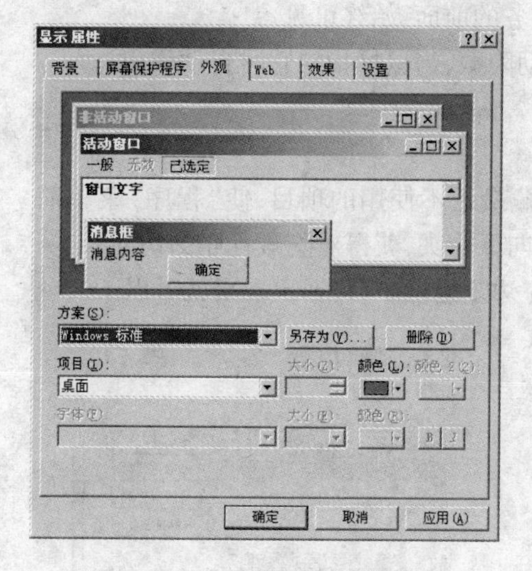

图 3.29 “显示属性”对话框(三)

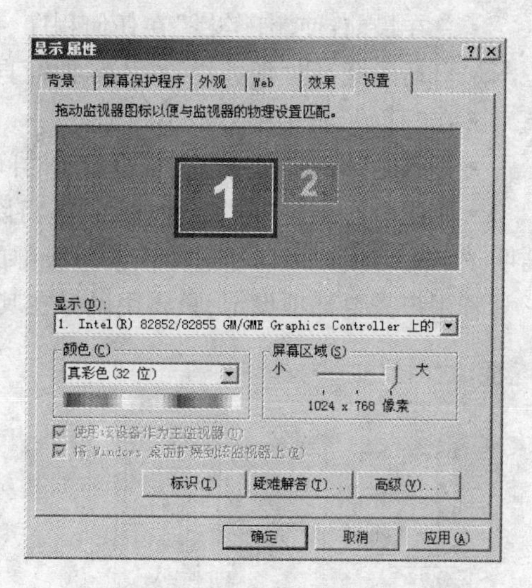

图 3.30 “显示属性”对话框(四)

3.5.5 定制任务栏

任务栏一般位于屏幕底端，它含有“快速启动”工具栏、任务按钮等。正在进行的工作都以按钮形式列在任务栏中。任务按钮可用于各工作窗口之间切换。任务栏有如下 4 个主要操作。

1. 使用“快速启动”工具栏快速启动应用程序

单击任务栏中的快速启动图标，即可运行对应的应用程序。例如，要启动“Internet Explorer”浏览网上信息，可以单击图标 。

任务栏中除了放置“快速启动”工具栏外，还可以放置“地址”工具栏、“链接”工具栏或“桌面”工具栏，也可以定制工具栏。

2. 在任务栏上放置或取消工具栏

先右击任务栏空白处，在快捷菜单中选用“工具栏”子菜单，然后在弹出的“菜单”中选择要放置的工具栏菜单命令，如“快速启动”即可在任务栏上放置或取消。

3. 利用任务栏切换工作窗口

任务栏中间的一系列按钮，表示正在运行的应用程序。其中凹的按钮表示该任务在前台运行，其窗口为活动的工作窗口，不被其他窗口遮盖。另一些凸起的按钮，表示该任务在后台工作，窗口可能是打开着的，但不是活动窗口；也可能窗口处于最小化状态。工作窗口的切换，只要单击任务栏上对应的按钮即可。

4. 设置任务栏属性

右击任务栏空白处，在快捷菜单中选择“属性”命令；或者单击“开始”→“设置”

→“任务栏和开始菜单”命令，可以打开“任务栏和开始菜单属性”对话框。在该对话框中，有两个选项卡，如图 3.31 所示，其中“常规”选项卡中有如下选项。

• 总在最前：使“任务栏”在任何程序、任务的前面，始终可见。

• 自动隐藏：使“任务栏”在不需要时自动隐藏，当鼠标指向它时自动弹出。

• 在“开始”菜单中显示小图标。

• 显示时钟：在“任务栏”右边显示时间。

• 使用个性化菜单：“个性化菜单”将隐藏最近不使用的项目，使“程序”菜单简洁明了。这时用户可以通过单击菜单底部的向下箭头，获得对隐藏程序的访问。

若用户需要某项设定，只要用鼠标在其左边复选框中单击，出现√就可以了。

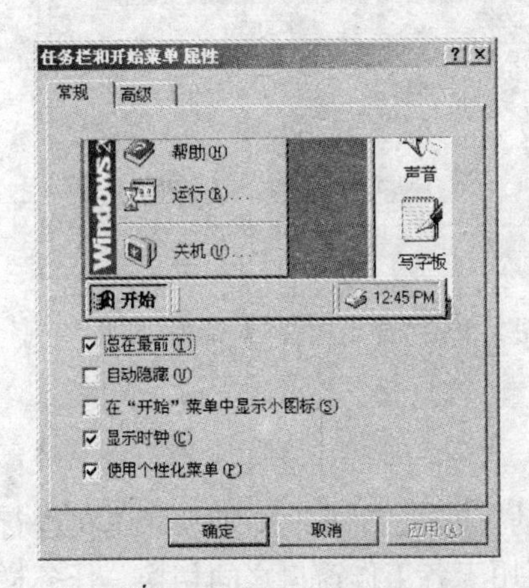

图 3.31 “任务栏和开始菜单属性”对话框(一)

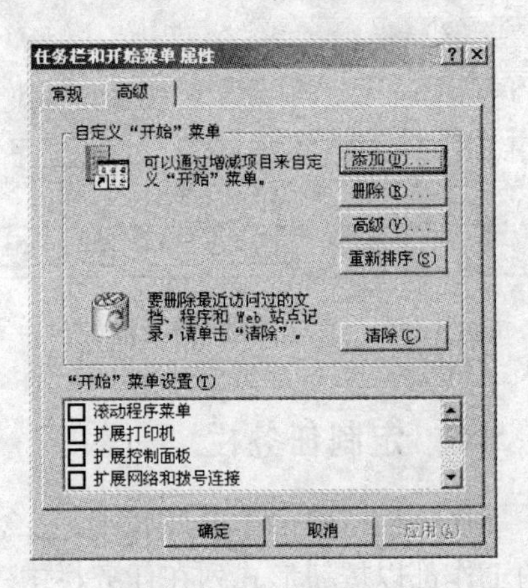

图 3.32 “任务栏和开始菜单属性”对话框(二)

“高级”选项卡可以对“开始”菜单的菜单项进行“添加”、“删除”、“重新排序”，还可以或通过“高级”按钮打开 Windows 2000 资源管理器，找到相应应用程序项目等添加到“开始”菜单中，如图 3.32 所示；可以清除“开始”菜单中“文档”菜单内所有最近访问过的文件和 Web 站点列表；在“开始”菜单中可以将“收藏夹”和“注销”等菜单重新设置或取消。

3.5.6 定制“开始”菜单

“开始”按钮位于桌面的左下角，单击该按钮出现“开始”菜单，用户可以方便地开始大多数日常工作，如启动各种程序、打开最近使用过的文档、改变系统设置、查找文件或文件夹、联机帮助、输入并运行某个程序以及关闭 Windows 等。在默认情况下，“开始”菜单包括“运行”、“搜索”、“程序”、“设置”等选项，它包括了用户需要的大多数服务。针对具体情况，用户可将其他的应用程序添加到“开始”菜单的各级子菜单内。

单击“开始”按钮，将出现如图 3.33 所示的“开始”菜单。再单击其中的某一项，就可以执行对应的操作或打开下一级子菜单。下面介绍部分命令和子菜单项。

• "运行"命令:单击"运行"命令,出现"运行"对话框,用于启动应用程序。例如:在"运行"对话框中输入"e:setup",单击"确定"按钮,表示要运行 E 盘中的 setup. exe 文件。

• "文档"子菜单:可以打开最近用过的文档。

• "程序"子菜单:可以启动其中的应用程序。

• "搜索"子菜单:可以快速找到所需的文件或文件夹。

• "帮助"命令:单击"帮助"命令将出现"Windows 2000"帮助窗口。

图 3.33 "开始"菜单

3.5.7 桌面图标的组织

图标是 Windows 2000 的重要组成部分,图标主要由两个部分组成:图形部分和文字部分。文字部分是图标的名称,用户可以对它进行重新命名。图标有如下 3 个常用操作。

1. 选择图标

(1)选择相邻图标:如果所选取的图标是相邻的,则可以先选择第一个图标,然后按住【Shift】键,然后再将光标移动到要选定的最后一个图标并单击,这样就可以将这些相邻的图标选中。

(2)选择不相邻图标:如果所选的图标是不相邻的,先选择第一个图标,然后按住【Ctrl】键,再单击其他要选的图标。注意选择完毕后要松开【Ctrl】键。

(3)鼠标拖动选择图标:按住鼠标左键拖动,划出一个区域,释放鼠标左键,在这个区域的所有的图标就被选中。

(4)取消图标的选择:用鼠标左键单击选择项以外的任何位置,就可以取消所有的选择。

2. 图标的拖动

用户可以用鼠标左键按住被选中的图标进行拖动,这样可以改变图标的位置,使桌面上整个画面更为美观。

3. 排列图标

在桌面上的任意空白处,单击鼠标右键,出现如图 3.34 所示的快捷菜单,用鼠标指向"排列图标"项,单击其下一级菜单的某项,可以使图标按照指定的方向排列。

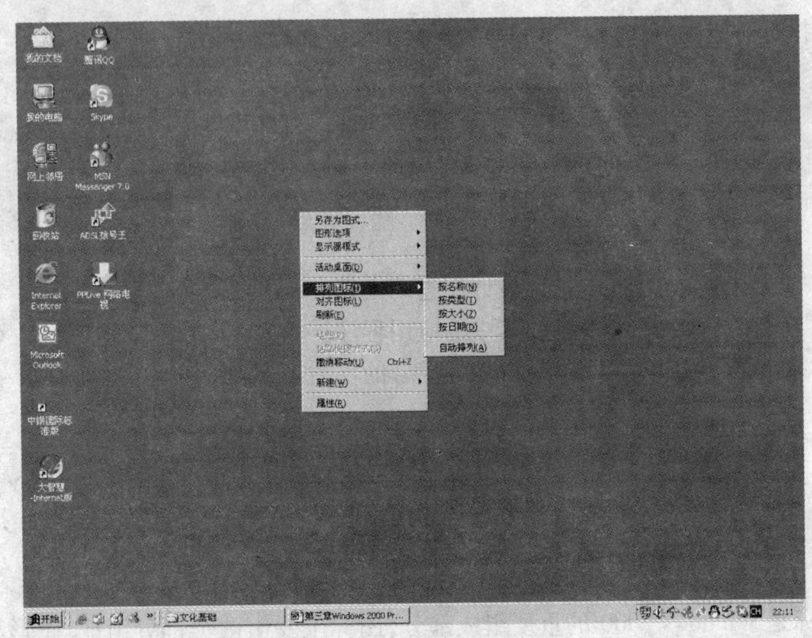

图 3.34 **“排列图标”快捷菜单**

3.5.8 设置打印机

Windows 2000 提供了强大打印机管理系统。打印前,要先安装打印机及相应的打印机驱动程序,然后才能使用打印机。Windows 2000 附带了大量的新型打印机驱动程序,为安装各种类型的打印机带来方便。

1. 安装打印机

若在安装 Windows 以前,已经连接了打印机,那么 Windows 在安装期间会自动识别并安装打印机的驱动程序。若在安装 Windows 后再连接打印机,则要安装打印机驱动程序。其步骤如下。

步骤 1:双击“控制面板”中的“打印机”图标,打开“打印机”窗口;

步骤 2:双击“添加打印机”图标,出现“添加打印机向导”对话框;

再根据屏幕上的提示一步一步操作即可。

2. 设置打印机

打印机的设置项目主要有纸张、字体、图形和设备选项等。在“开始”→“设置”→“打印机”窗口中,选择“正在使用的打印机”图标的快捷菜单中的“属性”命令,可打开“打印机属性”对话框。所能更改的设置主要取决于用户所使用的打印机类型,单击相应选项卡就可以看到能够设置的选项。

3. 删除打印机

删除打印机的具体方法是:在“控制面板”内双击“打印机”图标,打开打印机窗口,选择要删除的打印机图标,单击窗口工具栏中的“删除”按钮,然后单击“确定”即可。

4. 打印管理

Windows 2000 为已经安装的每一台打印机提供了单独的打印管理器,通过打印管理器控制发送到打印机的打印作业。打印管理器是一个非常重要的工具,可以方便地对打印文件进行管理。当执行应用程序的“打印”命令时,系统即建立一个打印文件,并送到打印管理器中,由打印管理器再将此文件送到打印机中打印。当有多个文件要使用同一台打印机时,系统将建立一个打印队列,按照队列依次打印各文件。

可以通过“我的电脑”→“控制面板”→“打印机”或“开始”→“设置”→“打印机”命令,再双击正在使用的打印机图标,也可以打开任务栏中“打印机”图标的快捷菜单,选择“打开打印管理器窗口”来打开打印管理器窗口,人为控制管理打印机。

3.5.9 鼠标和键盘的设置

在 Windows 2000 中,键盘和鼠标是最基本的常用输入设备,用户可以根据自己的习惯设置键盘和鼠标的属性。

1. 键盘设置

通过“控制面板”进入“键盘”图标,就可以打开键盘属性对话框。

1)“速度”选项卡

如图 3.35 所示,拖动“重复延迟”滑块,可以调整重复输入某字符时按键时间的长短;拖动“重复率”滑块可以调整输入重复字符的速度;拖动光标闪烁率滑块,可以调整光标的闪烁速度。

2)“输入法区域设置”选项卡

如图 3.36 所示,在输入语言框中可“添加”、“删除”输入法;在“输入法区域设置的热键”栏中可“更改按键顺序”;“启动任务栏上的指示器”选项是任务栏提示区输入法图标的显示开关。

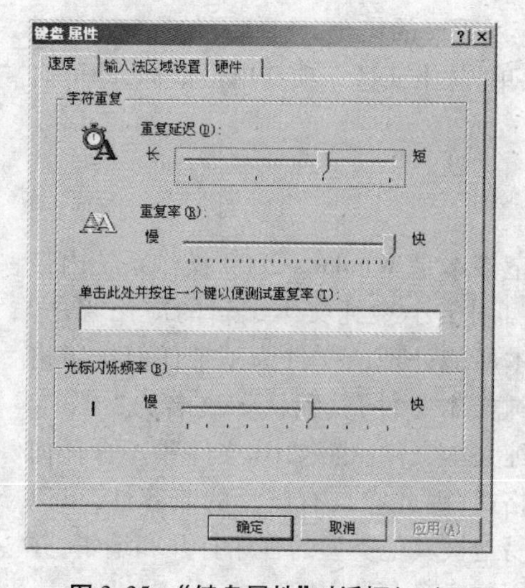

图 3.35 “键盘属性”对话框(一)

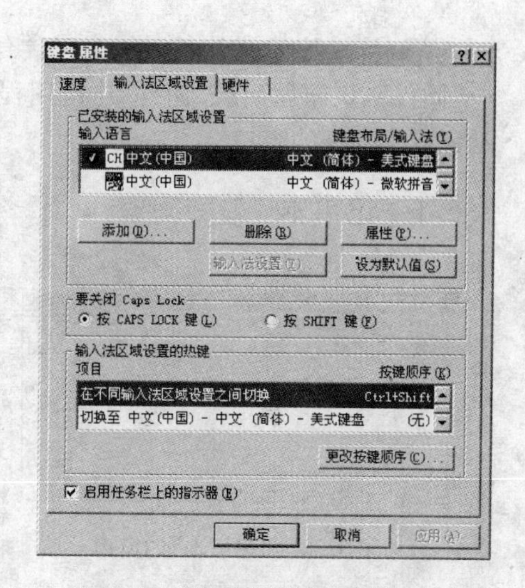

图 3.36 “键盘属性”对话框(二)

2. 鼠标设置

通过选择“控制面板”→“鼠标”图标，可以打开鼠标属性对话框，如图 3.37 所示，其主要功能如下。

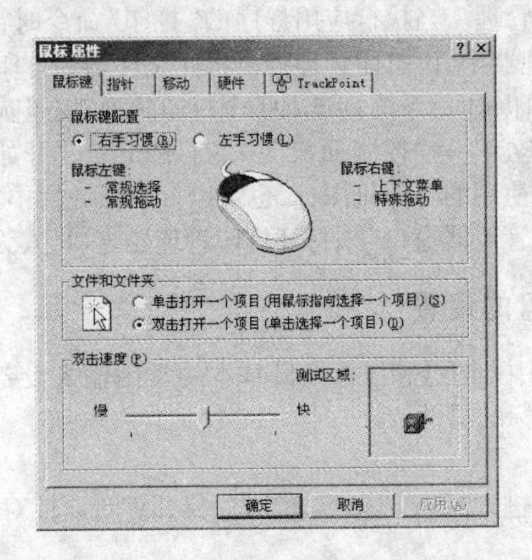

图 3.37 “鼠标属性”对话框

(1)“鼠标键”选项卡:用于配置使用鼠标的左右手习惯和调整双击鼠标的速度。

(2)“指针”选项卡:用于在方案下拉框中选择鼠标形状。

(3)“移动”选项卡:用于设置指针移动的速度。

3.6 Windows 2000 的附件

Windows 2000 的附件是一个包含有多个应用程序的集合，选择“开始”→“程序”→“附件”，屏幕就出现“附件”中应用程序的菜单，从中任选一项并单击鼠标，即可启动该应用程序的窗口。

3.6.1 记事本

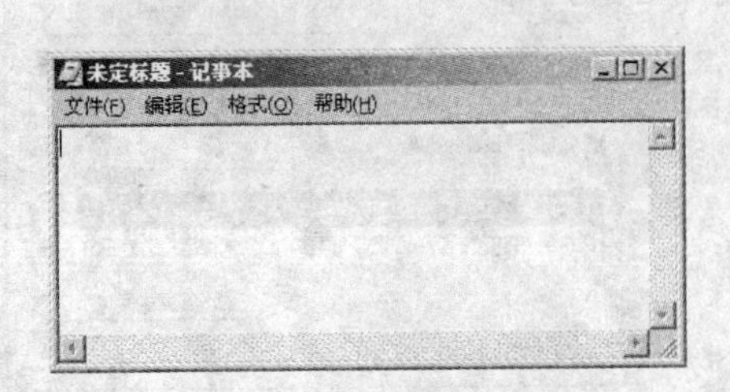

图 3.38 “记事本”的窗口

记事本是 Windows 2000 操作系统内带的专门用于小型纯文本编辑的应用程序。记事本所能处理的文件为不带任何排版格式的纯文本文件，其默认扩展名为“.txt”。由于纯文本文件(也称“txt 文件”)不含任何特殊格式，因此它具有广泛的兼容性，可以很容易地被其他类型的程序打开和编辑，并且占用的磁盘存储空间很小。

记事本是一个编写和编辑小型文本文件的编辑器，文档不得超过 64kB，它是系统中很多文本文件的默认打开程序。

3.6.2 写字板

写字板是一个小型的文字处理软件，既可以用来建立标准的文本文件，又可以建立格式化的文档，如图 3.39 所示"写字板"能够对文章进行一般的编辑和排版处理，还可以进行简单的图文混排。通过写字板，可以编辑出图文并茂的 doc 以及 rtf、txt 文件等类型的文件，可以进行编辑、格式设定、排版、插入图形、打印等，能够实现多个应用程序之间的数据共享。

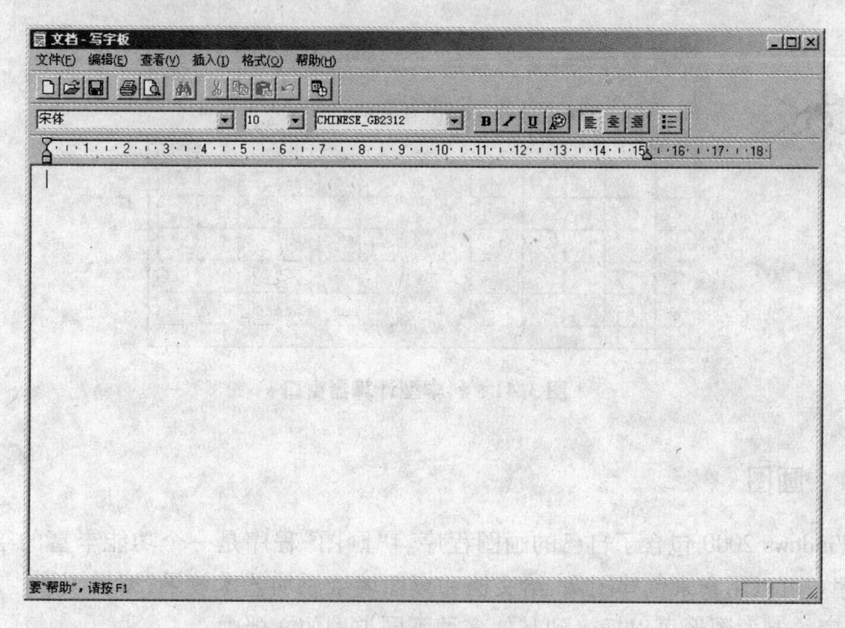

图 3.39 "写字板"的窗口

3.6.3 计算器

Windows 2000 系统的计算器有标准型和科学型两种基本类型。通过"附件"→"计算器"命令就可以打开计算器窗口，通过计算器窗口菜单的"查看"选项，可以在"科学型"和"标准型"之间进行切换。

1. 输入数字和符号

用鼠标单击计算器面板的相应数字、符号按钮或数据，其结果会显示在计算器的屏幕上。计算器面板上每个按钮在键盘上都有一个等价键位，如果熟练掌握使用起来很方便。

图 3.40 标准型计算器窗口

2. 标准型计算器

如图 3.40 所示,标准型计算器只能进行加、减、乘、除等简单运算,具有保存或积累数字的记忆功能。单击“编辑”→“复制”命令,可以将结果复制到剪贴板中,以便在其他程序中使用。

3. 科学型计算器

科学型计算器可以进行指数、对数、三角函数运算和统计分析以及不同进制之间的转换等,如图 3.41 所示。

图 3.41 科学型计算器窗口

3.6.4 画图

Windows 2000 包含了自己的画图程序。“画图”程序是一个功能丰富的绘图引用程序。可以用它来创建图像,给文档和桌面墙纸添加艺术效果,编辑图形。用“画图”程序绘制的图形可以插入到其他多种不同类型的文档中。

选择“开始”→“程序”→“附件”→“画图”,即打开“画图”程序窗口。画图制作的图片默认格式为 24 色位图,文件扩展名为.bmp,也可以用其他格式存盘,包括单色位图、16 色位图、JPG 格式文件和 GIF 格式文件等。

1. “画图”程序窗口的基本组成

“画图”程序窗口一般由菜单栏、绘图工作区、工具箱、当前颜色和调色板等部分组成。

(1)菜单栏:用于创建、保存和编辑图形文件。

(2)绘图工作区:提供用户绘制图形或输入文字的区域。

(3)工具箱:位于窗口左侧,可用于绘制和修改图形。

(4)当前颜色:位于窗口的左下角的方框内,其上有两个颜色框,上面的代表前景色,下面的代表背景色。

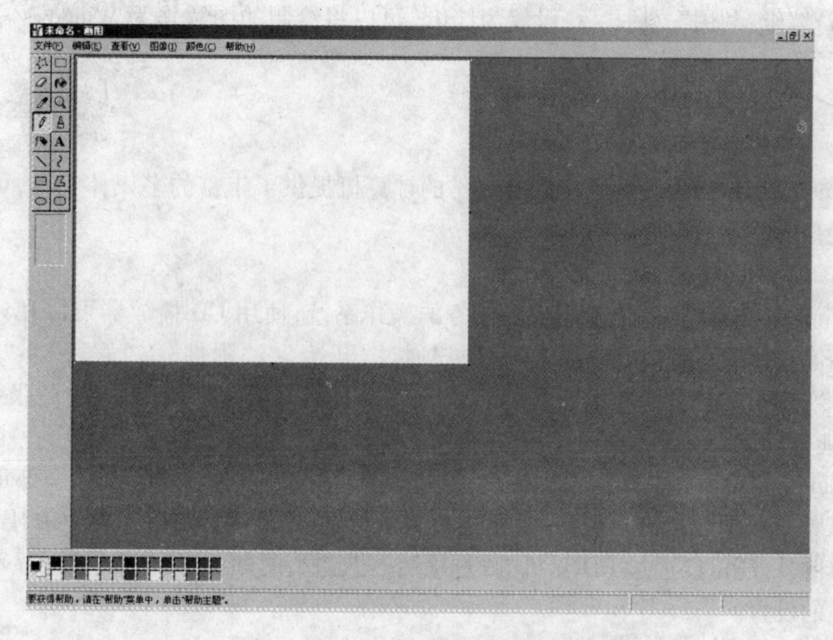

图 3.42 “画图”窗口

(5)调色板:位于工作区底部,有不同颜色供用户选择。

2.“画图”的基本操作

(1)新建一个画图文件。

(2)绘图。

(3)修改。

(4)保存。

3. 画图技巧

在画图窗口既可以画图也可以写字。先在工具箱中选中工具,并为其设置好选项(包括颜色),然后才能在画图编辑区进行绘制。

(1)清除功能:清除刚进行的操作,可以选择“编辑”→“撤消”(可以用 3 次)命令。清除全部画面用“图像”→“清除图像”命令;清除选定区用“编辑”→“清除选定区”命令。写字时可以回退清除或选定删除;拖动橡皮可以擦去背景色(右键拖动只擦去前景色)。

(2)【Shift】键特殊功能:按住【Shift】键用相应工具可以画出水平线、垂线、45 度斜线、正方形、圆,按住【Shift】键选定图形,可以拖出串状叠加效果。

(3)图像菜单:利用图像菜单可以对选定区进行反色、翻转、旋转、拉伸、扭曲、透明等设置。

(4)文字功能:书写文字时可以打开“文字”工具栏进行字体、字形、效果、方向设置。

(5)墙纸:利用“文件”→“设置为墙纸”可以将绘制的图片作为 Windows 桌面的桌布。

3.6.5 娱乐

Windows 2000 为安装了多媒体组件的计算机提供了丰富的多媒体工具,可以用来播放音乐、VCD 以及录制声音等。

1. CD 播放器

Windows 2000 是一个单用户多任务的操作系统,使用 CD 播放器可以在计算机运行其他程序的同时播放音频 CD。用户通过“开始”→“附件”→“娱乐”→“CD 唱机”命令,即可以打开 CD 唱机窗口,如图 3.43 所示。在 CD-ROM 中放一张 CD 唱盘,就能自动运行 CD 唱机程序,开始播放 CD 音乐。

Windows 2000 的 CD 播放器提供了“标准”、“随机”、“重放曲目”、“全部重放”、“试听”等五种播放模式,选择一种播放模式后,该模式的图标将显示在“CD 唱机”窗口内。此外,还可以通过 CD 唱机的“选项”按钮,进行时间、曲集信息、窗口显示状态等属性的设置。

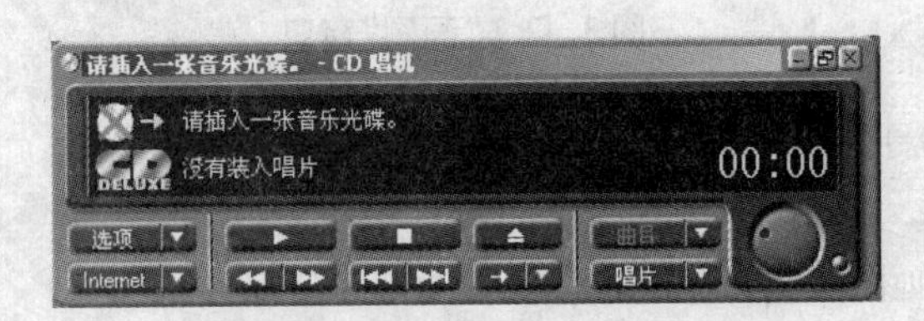

图 3.43 CD 唱机窗口

2. 媒体播放机

Windows 2000 的媒体播放器(Windows Media Player)可以播放各种形式的多媒体文件(如声音、动画),还可以控制硬件设备(如视频播放机)的操作。选择“开始”→“程序”→“附件”→“娱乐”→“媒体播放器”,打开媒体播放器,如图 3.44 所示。

在默认的情况下,Windows 2000 提供了 AVI、WAV、MPEG、MP3、MIDI、ATFF、AU、Indeo、Quick Time 等格式的多媒体驱动程序,能够满足大多数情况下播放媒体文件的需要。如果需要播放其他格式的媒体文件,可以安装相应的驱动程序。

图 3.44 媒体播放机窗口

3. 录音机

Windows 2000 提供的录音机程序能够进行简单的波形文件处理,包括回音、混音等处理。选择"开始"→"程序"→"附件"→"娱乐"→"录音机",将打开如图 3.45 所示的"声音-录音机"窗口。

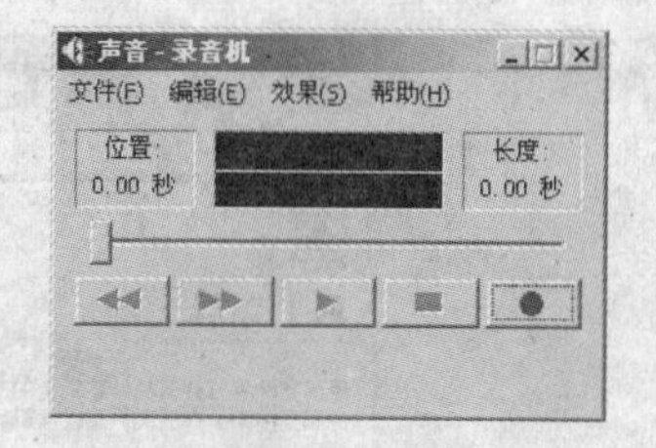

图 3.45 录音机窗口

录音机的主要功能及常用声音文件处理方法有以下 4 种。

(1)播放、录制文件:播放、录制音频文件是录音机的主要功能。

(2)编辑声音文件:在现有的声音文件内插入一段录音、在现有的文件内插入声音文件、混音处理。

(3)设置声音效果:Windows 2000 还允许用户对声音的音量、播放速度、回音效果等进行调整,或者删除不满意的声音片段,以达到突出渲染主题,优化声音效果的目的。

(4)声音文件格式转换:利用系统的声音文件格式转换功能,可以压缩声音文件,提高声音质量。

3.7 Windows 2000 的网络使用

3.7.1 访问"网上邻居"

如果用户知道文件或文件夹名,并且知道它们在网络中的位置,使用"网上邻居"可以快速访问该资源;如果不知道它们的确切位置,可以搜索文件或文件夹,其步骤如下。

步骤 1:双击"网上邻居"图标,打开"网上邻居"窗口,如图 3.46 所示。

步骤 2:单击"搜索"按钮,打开"搜索"窗口,然后单击"搜索文件或文件夹"超级链接。

步骤 3:在"要搜索的文件或文件夹名为"文本框中输入要搜索的文件或文件夹名,并从"搜索范围"下拉列表框中选择搜索范围,然后单击"立即搜索"按钮,就可进行查找,搜索结果会显示在右窗口。

3.7.2 查找网络上的计算机

访问网络中某台计算机的步骤如下。

步骤 1:在"网上邻居"窗口中,单击"搜索"按钮,打开"搜索"窗格,然后单击"搜索计算机"链接,"搜索"窗格如图 3.47 所示。

步骤 2:在"计算机名"文本框中输入共享资源所在的计算机的完整名称,单击"立即搜索"按钮,系统会将搜索到的计算机列在右边窗口的列表框中。

步骤 3:双击搜索到的计算机,即可访问该计算机上的共享资源。

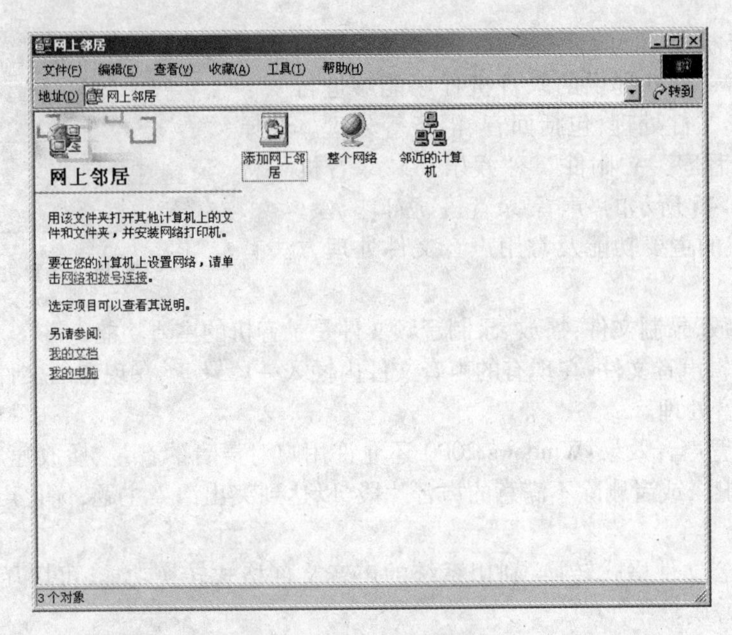

图 3.46 “网上邻居”窗口

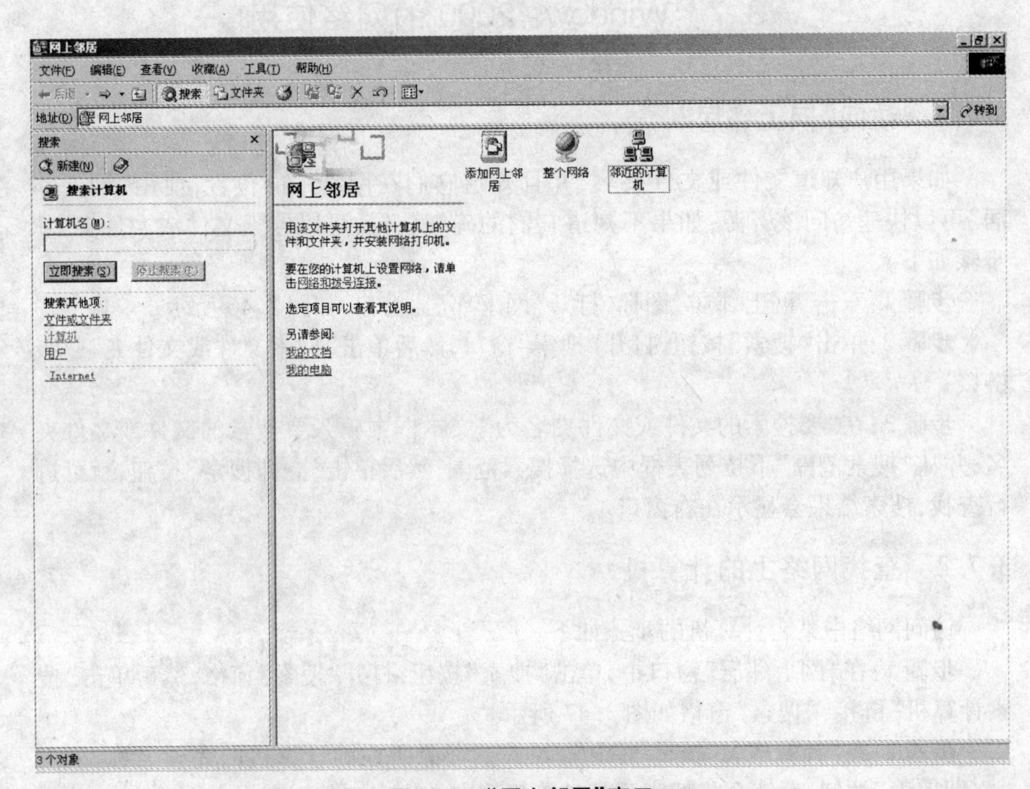

图 3.47 “网上邻居”窗口

本章小结

本章首先对 Windows 2000 操作系统做了简要介绍。重点介绍了 Windows 2000（以 Windows 2000 Professional 为例）环境下如何组织并管理系统资源，以及如何在 Windows 2000 环境下运行应用程序等，主要包括：Windows 2000 简介、用户界面与基本操作，Windows 2000 下文件和文件夹的管理、控制面板、Windows 2000 的多媒体功能及基本操作和 Windows 2000 附件及基本操作等内容。

习题 3

一、选择题

1. 中文 Windows 2000 向用户提供了(　　)界面。

A. 图形　　B. 命令行　　C. 纯文本　　D. 字符

2. 用鼠标拖动窗口的(　　)可以移动该窗口的位置。

A. 控制按钮　　B. 标题栏　　C. 边框　　D. 菜单栏

3. 对于 Windows 2000 操作系统，下列叙述中正确是(　　)。

A. Windows 2000 的操作只能用鼠标

B. Windows 2000 为每一个任务自动建立一个显示窗口，其位置和大小不能改变

C. Windows 2000 打开的多个窗口，既可平铺，也可层叠

D. Windows 2000 不支持打印机共享

4. Windows 2000 提供了多种手段供用户在多个运行着的程序间切换。按(　　)组合键时，可在打开的各程序、窗口间进行循环切换。

A.【Alt + Esc】　　B.【Alt + Tab】　　C.【Ctrl + Esc】　　D.【Tab】

5. 将剪贴板中的内容粘贴到当前光标处，使用的快捷键是(　　)。

A.【Ctrl + A】　　B.【Ctrl + C】　　C.【Ctrl + V】　　D.【Ctrl + X】

6. 当用户要访问某个计算机时，如果知道该计算机的名字，可直接利用(　　)的搜索功能在整个网络中进行搜索。

A. 网上邻居　　B. 桌面上的“我的文档”图标

C. 资源管理器　　D. 文件管理器

7. 在“资源管理器”中双击扩展名为. txt 的文件，将启动(　　)。

A. 剪贴板　　B. 记事本　　C. 写字板　　D. Word

8. Windows 2000 采用树型文件夹结构是为了(　　)。

A. 存取大容量　　B. 避免对文件的误操作

C. 提高文件管理的效率　　D. 节省磁盘空间

9. 在 Windows 2000 的“资源管理器”中，要选择多个连续的文件时，应(　　)。

A. 单击第一个文件，再单击最后一个文件

B. 用鼠标逐个单击各文件

C. 单击第一个文件，按住【Ctrl】键，再单击最后一个文件

D. 单击第一个文件，按住【Shift】键，再单击最后一个文件

10. 在 Windows 2000 的“资源管理器”中，要选择多个不连续的文件时，应( )。

A. 单击第一个文件，再单击最后一个文件

B. 用鼠标逐个单击各文件

C. 单击第一个文件，按住【Shift】键，再单击最后一个文件

D. 单击第一个文件，按住【Ctrl】键，再单击要选定的文件

二、填空题

1. 运行中文 Windows 2000，至少需要__________MB 内存。

2. 将运行的应用程序最小化后，该应用程序的状态是__________。

3. 在 Windows 2000 中，可以打开__________窗口。

4. 在 Windows 2000 中，活动窗口只能有__________个。

5. 将一个后台非活动窗口变成活动窗口的过程称为__________。

6. 将整个屏幕内容复制到剪贴板上，应按__________键。

7. Windows 2000 中两个对系统资源进行管理的程序组是“我的电脑”和__________。

8. 关闭当前窗口可以使用的组合键是__________。

9. 在 Windows 2000“资源管理器”窗口中，主菜单栏中有“文件(F)”菜单，则表示按__________键可选择该菜单。

10. 由 Windows 2000 环境可以进入 DOS 环境，由 DOS 环境退回 Windows 2000 需要在提示符下键入__________命令。

三、上机题

1. Windows 2000 基本操作。启动 Windows 2000，打开“我的电脑”，对该窗口进行移动、最大化、最小化、还原、关闭等操作。在 Windows 2000 环境下打开多个窗口，对这几个窗口进行切换。

2. Windows 2000 资源管理器的使用。打开资源管理器，做打开和关闭工具栏、展开和折叠文件夹、创建文件夹练习。用写字板和画图程序建立一些文件，做复制、移动、删除练习。

3. 在“资源管理器”中查看 C 盘中的文件夹及文件名称、位置、大小等信息。查找“Word 应用程序”所在的位置。

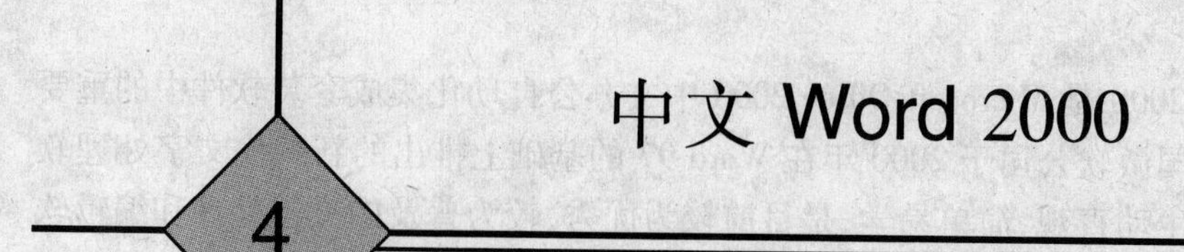

📖 本章主要内容

☑ 文档的操作、编辑及排版

☑ 表格、图形的制作及编辑

☑ 页面排版和文档的打印输出

计算机软件系统是由系统软件和应用软件组成的，前一章中文 Windows 2000 就是属于系统软件。这一章将介绍应用软件中的一个非常受欢迎的字处理软件——中文 Word 2000。

中文 Word 2000 是 Microsoft Office 2000 中文办公自动化集成套装软件中的重要程序之一，是美国微软公司于 2000 年在 Word 97 的基础上推出的新一代文字处理软件，其操作界面生动直观，简单易学，是目前较为优秀、较为普及的文档处理和编辑软件，利用它用户可以编排出图文并茂的文档。

4.1 中文 Word 2000 的基本操作

Word 并不是很难的软件，它有一定的操作方法和流程，掌握了基本的技巧和方法，可以编排精美的文档。

4.1.1 Word 2000 的启动和退出

1. *启动*

操作实例 4-1

启动 Word 2000。

可以用以下几种方法启动 Word 2000。

方法一：用鼠标单击“开始”→“程序”→“Microsoft Word”项。

方法二：双击桌面的 Word 2000 的快捷方式图标（若没有，可以自己在桌面创建）。

方法三：直接在某个窗口双击 Word 2000 的文档。

Word 2000 启动后的窗口如图 4.1 所示。在窗口的编辑区可以看到一条闪烁的竖线，表示当前输入字符的位置。通常把闪烁的竖线“|”称为“插入光标”，简称“光

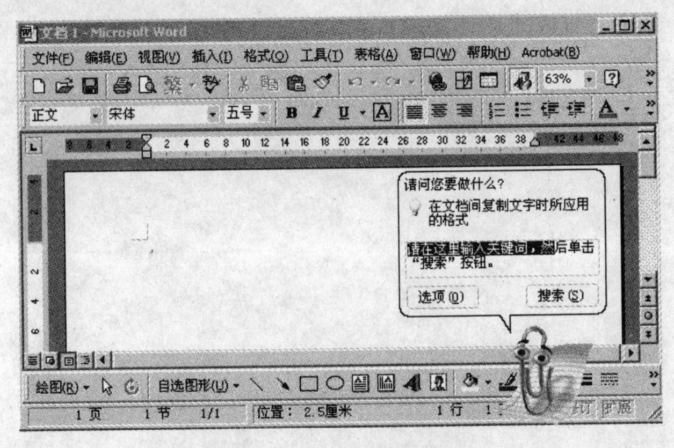

图 4.1　Word 2000 窗口

标”，把光标所在的位置称为插入点。

提示：在 Word 2003 版本中，窗口的右侧有一个任务窗格，显示一系列操作控制状态。

2. 退出

操作实例 4-2

退出 Word 2000。

可以用以下几种方法退出 Word 2000：

方法一：单击“文件”菜单上的“退出”命令。

方法二：单击 Word 工作窗口右上角的“关闭”按钮 ☒。

方法三：双击 Word 工作窗口标题栏左端的 Word 控制菜单图标 。

方法四：按组合键【Alt + F4】。

如果在退出 Word 之前，工作文档还没有存盘，在退出时，系统会提示用户是否将编辑的文档存盘。

4.1.2 Word 2000 的窗口组成

现在通过“窗口”了解 Word 2000。Word 2000 的窗口是由标题栏、菜单栏和工具栏等组成，如图 4.2 所示。

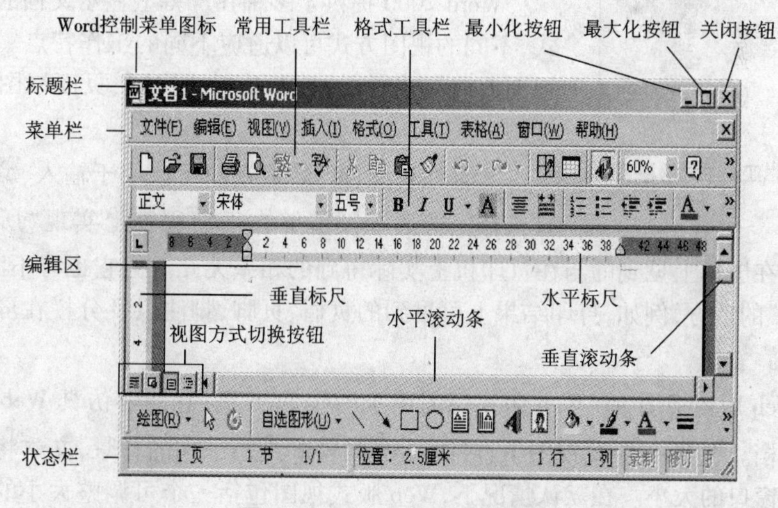

图 4.2 Word 2000 的窗口组成

1. 标题栏

位于窗口最上端，其左边显示 Word 控制菜单图标、当前编辑文件名称和应用程序的名称，右上角的 ▁、□、☒ 分别为最小化窗口、最大化窗口和关闭窗口按钮。

2. 菜单栏

位于窗口上端第二行，上有“文件(F)”、“编辑(E)”、……、“帮助(H)”等九个主菜单选项。每个主菜单项下又包含一个可折叠的下拉子菜单，其中包含了 Word 所有可用的菜单命令。

3. 工具栏

菜单栏以下的若干行为工具栏，最常见的有常用工具栏和格式工具栏，它们以形象化的图标形式列出各个工具按钮，这些工具按钮提供了对常用菜单命令的快速访问。

此外，Word 2000 提供了十余种工具栏(如图 4.3 所示)。

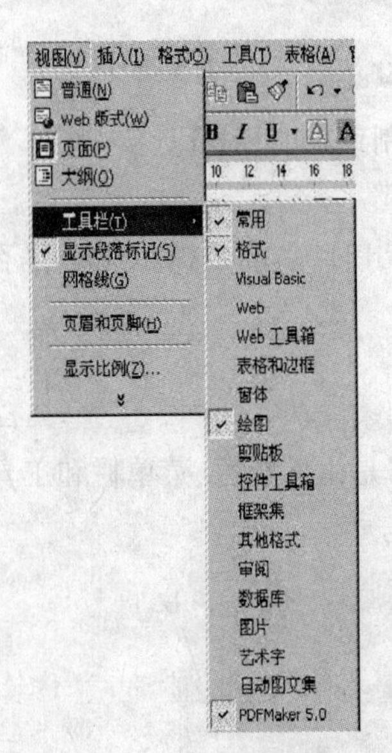

图 4.3 “工具栏”级联菜单

4. 文档窗口

位于 Word 窗口的中央，用于文档的输入和编排。

文档窗口的顶端及左侧是标尺，其作用是给文本定位。

文档窗口的底端和右侧是滚动条，用于滚动调整在文档窗口中显示的内容。

5. 状态栏

位于窗口最底一行，用于显示当前编辑文档的状态信息及一些编辑信息。

6. 视图切换按钮

Word 2000 提供了多种在屏幕上显示文档的视图方式，不同的视图方式可以适应不同的工作特点。常用的视图方式有普通视图、Web 版式视图、页面视图和大纲视图。

• 普通视图：普通视图可以用于输入、编辑和编排文档。普通视图能够在一定程度上实现“所见即所得”，因为在屏幕上见到的与在打印机上实际得到的相差无几。但它也有不满足“所见即所得”的地方，例如，打印结果上可见到的页眉、页脚、脚注以及分栏在屏幕上显示不出来。

• Web 版式视图：Web 版式视图用于创作 Web 页，它能够仿真 Web 浏览器来显示文档。在 Web 版式视图下，可以看到给 Web 文档添加的背景，文本将自动换行以适应窗口的大小。在默认情况下，Web 版式视图包括一个可调整大小的查找窗格，称为“文档结构图”，它可以显示文档结构的大纲视图。单击文档的一个大纲主题，可立即跳转到文档的相应部分。

• 页面视图：页面视图可以查看与实际打印效果相一致的文档。它除了具备普通视图中的那些“所见即所得”的程度外，还能显示出实际位置的多栏版面、页眉、页脚、脚注和尾注等,也可以查看在精确位置的图文框的项目。

• 大纲视图 :大纲视图使查看文档的结构变得很容易,它能够通过拖动标题来移动、复制或重新组织正文。在大纲视图中,能够折叠文档以查看主标题,或者扩展文档以查看整个文档。

7. 拆分框

拆分框即为垂直滚动条上端的深色框,可以通过下拉它而将窗口拆分成两个窗格。

4.1.3 创建、保存和打开文档

对 Word 2000 的工作界面有了一定了解之后,就可以利用 Word 2000 进行字处理工作了,首先来看怎样创建文档。

1. 创建文档

操作实例 4-3

创建一个新文档。

可以用以下几种方法创建新文档。

方法一:在启动 Word 2000 时,系统自动创建一个新文档,默认文档名为“文档一”。

方法二:在启动 Word 2000 后,单击常用工具栏最左边的“新建”按钮,创建一个新文档。

方法三:选择“文件”菜单中的“新建”命令,选“常用”标签,然后双击“空白文档”图标,或者选定“空白文档”图标后再按“确定”按钮,也可创建一个新文档(如图 4.4)。

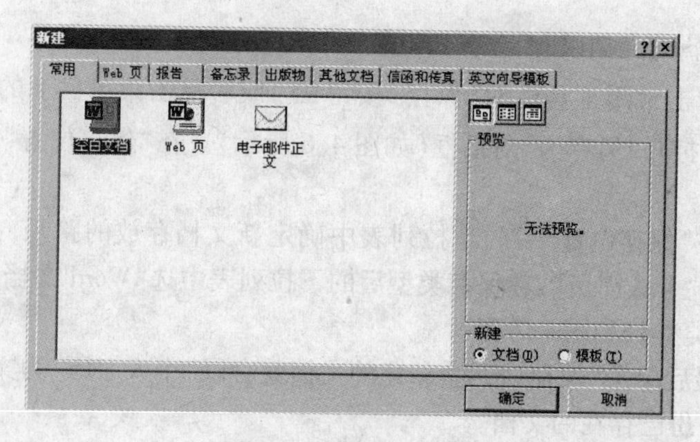

图 4.4 “新建”对话框

方法四:通过“开始”菜单的“新建 Office 文档”命令建立新文档。单击“开始”按

钮,单击“新建 Office 文档”命令打开“新建 Office 文档”对话框,选择“空白文档”(如图 4.5 所示)。

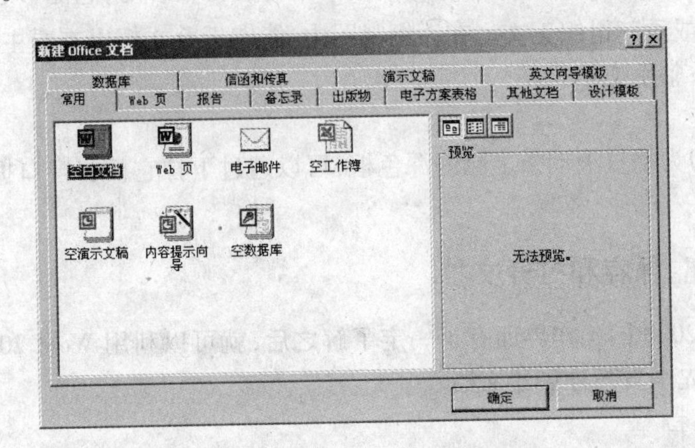

图 4.5 “新建 Office 文档”对话框

方法五:在“我的电脑”或“资源管理器”中,单击“新建”→“Microsoft Word 文档”命令来建立。

方法六:使用右键菜单来建立。在桌面上空白处单击鼠标右键,在快捷菜单中单击“新建”项,从弹出的子菜单中选择“Microsoft Word 文档”,也可创建一个新文档。

2. 保存文档

为了防止由于计算机突然死机或停电等故障造成的文档丢失,及时保存文档是十分重要的。建议每间隔一段时间就进行一次存盘操作。下面介绍如何保存文档。

1)保存一份尚未命名的新建文档。

操作实例 4-4

将当前编辑的文档以“个人简历”为文件名保存到 C 盘上。

步骤 1:单击常用工具栏的“保存”按钮,或者单击菜单栏上的“文件”→“保存”命令项,将打开“另存为”对话框(如图 4.6 所示)。在“保存位置”下拉菜单中选定“C:”。

步骤 2:在“保存位置”后的下拉列表中确定新文档存放的路径,在“文件名”框输入新文档名“个人简历”,在保存类型后的下拉列表中选“Word 文档”类型(默认为“Word 文档”类型),如图 4.7 所示。

步骤 3:最后单击“保存”按钮,新建的文档就会以“个人简历”为文件名存盘。

2)保存一份已存在的文档。

操作实例 4-5

将“个人简历”文档再次保存。

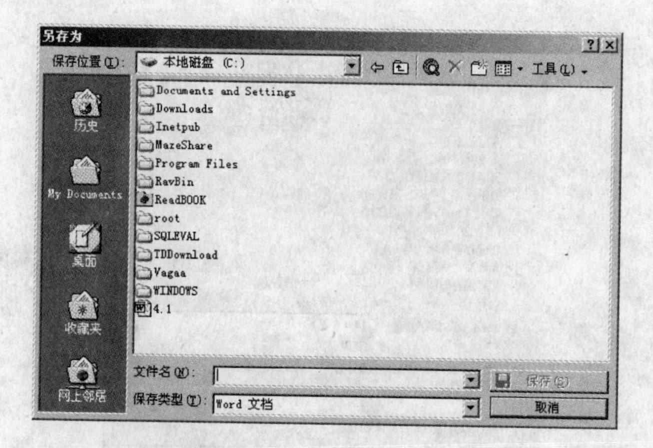

图 4.6 “另存为”对话框

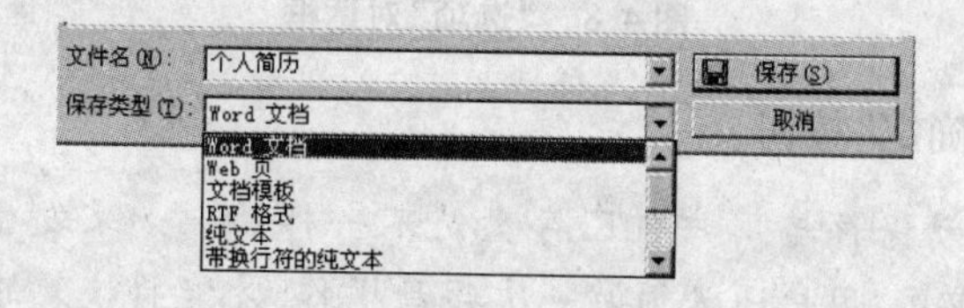

图 4.7 保存类型框

单击常用工具栏的“保存”按钮 ,或者单击菜单栏上的“文件”→“保存”命令项,则当前“个人简历”文档会以该文件名再次存盘。

3)将本次编辑的结果保存为另一份文档。

操作实例 4-6

将“个人简历”文件以“个人简历副本”为名重新保存。

步骤 1:单击“文件”菜单下的“另存为”命令,打开“另存为”对话框。

步骤 2:在“文件名”框输入新文档名“个人简历副本”,单击“保存”按钮。

4)设置定时自动保存

自动保存功能只是保留了当前编辑结果的临时备份,已供 Word 在遇到意外情况恢复之用,在一定程度上减少损失。

操作实例 4-7

将“个人简历”文档自动保存时间间隔设置为 5 分钟。

步骤 1:单击菜单栏上的“工具”→“选项”命令项,打开“选项”对话框(如图 4.8 所示)。

步骤 2:选中“保存”选项卡,选中其中的“自动保存时间间隔”,然后设置自动保存的间隔时间为 5 分钟。

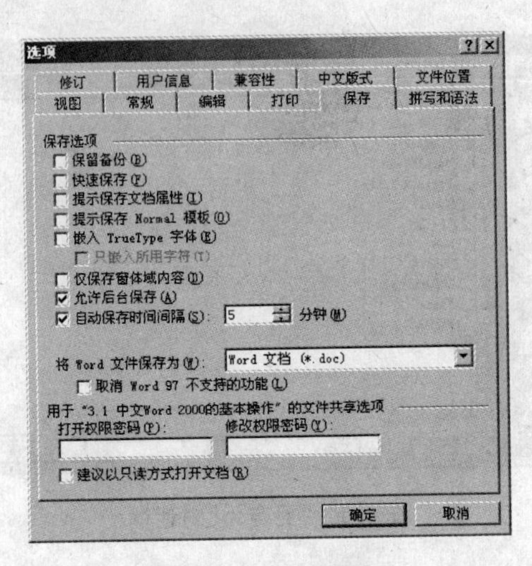

图4.8 “选项”对话框

步骤3:单击“确定”按钮。

注意:这种自动保存与用户自己存盘是不一样的。如果发生了意外,Word根据临时备份做了恢复,用户还必须做一次存盘操作,才能将恢复的内容真正存盘。

5)设置打开权限密码

如果文档的内容不希望被别人看到,在保存时,还可以设置打开权限密码。

操作实例4-8

将“个人简历”文档的打开权限密码设置为1234。

步骤1:单击菜单栏上的“工具”→“选项”命令项,打开“选项”对话框(如图4.8所示)。

步骤2:选中“保存”选项卡,在“打开权限密码”下输入“1234”。

步骤3:单击“确定”按钮,弹出“确认密码”对话框,如图4.9所示,在“请再输入一遍打开权限密码”下再次输入“1234”,单击“确定”按钮,回到“选项”对话框后再单击“确定”按钮即可。

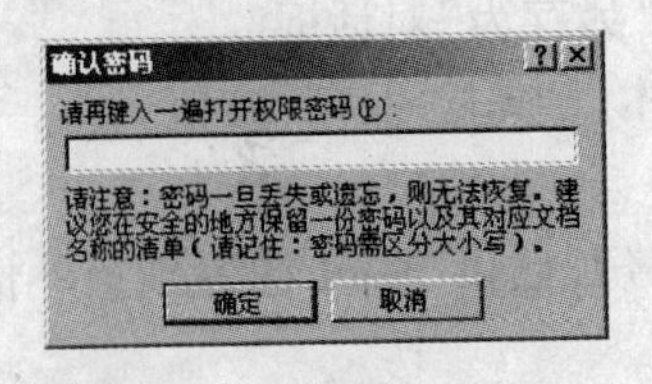

图4.9 “确认密码”对话框

提示:在Word 2003版本中,设置文档的打开权限密码是在“选项”对话框的“安全性”选项卡上设置。

3. 打开文档

怎么在Word里打开以前存盘的文档呢?其实打开和新建一样,也有多种方法。

操作实例 4-9

打开操作实例 4-4 保存在 C 盘上的“个人简历”的文档。

可用以下几种方法打开该文档。

方法一:单击“打开”命令,弹出“打开”对话框(如图 4.10 所示),在“查找范围”中确定文档所在的路径“C:”,然后在文件列表中单击名为“个人简历”的文档,最后单击“打开”按钮即可(也可双击文档名直接打开)。

方法二:单击工具栏上的“打开”按钮,弹出打开对话框,之后的操作与方法一相同。

方法三:打开最近编辑过的文档。单击“文件”菜单,在其下拉菜单的下方,通常列出几个近期刚编辑过的文档名称(如图 4.11 所示),如果想打开的文档恰在其中,可直接选定打开。

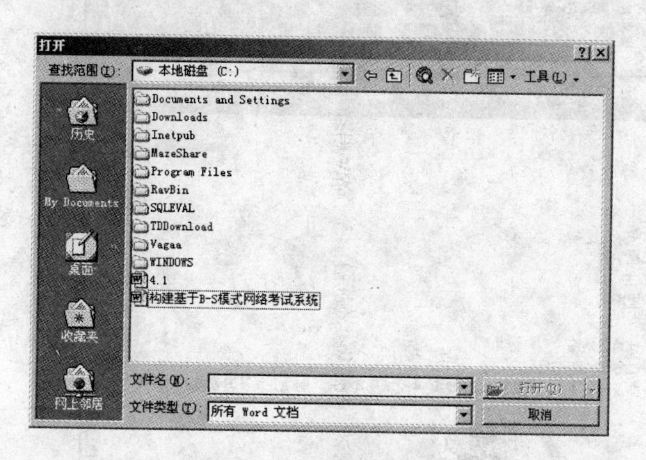

图 4.10 “打开”对话框

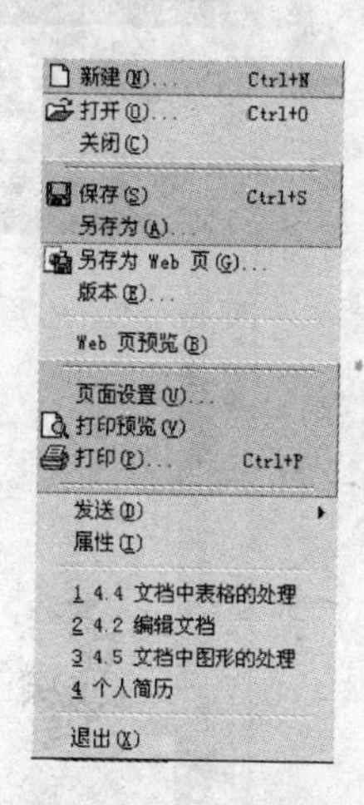

图 4.11 打开最近编辑过的文档

4.2 编辑文档

编辑文档是 Word 2000 中最基本的操作之一,它包括文本的输入、选定、插入、修改、删除、复制与移动、查找和替换等,Word 2000 提供了一整套功能强大的编辑文档的方法,用户可以在宽松的环境下完成文档的编辑工作。

4.2.1 在文档中输入内容

Word 2000 为我们提供了一种叫做“即点即输”的功能。即用鼠标在文档的中间位置单击时,就可以将光标定位到鼠标单击的位置。然后可以快速插入文字、图形、表格或者其他内容。

1. 输入文字

Word 有自动换行的功能，每当输入位置到达行尾时，它将自动换行，仅当一个段落输入结束时才需要按【Enter】键。

操作实例 4-10

在“个人简历”文档中输入如图 4.12 所示文字，并显示段落标记。

步骤 1：打开“个人简历”文档。

步骤 2：在文档中输入图 4.12 所示文字，在文档中输入回车键的位置被标识为段落标记，显示为“↵”（非打印字符）。若段落标记不出现，可单击菜单栏上的“视图”，选中“显示段落标记”即可。

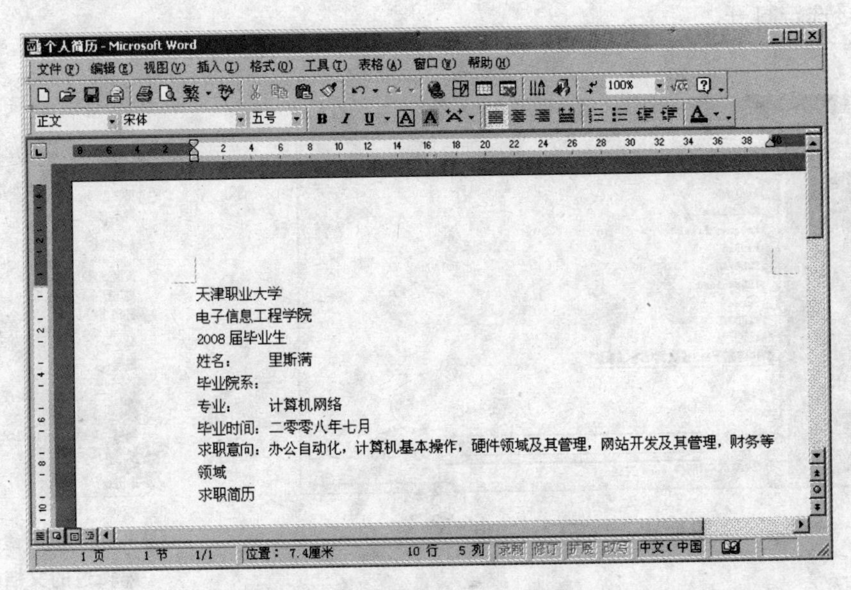

图 4.12 操作实例 4-10 效果

2. 输入符号和特殊字符

操作实例 4-11

在“个人简历”文档最后一行文字前输入“★”，如图 4.13 所示。

步骤 1：将光标停在最后一行文字前，单击菜单栏上的“插入”→“符号”命令项，打开“符号”对话框。

步骤 2：在“符号”对话框中选择“★”，如图 4.14 所示，单击“插入”按钮即可。

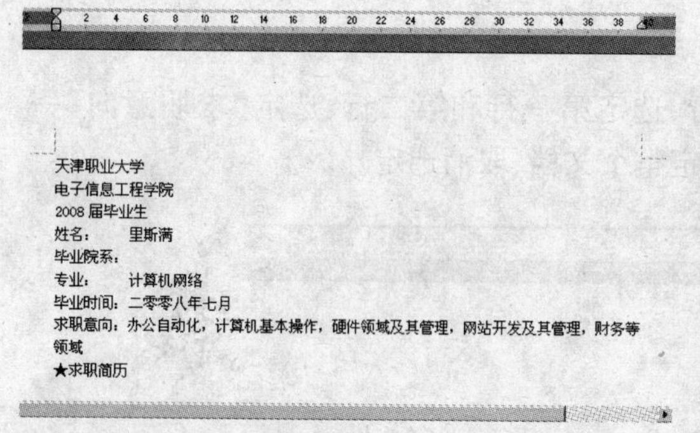

图 4.13　操作实例 4-11 效果

图 4.14　“符号”对话框

3. 输入系统日期和时间

操作实例 4-12

在“个人简历”文档最后一行文字后输入系统的日期和时间，如图 4.15 所示。

步骤 1：将光标停在最后一行文字后，单击菜单栏上的“插入”→“日期和时间”命令项，弹出“日期和时间”对话框，如图 4.16 所示。

步骤 2：在“有效格式”列表中单击选中的日期或时间格式，再单击“确定”按钮即可输入当前系统的日期和时间。

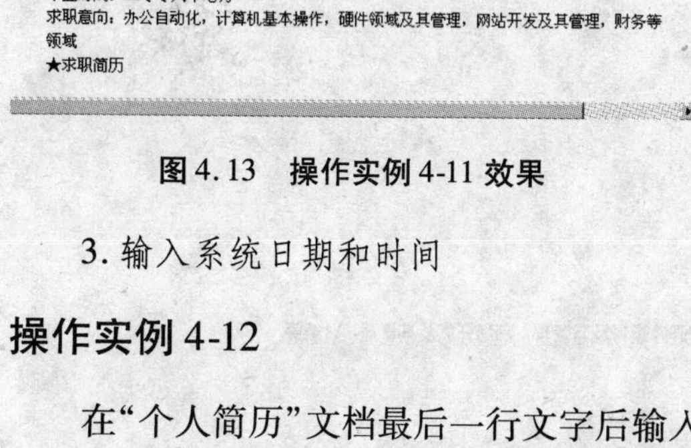

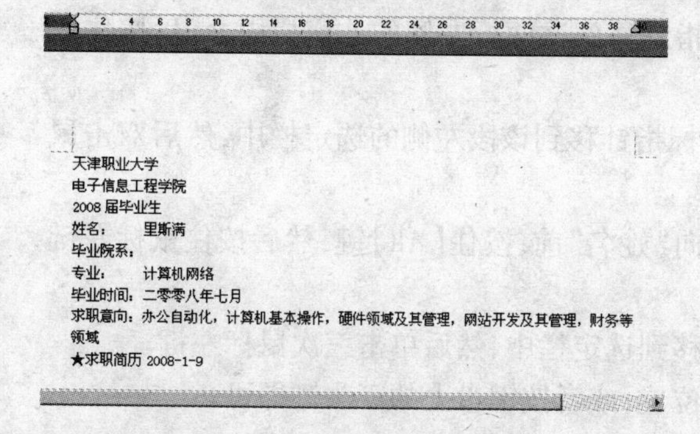

图 4.15　操作实例 4-12 效果

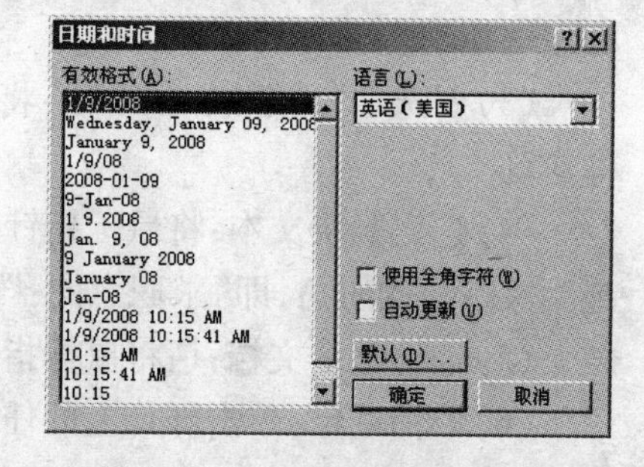

图 4.16　“日期和时间”对话框

4.2.2　选定文本

许多 Word 操作要求用户首先选定要修改的文本，例如，要改变某些文本的字体，必须先选定这些文本。选定的文本在屏幕上反白显示。Word 2000 提供了多种选定文本的方法，可以用鼠标，也可以用键盘。

1. 使用鼠标选定文本。

操作实例 4-13

在“个人简历”文档中，选定第一行、选定第一行和第二行、选定“求职意向”一段、选定如图 4. 17 所示的竖块文本、选定整个文档、取消选定。

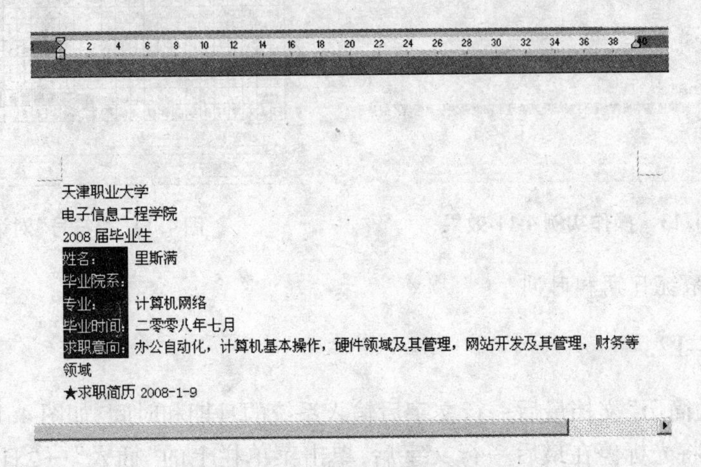

图 4. 17 选定竖块文本

(1)选定第一行：将鼠标指针移到第一行左侧的选定栏中，当鼠标指针变成“ ”形时，单击鼠标左键。

(2)选定第一行和第二行：将鼠标指针移到这两行左侧的选定栏中，然后按住鼠标左键拖动。

(3)要选定“求职意向”一段：将鼠标指针移到该段左侧的选定栏中，然后双击鼠标左键。

(4)选定竖块文本：将鼠标指针指向“姓名”前，按住【Alt】键，然后按住鼠标左键拖到文本块的对角，即“求职意向：”后。

(5)选定整个文档：请将鼠标指针移到选定栏中，然后单击三次鼠标左键。

(6)取消选定：单击屏幕上的任意位置，或者按键盘上的箭头键即可。

2. 使用键盘选定文本。

如果用户习惯使用键盘，那么可以使用键盘的组合键选定文本。例如，按【Home】键可使插入点移到行首，按【Shift + Home】键选定从当前插入点到行首的文本；按【Ctrl + A】键选定整个文档等。

3. 使用“扩展选定”键来选定文本。

当按【F8】键时，状态栏中的“扩展”变为黑色，表明“扩展选定”方式被激活。“扩展选定”方式激活后，相当于普通方式加上【Shift】键，在“扩展选定”方式下移动插入点的操作变成了选定操作。要取消“扩展选定”方式，请按【Esc】键。“扩展选定”键的另一功能是：第一次按【F8】键，激活“扩展选定”方式；第二次按【F8】键，选定插入点处的单词;第三次按【F8】键,选定插入点处的句子;第四次按【F8】键,选定插入点处的段落;第五次按【F8】键,选定整个文档。

提示:在 Word 2003 版本中,按住【Ctrl】键再拖动鼠标可以选定不连续的行或不连续的文本。

4.2.3 插入、修改和删除文本

1. 插入字符

要插入字符首先将插入点移至待添加字符的位置,然后直接键入要插入的字符,这时有以下两种情况。

(1)当状态栏上的“改写”命令字样为灰色时,插入新字符后原位置的文本会自动右移。

(2)当按一下【Ins】键或者双击任务栏上的“改写”命令字样,“改写”两字由灰色变为黑色,此时插入新字符将覆盖原位置的文本。

2. 删除字符

录入文档时,可能录入了不需要的词语,利用 Word 的删除功能很容易把它们删除掉,常用的删除方法有以下两种。

(1)向后删除字符:指删除插入点以后的内容,使用的是【Del】键,具体操作是将插入点移动到要删除字符开始处,每按一次【Del】键,就会删除插入点右侧的一个字符。

(2)向前删除字符:指的是删除插入点以前的内容,使用退格键【Backspace】,具体操作是将插入点移动到要删除字符后,每按一次【Backspace】键,就会删除插入点左侧的一个字符。

4.2.4 插入点光标的定位

1. 用鼠标定位

为加快滚动文档,用鼠标定位的操作有如下四种。

(1)单击垂直或水平滚动条,可以按屏滚动文档。

(2)单击垂直滚动条的 ▲ 或 ▼ 按钮可以向下或向上滚动一行;单击水平滚动条的 ◀ 或 ▶ 按钮,可左右滚动窗口。

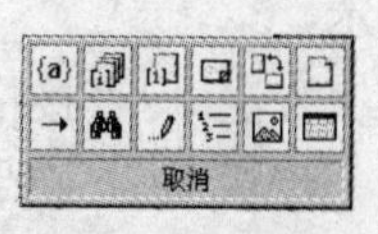

图 4.18 “浏览方式”选项框

(3)单击垂直滚动条上的 ▲ 或 ▼ 按钮可向上或向下滚动一页。

(4)直接拖动滑块可以移动到任意位置。

2. 用浏览按钮定位

在垂直滚动条上的 ● 按钮,可以按所选择的浏览对象滚动文档内容。用鼠标单

击 按钮,弹出有 12 种浏览方式图标的选项框,如图 4.18 所示。

浏览内容分别是:按域浏览、按尾注浏览、按脚注浏览、按批注浏览、按节浏览、按页浏览、定位、查找、按编辑位置浏览、按标题浏览、按图形浏览和按表格浏览。

3. 用菜单操作定位

操作实例 4-14

定位到“个人简历”文档当前页的第 8 行。

步骤 1:选择“编辑”→“定位”,或按 按钮并单击“浏览方式”选项框中的 → 按钮,可以进入“查找和替换”对话框中的定位选项卡。

步骤 2:在“定位目标”列表框中选择“行”,在右边文本框中输入“8”,如图 4.19 所示,然后按“定位”按钮,插入点就迅速移到定位的位置。

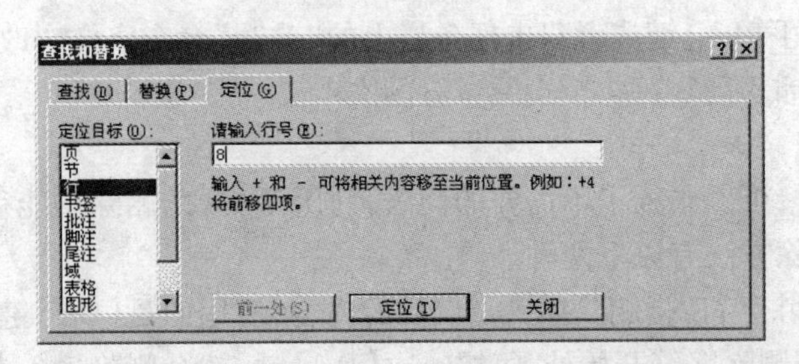

图 4.19 “查找和替换”对话框的“定位”标签

4.2.5 移动与复制文本

1. 移动文本

操作实例 4-15

将“个人简历”文档中的文本“办公自动化,”移到文本“财务”前,效果如图 4.20 所示。

方法一:直接拖动。

步骤 1:选定要移动的文本“办公自动化,”,将鼠标指针指向选定的文本,然后按住鼠标左键拖动时,会出现虚线插入点表明移动的位置。

步骤 2:拖动虚线插入点到文本“财务”前,松开鼠标左键即可。

方法二:使用剪贴板。

步骤 1:选定要移动的文本“办公自动化,”,选择“编辑”菜单中的“剪切”命令(或按【Ctrl + X】键),或者单击常用工具栏中的“剪切”按钮 。

步骤 2:将插入点移到文本“财务”前,选择“编辑”菜单中的“粘贴”命令(或按【Ctrl + V】键),或者单击常用工具栏中的“粘贴”按钮 即可。

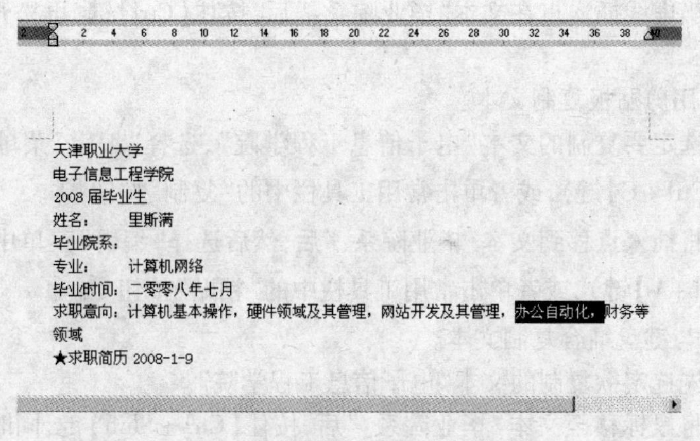

图 4.20 操作实例 4-15 效果图

方法三：与键盘结合移动。

步骤 1：先选定欲移动的文本"办公自动化，"。

步骤 2：将鼠标移至文本"财务"前，按住【Ctrl】键，同时单击鼠标右键，即可实现文本的移动操作。

2. 复制文本

操作实例 4-16

将"个人简历"文档中的文本"电子信息工程学院"复制到文本"毕业院系："后，如图 4.21 所示。

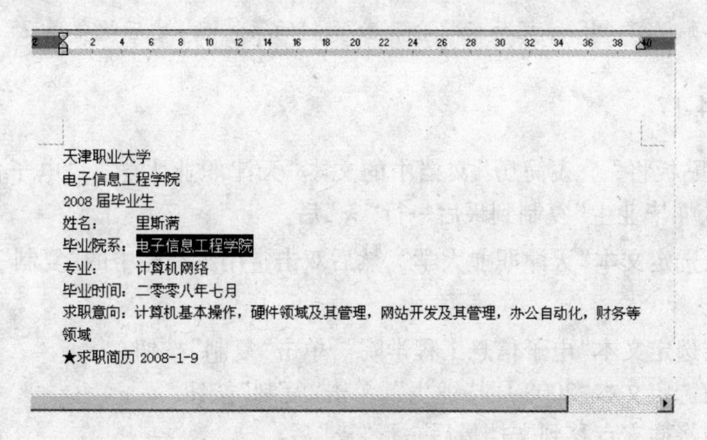

图 4.21 操作实例 4-16 效果

方法一：用拖动法复制文本。

步骤 1：选定要复制的文本"电子信息工程学院"，将鼠标指针指向选定的文本，按住鼠标左键拖动（拖动时，系统会出现虚线插入点，表明复制的位置）。

步骤2:当虚线插入点在文本“毕业院系:”后,按住【Ctrl】键,再松开鼠标左键即可。

方法二:用剪贴板复制文本。

步骤1:选定要复制的文本“电子信息工程学院”,选择“编辑”菜单中的“复制”命令(或按【Ctrl+C】键),或者单击常用工具栏中的“复制”按钮。

步骤2:将插入点移到文本”毕业院系:”后,然后选择“编辑”菜单中的“粘贴”命令(或按【Ctrl+V】键),或者单击常用工具栏中的“粘贴”按钮。

方法三:与键盘结合复制文本。

步骤1:先选定欲复制的文本“电子信息工程学院”。

步骤2:将鼠标移至文本“毕业院系:”后,按住【Ctrl+Shift】键,同时单击鼠标右键,这样就完成了复制操作。

图4.22 Word剪贴板

注意,在Word 2000中,剪贴板的存储容量变大了,它可以记住多达12项的剪贴内容(如图4.22所示),并且这些剪贴内容可在Office 2000的程序中共享(既可以将Excel中的单元格复制到剪贴板中,也可以将PowerPoint中的幻灯片复制到剪贴板中等)。要查看Word剪贴板中所存放的内容,请选择“视图”菜单中的“工具栏”命令,再从级联菜单中选择“剪贴板”命令。如果剪贴板中已存满12项内容,又继续移动或复制新内容时,Word会提示复制的内容会添至剪贴板的最后一项并清除第一项内容。

提示:在Word 2003版本中,剪贴板上已经可以记住24项剪贴内容,如果复制了多于24项内容,Office剪贴板将会删除复制的第一项,然后收集第25项。

操作实例4-17

使用剪贴板将“个人简历”文档中的文本“天津职业大学”、“电子信息工程学院”和“2008届毕业生”复制到最后一行“★”后。

步骤1:选定文本“天津职业大学”,然后双击常用工具栏中的“复制”按钮,打开剪贴板。

步骤2:选定文本“电子信息工程学院”,单击“复制”按钮。

步骤3:选定文本“2008届毕业生”,单击“复制”按钮。

步骤4:将插入点移到文档最后一行“★”后。

步骤5:单击“剪贴板”工具栏中的“全部粘贴”按钮,如图4.23所示。

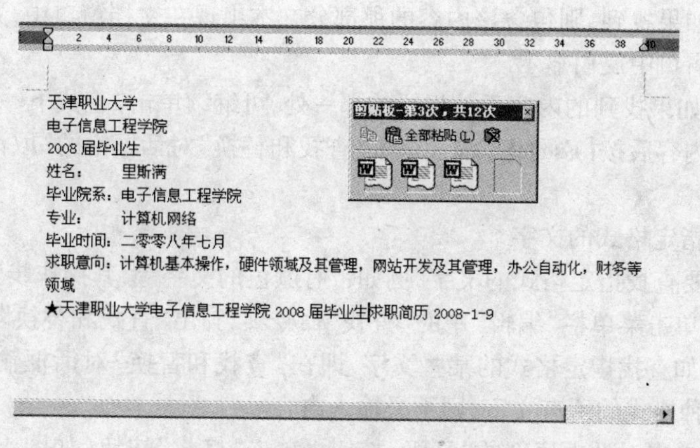

图 4.23 操作实例 4-17 效果图

4.2.6 查找与替换

当您将一篇文章中的某个常用的词写错了,例如,将“计算机”都写成了“电脑”,现在要将它改正过来。如果用户在纸上逐一查找并修改,很费时间和精力。如果用户用 Word 来写文章,就可以很容易解决这个问题。Word 2000 提供的查找和替换功能可以快速找出错误并改正。

1. 查找

1)查找文字

操作实例 4-18

查找“个人简历”文档中的文本“计算机网络”。

步骤 1:打开要编辑的文档。

步骤 2:选择“编辑”菜单中的“查找”命令或按【Ctrl + F】键,出现“查找和替换”对话框(如图 4.24 所示),并选定“查找”标签。

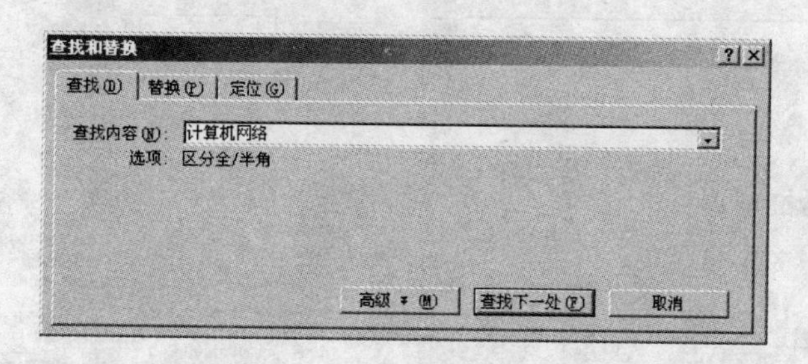

图 4.24 “查找和替换”对话框

步骤 3:在“查找内容”文本框中输入要查找的文本“计算机网络”。

步骤 4:单击“查找下一处”按钮,Word 就开始寻找在“查找内容”文本框中所指定的内容。如果找到,则包含该内容的那部分文本出现在文档窗口中,并且要查找的内容在文档窗口中反白显示。

步骤5:如果找到的内容不是想要的那一处,可继续单击“查找下一处”按钮。当找到所需的内容后按【Esc】键,或者单击“查找和替换”对话框中的“取消”按钮,返回到文档中。

2)查找指定格式的文字

有时需要查找指定格式的文字,例如带有颜色的文字等,其操作步骤如下。

步骤1:单击菜单栏“编辑”中的“查找”命令项,弹出“查找和替换”对话框。

步骤2:如查找指定格式的某些文字,即在“查找和替换”对话框输入文字内容,如要查找某种格式的所有文字,则不必输入内容。

步骤3:单击对话框底部的“高级”按钮再单击“格式”按钮(如图4.25所示),并设置所需查找文字的格式,单击“确定”按钮。

步骤4:单击“查找下一个”按钮,Word即开始查找。

3)查找特殊字符

查找命令的另一项功能是查找特殊字符。例如段落标记、制表符以及省略号等。

操作实例4-19

查找“个人简历”文档中的段落标记。

步骤1:选择“编辑”菜单中的“查找”命令项,打开“查找和替换”对话框。

步骤2:单击对话框底部的“高级”按钮,再单击“特殊字符”按钮,弹出特殊字符列表,在其中选择“段落标记”,如图4.26所示。

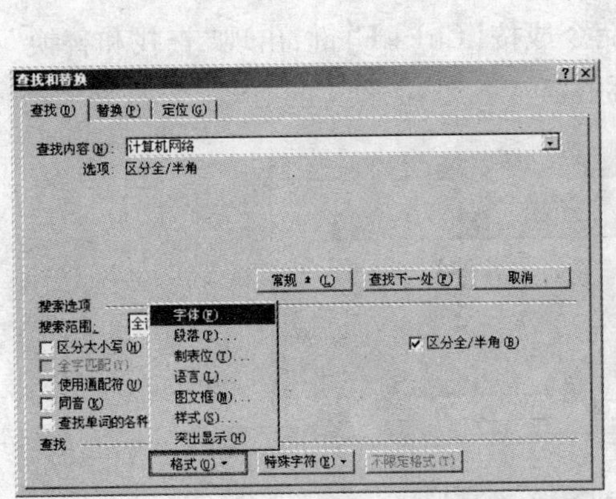

图4.25 “查找和替换”对话框“格式”按钮

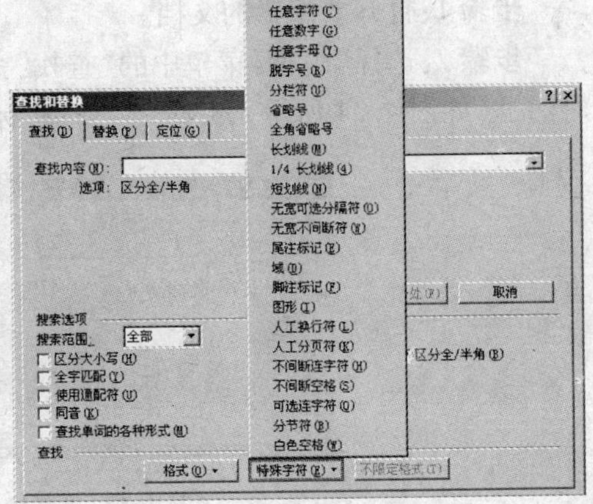

图4.26 “查找和替换”对话框“特殊字符”按钮

步骤3:单击对话框中“查找下一个”按钮,即可找到文档中的段落标记。

2. 替换

如果您找到了所需的内容后,想把它替换为其他内容,这时候就要用到替换功能。

1)替换文字

操作实例 4-20

将“个人简历”文档中的文本“计算机网络”替换为“网络技术”。

步骤 1:打开文档并选择“编辑”菜单中的“替换”命令项,弹出“查找和替换”对话框,单击“替换”选项卡(如图 4.27 所示)。

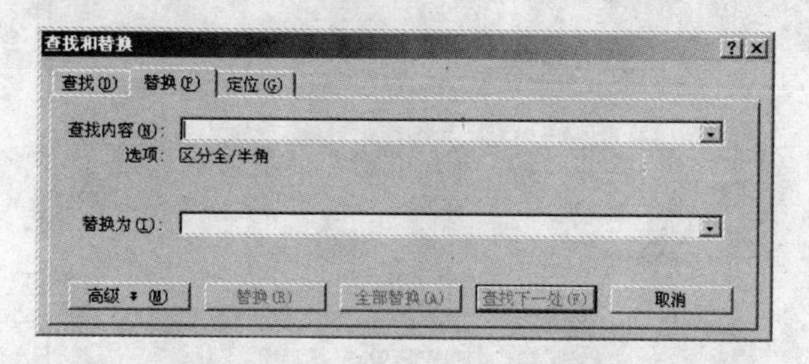

图 4.27 “替换”选项卡

步骤 2:在“查找内容”框中输入要查找的内容“计算机网络”,按【Tab】键将插入点移到“替换为”文本框中,然后输入要替换的文字“网络技术”。

步骤 3:单击“全部替换”按钮,则 Word 将全文中查找到的内容自动替换成指定内容。

步骤 4:全部搜索完毕后,会出现一个消息框,如图 4.28 所示,单击“否”按钮即可。

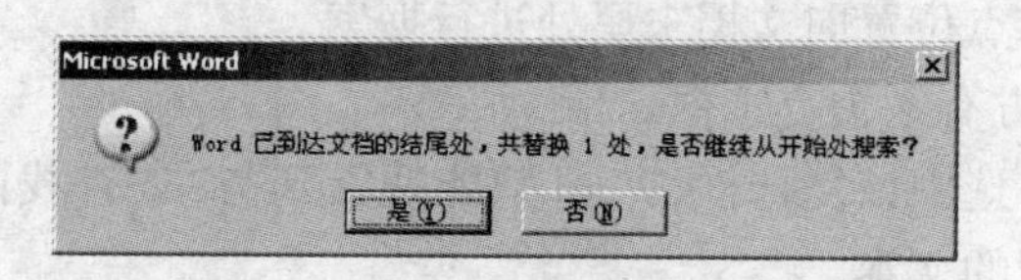

图 4.28 消息框

2)替换指定格式

替换格式与替换文字有很多类似之处,不同的是它的功能更强,可以用任何其他格式的文字来替换已有的文字或带有特定格式的文字。

操作实例 4-21

将“个人简历”文档中的文本“电子信息工程学院”替换为绿色字体。

步骤 1:打开文档并选择“编辑”菜单中的“替换”命令项,弹出“查找和替换”对话框,单击“替换”选项卡。

步骤 2:在“查找内容”与“替换为”框中输入“电子信息工程学院”(若只替换格式,而不指定文本的内容,此时需要清除“查找内容”与“替换为”框中的所有文字)。

步骤 3:单击对话框底部的“高级”按钮,选定“替换为”后列表框中文本“电子信息工程学院”,如图 4.29 所示,单击对话框底部“格式”按钮,打开“格式”对话框,在其中将字体颜色设置为“绿色”,其余的操作同操作实例 4-20。

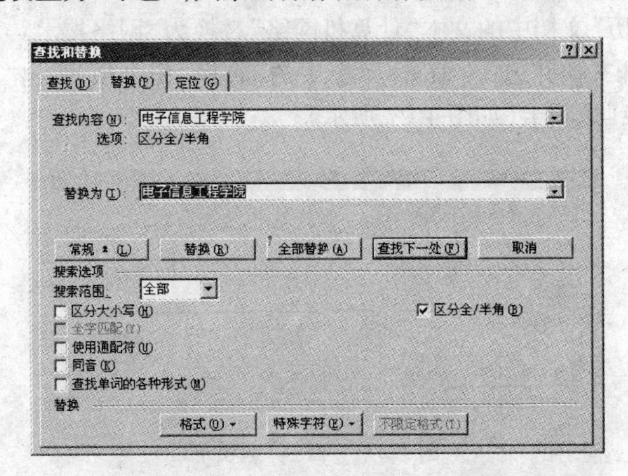

图 4.29 “查找和替换”对话框“替换”标签的高级选项

注:“查找和替换”对话框“替换”标签的高级选项(如图 4.29 所示)用法如下。

在“搜索范围”列表框中可以指定搜索的方向,其中包括以下三个选项。

• 全部:在整个文档中搜索用户指定的查找内容,它是指从插入点处搜索到文档末尾后,再继续从文档开始处搜索到插入点位置。

• 向上:从插入点位置向文档开始处进行搜索。

• 向下:从插入点位置向文档末尾处进行搜索。

在对话框的下方有六个复选框。

• 区分大小写:选中该复选框,Word 只能搜索到与在“查找内容”框中输入文本的大、小写完全匹配的文本。

• 全字匹配:选中该复选框,Word 仅查找整个单词,而不是较长单词的一部分。

• 使用通配符:选中该复选框,可以在“查找内容”框中使用通配符、特殊字符或特殊操作符;若不选中该复选框,Word 会将通配符和特殊字符视为普通文字。通配符、特殊字符的添加方法是,单击“特殊字符”按钮,然后从弹出的列表中单击所需的符号。

• 同音:选中该复选框,Word 可以查找发音相同,但拼写不同的单词。

• 查找单词的各种形式:选中该复选框,Word 可以查找单词的所有形式。

• 区分全/半角:选中该复选框,Word 会区分全角或半角的数字和英文字母。

在对话框的底部有三个按钮。

• 格式:单击该按钮,会出现一个菜单让你选择所需的命令,设置“查找内容”文本框与“替换为”文本框中内容的字符格式、段落格式以及样式等。

• 特殊字符:用于在“查找内容”文本框与“替换为”文本框中插入一些特殊字符,如段落标记和制表符等。

• 不限定格式:用于取消“查找内容”文本框与“替换为”文本框中指定的格式。只有利用“格式”按钮设置格式之后,“不限定格式”按钮才变为可选。

4.2.7 撤消与恢复

在编辑文本的过程中,如果进行了某个错误操作,没有关系,你可以把它撤消。撤消操作可以撤消前一步操作,也可以撤消连续前几步操作,具体方法有以下两种。

方法一:单击一次常用工具栏的“撤消”按钮 ↶,取消上一次操作。当取消前几步操作时,可以连续点击“撤消”按钮,也可单击“撤消”按钮旁边的下拉钮,再在其下拉列表中选择欲撤消的前几步操作。

方法二:选“编辑”菜单中的“撤消”命令,通过多次使用“撤消”命令,可以连续撤消多次操作。

与之对应,被撤销的操作也可以恢复,具体操作也有如下两种。

方法一:单击一次常用工具栏的“恢复”按钮 ↷,取消上一次撤消操作。

方法二:选“编辑”菜单中的“恢复”命令。

4.3 设定文档的格式

如果说输入的字符、文字、图形等是文档的原料,那么设定文档的格式就是对文档的加工和修饰,所以设定文档格式是文字处理中必不可少的环节。文档的字体、字型和大小合适,字符间距和行间距等设置适当,你就会得到一份版面层次有特色、美观漂亮的文字作品。

通常设定文档格式最基础的是文字格式和段落格式,然后是页面格式的设定。其他一些修饰性的格式设定,如文字加边框和底纹,插入页码、分页符和分节符,以及设置页眉和页脚等,可根据文档的具体需要设定。

4.3.1 设定文字的格式

在使用 Word 2000 录入文稿时,通常都有默认的文字格式和字符间距,在普通视图和页面视图下,正文的文字为 5 号宋体、标准字形和标准字符间距,如果你觉得现有的文字格式不理想,可以重新设定。

在对文字、图形等进行操作的时候,一定要记住:先选中,后设置。所以设定文字格式之前,先要选中欲改变格式的文字,然后设置的结果才能体现在被选定的文字上。以下介绍的设定操作中，都假设已经对文字选定。

1. 使用格式工具栏设置文字格式

操作实例 4-22

使用格式工具栏将“个人简历”文档中的文本“天津职业大学”设定为“隶书”、“二号”、“加粗”、“150%缩放”、“橄榄绿”，如图 4.30 所示。

步骤 1：选定文本“天津职业大学”。

步骤 2：设定字体：单击格式工具栏中“字体”列表框右边的向下箭头，并从下拉列表中选定“隶书”，如图 4.31 所示。

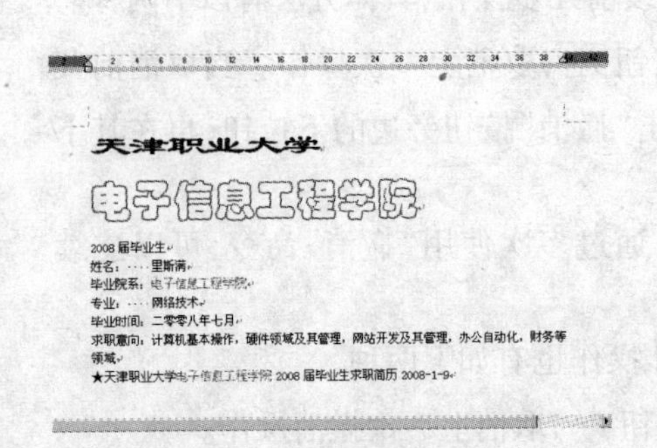

图 4.30　操作实例 4-22 效果

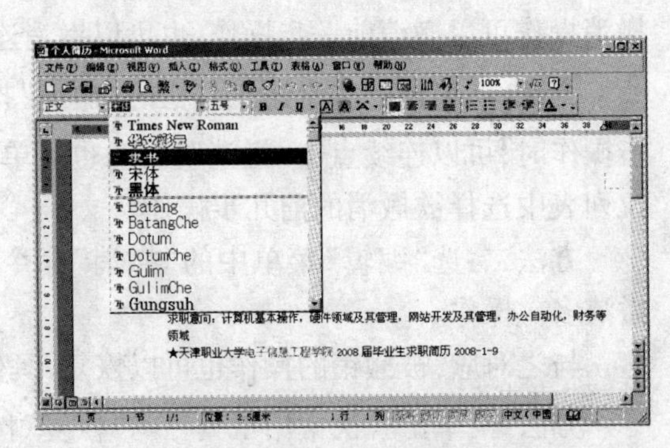

图 4.31　“字体”框右侧下拉列表框

步骤 3：设定字号：单击格式工具栏中“字号”列表框右边的向下箭头，从“字号”下拉列表中选择“二号”。

步骤 4：设定字形：单击格式工具栏中的“加粗”（ B ）。

步骤 5：缩放文字：单击格式工具栏中的按钮右侧的向下箭头，在字符缩放比例下拉列表中选择 150%。

步骤 6：设定字符的颜色：单击按钮 A 的下拉钮，在字符颜色下拉列表中选择橄榄绿。

参照操作实例 4-22，再将文档中第二行文本“电子信息工程学院”字体设置成“华文彩云”，字号设置为“小初”。

2. 使用“字体”对话框设置字符格式

这种方式与使用格式工具栏相比，功能更为丰富，除可以设置常用的一些文字格式外，还可以设置一些特殊效果的文字格式以及字符间距等。

1）启动“字体”对话框。

操作实例 4-23

打开“字体”对话框（如图 4.32 所示），有以下两种方法。

方法一:选中要设置的文字,单击鼠标右键,在弹出的快捷菜单选“字体”命令。

方法二:选中要设置的文字,单击菜单栏上的“格式”→“字体”。

2)在“字体”对话框中通过选择不同选项进行不同的设置。

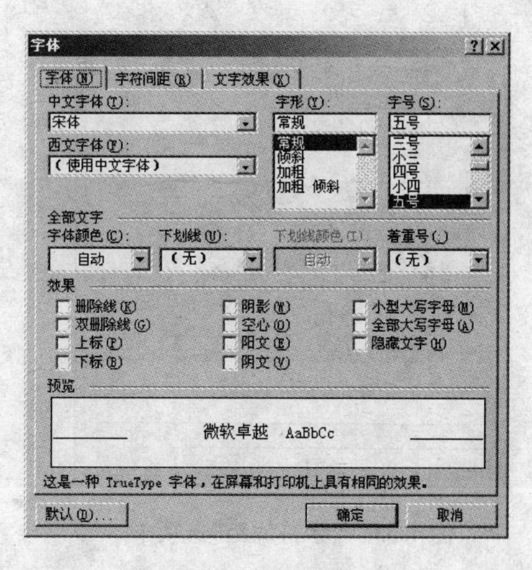

图 4.32 “字体”选项卡

操作实例 4-24

利用字体选项卡,将“个人简历”文档中第三行到第九行文本设定为“隶书”、“加粗”、“三号”、“深灰蓝”、“下划线”。

步骤 1:选中第三行到第九行文本,打开“字体”选项卡。

步骤 2:设置中文字体:单击“中文字体”列表框右边的向下箭头,从下拉列表中选择“隶书”。

步骤 3:设置字形:在“字形”列表框中可以选择“加粗”。

步骤 4:设置字号:从“字号”列表框中可以选择“三号”。

步骤 5:设置字体颜色:单击“字体颜色”列表框右边的向下箭头,从“字体颜色”下拉列表中选择深灰蓝。

步骤 6:设置下划线:单击“下划线”列表框右边的向下箭头,从“下划线”下拉列表中选择一种下划线类型,还可以从“下划线颜色”列表框中选择下划线的颜色。

操作实例 4-25

将“个人简历”文档中第一行和第二行文本的字符间距设置成 3 磅。

步骤 1:选中第一行和第二行文本,打开“字体”选项卡。

步骤 2:单击“字符间距”标签,打开“字符间距”选项卡,如图 4.33 所示,从“间距”下拉框中选择“加宽”,在其后的“磅值”框设置间距值为 3 磅。

操作实例 4-24 和操作实例 4-25 设置后效果如图 4.34 所示。

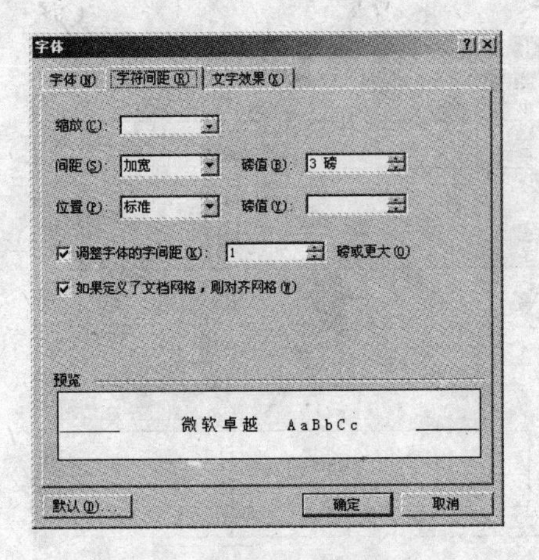

图 4.33 “字符间距”选项卡

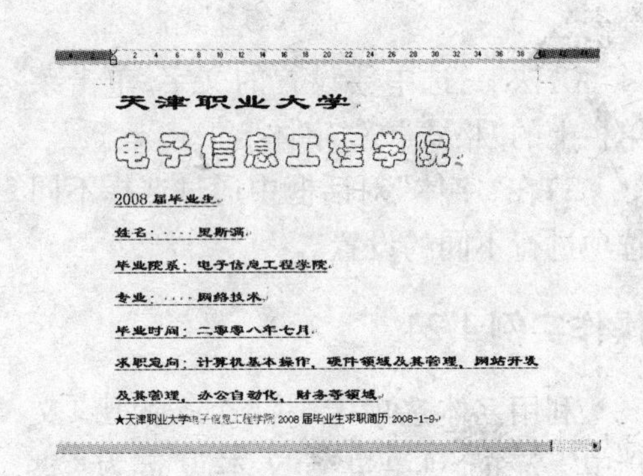

图 4.34 操作实例 4-24 和操作实例 4-25 设置后效果

4.3.2 设置段落格式

Word 2000 中，段落是指任意数量的文本和图形，后面跟一个段落标记。设置段落的格式包括段落的拆分与合并、缩进、行距、段间距、改变段落的对齐方式等。

1. 段落的拆分与合并

1）段落的拆分

把一个段落拆分成两段，其步骤如下。

步骤 1：在欲拆分的地方设置插入点。

步骤 2：按【Enter】键或【Shift + Enter】键。

2）段落的合并

把两个段落合并成一段，其步骤如下。

步骤 1：在欲合并的地方设置插入点。

步骤 2：按【Del】键删除段落标记，从而将下面一段合并到该行上。

2. 设置段落缩进

段落缩进是指正文与页边距之间的距离。段落缩进包括四种缩进属性：左缩进、右缩进、首行缩进和悬挂缩进（如图 4.35 所示）。左缩进控制段落与左边距的距离；右缩进控制段落与右边距的距离；首行缩进控制段落第一行第一字符的起始位置；悬挂缩进使段落首行不缩进，其余的行缩进。

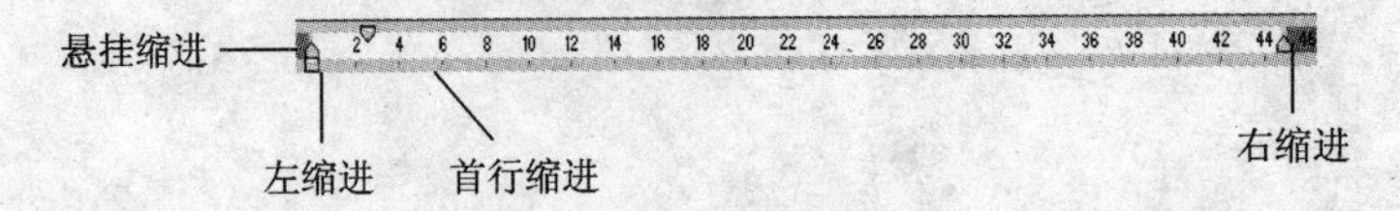

图 4.35 水平标尺上的缩进标记

Word 提供了功能强大的排版功能,可以设置各种缩进,具体方法有以下 4 种。

方法一:用【Tab】键设置。

步骤 1:将插入点移到段落首行,按【Tab】键设置首行缩进。

步骤 2:选定要左缩进的段落,按【Tab】键可以设置整个段落的左缩进。缺省时,每次缩进两个五号宋体字的宽度。

方法二:利用按钮设置。

选定要设置缩进的段落或把插入点移到该段落,单击格式工具栏的 (减少缩进量)或 (增加缩进量)按钮,可左或右缩进段落。

方法三:使用标尺设置段落缩进。

将插入点置于要设置缩进的段落中,或者选定要设置缩进的段落。拖动水平标尺中的缩进标记(如图 4.35 所示),可完成缩进操作。

方法四:利用菜单设置。

操作实例 4-26

将"个人简历"文档中的第四行到第九行文本左缩进 6 个字符。

步骤 1:选中第四行到第九行文字。

步骤 2:选择"格式"菜单中的"段落"命令,出现"段落"对话框(如图 4.36 所示)。

步骤 3:在"缩进"区中,设置左缩进为 6 字符。

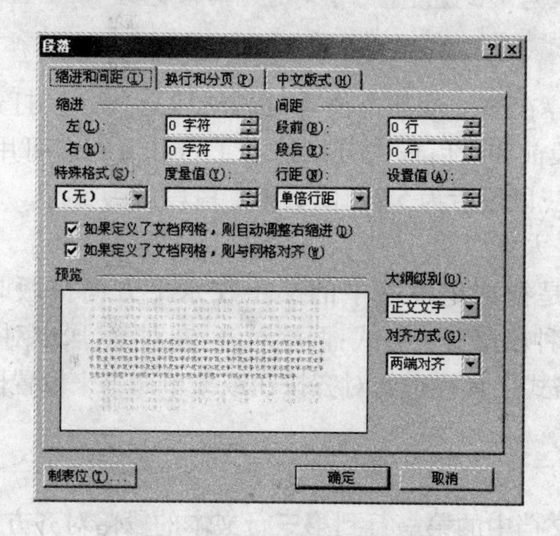

图 4.36 "段落"对话框

3. 设置行间距和段间距

操作实例 4-27

将"个人简历"文档中文本的行距设置为 1.5 倍行距,设置第一段段前和段后分

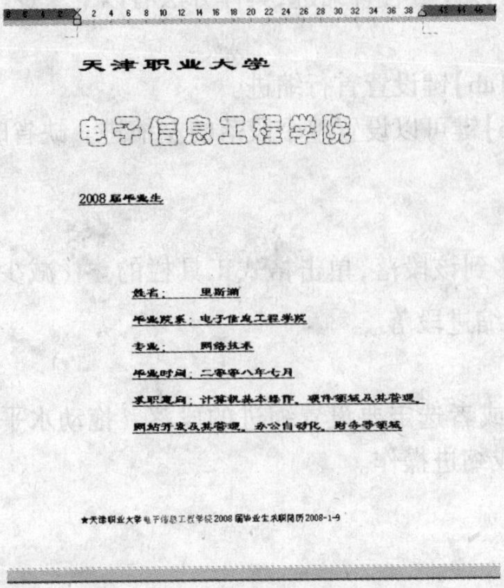

天津职业大学

电子信息工程学院

2008届毕业生

姓名：　　里斯澜

毕业院系：电子信息工程学院

专业：　　网络技术

毕业时间：二零零八年七月

求职意向：计算机基本操作、硬件领域及其管理、网站开发及其管理、办公自动化、财务等领域

★天津职业大学电子信息工程学院2008届毕业生求职简历2008-1-9

图4.37　操作实例4-27效果

别为1行和2行、第二段段后为2行、第三段段后为5行、倒数第二段段后为5行，如图4.37所示。

步骤1：打开“格式”菜单，选择“段落”命令，打开“段落”对话框，如图4.36所示。

步骤2：在“间距”选择区中，在“行距”下拉菜单中选“1.5倍行距”，单击“确定”按钮。

注：“行距”用于设置行高。系统通常默认为单倍行距，用户可根据需要来自行设定。“行距”的下拉列表中给出了六种选项，其中“单倍行距”是一种Word根据字体大小自动调节的最佳行距；“1.5倍行距”、“2倍行距”和“多倍行距”都是相对“单倍行距”而言的；“最小值”通常是由Word自动调节为能容纳段中较大字体或图形的最小行距；“固定值”是将行距设置为不需要Word调节的固定行距。

注意：“行距”框后的“设置值”框对于“单倍行距”、“1.5倍行距”和“2倍行距”不起作用。

步骤3：将光标停在第一段某个位置，选择“段落”命令，打开“段落”对话框，在“间距”选择区中的段前和段后框中分别选择1行和2行。可用同样的方法设置第二段段后为2行、第三段段后为5行、倒数第二段段后为5行。

4. 设置段落对齐方式

段落对齐方式是指选定段落中的文字在水平方向排版时排列文字的顺序。Word 2000中共有五种段落对齐方式：两端对齐、左对齐、居中对齐、右对齐和分散对齐。用户可以使用格式工具栏中的对齐按钮或菜单命令来设置段落的对齐方式。

操作实例4-28

将“个人简历”文档中的第一行到第三行文本的段落对齐方式设置为“居中”，如图4.38所示。

方法一：使用格式工具栏设置。

步骤1：选中第一行到第三行文本。

步骤2：单击格式工具栏中的“居中”对齐按钮。

方法二：使用菜单命令设置段落对齐方式。

步骤1：选中第一行到第三行文本。

步骤2：选择“格式”菜单中的“段落”命令，出现“段落”对话框，再单击“缩进和间距”标签。

步骤3：单击“对齐方式”下拉框右边的向下箭头，从下拉列表中选择“居中”对齐选项。

步骤4：单击“确定”按钮。

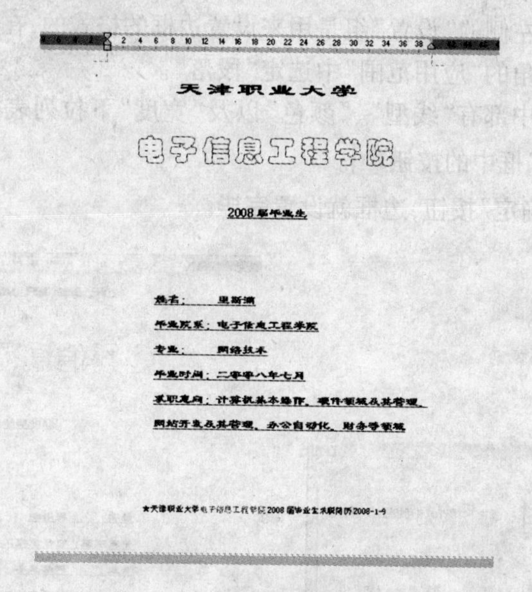

图4.38 操作实例4-28效果

4.3.3 使用格式刷复制文本的格式

如果一篇文档中有多处文字和段落的格式相同，那么只需要设置一次，其他相同格式处都可以从已设置格式的地方使用格式刷复制文本的格式，从而避免了重复操作，节约了时间。复制格式的操作方法有以下三步。

步骤1：选中要复制格式的文本。

步骤2：单击常用工具栏的按钮，这时鼠标变成了一把刷子。

步骤3：再选择要应用这种格式的段落，用刷子刷过的文本就改变了格式。

如果欲将选中的格式复制到多处，可以双击“格式刷”按钮，然后再按上述方法进行复制。此时，当格式刷复制过一次后不会被清除，格式复制全部完毕，再单击一次格式刷按钮或按【Esc】键，格式刷才会被清除。

4.3.4 设置段落的边框和底纹

对于文档中的一些重要或特殊的内容，可以给段落设置边框和底纹，选菜单栏中的“格式”→“边框和底纹”项，可以调出“边框底纹”对话框，如图4.39所示。

操作实例4-29

给“个人简历”文档中最后一段文本加下边框，如图4.40所示。

步骤1：选定最后一段。

步骤2：选择菜单栏中的“格式”→“边框和底纹”项中的“边框”选项卡。

步骤3：选项卡左侧的“设置”组是用来设置边框的格式的，在此选择“自定义”。

步骤4：在右下角的“应用范围”中选定“段落”。

步骤5：选项卡中部有“线型”、“颜色”以及“宽度”下拉列表框，选定线型、颜色和宽度，单击“预览”框中的按钮。

步骤6：单击“确定”按钮，边框就设置完毕。

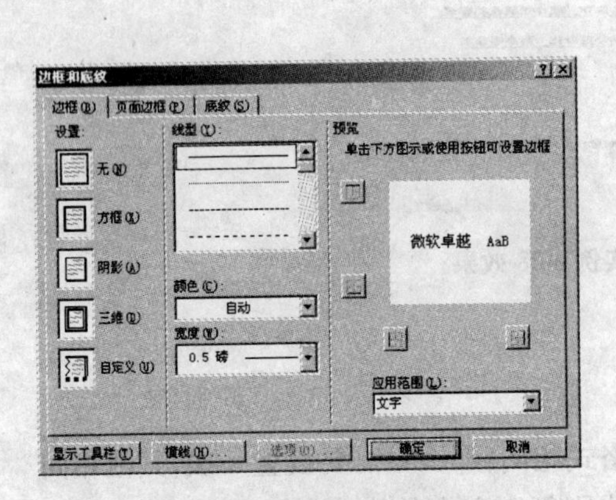

图4.39 “边框底纹”对话框

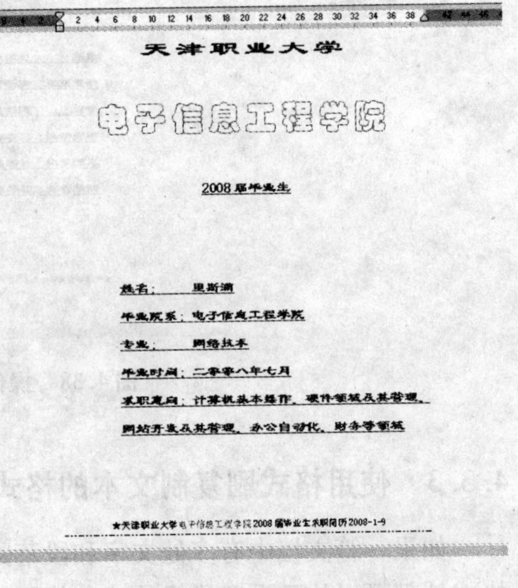

图4.40 操作实例4-29效果

4.3.5 设置项目符号和编号

如果用户希望文章中的重点内容突出显示，增强可读性的话，可以适当地采用项目符号和编号，正确的使用项目符号和编号，文章就显得整齐、有条理。

设置项目符号和编号，可以使用格式工具栏中的“编号”和“项目符号”按钮，也可以使用“项目符号和编号”对话框。

操作实例4-30

将“个人简历”文档中的第四行到第九行文本加项目符号，如图4.41所示。

方法一：使用格式工具栏中的“编号”和“项目符号”按钮给段落加项目符号和编

号,一般分为以下两步。

步骤1:选定文档中第四行到第九行文本。

步骤2:单击格式工具栏中的“项目符号”按钮,这时在选中的每个段落前面均被加了一个项目符号。

方法二:使用“项目符号和编号”对话框,给段落加项目符号和编号,一般步骤如下。

步骤1:选定文档中第四行到第九行文本。

步骤2:选格式菜单中的“项目符号和编号”命令,出现“项目符号和编号”对话框,如图4.42所示。

步骤3:选择“项目符号”选项卡,选择其中一种类型的符号。

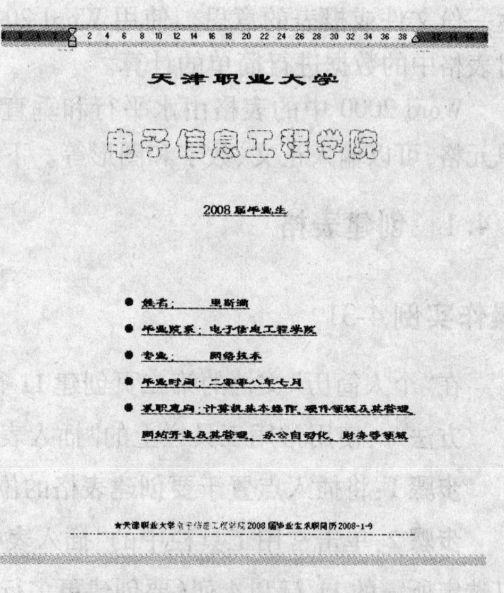

图4.41 操作实例4-30效果

注:也可单击“自定义”按钮,得到“自定义项目符号列表”,如图4.43所示,可按照需要从符号表中选择符号。

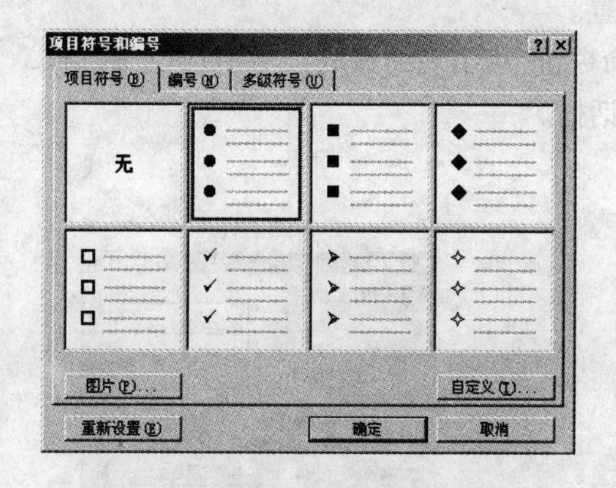

图4.42 “项目符号和编号”对话框

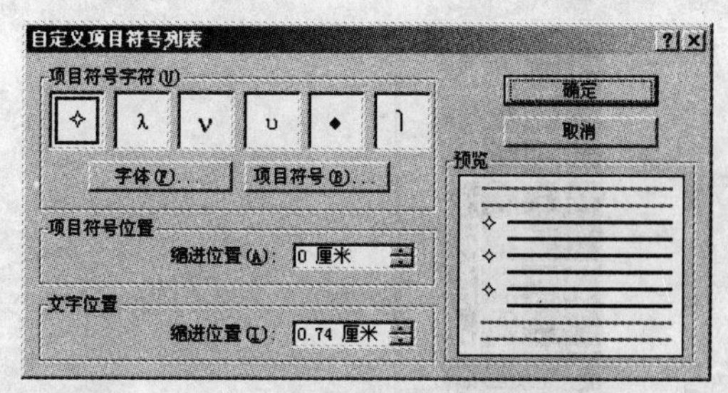

图4.43 “自定义项目符号列表”对话框

步骤4:单击“确定”按钮,完成项目符号的添加。

利用同样的方法选择“编号”选项卡,可以完成编号的添加。

4.4 文档中表格的处理

在一份文档中,经常会用表格或统计图来表示一些数据,它可以简明、直观地表达一份文件或报表的意思。使用 Word 2000 可以创建包含复杂格式的表格，并可以对表格中的数据进行简单的计算。

Word 2000 中的表格由水平行和垂直列组成，行和列交叉成的矩形部分称之为单元格，可以输入正文、数字和图形等。下面学习 Word 2000 中的表格功能。

4.4.1 创建表格

操作实例 4-31

在“个人简历”文档的第二页创建 11 行 4 列的表格。

方法一：使用常用工具栏上的“插入表格”按钮创建表格。

步骤 1：将插入点置于要创建表格的位置。

步骤 2：单击常用工具栏中的“插入表格”按钮，在出现的示例框上拖动鼠标，以选定所需的 11 行和 4 列（要创建更多行数和列数的表格，可以按住鼠标左键向下或向右拖动，这时示例框会增大），在示例框的最后一行中会显示当前表格的行数和列数（如图 4.44 所示）。

步骤 3：松开鼠标左键后，即可在当前插入点位置创建表格。

方法二：用“插入表格”命令创建表格。

步骤 1：将插入点置于要创建表格的位置。

步骤 2：选择“表格”菜单中的“插入”命令，再从出现的级联菜单中选择“表格”命令，出现如图 4.45 所示的“插入表格”对话框。

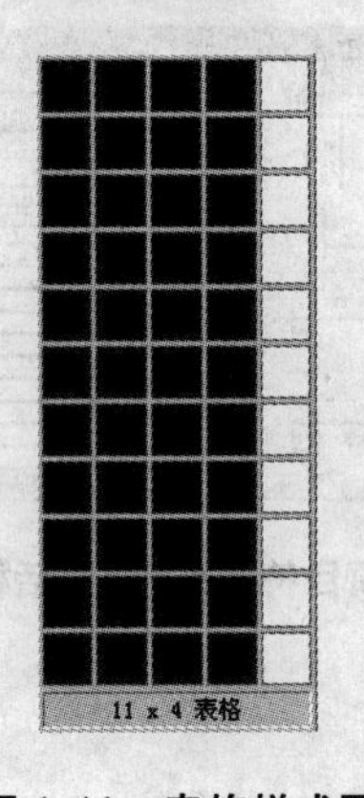

图 4.44 表格样式图

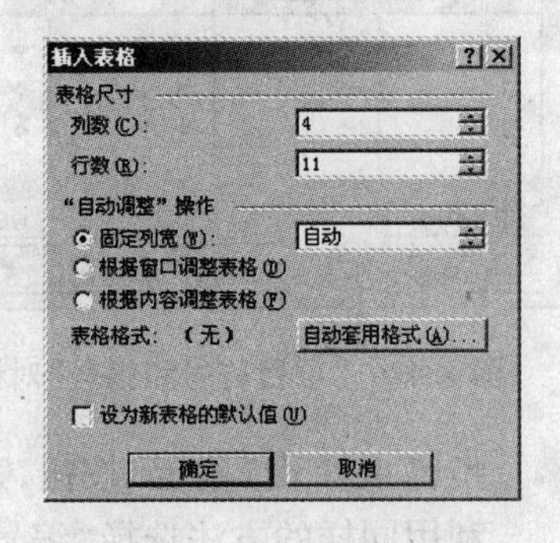

图 4.45 “插入表格”对话框

步骤 3：在“列数”和“行数”框中分别输入 4 和 11。

注：在“自动调整操作”区中选择以下一个选项。

• 固定列宽：表示列宽是一个确切的值，可以在其后的数值框中进行指定。默认设置为“自动”,表示表格宽度与页面宽度相同。

• 根据窗口调整表格:表示表格宽度与页面宽度相同,列宽等于页面宽度除以列数。

• 根据内容调整表格:就会产生一个列宽由表中内容而定的表格,当在表格中输入内容时,列宽将随内容的变化而变化。

如果单击“自动套用格式”按钮,将打开“表格自动套用格式”对话框,可以选择一种预设的样式来格式化表格。

步骤 4:单击“确定”按钮,即可完成表格的新建。

此法适合创建表格行列数较多的情况,因为方法一可能无法拖出所需的行、列数。这时使用“表格”菜单创建表格,它的设置比较精确。

方法三:用“绘制表格”按钮绘制表格。

步骤 1:单击常用工具栏中的“表格和边框”按钮,显示“表格和边框”工具栏,并且自动选中“绘制表格”按钮(如图 4.46 所示)。

图 4.46 “表格和边框”工具栏

步骤 2:此时,进入绘制表格的状态。在“线型”和“线条粗细”列表框进行相应的设置。

步骤 3:单击“边框颜色”按钮,选择所需的颜色。

步骤 4:将鼠标移到文档中就会变成一支铅笔,按住鼠标左键拖动就可以绘制表格的外框线,以及表格内部的行列线。

此法适用于创建非常不规则的表格。在绘制过程中,如果用户不满意绘制出的表格线或单元格,则可以立即将其删除。方法是在“表格和边框”工具栏中单击“擦除”按钮,然后将鼠标移到要擦除的表格线上,此时鼠标指针就会变成一块橡皮,按住鼠标左键拖动就可以擦掉不需要的表格线。

由于手工绘制的表格定位一般不准确,若要求某几行的高或某几列的宽相等时,可先选中它们,然后单击“表格和边框”工具栏“平均分布各行”或“平均分布各列”按钮。

此外,在 Word 2000 中,只可以把已经存在的文本转换为表格。要进行转换的文本应该是格式化的文本,即文本中的每一行用段落标记隔开,每一列用分隔符(如逗号、空格或制表符等)分开。文本转换成表格的具体方法如下。

步骤 1:给文本添加段落标记和分隔符。

步骤 2:选定要转换为表格的文本。

步骤 3:选择“表格”菜单中的“转换”命令,再从出现的级联菜单中选择“文字转换成表格”命令,出现如图 4.47 所示的“将文字转换成表格”对话框。

步骤 4:Word 能够识别出文本之间的分隔符,并在“列数”框中显示出正确的列

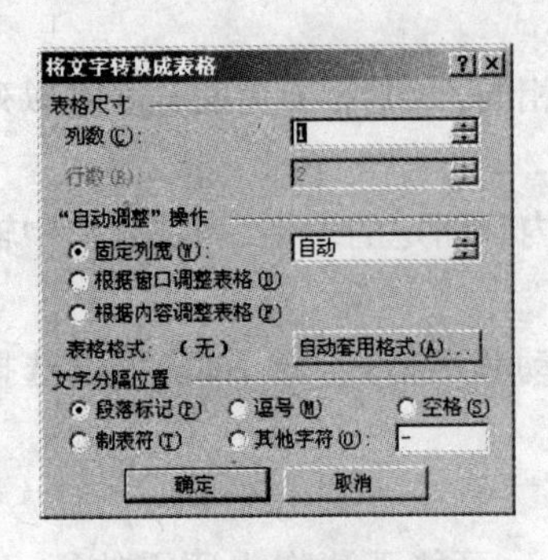

图4.47 "将文字转换成表格"对话框

数。如果不想使用Word预设的分隔符,请在"文字分隔位置"框中输入所需的分隔符。

步骤5:单击"确定"按钮,即可将选定文本转换成表格。

4.4.2 编辑表格

中文Word 2000可以非常方便地进行表格的编辑操作,编辑表格一般包括选定表格、表格的文本编辑和修改表格等操作。

1. 选定表格

就像文章是由文字组成的一样,表格也是由一个或多个单元格组成的。所以单元格就像文档中的文字一样,要对它操作,必须先选取它。

除了可以按住鼠标左键在表格中拖动,或者在使用箭头键的同时按住【Shift】键来选定单元格之外,还可以使用其他方法进行选定。

操作实例4-32

选定"个人简历"文档中的表格的一个单元格、一行、一列以及整个表格。

(1)选定一个单元格:将鼠标指针移到该单元格左边缘处,当鼠标指针变成向右指的实心黑箭头时,单击鼠标左键。

(2)选定一整行:将鼠标指针移到该行左边缘处,当鼠标指针变成形时,单击鼠标左键。

(3)选定一整列:将鼠标指针移到该列顶端边缘处,当鼠标指针变成向下指的实心黑箭头时,单击鼠标左键。

(4)选定整个表格:选中整个表格有多种方法,可以用鼠标从表格的左上角拖动到右下角;也可以将鼠标指针移到该表格左边缘处,连续三次单击鼠标左键;还可以将鼠标指针移到该表格左上角,然后点击按钮,都可以选中整个表格。

另外,也可以将插入点置于表格中,然后选择"表格"菜单中的"选定"命令,再从出现的级联菜单选择"表格"、"列"、"行"或"单元格"命令,以便选定当前插入点位于的表格、列、行或单元格。

2. 表格的文本编辑

当表格建好之后,接下来就是输入和编辑表格的内容。

1)输入文本

在表格中的移动、输入和编辑文本,基本上同文档中一样,Word 2000把单元格的边界当做文本的边界,当输入的内容达到单元格的右边界时,文本将自动换行。有可能每个单元格中输入的文本行数不同，但同一行的单元格保持同一高度。若要修改某个单元格的内容时，可把插入点放置在该单元格，按【Backspace】键或【Del】键删除不要的字符，然后键入所需的字符。

操作实例 4-33

在"个人简历"文档中的表格上方和表格中输入如图 4.48 所示文字。

步骤 1：将光标停在表格第一行的任一个单元格中，同时按下【Ctrl + Enter】键，光标的插入点就会出现在表格的上方，输入文本"个人简历"，并将其字体设置为"华文彩云"，字号设置为"小初"。

步骤 2：在表格中输入如图 4.48 所示文字，并将第一和第三列文字字体设置为"黑体"、字形设置为"加粗"、字号设置为"四号"；将第二和第四列文字字体设置为"黑体"、字号设置为"四号"。

个人简历

姓　名			
性　别	男		
出生年月	1988年4月		
民　族	汉		
籍　贯	天津	现户口地	天津
个人特长	计算机		党员
英语水平	CET-4	学　历	大专
第二外语	日语	专　业	网络技术
计算机水平	国家二级：C语言 国家三级：网络技术	毕业时间	
	计算机基本操作，硬件装载及其管理，网站开发及其管理，办公自动化，财务等		
联系方式	信函:天津市河北区昆明路7号 邮编：200411 电话：13200075712 E-mail: WWW183.com		

图 4.48　操作实例 4-33 效果

2）在表格中移动光标

有多种方法可以在表格中移动光标，一种方法是用鼠标直接定位光标，将鼠标移动到目的单元格上单击鼠标左键即可；还可以利用键盘在表格中移动光标，比如用键盘的上、下、左、右键或【Tab】键等来移动光标。

3)单元格中文本的对齐方式

操作实例 4-34

将“个人简历”文档中的表格中第一和第三列内的文字的对齐方式设置为“中部居中”;第二和第四列内的文字的对齐方式设置为“中部两端对齐”。

步骤 1:选取表格的第一列单元格。

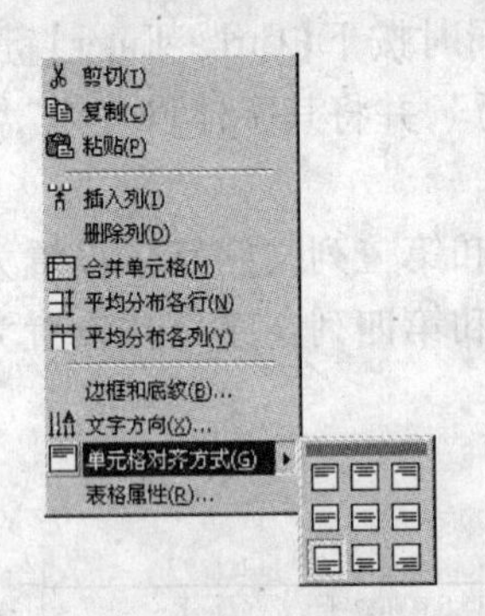

图 4.49 单元格对齐方式

步骤 2:单击鼠标右键,打开快捷菜单(如图 4.49 所示)。

步骤 3:单击“对齐方式”命令,在九种对齐方式中选择“中部居中”即可。

步骤 4:重复上述操作将第三列内的文字对齐方式设置为“中部居中”;第二和第四列内的文字的对齐方式设置为“中部两端对齐”。

事实上,把表格中的每个单元格看作是一篇独立的文档,里面同样可以有段落的设置,可以利用常用工具栏里的“两端对齐”、“居中”等按钮。

3. 修改表格

修改表格包括:插入和删除行和列,改变行宽和列高,插入和删除单元格,单元格的拆分与合并,拆分表格等。

1)插入表格、行、列、单元格

把光标定位在要插入表格、行、列、单元格的单元格里。在“表格”菜单栏里“插入”选项中选“表格”、“行”、“列”或者“单元格”选项,就会相应的插入表格、行、列或单元格。

另外,如果想插入一行或一列单元格,也可以选取一个单元格,单击常用工具栏上的“插入单元格”按钮,即可插入一行或一列单元格(如图 4.50 所示)。

如果想在表格最后面插入一行单元格,可以把光标定位到表格最后一行的最右边的回车符前面,然后按一下回车,就可以在最后面插入一行单元格了。

还可以把光标定位在一个单元格里,单击鼠标右键,弹出快捷菜单,选择“插入表格”,Word 会弹出一个对话框(如图 4.51 所示),选择要插入的行数和列数,单击“确定”按钮,一个新的表格就插入进来了。

2)删除表格、行、列、单元格

把光标定位在一个单元格里,选择“表格”菜单栏里“删除”选项中的“单元格”或“行”或“列”或“表格”选项,即可删除表格中的单元格、行、列或整个表格。

3)调整表格大小

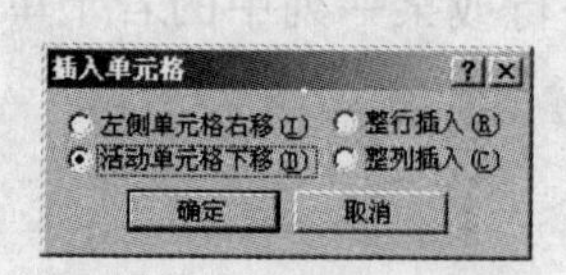

图 4.50 “插入单元格”对话框

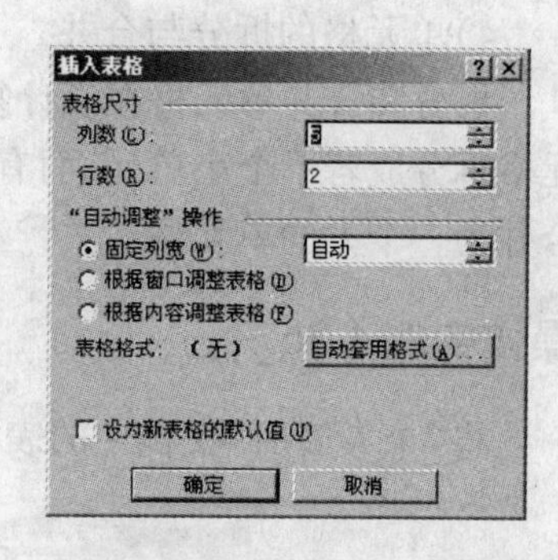

图 4.51 “插入表格”对话框

操作实例 4-35

将“个人简历”文档中的表格整体缩小一点。

方法一:把鼠标放在表格右下角的一个小正方形上,鼠标就变成了一个拖动标记,按下左键,拖动鼠标,就可以改变整个表格的大小。拖动的同时表格中的单元格的大小也在自动地调整。

方法二:把鼠标放到表格的框线上,鼠标会变成一个两边有箭头的双线标记,这时按下左键拖动鼠标,就可以改变当前框线的位置,同时也就改变了单元格的大小。按住【Alt】键,还可以平滑地拖动框线。

方法三:拖动表格框线在标尺上对应的标记,改变表格中的单元格的大小。

方法四:如果希望精确地设置行高和列宽,可以单击“表格”菜单中的“表格属性”命令,打开“表格属性”对话框(如图 4.52 所示),分别打开“行”和“列”选项卡,进行相应的设置。

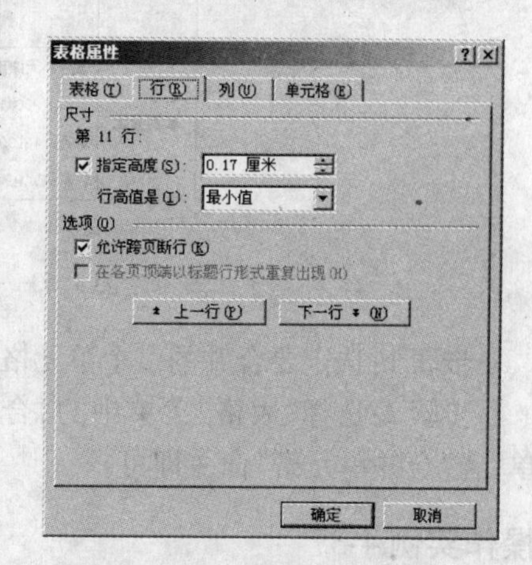

图 4.52 “表格属性”对话框

另外,Word 还提供了几个表格自动调整的方法。

方法一:在任一个单元格中单击右键,在快捷菜单中选“自动调整”项,单击“根据内容调整表格”命令,可以看到表格的单元格的大小都发生了变化,仅仅能容下单元格中的内容了。

方法二:通常希望输入相同性质文字的单元格宽度和高度一致,先选中这些列,再单击“表格和边框”工具栏上的“平均分布各列”按钮,选中的列就自动调整到了相同的宽度,行也可以这样来做。

4)单元格的拆分与合并

拆分和合并单元格在设计复杂的单元格中经常使用,有时需要将表格的某些单元格拆分成若干个小单元,而有时又需要将表格的某一行或某一列中的若干单元格合并为一个大的单元格。

操作实例 4-36

将“个人简历”文档中的表格按图 4.53 所示合并单元格。

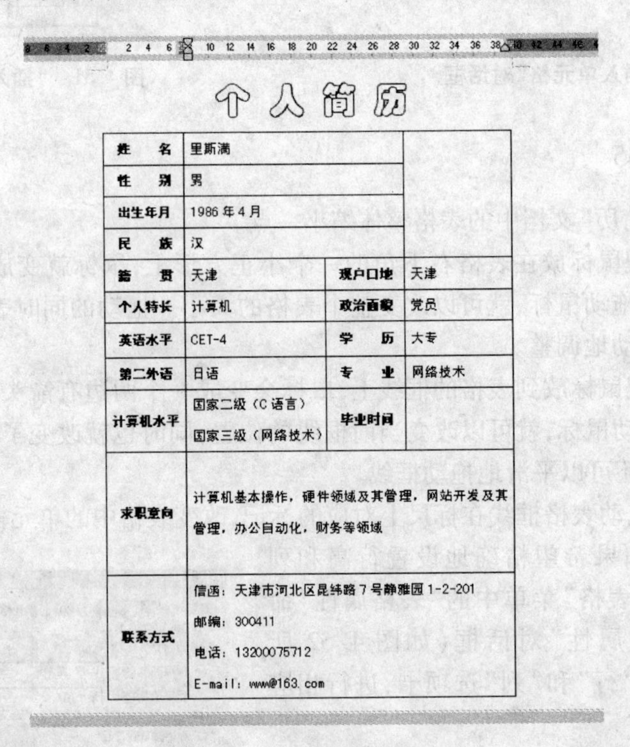

个人简历

姓　名	里斯满		
性　别	男		
出生年月	1986 年 4 月		
民　族	汉		
籍　贯	天津	现户口地	天津
个人特长	计算机	政治面貌	党员
英语水平	CET-4	学　历	大专
第二外语	日语	专　业	网络技术
计算机水平	国家二级（C 语言） 国家三级（网络技术）	毕业时间	
求职意向	计算机基本操作，硬件领域及其管理，网站开发及其管理，办公自动化，财务等领域		
联系方式	信函：天津市河北区昆纬路 7 号静雅园 1-2-201 邮编：300411 电话：13200075712 E-mail：www@163.com		

图 4.53　操作实例 4-36 效果

步骤 1:选定要合并的多个单元格。

步骤 2:选择“表格”菜单中的“合并单元格”命令;或单击鼠标右键弹出快捷菜单,选“合并单元格”命令即可。

操作实例 4-37

计算机水平	国家二级（C 语言）	毕业时间	
	国家三级（网络技术）		

图 4.54　操作实例 4-37 效果

将“个人简历”文档中的表格中的文本“国家二级(C 语言)国家三级(网络技术)”所在的单元格拆分成两行,将文本“国家二级(C 语言)”放在上行单元格,

“国家三级(网络技术)”放下行单元格,如图 4.54 所示。

步骤 1:选定文本“国家二级(C 语言)国家三级(网络技术)”所在的单元格。

步骤 2:选择“表格”菜单中的“拆分单元格”命令,打开“拆分单元格”对话框。

步骤 3:输入拆分成的行、列数 1 和 2,如图 4.55 所示。

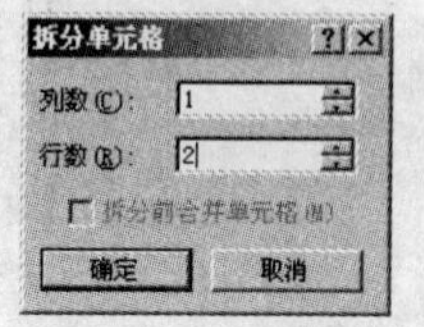

图 4.55 “拆分单元格”对话框

注:如果选中“拆分前合并单元格”复选框,则在拆分前先合并所选单元格,然后将“行数”和“列数”框中的值应用于整个所选内容。

步骤 4:设置完毕后,单击“确定”按钮。

步骤 5:将文本“国家三级(网络技术)”拖放到下行单元格。

5)拆分表格

要将一个表格拆分成两个表格,可将插入点置于要作为新表格第一行的行中,然后选择“表格”菜单中的“拆分表格”命令,则从插入点所在的行开始,其之下的行被拆分为另一个表格。

4. 表格的格式设置

表格的格式与段落的设置很相似,有对齐、底纹和边框修饰等。

选中整个的表格,单击格式工具栏上的“两端对齐”、“居中”和“左对齐”等按钮即可调整表格的位置。

为了让表格更加的美观,我们可以对表格做一些修饰。

操作实例 4-38

将“个人简历”文档中的表格外边框线的粗细设置为 1.5 磅、颜色设置为“绿色”;将第一和第三列单元格底纹设置为“灰色-10%”;单元格之间的间隙设置为 0.2 厘米,如图 4.56 所示。

步骤 1:设置表格框线粗细。选中表格,选择“视图”→“工具栏”→“表格和边框”命令,打开“表格和边框”工具栏,单击其上的“粗细”下拉列表框,选择 1.5 磅的线条,然后单击“框线”按钮的下拉箭头,选择“外部框线”。

步骤 2:设置表格框线颜色。选中表格,单击“表格和边框”工具栏上的“边框颜色”按钮的下拉箭头,选择“绿色”。

步骤 3:表格添加底纹。选中第一列单元格,单击鼠标右键,选中“边框和底纹”命令,单击“底纹”按钮的下拉箭头,选择“灰色-10%”(如图 4.57 所示),同样方法设置第三列。

步骤 4:单元格之间加间隙。在表格中单击右键,选择“表格属性”命令,或单击“表格”→“表格属性”命令,都可打开“表格属性”对话框(如图 4.58 所示)。

单击“选项”按钮,选中“允许调整单元格间距”复选框(如图 4.59 所示),在后面的数字框中输入数值 0.2 厘米,单击“确定”按钮,回到表格属性对话框,单击“确定”

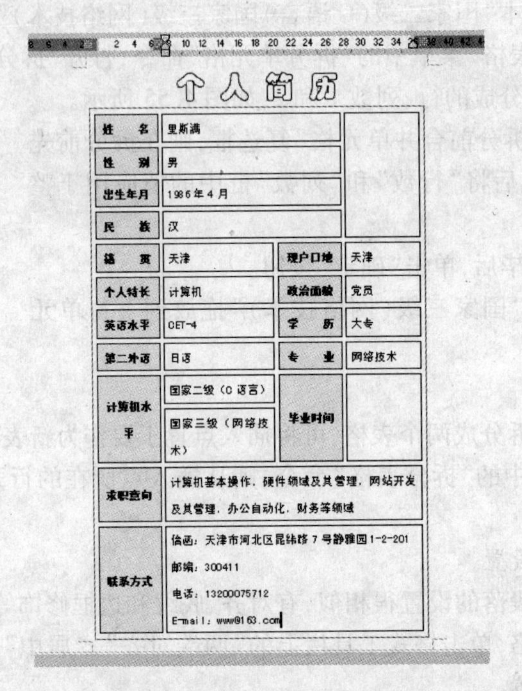

个人简历

姓　名	里斯满			
性　别	男			
出生年月	1986年4月			
民　族	汉			
籍　贯	天津	现户口地	天津	
个人特长	计算机	政治面貌	党员	
英语水平	CET-4	学　历	大专	
第二外语	日语	专　业	网络技术	
计算机水平	国家二级（C语言） 国家三级（网络技术）	毕业时间		
求职意向	计算机基本操作，硬件领域及其管理，网站开发及其管理，办公自动化，财务等领域			
联系方式	信函：天津市河北区昆纬路7号静雅园1-2-201 邮编：300411 电话：13200075712 E-mail：www@163.com			

图 4.56　操作实例 4-38 效果

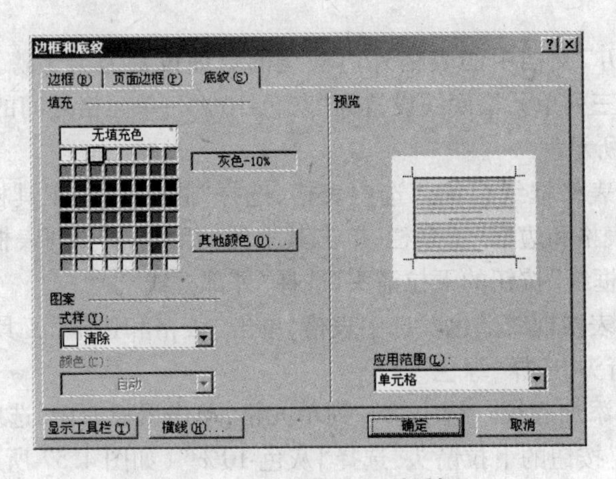

图 4.57　边框和底纹对话框

按钮,这样就可以了。

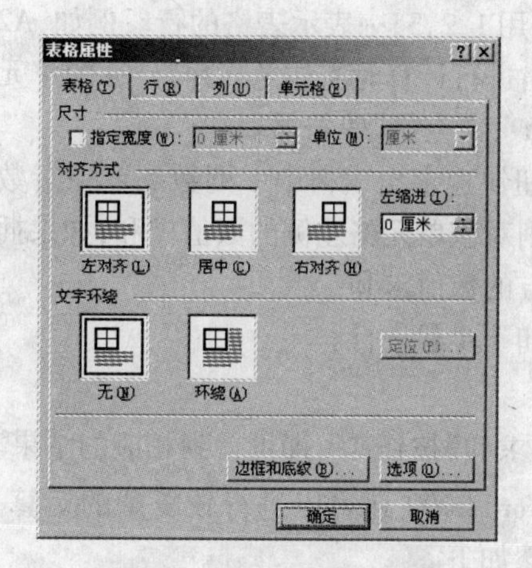

图 4.58　“表格属性”对话框

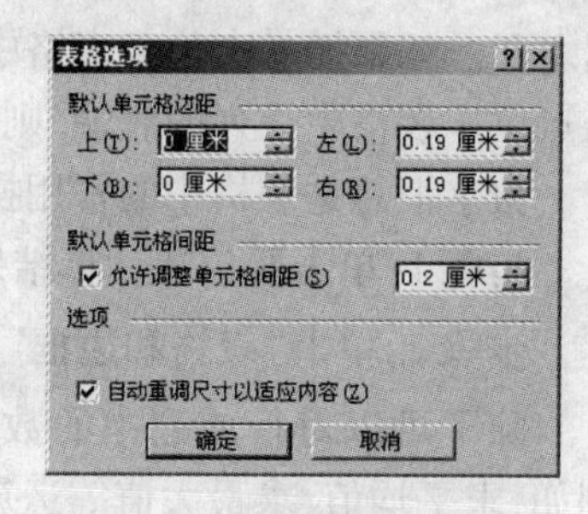

图 4.59　“表格选项”对话框

4.4.3　表格的排序与计算

Word 2000 功能强大,不仅能够快速创建表格,修改表格,而且还能够进行一些排序和计算。

1. 表格的排序

在 Word 2000 中,您可以对表格中某一列的数据排序,并按排序的顺序重新组织表格。具体操作步骤如下。

步骤 1:将插入点置于表格的任意位置。

步骤 2:选择“表格”菜单中的“排序”命令,打开“排序”对话框,如图 4.60 所示。

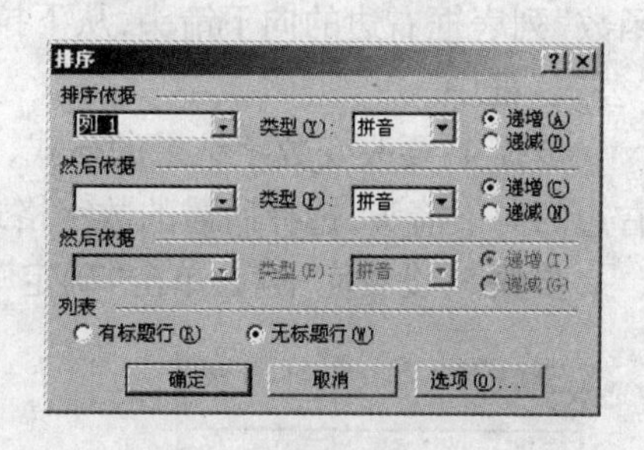

图 4.60　“排序”对话框

步骤 3:在“排序依据”列表框中,选择作为第一个排序依据的列名称。在后面的“类型”列表框中指定该列数据的类型,如“笔画”、“拼音”、“数字”或“日期”,然后选择“递增”或“递减”单选按钮,决定排序从前到后的顺序。

步骤 4:要用到更多的列作为排序的依据,在“然后依据”框中重复步骤 3 的操作。

步骤 5:如果表格的第一行是标题,在“列表”中选择“有标题行”,这样 Word 在排序时不排标题行。否则,选择“无标题行”。

步骤 6:设置完毕后,单击“确定”按钮。

2. 表格中的数据计算

可以对表格数据进行基本的四则运算,例如,加、减、乘、除等,还可以进行几种其他类型的统计运算,例如求和、求平均值、求最大值以及求最小值等。

在计算公式中用A,B,C,…表示表格的列;用1,2,3,…表示表格的行。例如,A2表示第1列第2行的单元格数据。另外,对表格进行计算时需注意,参与计算的单元表格中不能含有非数值型字符,如“A”、“\”、“¥”、“空格”等符号。

在Word 2000中,可以利用“自动求和”按钮快速求出表格中一列数据或一行数据之和。如果插入点位于表格中一行的右端,则对该单元格左侧的数值求和;如果插入点位于表格中一列的底端,则对该单元格上方的数值求和。

数字汇总是表格中的常用操作,可以按照如下步骤进行。

步骤1:单击要放置计算结果的单元格。

步骤2:单击“表格和边框”工具栏的“自动求和”按钮 Σ ,即可得到相应的结果。

除了可以对行或列中的数字求和之外,Word 2000还可以进行较复杂的运算。例如,求平均值、求最大值等运算,具体操作步骤如下。

步骤1:单击要放置计算结果的单元格。

步骤2:选择“表格”菜单中的“公式”命令,出现如图4.61所示的“公式”对话框。

步骤3:如果所选单元格位于数字列的底部,Word会建议用“=SUM(ABOVE)”公式,即对该插入点上方各单元格中的数值求和;如果所选单元格位于数字行的右边,Word会建议用“=SUM(LEFT)”公式,即对该插入点左侧各单元格中的数值求和。如果不想用Word建议的公式,可以在“公式”框中删除该公式,然后重新输入所需的公式。例如,想求出B2到D2单元格中的平均值,可以在该文本框中输入“=AVERAGE(B2:D2)”。当然,也可以先在“公式”框中输入一个等号,然后单击“粘贴函数”列表框右边的向下箭头,从下拉列表中选择一个函数名,该函数名就会出现在“公式”框中。

步骤4:要改变数字结果的格式,可以单击“数字格式”列表框(如图4.62所示)右边的向下箭头,选择所需的数字格式。

步骤5:设置完毕后,单击“确定”按钮。

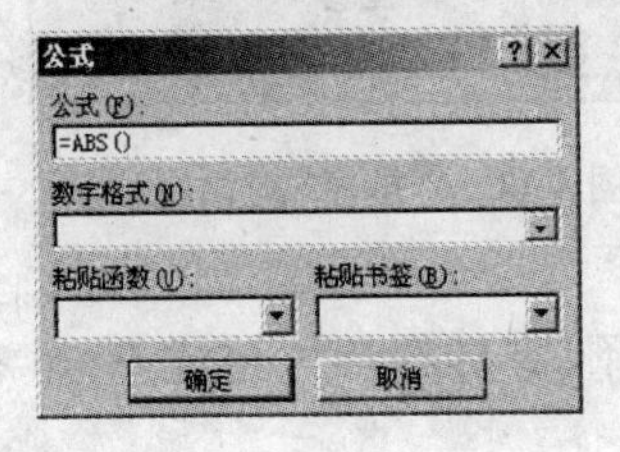

图4.61 “公式”对话框

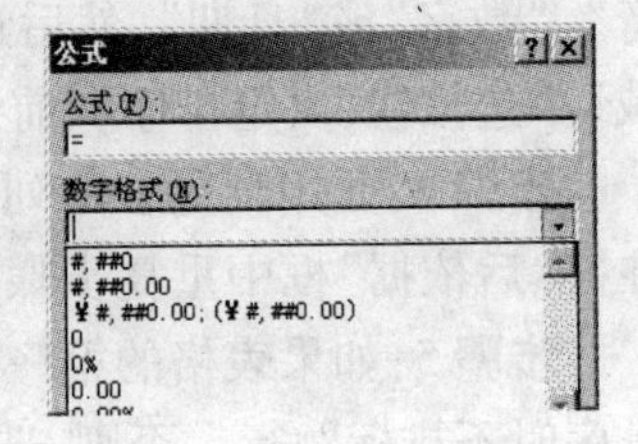

图4.62 “数学格式”列表框

另外,如果所引用的单元格中的数据有所改变,则应把光标再移到结果单元格中的数值上,此时该数值变为灰色显示,按下【F9】键,即可更改计算的结果。

4.5 文档中图形的处理

Word 具有很强的图文混排的功能,明显的优越于其他的字处理软件。在 Word 文档中,可以很方便地插入 Office 2000 自带的 Microsoft 剪辑库中的剪贴画和图片,也可以插入其他程序创建的图片,还可以自绘制图形插入到文档中,从而制作出真正图文并茂的作品。

需要注意,Word 中的图形处理需要在页面视图方式下进行,普通视图下将看不到文档中的图片和图形,也无法对它们进行处理。

4.5.1 插入图片

Word 能够进行丰富多彩的图文处理,其图片来源非常丰富。那么怎样才能将这些图片引入文档中呢? 下面介绍插入图片的两种方法。

1. 插入剪辑库中的剪切画和图片

Office 的"剪辑库"中带有大量的图片,从地图到人物,从建筑到风景名胜,可以很容易地将这些由专业人员设计的图片插入到文档中,形成图文混排的效果。

在文档中插入剪贴画步骤如下。

步骤 1:将插入点置于要插入剪贴画或图片的位置。

步骤 2:选择"插入"菜单中的"图片"命令,再从出现的级联菜单中选择"剪贴画"命令,即可打开如图所示的"插入剪贴画"对话框,如图 4.63 所示。单击一种剪贴画的类别,Word 将显示该类别的剪贴画。

步骤 3:用鼠标单击其中的一个剪贴画,将弹出由 4 个按钮组成的菜单(如图 4.64 所示),下面依次介绍它们的功能。

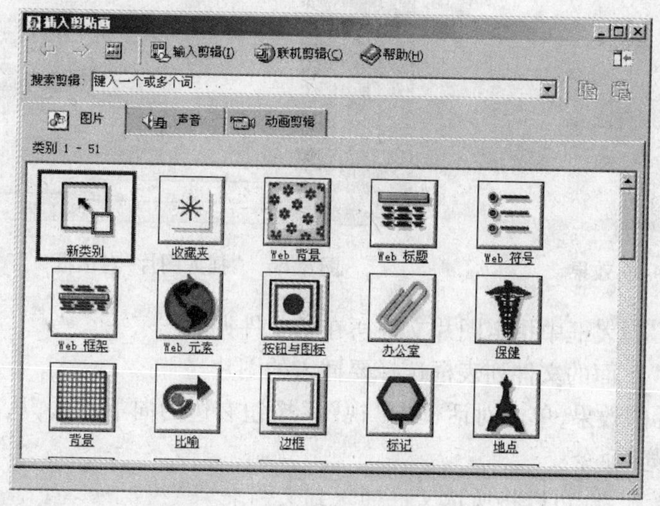

图 4.63 "插入剪贴画"对话框

图 4.64

• 插入剪辑：单击该按钮，将把此剪贴画插入到文档中。

• 预览剪辑：单击该按钮，将此剪贴画放大显示在一个预览窗口中，你可以拖动该窗口的边框改变放大比例。

• 将剪辑添加到收藏夹或其他类别：单击该按钮，可以指定将此剪贴画添加到其他类别中。

• 查找类似剪辑：单击该按钮，Word 将在剪辑库中查找主题相似的剪贴画。

步骤4：单击“插入剪辑”按钮，即可将选定的剪贴画插入到文档中。

注：剪贴画与图片的区别是：剪贴画是一种由电脑绘制的以几何图形组成的相对比较粗糙的图形或图画；图片则是更为精美的大部分来自于真实图片的一种由点组成的图形或图画（在电脑中称之为位图）。

2. 插入来自文件的图片

如果 Office 的“剪辑库”中没有所需的图片，借助于 Office 自带的那些称为过滤器的图形转换程序，可以读取多种其他格式的图片文件。其他程序创建的图片文件，为 Word 提供了更为广阔的图片素材。

操作实例 4-39

在“个人简历”文档的第一页开头插入图片文件，如图 4.65 所示。

步骤1：将插入点置于文本“天津职业大学”的上方。

步骤2：选择“插入”菜单中的“图片”命令，再从出现的级联菜单中选择“来自文件”命令，出现“插入图片”对话框，如图 4.66 所示。

图 4.65 操作实例 4-39 效果

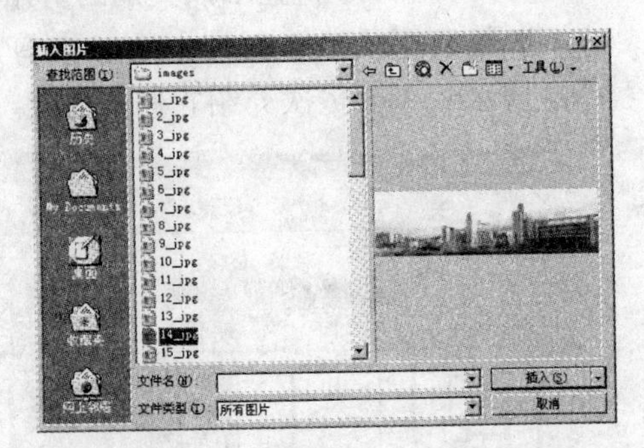

图 4.66 “插入图片”对话框

步骤3：在“查找范围”列表框中指定图片文件所在的文件夹。

步骤4：在“查找范围”下面的文件列表框选择要插入的图片。

步骤5：为了预览图片的效果，单击对话框中“视图”按钮右边的向下箭头，从出现的下拉菜单中选择“预览”命令。

步骤6：单击“插入”按钮，就可以将所选文件插入到文档中。

如果用户要将这个图片文件以链接的方式插入到文档中,请单击“插入”按钮右边的向下箭头,从出现的下拉菜单中选择“链接文件”命令。

4.5.2 编辑图片

通常,对刚插入的图片要进行编辑,如调整其大小或位置等,下面介绍编辑图片的具体方法。

1. 调整图片的位置

如果要调整图片在文档中的位置,可以用以下两种方法。

1)鼠标拖动法(使用鼠标拖动是一种最简单也比较常用的方法)

步骤1:单击需要移动的图片以选中它,图片四周将出现八个小方块,称尺寸控点。

步骤2:将鼠标移至图片上,按下鼠标左键并向目标位置拖动,这时会出现一个代表图片的虚线框随之移动,当移动到合适的位置时松开鼠标即可。

2)精确移动法

操作实例 4-40

将“个人简历”文档中图片的文字环绕方式设置为“紧密型”,设置“水平对齐”和“垂直对齐”距页面分别为4厘米和3厘米。

步骤1:双击图片,打开“设置图片格式”对话框(也可选中图片后,单击菜单栏上的“格式”→“图片”打开该对话框),如图4.67所示。

步骤2:单击“版式”选项卡,选择“紧密型”环绕方式,再选择任意一种水平对齐方式,单击“高级”按钮,弹出“高级”选项对话框(如图4.68所示),单击“图片位置”按钮,打开“图片位置”选项卡,在“水平对齐”和“垂直对齐”中选中“绝对位置”选项,设置对齐的依据为“页面”,度量值分别为4和3厘米,就可以精确地给图片定位了。

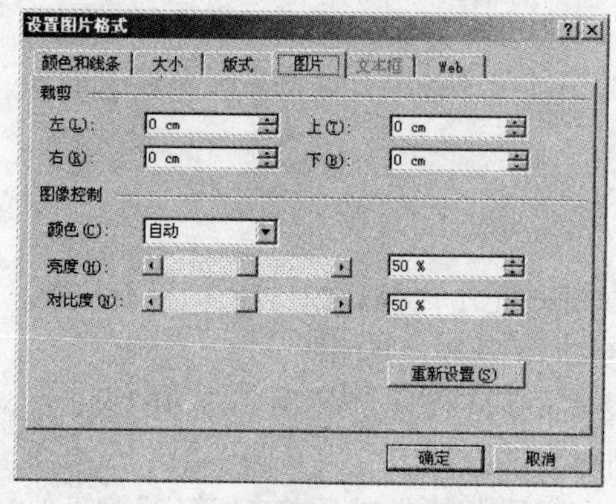

图4.67 “设置图片格式”对话框

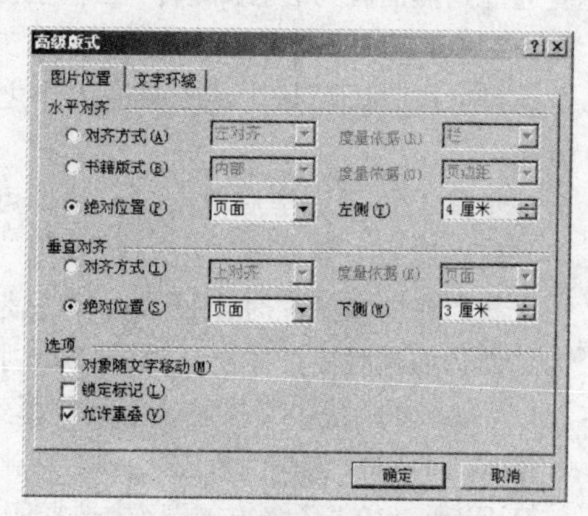

图4.68 “图片位置”选项卡

步骤3:设置完毕之后单击“确定”按钮,则图片被移到指定的位置。

2. 改变图片的大小

改变图片的大小的方法主要有以下两种。

操作实例4-41

按图4.69所示,改变“个人简历”文档中图片的大小。

图4.69 操作实例4-41效果

方法一:拖动控点法

选中插入的图片,它的周围会出现一些黑色的小正方形,这些是尺寸句柄,把鼠标放到上面,鼠标就变成了双箭头的形状,按下左键拖动鼠标,就可以改变图片的大小。

方法二:精确缩放法

步骤1:双击图片,打开“设置图片格式”对话框(也可选中图片后,单击菜单栏上的“格式”→“图片”打开该对话框),如图4.67所示。

步骤2:单击“设置图片格式”对话框中的“大小”选项卡(如图4.70所示),先选中“锁定纵横比”复选框(如果不希望图片的高度和宽度成比例缩放,则无需选中该复选框),然后在“尺寸和旋转”区中写入图片的高度2.84,则图片的宽度也会相应的改变。

也可在“缩放”区中给出改变大小之后的图片与原始图片在高度或宽度上的百分比。

步骤3:设置完毕后单击“确定”即可。

3. 在图片周围设置环绕文字

我们在引入图片时,刚开始图片总是在文字的上下之间,占有较大的页面位置。为了使页面排版更加紧凑,往往要求文字环绕图片,从而使排版既整洁又美观。

Word 2000提供了多种文字环绕形式,设置文字环绕时,双击图片,打开“设置图片格式”对话框(如图4.67所示)。单击“高级”按钮打开“文字环绕”选项卡(如图4.71所示)。在“环绕方式”区中选择所需的文字环绕方式,然后单击“确定”按钮。

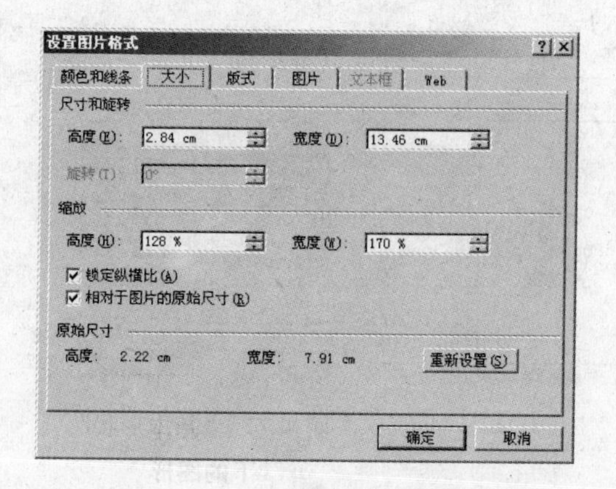

图 4.70 “设置图片格式”对话框中的“大小”选项卡

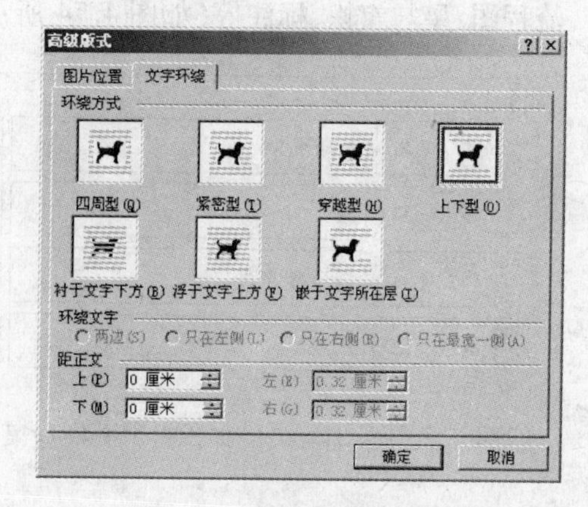

图 4.71 “设置图片格式”对话框中的“文字环绕”选项卡

4.5.3 使用绘图工具绘制图形

在文档中除了可以插入图片外,还可以直接在文档中绘制图形。Word 2000 为用户提供了专门的绘图工具,使得直接绘图成为现实。

单击常用工具栏中的“绘图”按钮(也可选中菜单栏上的“视图”→“工具栏”→“绘图”命令项),即可出现“绘图”工具栏,如图 4.72 所示。

图 4.72 “绘图”工具栏

1. 绘制简单的线图

绘制简单的线图(如“直线”、“箭头”、“矩形”或者“椭圆”)步骤如下。

步骤 1:选择“视图”菜单中的“页面”命令,切换到页面视图下。

步骤 2:单击“绘图”工具栏中的“直线”、“箭头”、“矩形”或者“椭圆”按钮。

步骤 3:在绘图起始位置按住鼠标左键,拖动至结束位置。

步骤 4:松开鼠标左键,就可以绘制直线、箭头、矩形或者椭圆等。

2. 绘制各种形状的图形

操作实例 4-42

在“个人简历”文档表格中绘制一个“笑脸”图形(表示此处将来可以贴照片),如图 4.73 所示。

步骤 1:单击“绘图”工具栏中的“自选图形”按钮。

步骤 2:在打开的菜单选择中绘制的类型,主要包括线条、基本形状、箭头总汇、流程图、星与旗帜、标注等(如图 4.74 所示)。

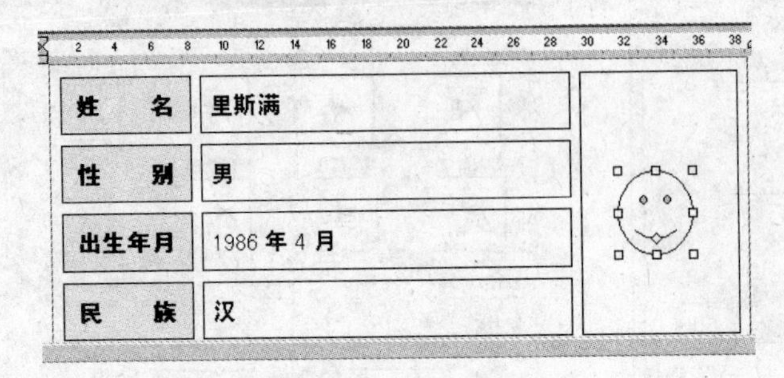

图 4.73　操作实例 4-42 效果

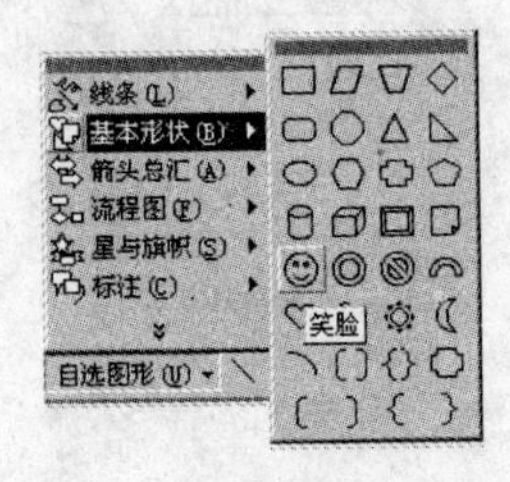

图 4.74　“基本形状”下的图形

步骤 3:从“基本形状”级联菜单中选择“笑脸”图形。

步骤 4:单击文档中要插入图形的位置,即可插入一个预定义大小的图形。

要插入一个自定义尺寸图形,可在绘图起始位置按住鼠标左键,然后拖动至结束位置,再松开鼠标左键即可。

3. 修饰图形

绘制完图形之后,还要对它进行适当的修饰。

操作实例 4-43

修饰“个人简历”文档表格中的“笑脸”图形,线型设置为“1.5 磅”、填充颜色为“棕黄”、加“阴影样式 1”的阴影,如图 4.75 所示。

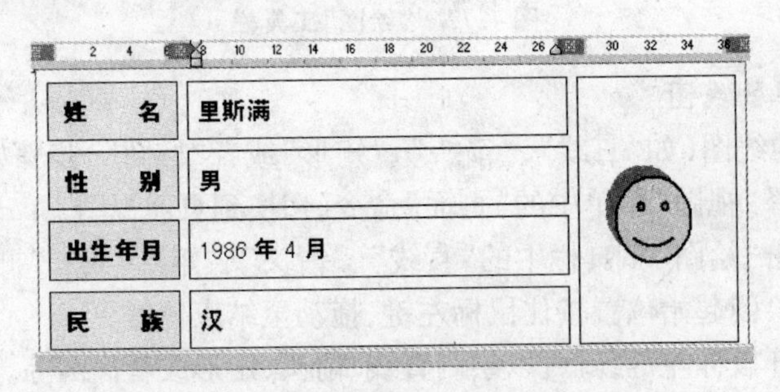

图 4.75　操作实例 4-43 效果

1)改变线型的操作步骤

步骤 1:单击选定“笑脸”图形。

步骤 2:单击“绘图”工具栏中的“线型”按钮,出现“线型”菜单。

步骤 3:从“线型”菜单中选择 1.5 磅的线型。

2)改变填充颜色操作步骤

步骤 1:单击“绘图”工具栏中的“填充颜色”按钮右边的向下箭头,出现“填充颜色”菜单。

步骤2:从“填充颜色”菜单中选择“棕黄”,即可给“笑脸”图形填充此颜色。

注:如果“填充颜色”菜单中的颜色不符合要求,可以单击“填充颜色”菜单中的“其他填充颜色”命令,然后从“颜色”对话框中选择其他标准的颜色,或者定制所需的颜色。

如果要用过渡、纹理、图案或图片等填充图形,可以单击“填充颜色”菜单中的“填充效果”命令,然后从出现的“填充效果”对话框中选择所需的填充效果。

3)设置阴影效果操作步骤

①单击“绘图”工具栏中的“阴影”按钮,出现“阴影”菜单。

②从“阴影”菜单中选择“阴影样式 1”即可。

对于一些图形,还可以设置三维效果,方法如下。

步骤1:单击选定要设置三维效果的图形。

步骤2:单击“绘图”工具栏中的“三维效果”按钮,出现“三维效果”菜单。

步骤3:从“三维效果”菜单中选择一种三维效果方式,即可给选定的图形设置三维效果。

另外,单击“绘图”工具栏中的“绘图”按钮,从弹出的菜单中选择相应的命令,可以将多个图形组合在一起,或者改变图形之间的叠放次序、旋转或翻转图形、对齐或分布图形等。

4.5.4 剪贴板的应用

在 Windows 的其他应用程序中创建的文本、表格及图形,可使用 Windows 的剪贴板粘贴在 Word 的文档中,操作步骤如下。

步骤1:在其他应用程序中,把所需要的文本、表格及图形复制到剪贴板上。

步骤2:打开要插入的文本、表格及图形的 Word 文档。

步骤3:选好插入点,单击“编辑”菜单中的“粘贴”命令(或单击常用工具栏上的按钮),即将剪贴板中的文字、表格及图形插入到文档中。

4.5.5 文本框的使用

有时在编辑文档时需要将文字或图形等信息放在页面的任意位置,使用前面介绍的方法很难做到。而使用文本框可以解决这个问题。文本框是一个供人们在其中编辑文字、图形的临时区域,其形式为可以任意调整尺寸的矩形框,它最大的特点是能将其包含的对象(文字、图形等)随意编辑并移到页面的任意位置。

1. 插入文本框

操作实例 4-44

在“个人简历”文档中的图片上插入文本框,并在其中输入如图 4.76 所示文字。

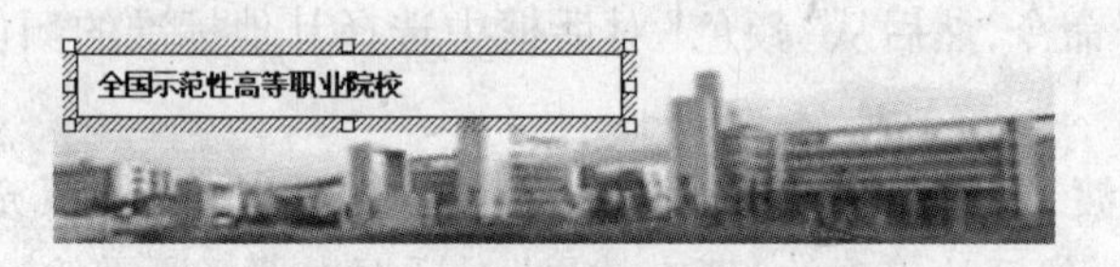

图 4.76 操作实例 4-44 效果

步骤 1:单击“绘图”工具栏按钮或选择“插入”菜单的“文本框”命令。

步骤 2:在图片上拖动鼠标,就会出现一个文本框,然后在其中输入“全国示范性高等职业院校”。

另外,也可先选中文档内容,再插入文本框。

2. 编辑文本框

文本框具有图形的属性,所以对其操作类似于图形格式的设置。

操作实例 4-45

将“个人简历”文档中图片上的文本框设置为无填充颜色、无线条颜色,如图 4.77所示。

步骤 1:首先选中文本框,然后单击“格式”菜单的“文本框…”选项;或者选中文本框后双击鼠标左键,都可以打开“设置文本框格式”对话框(如图 4.78 所示)。

图 4.77 操作实例 4-45 效果

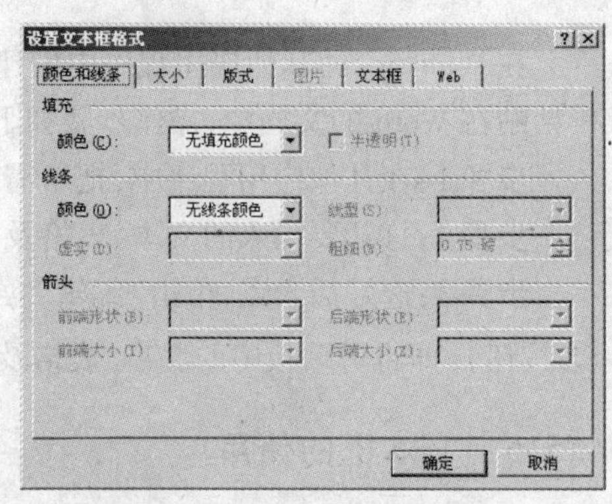

图 4.78 “设置文本框格式”对话框

步骤 2:然后将填充颜色设置为“无填充颜色”、线条颜色设置为“无线条颜色”,单击“确定”按钮即可。

4.5.6 插入艺术字

在 Word 2000 中,插入艺术字非常简单,不需要太多的步骤就可以完成。

步骤 1:单击“绘图”工具栏中的“插入艺术字”按钮,出现如图 4.79 所示的“艺术字库”对话框。

步骤 2:在该对话框中选择所需的艺术字造型,然后单击“确定”按钮,出现“编辑”艺术字“文字”对话框(如图 4.80 所示)。

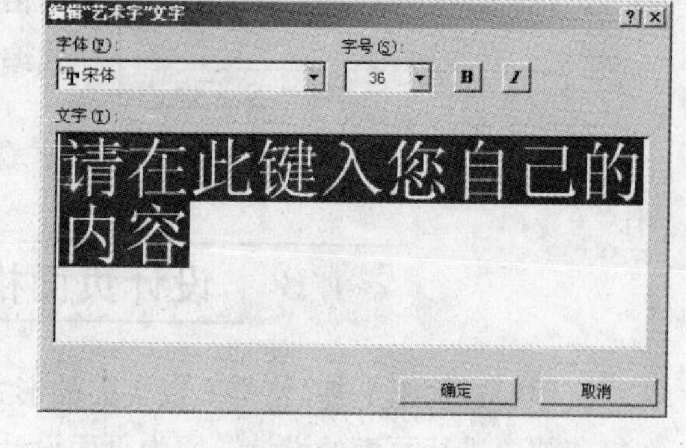

图 4.79 “‘艺术字’库”对话框　　图 4.80 “编辑‘艺术字’文字”对话框

步骤 3:在该对话框中输入需要的文字,然后为文字设置字体、字号和字形等。

步骤 4:单击“确定”按钮,即可在文档中插入艺术字,并显示“艺术字”工具栏。

艺术字是作为一种图形对象插入的,因此,对艺术字的操作也可以像对待图形一样进行操作。

4.5.7 公式的输入

在数学计算的方面,经常遇到一些数学符号和公式,那么怎样才能又快又准确地将这些复杂的数学符号或公式输入电脑呢?Word 中提供了公式编辑器,给用户带来了极大的方便。下面介绍两种打开公式编辑器的方法。

方法一:打开“插入”菜单,单击“对象”命令,打开“对象”对话框,在“对象类型”列表中选择“Microsoft 公式 3.0”,单击“确定”按钮。Word 的界面就变成了图 4.81 所示的样子。

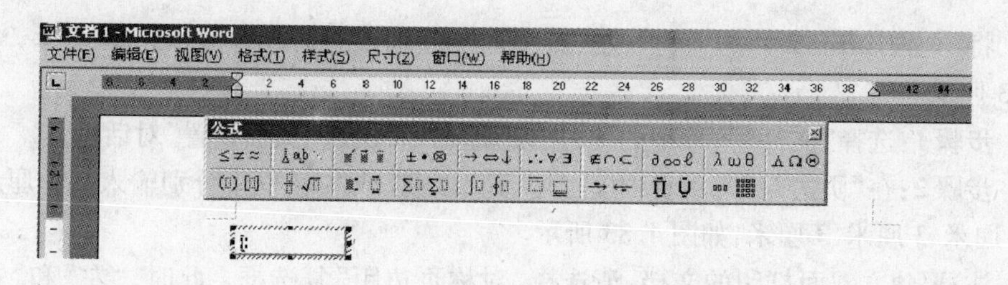

图 4.81 带公式编辑器的 Word 窗口

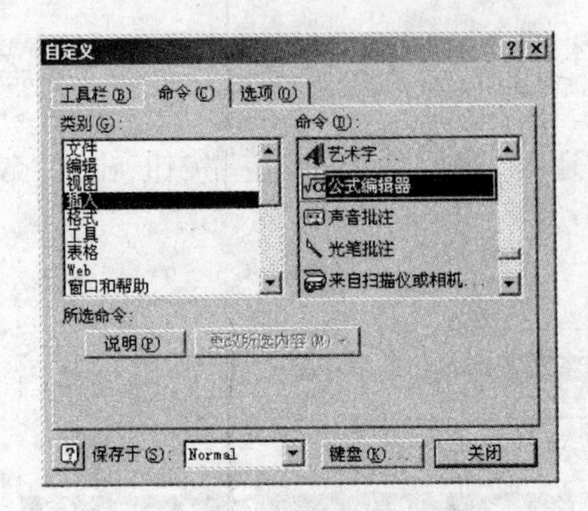

图 4.82 “自定义”对话框

方法二:选择“工具”菜单的“自定义…”命令项,打开“自定义”对话框(如图 4.82 所示),单击“命令”标签,打开“命令”选项卡,然后在“类别”框中点击“插入”,在“命令”框中选择“√α公式编辑器”,按住鼠标左键将其拖到格式工具栏里,单击按钮√α,即可打开公式编辑器。

4.6 设计页面格式与打印文档

文档经过加工处理后,都要以页面的形式一页一页地打印出来,为了整齐、美观,在打印前要进行页面的设计。因为页面设计是否合理直接关系到文档打印输出质量和可读性,想得到一份满意的打印文档,就必须正确合理地设计页面的格式。

4.6.1 设计页面的格式

设计页面格式主要包括:使用“页面设置”对话框确定每页的行数和字符数、页边距和打印输出所用的纸张大小等;另外还有分页控制、设置页码、设置页眉和页脚等。

1. 使用“页面设置”对话框

1)页边距的设计

页边距是文本区到页边界的距离。设置页边距可以影响文档的长度,合理地设置可以使文档结构更加清晰,也可以留出更充裕的装订空间。

使用“页面设置”对话框可以精确地控制页边距。

操作实例 4-46

将“个人简历”文档的上、下、左、右页边距分别设置为 2.5 厘米、2.5 厘米、3 厘米、3 厘米。

步骤1:选择“文件”菜单中的“页面设置”命令,出现“页面设置”对话框。

步骤2:在“页边距”选项卡的“上”、“下”、“左”或“右”框中分别输入 2.5 厘米、2.5 厘米、3 厘米、3 厘米,如图 4.83 所示。

注:要建立双面打印的文档,请选择“对称页边距”复选框。此时,“左”和“右”框变为“内侧”和“外侧”,用于设置奇偶页上的页边距。

要增加额外的装订线空间,请在“装订线”框中输入所需的尺寸。

步骤 3:在"应用于"列表框中,选择要应用新页边距设置的文档范围为"整篇文档",设置完毕单击"确定"按钮。

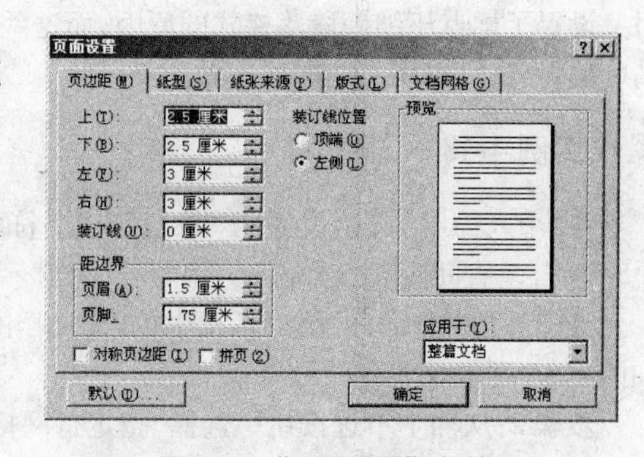

图 4.83 "页面设置"对话框

另外,也可使用标尺快速地设置页边距,方法如下。

步骤 1:在页面视图中,将鼠标指针放在水平标尺和垂直标尺的页边距线上(标尺上深色与白色的交界处),鼠标指针将变成双向箭头。

步骤 2:按住鼠标左键拖动页边距线,可以看到边界随着移动。

步骤 3:拖到所需的位置后,松开鼠标左键,即可完成页边距的设置。

2)纸张设计

对文档的纸张设计包括"纸型"和"纸张来源"两项。

操作实例 4-47

将"个人简历"文档的"纸型"设置为"A4"。

步骤 1:在"页面设置"对话框中单击"纸型"标签,打开"纸型"选项卡,如图 4.84 所示。

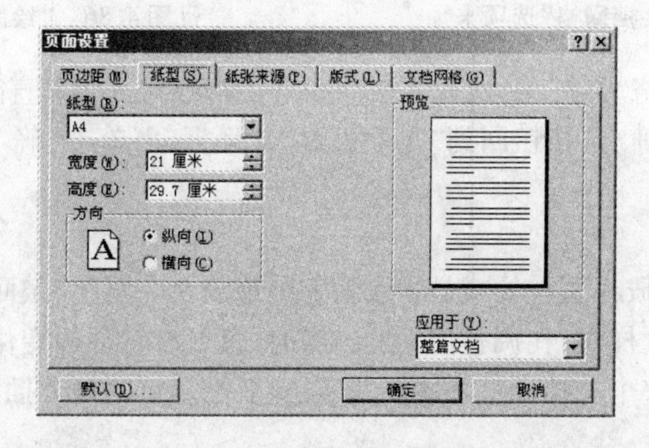

图 4.84 "页面设置"对话框的"纸型"选项卡

步骤 2:在"纸型"下拉列表中选中"A4"。

提示:在 Word 2003 版本中,"页面设置"对话框中没有"纸型"和"纸张来源"选项卡,而是有一个"纸张"选项卡。

3)文档网格

通常编辑的稿件没有办法使上下的文字对齐,这是因为使用了两端对齐方式,同时又设置了标点压缩等段落格式的原因，而这些都是 Word 的默认设置，如果要实现精确的对齐，可以用文档网格来做。

操作实例 4-48

将“个人简历”文档设置为“每行”39 字符和“每页”43 行，并且指定水平间距 0.5 字符，垂直间距 0.5 行。

步骤 1：在“页面设置”对话框中单击“文档网格”标签，打开“文档网格”选项卡，如图 4.85 所示。

步骤 2：从四个单选按钮中选择“指定行网格和字符网格”，然后在“每行”和“每页”选项后面的列表框里输入每行中字符的个数 39 和每页中的行数 43。

步骤 3：单击“绘图网格”按钮，打开“绘图网格”对话框，如图 4.86 所示。

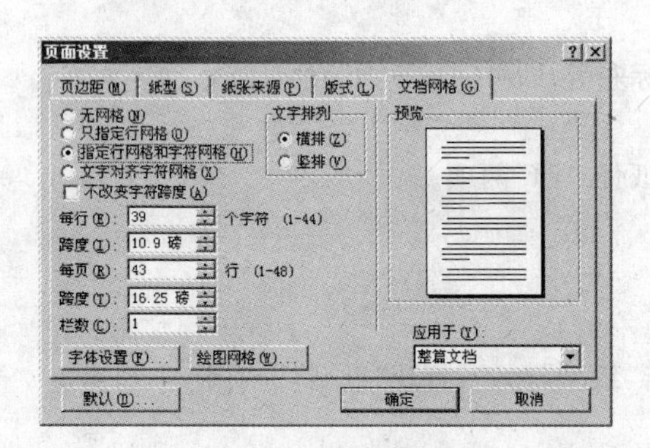

图 4.85 “文档网格”选项卡

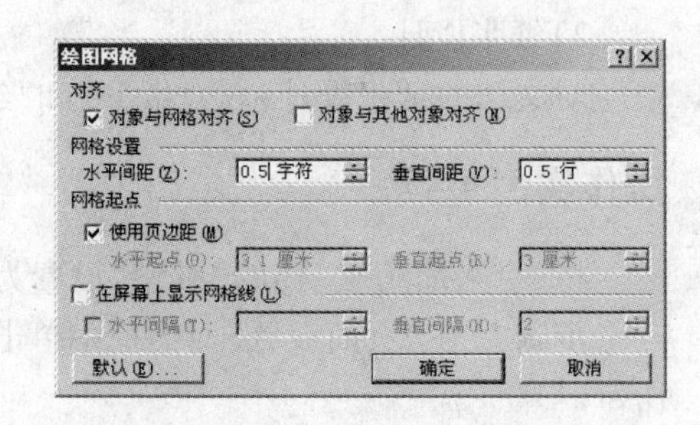

图 4.86 “绘图网格”对话框

步骤 4：在“网格设置”中，输入水平间距的字符数 0.5 和垂直间距的行数 0.5。

步骤 5：单击“确定”按钮回到“页面设置”对话框，再单击“确定”按钮完成设置，效果就出来了。

2. 分页控制

有时想把标题放在页首处或是将表格完整地放在一页上，敲回车，加几个空行的方法虽然可行，但这样做，在调整前面的内容时，只要有行数的变化，原来的排版就全变了，还需要再把整个文档调整一次。其实，只要在分页的地方插入一个分页符就可以了。

在 Word 中输入文本时，Word 会按照页面设置中的参数使文字填满一行时自动换行，填满一页后自动分页，而分页符则可以使文档从插入分页符的位置强制分页。

若要把两段分开在两页显示时，把光标定位到第一段的后面，按【Ctrl + Enter】键，或者选择“插入”菜单中的“分隔符”命令，打开“分隔符”对话框（如图 4.87 所示），选择“分页符”，单击“确定”按钮，在这里就插入了一个分页符，这两段就分在两页显示了。

要是又不想把这些内容分页显示,把插入的分页符删除就可以了。默认的情况下分页符是不显示的,单击"常用"工具栏上的"显示/隐藏编辑标记"按钮 ,在插入分页符的地方就出现了一个分页符标记,用鼠标在这一行上单击,光标就定位到了分页符的前面,按一下【Del】键,分页符就被删除了。

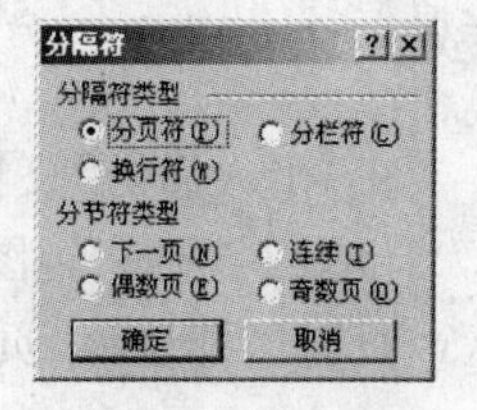

图 4.87 **"分隔符"对话框**

3. 插入页码

在长文档中必须加入页码,插入页码的文档易于查阅。Word 提供了丰富的页码格式,我们可以直接套用。

操作实例 4-49

在"个人简历"文档中页面底端插入页码,页码居中,并且首页不显示。

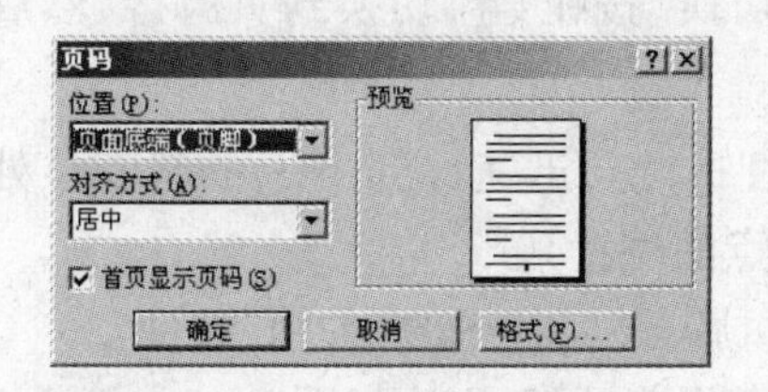

图 4.88 **"页码"对话框**

步骤 1:选择"插入"菜单中的"页码"命令,出现如图 4.88 所示的"页码"对话框。

步骤 2:在"位置"列表框中,选择页码将要出现的位置为"页面底端"。

步骤 3:在"对齐方式"列表框中,设置页码的对齐方式为"居中"。如果要在纸的双面打印文档并想让页码接近或远离装订线,则应选择"内侧"或"外侧"。

步骤 4:去掉"首页显示页码"复选框中的勾选。

步骤 5:单击"确定"按钮。

另外,如果要改变页码的格式,可在"页码"对话框中单击"格式"按钮,出现如图 4.89 所示的"页码格式"对话框。

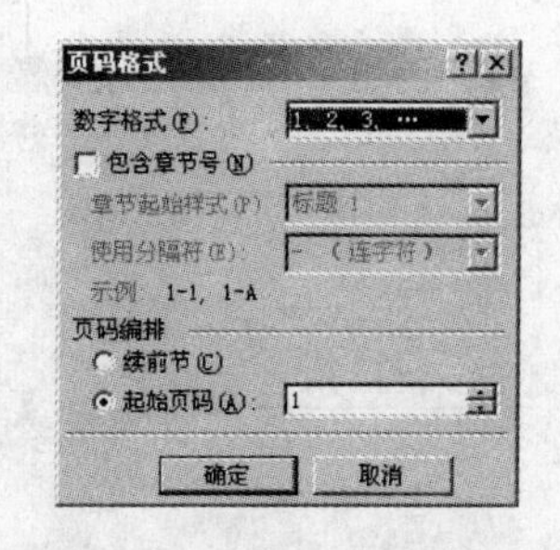

图 4.89 **"页码格式"对话框**

在"数字格式"列表框中,可以选择所需的数字格式;在"页码编排"框中可以选择"续前节"或者"起始页码"。如果选择"起始页码"单选按钮,可以在其后的数值框中输入文档的起始页码。

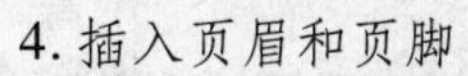

4. 插入页眉和页脚

一般情况下,页眉和页脚分别出现在文档的顶部和底部,在其中可以插入页码、文件名或章节名称等内容。当一篇文档创建了页眉和页脚后,就会感到版面更加新颖,版式更具风格。在 Word 中,可以建立非常复杂的页眉或页脚,其中不仅可以包含页码,而且可以包含日期、时间、文字或图形等。

操作实例 4-50

将“个人简历”文档页眉设置为“天津职业大学2008届毕业生求职简历”。

步骤1:选择“视图”菜单中的“页眉和页脚”命令,将出现一个虚线框,表明页眉区或页脚区并显示“页眉和页脚”工具栏,如图4.90所示。

图4.90 “页眉和页脚”工具栏

步骤2:输入页眉“天津职业大学2008届毕业生求职简历”。

注:可以用Word的常规编排方法进行格式化。要插入页码、日期或时间,可单击“页眉和页脚”工具栏中的相应按钮。

要创建一个页脚,请单击“在页眉和页脚间切换”按钮,切换到页脚区,然后输入页脚内容。

要在页眉区或页脚区中移动插入点,请按【Tab】键,迅速移到下一个制表位处(也可以单击格式工具栏中的对齐按钮改变插入点的位置)。

步骤3:创建完页眉或页脚后,单击“页眉和页脚”工具栏中的“关闭”按钮。

另外,还可以在首页或奇偶页上创建不同的页眉或页脚,方法如下。

步骤1:选择“视图”菜单中的“页眉和页脚”命令,出现页眉区和“页眉和页脚”工具栏。

步骤2:单击“页眉和页脚”工具栏中的“页面设置”按钮,打开“页面设置”对话框并选定“版式”标签(如图4.91所示)。

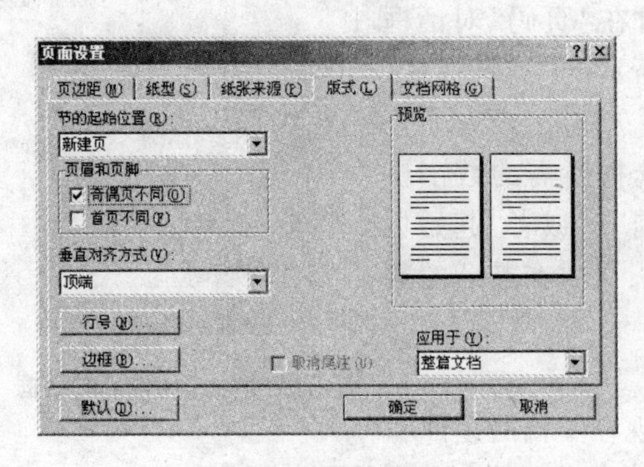

图4.91 “页面设置”中“版式”选项卡

步骤3:在“版面”标签中选择“奇偶页不同”或“首页不同”复选框,然后单击“确定”按钮。

步骤4:单击“页眉和页脚”工具栏中的“显示前一项”或者“显示下一项”按钮,移到文档的首页页眉或页脚中。

步骤5:创建要显示在首页上的页眉或页脚。如果不想在首页上显示页眉或页脚,可以清空页眉区或页脚区。

步骤6:单击“页眉和页脚”工具栏中的“显示下一项”按钮或者“在页眉和页脚间切换”按钮,移到页眉区或页脚区,然后创建要在文档的奇偶页上显示的页眉或页脚。

步骤7:单击“页眉和页脚”工具栏中的“关闭”按钮。

4.6.2 打印预览

为了能够在打印之前知道打印的结果,可以利用 Word 的打印预览功能。打印预览功能观察文档在打印前的效果,如有不满意的地方可以及时修改。

1. 启动打印预览

操作实例 4-51

对“个人简历”文档进行打印预览,如图 4.92 所示。

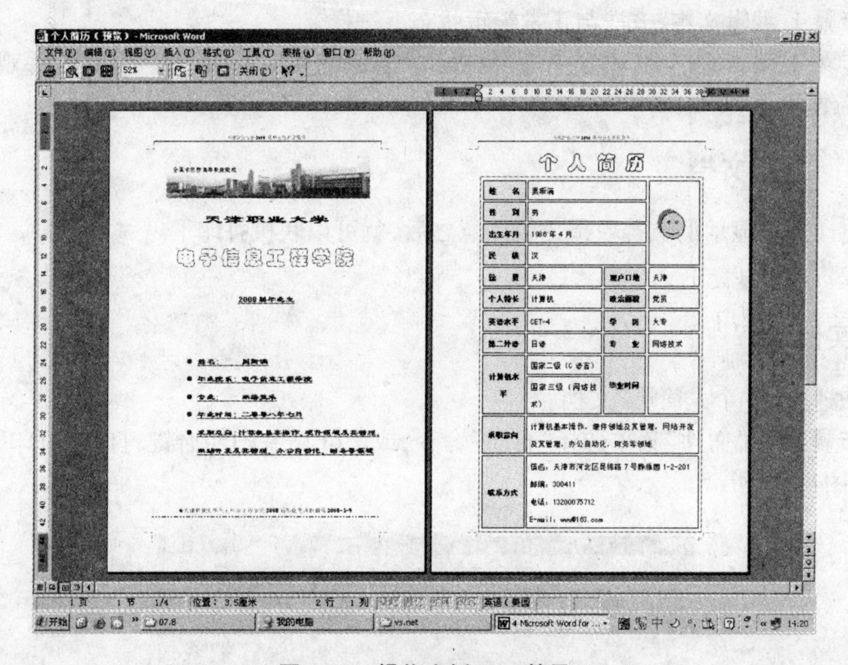

图 4.92 操作实例 4-51 效果

方法一:单击常用工具栏中的“打印预览”按钮。

方法二:选择“文件”菜单中的“打印预览”命令。

方法三:按组合键【Ctrl + F2】。

2. 在打印预览窗口调整显示比例

进入打印预览窗口中,“打印预览”工具栏中的“放大镜”就被激活,将鼠标指针移到文档中时会变成放大镜形状,只要在文档中任何位置单击鼠标左键,即将该位置放大到 100%,再次单击鼠标左键又恢复到原比例大小。还可以单击“打印预览”工具栏中的“显示比例”框右边的向下箭头,然后从列表中选择缩放比例,调整显示的比例。

3. 在打印预览窗口中调整页边距

除了在“页面设置”中可以调整页边距外，还可以在打印预览窗口中实现页边距的调整。方法是：使用鼠标拖动水平或垂直标尺的页边距（标尺中黑白色交界的地方），即可调整页边距。

4. 在打印预览视图中编辑文本

在打印预览状态也可直接编辑文档，其步骤如下。

步骤1：用【Page Up】键或【Page Down】键找到要编辑的页面。

步骤2：单击需要编辑范围的文字，Word 会放大显示该区域。

步骤3：单击“放大镜”按钮，使鼠标指针恢复“|”形，这时即可在要编辑的位置单击，以放置插入点。

步骤4：编辑文本，方法与正常编辑状态下一样。

步骤5：编辑完毕后，再次单击“放大镜”按钮使文档返回原显示比例，并观察修改后的结果。

4.6.3 打印文档

打印预览显示的文档效果比较满意之后，就可以联机打印了。

1. 快速打印

操作实例 4-52

快速打印“个人简历”文档。

步骤1：在“文件”菜单选择“打印”命令，或按【Ctrl + P】组合键，打开“打印”对话框，如图 4.93 所示。

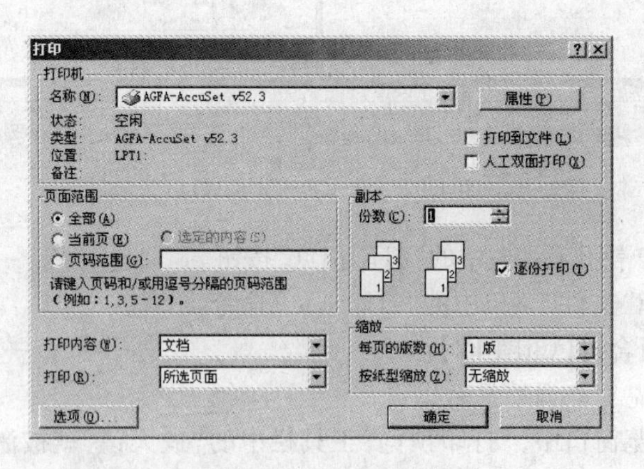

图 4.93 “打印”对话框

步骤2：单击“确定”按钮，文档即被打印。

另外，单击常用工具栏的打印按钮，可以不通过“打印”对话框而直接打印。

2. 打印部分文档

操作实例 4-53

打印“个人简历”文档的第 2 页。

步骤 1:在“文件”菜单单击“打印”命令或按【Ctrl + P】组合键,打开“打印”对话框。

步骤 2:选择“页面范围”后输入 2(如图 4.94 所示)。

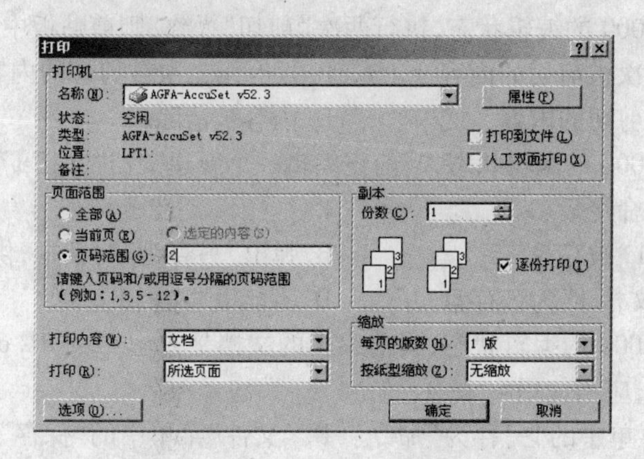

图 4.94 打印“个人简历”文档的第 2 页

步骤 3:单击“确定”按钮,即可打印文档的第 2 页。

另外,可在“打印内容”框右侧的下拉列表中选择打印文档的摘要信息、批注等。

本章小结

本章主要讲解了中文 Word 2000 下文档的创建、编辑,文档中表格及图形的编辑,文档字体、字型、格式的安排,打印输出设置等。在每一部分功能中还给出操作实例,便于学生边学习边实践。通过本章学习,学生应该能够熟练地利用中文 Word 2000 软件编辑、输出精美的图文并茂的文档。

习题 4

一、单项选择

1. 如果想在 Word 2000 主窗口中显示常用工具按钮,应当使用的菜单是(　　)。

A. “工具”菜单　B. “视图”菜单　C. “格式”菜单　D. “窗口”菜单

2. 在 Word 2000 中,当前正在编辑的文档的文档名显示在(　　)。

A. 工具栏的右边　　B. 文件菜单中

C. 标题栏　　D. 状态栏

3. 在 Word 2000 的编辑状态中设置了标尺,可以同时显示水平标尺和垂直标尺的视图方式是(　　)。

A. 普通方式　　B. 页面方式　　C. 大纲方式　　D. 全屏显示方式

4. 在 Word 2000 主窗口的右上角、可以同时显示的按钮是(　　)。

A. 最小化、还原和最大化　　B. 还原、最大化和关闭

C. 最小化、还原和关闭　　D. 还原和最大化

5. 在 Word 2000 的编辑状态,执行两次"剪切"操作,则剪贴板中(　　)。

A. 仅有第一次被剪切的内容　　B. 仅有第二次被剪切的内容

C. 有两次被剪切的内容　　D. 内容被清除

6. 在 Word 2000 的编辑状态,当前正编辑一个新建文档"文档 1",当执行"文件"菜单中的"保存"命令后(　　)。

A. 该"文档 1"被存盘　　B. 弹出"另存为"对话框,供进一步操作

C. 自动以"文档 1"为名存盘　　D. 不能以"文档 1"存盘

7. 在 Word 2000 的编辑状态,当前编辑的文档是 C 盘中的 d1. doc 文档,要将该文档拷贝到软盘,应当使用(　　)。

A. "文件"菜单中的"另存为"命令　　B. "文件"菜单中的"保存"命令

C. "文件"菜单中的"新建"命令　　D. "插入"菜单中的命令

8. 在 Word 2000 的工具栏上,发现没有"常用"工具栏,要把它找出来,正确的菜单命令是选择(　　)菜单。

A. "视图"　　B. "格式"　　C. "插入"　　D. "工具"

9. 在 Word 2000 的文档中插入数学公式,在"插入"菜单中应选的命令是(　　)。

A. 符号　　B. 图片　　C. 文件　　D. 对象

10. 在 Word 2000 的"打印"对话框中,"页码范围"可以用如下方法设定(　　)。

A. 1、3、5 - 12　　B. 1;3;5 - 12　　C. 1,3,5 - 12　　D. 属性模式

11. 设定打印纸张大小时,应当使用的命令是(　　)。

A. 文件菜单中的"打印预览"命令

B. 文件菜单中的"页面设置"命令

C. 视图菜单中的"工具栏"命令

D. 视图菜单中的"页面"命令

12. 在 Word 2000 中,将选中文本复制到剪贴板的快捷键是(　　)。

A.【Ctrl + X】　　B.【Ctrl + C】　　C.【Ctrl + V】　　D.【Ctrl + A】

二、填空题

1. 在 Word 2000 中,文件的缺省扩展名为______。

2. 在编辑 Word 文档时,要用鼠标拖动完成文字或图形的复制,应同时按住

______键。

3. Word 2000 中的默认字体是______,字号是______。

4. Word 2000 中的字数统计功能是在_______菜单中。

5. 在 Word 2000 中,若从中心向外按比例调整图形大小,应按_______键并拖动拐角的尺寸调控点。

6. 若要对当前文档设置字符间距,应当使用“格式”菜单中的_____命令。

7. 在 Word 2000 的编辑状态,为文档设置页码,可以使用_______菜单中的“页码”命令。

8. 在 Word 2000 的表格操作中,计算求和的函数是______。

9. 如果想在文档中加入页眉或页脚,应当使用“视图”菜单中的_____命令。

10. 在 Word 2000 中当前在编辑的文档的文档名显示在_______栏上。

三、判断题

1. 在 Word 2000 的编辑状态,打开了“w1. doc”文档,把当前文档以“w2. doc”为名进行“另存为”操作,则当前文档是“w1. doc”。(　　)

2. 在 Word 2000 中,为实现全角和半角字符的切换,应按的键是【Shift + Space】。(　　)

3. 在 Word 2000 的编辑状态打开了一个文档,对文档作了修改,进行“关闭”文档操作后,文档被关闭,并自动保存修改后的内容。(　　)

4. 在 Word 2000 中只能把表格拆分为上下两个表格。(　　)

5. 在 Word 2000 的编辑状态,选择了整个表格,执行了表格菜单中的“删除行”命令,则整个表格被删除。(　　)

6. 在 Word 2000 的编辑菜单中,有些菜单命令呈灰色,说明该命令永远不能被使用。(　　)

7. Word 2000 查找功能强大,可以查找文档中的图形对象。(　　)

8. 在 Word 2000 中,允许为文档的每节设置不同的页眉和页脚。(　　)

9. 目前在打印预览状态,必须退出打印预览状态才可以打印。(　　)

10. 在 Word 2000 表格中,可以依据笔画对表格的内容进行排序。(　　)

四、实训题

实训一:在文档中,利用菜单的“页眉和页脚”命令将页眉设置为“计算机等级考试”,将页脚中的页号改为“2”。

实训二:建立如下表格,以“数学”为关键字进行递增排序,并且用公式计算总分。

题表 4.1

科目 / 姓名	数学	语文	英语	总分
张三	70	67	89	
李四	69	87	75	
王五	76	91	84	

实训三：使用“绘图”工具栏中的按钮将下列圆柱体（图画）的阴影去掉，并将边线宽度设为1磅。

题图 4.1

实训四：制作如下表格，要求有以下5条。

(1)设置表格中第一行文字的字体为楷体，字形为粗体，大小为三号，红色，字符缩放为150%，并加背景色（填充）为青色的底纹。

(2)将表格单元格中的文字水平、垂直居中。

(3)按样图将表头的底纹（式样）设为20%。

(4)在“平均”列中用公式求平均值。

(5)表格外围边框为3磅，内部框线为3/4磅，表格中不允许出现虚线。

某高等职业院校历年招生情况表					
年度 / 省份	2000年	2001年	2002年	2003年	平均值
天津	1000	1340	1520	1745	
河北	234	345	453	643	
山东	123	345	456	765	
浙江	45	56	67	73	

题图 4.2

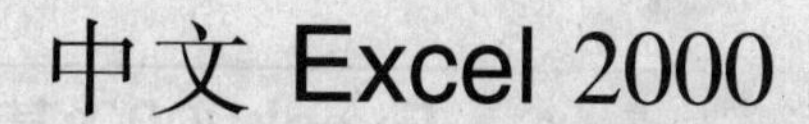

5 中文 Excel 2000

本章主要内容

- ☑ 工作表的建立、编辑和格式化
- ☑ 工作表中数据的编辑,公式和函数的使用
- ☑ 工作表中数据的排序、筛选、分类汇总以及数据透视表的建立
- ☑ 图表的创建和编辑以及工作表和图表的打印设置方法

Microsoft Office 2000 套装软件中包括很多成员，前一章介绍了其中的文档编辑软件——中文 Word 2000。这一章将学习其中的“电子表格”软件——中文 Excel 2000。

5.1 Excel 2000 基础知识

Excel 2000 是目前较为流行的“电子表格”软件，是 Office 2000 家族中的重要成员，由 Microsoft 公司开发，是一个用于建立与使用电子报表的实用程序，也是一种数据库软件，可以用来制作电子表格、完成许多复杂的数据运算，进行数据的分类、排序、汇总和筛选等，并且能够快速的将数据绘制成图表，以便对数据进行直观的分析。

5.1.1 Excel 2000 的启动和退出

1. *启动*

操作实例 5-1

启动 Excel 2000。

可以用以下几种方法启动 Excel 2000。

方法一：用鼠标选择“开始”→“程序”→“Microsoft Excel”。

方法二：双击桌面的 Excel 2000 的快捷方式图标（若没有，可以自己在桌面创建）。

方法三：直接在某个窗口双击 Excel 2000 的文档。

Excel 2000 启动后的窗口如图 5.1 所示。

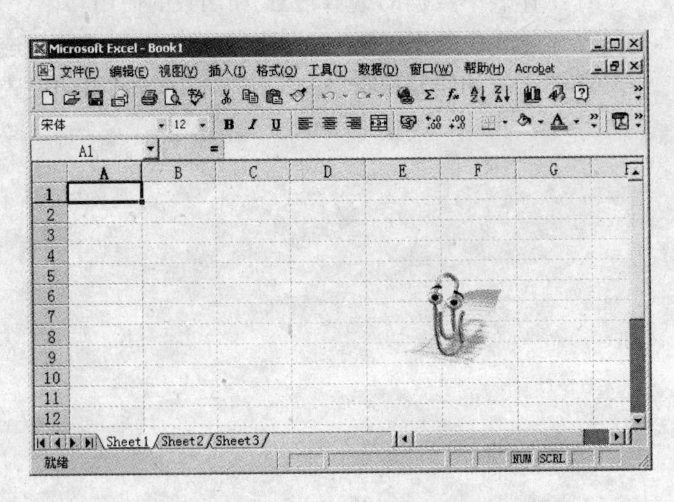

图 5.1　Excel 2000 窗口

> **提示**：在 Excel 2003 版本中，还提供了许多新增或改良的任务窗格。新增任务窗格包括："开始工作"、"帮助"、"搜索结果"、"共享工作区"、"文档更新"和"信息检索"。

2. 退出

操作实例 5-2

退出 Excel 2000。

可以用以下几种方法退出 Excel 2000。

方法一：单击菜单栏上的"文件"→"退出"。

方法二：单击 Excel 工作窗口右上角的"关闭"按钮 ☒。

方法三：双击 Excel 工作窗口标题栏左端的 Excel 控制菜单图标 ☒。

方法四：按组合键【Alt + F4】。

5.1.2 Excel 2000 的窗口组成

Excel 2000 的窗口和 Word 2000 的窗口的外观设计基本一致，如图 5.2 所示。

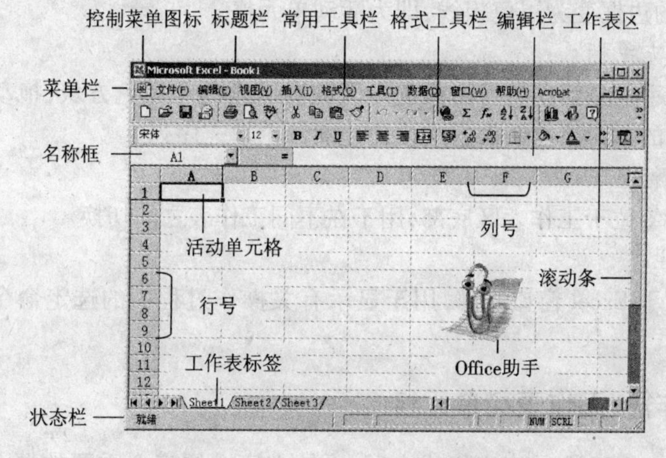

图 5.2 Excel 2000 的窗口组成

1. 标题栏

标题栏位于窗口最上方，在其左边显示 Excel 窗口控制图标、应用程序名称和当前打开的工作簿名称，右上角的 ▁、□、☒ 分别为最小化窗口、最大化窗口和关闭窗口按钮。

2. 菜单栏

菜单栏位于标题栏下方，以下拉菜单的形式提供 Excel 操作命令，单击某一菜单可弹出相应菜单命令。

3. 工具栏

工具栏位于菜单栏下方，以图标的形式提供一些常用的操作命令，单击图标按钮即可执行相应的命令。若想显示或隐藏工具栏，可以选“视图”菜单中的“工具栏”选项，在弹出的子菜单中选中或取消相应的工具栏名称。

提示：在 Excel 2003 版本中，工具栏上有一个“权限”按钮，可以赋予用户“读取”和“更改”权限，并为内容设置到期日期。

4. 编辑栏

编辑栏位于工具栏下方，或工作表区的上一行，用来输入或编辑单元格中的内容，也可以用来显示活动单元格中存放的数据或公式。编辑栏的左端是一个“名称”框。当选中单元格或区域时，该单元格的地址或区域名称等信息显示在名称框中。

5. 行号

行号是工作表中标识每一行用的名称，用数字 1，2，…表示。

6. 列标

列标是工作表中标识每一列用的名称，用英文字母 A，B，…表示。

7. 单元格和活动单元格

在工作表中，行列交叉的位置形成一个方框，称为单元格。当选中某个单元格时，该单元格的边框变为黑色粗线，即为活动单元格。

8. 自动填充手柄

自动填充手柄是活动单元格或选中区域右下角的小黑色方块，拖动自动填充手柄可以为相邻的单元格复制内容或快速建立一个填充序列。

9. 工作表标签

工作表标签位于工作表区底部，用于在不同工作表之间切换。

10. 状态栏

状态栏位于 Excel 窗口底部，用于显示有关操作过程中的选定命令或操作进程信息。

5.1.3 工作簿、工作表和单元格

了解了 Excel 2000 的窗口组成之后，再给大家介绍三个重要的概念：工作簿、工作表和单元格。

1. 工作簿

工作簿是在 Excel 环境中用来存储并处理数据的文件，每个 Excel 文件都叫做一个工作簿，其扩展名为“.xls”。在一个工作簿中可以包含多个工作表，用户可以根据实际情况增减或选择工作表。启动 Excel 后，系统自动打开一个默认工作簿文件 Book1（如图 5.1 所示）。

2. 工作表

工作表可视为工作簿中的一页，是 Excel 窗口中由暗灰色横竖线组成的表格，是

Excel 的基本工作平台。

工作簿与工作表的关系就像是书与书页的关系,一本书可以包含若干页,类似的,一个工作簿可以包含若干个工作表。一个工作簿文件,不论包含多少个工作表,都会保存在同一个工作簿文件中,而不是按照工作表的个数分别保存。

3. 单元格

单元格是组成工作表的最基本存储单元,是由暗灰色横竖线分隔成的长方形格子。工作表中的单元格与单元格的地址一一对应,其名称是由它所在的列名和行名组成,如:单元格位于第一列第三行,那么它的名称为 A3。有时为了区分不同工作表的单元格,要在地址前面增加工作表名称。例如:Sheet2!A6。当单击某个单元格时,该单元格的名称就显示在编辑栏左端的名称框里。

5.2 创建、保存和打开工作簿

学习了 Excel 2000 的基础知识之后,要想使用电子表格软件 Excel,首先从建立工作簿开始,下面介绍如何创建、保存和打开工作簿。

5.2.1 创建工作簿

在 Excel 2000 中创建工作簿与在 Word 2000 中创建新文档的方法非常相似。

操作实例 5-3

在 Excel 2000 中创建工作簿。

方法一:在启动 Excel 2000 时,系统自动创建一个名为“Book1”的工作簿。

方法二:在启动 Excel 2000 后,单击常用工具栏最左边的“新建”按钮,创建一个新文档。

方法三:在启动 Excel 2000 后,选择“文件”菜单中的“新建”命令,选“常用”标签,然后双击“工作簿”图标,或者选定“工作簿”图标后再按“确定”按钮,也可创建一个新工作簿(如图 5.3 所示)。

方法四:通过“开始”菜单的“新建 Office 文档”命令来建立新文档。单击“开始”按钮,单击“新建 Office 文档”命令打开“新建 Office 文档”对话框,选择“空工作簿”(如图 5.4 所示)。

方法五:在“我的电脑”或“资源管理器”中,单击“新建”→“Microsoft Excel 文档”命令来建立。

方法六:使用右键菜单来建立。在桌面上空白处单击鼠标右键,在快捷菜单中单击“新建”项,从弹出的子菜单中选择“Microsoft Excel 文档”来建立,如图 5.5 所示。

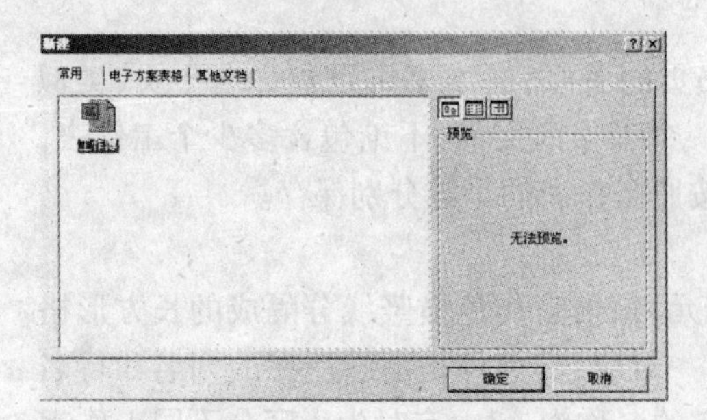

图5.3 “新建”对话框

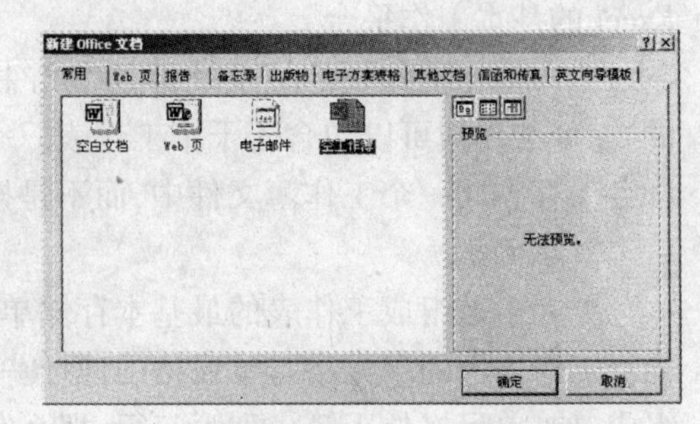

图5.4 “新建 Office 文档”对话框

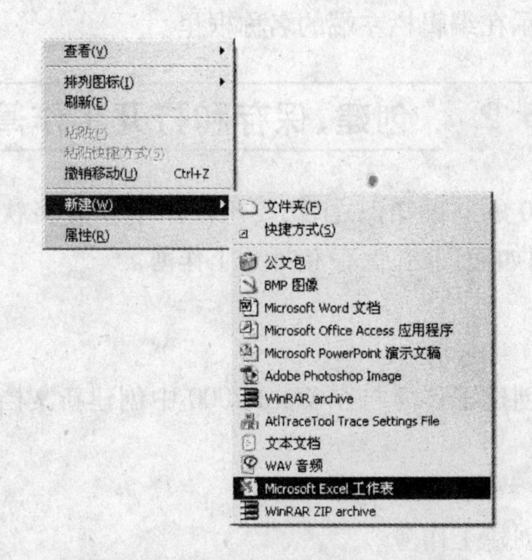

图5.5 新建“Microsoft Excel 文档”

5.2.2 保存工作簿

创建新工作簿或者对已有的工作簿修改之后，应该随时保存，保存工作簿有多种方法，可选择下列方法之一进行保存。

1. 保存新建工作簿

刚创建的工作簿要保存到磁盘上时，必须对它进行命名，并指定存放的路径。

操作实例5-4

将新建的工作簿以“成绩统计”为文件名保存到C盘上。

步骤1：选“文件”菜单的“保存”命令或者单击常用工具栏的保存按钮，弹出“另存为”对话框。

步骤2：在“保存位置”确定新工作簿存放的路径为C盘根目录，在“文件名”框输入新工作簿名“成绩统计”，如图5.6所示。

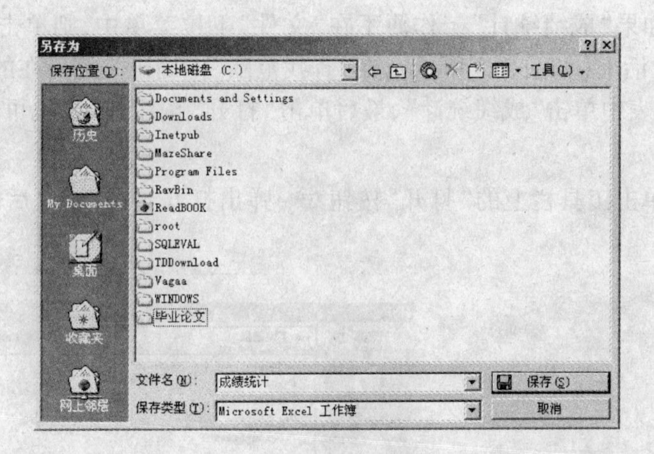

图 5.6 “另存为”对话框

步骤 3:最后单击“保存”按钮,新建的工作簿就以指定的名字存盘了。

2. 保存已命名过的工作簿

对于以前已存在的工作簿,修改或输入新的内容后仍需保存。

操作实例 5-5

将“成绩统计”工作簿再次保存。

可选“文件”菜单中的“保存”命令或者单击常用工具栏上的“保存”按钮,即可将正在编辑的“成绩统计”工作簿以该文件名再次保存。

3. 将当前编辑的工作簿另起一个名字保存

对已有的工作簿进行修改而建立新工作簿,或建立工作簿的一个副本,可用另一个名字保存工作簿。

操作实例 5-6

将“成绩统计”工作簿以“成绩统计副本”为名重新保存。

步骤 1:单击“文件”菜单下的“另存为”命令,打开“另存为”对话框。

步骤 2:在“文件名”框输入新文档名“成绩统计副本”,单击“保存”按钮。

5.2.3 打开工作簿

打开和新建一样,也有多种方法。

操作实例 5-7

打开已经保存过的“成绩统计”工作簿。

方法一:单击“文件”菜单,在其下拉菜单的下方,通常列出几个近期刚编辑过的工作簿名称(如图 5.7 所示),单击“成绩统计”即可打开。

方法二:如果“成绩统计”工作簿不在“文件”下拉菜单中,则单击“打开”命令,弹出“打开”对话框(如图5.8所示),在“查找范围”中确定文档所在的路径为C盘,然后在文件列表中单击“成绩统计”,最后单击“打开”按钮即可(也可双击文档名直接打开)。

方法三:单击工具栏上的“打开”按钮,弹出打开对话框,之后的操作与方法二相同。

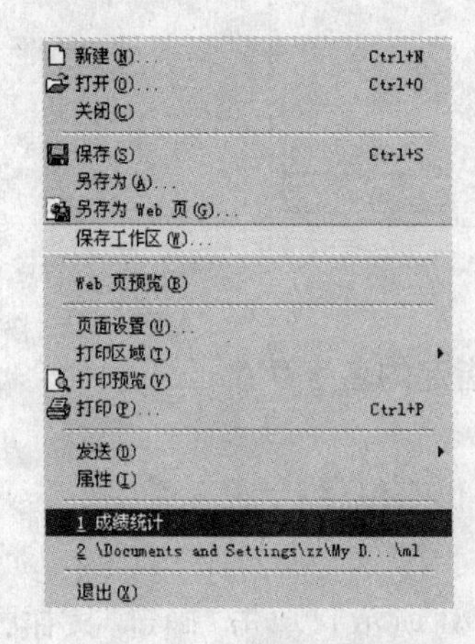

图5.7 打开最近编辑过的工作簿

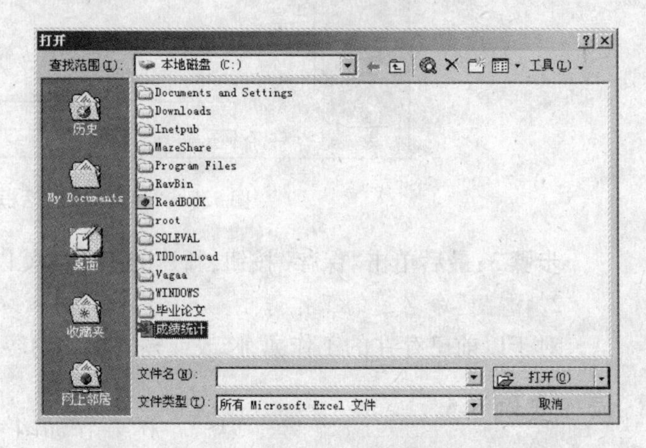

图5.8 “打开”对话框

5.3 工作表的基本操作

一个工作簿通常包含多个工作表,在使用过程中经常会遇到工作表的选定、工作表的插入、工作表的删除、工作表的移动或复制、对工作表重命名等操作。

5.3.1 选定工作表

对工作表进行增加、删除、移动和复制等操作时,必须先选定要操作的工作表,工作表的选定可通过鼠标单击工作表标签栏进行。工作表的选定包括:选定单个工作表、选定相邻工作表、选定不相邻工作表和选定所有的工作表。

操作实例5-8

在“成绩统计”工作簿中,选定Sheet2工作表、选定Sheet1和Sheet2工作表、选定Sheet1和Sheet3工作表、选定全部工作表。

(1)单击Sheet2工作表标签,该工作表便被激活,标签栏中的相应标签变为白色,名称下出现下划线,表明该工作表被选中。

(2)可先单击Sheet1工作表标签,然后按下【Shift】键,再单击Sheet2工作表标签,即可选定 Sheet1 和 Sheet2 工作表。

(3)先单击 Sheet1 工作表标签,然后按下【Ctrl】键,再用鼠标单击 Sheet3 工作表标签,即可选定 Sheet1 和 Sheet3 工作表。

(4)在任意一个工作表标签上单击鼠标右键,在弹出的快捷菜单上单击“选定全部工作表”命令(如图 5.9 所示),即可选定所有的工作表。

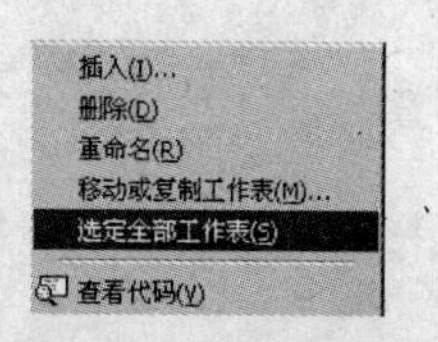

图 5.9 选定全部工作表

提示:在 Excel 2003 版本中,可以设置工作表标签的颜色。

5.3.2 插入删除工作表

1. 插入工作表

操作实例 5-9

在“成绩统计”工作簿中插入一个空白的工作表。

步骤 1:在任意一个工作表标签上单击鼠标右键,在弹出的快捷菜单上单击“插入”命令(如图 5.9 所示),打开“插入”对话框。

步骤 2:在“常用”选项卡中选择“工作表”(如图 5.10 所示),单击“确定”按钮,即可插入一个新的工作表。

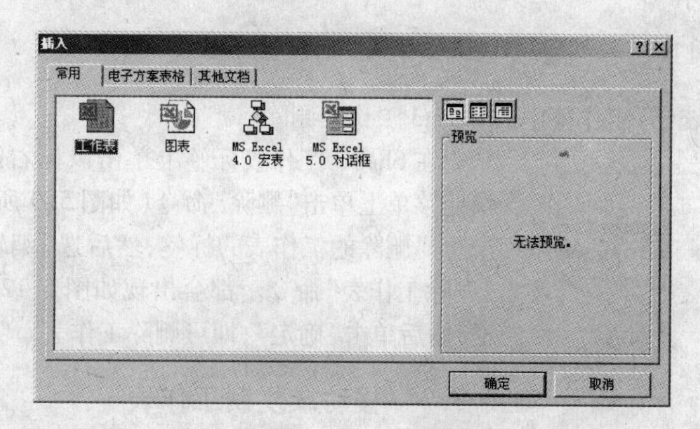

图 5.10 “插入”对话框

2. 增加新建工作簿中工作表的个数

操作实例 5-10

增加新建工作簿中工作表的个数为“5”。

步骤 1:单击“工具”菜单中的“选项”命令,打开“选项”对话框(如图 5.11 所示)。

步骤 2:单击“常规”标签,打开“常规”选项卡。

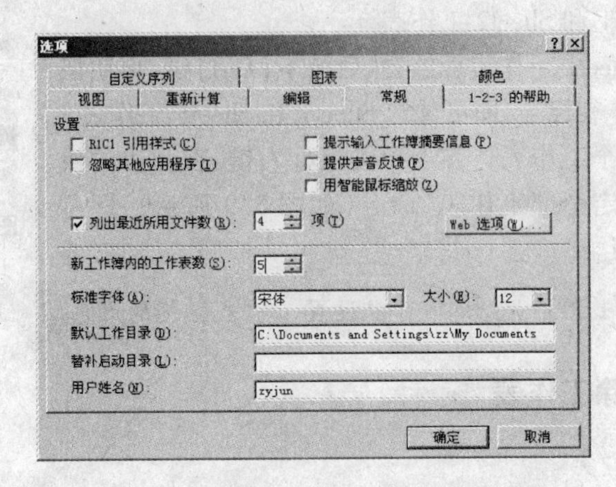

图 5.11 “选项”对话框的“常规”选项卡

步骤 3:在“新工作簿内的工作表数”后选择或输入工作表数“5”。

步骤 4:单击“确定”按钮,再新建工作簿,其包含的工作表个数就改变了。

提示:在 Excel 2003 版本中,“选项”对话框中还有“保存”、“安全性”、“错误检查”等选项卡。

3. 删除工作表

操作实例 5-11

将“成绩统计”工作簿中的 Sheet3 工作表删除。

在 Sheet3 工作表标签上单击鼠标右键,在弹出的快捷菜单上单击“删除”命令(如图 5.9 所示);或者单击想要删除的工作表的标签,然后选“编辑”菜单中的“删除工作表”命令。都会出现如图 5.12 所示的对话框,然后单击“确定”,即可删除工作表。

图 5.12 删除工作表对话框

5.3.3 移动或复制工作表

实际运用中,为了共享和组织数据,常常需要移动或复制工作表。移动或复制工作表可以在同一个工作簿内进行,也可以在不同工作簿之间进行。

操作实例 5-12

将“成绩统计”工作簿中的 Sheet1 工作表复制到 Sheet2 工作表之后。

步骤 1:将鼠标指针指向 Sheet1 工作表标签。

步骤 2:待鼠标指针形状成为空心箭头时,按住【Ctrl】键沿标签行拖动鼠标。

步骤3:当拖动到 Sheet2 之后时,松开鼠标左键,工作表即被复制到新的位置。

此外,还可以在不同工作簿之间移动或复制工作表,方法如下。

步骤1:单击原工作表中要移动或复制的工作表标签。

步骤2:选“编辑”菜单中的“移动或复制工作表”命令,弹出“移动或复制工作表”对话框(如图5.13所示)。

步骤3:在该对话框的“工作簿”下拉列表框中,选目的工作簿。

步骤4:在“下列选定工作表之前”的列表框中选中某个工作表。

步骤5:单击“确定”按钮。

在上述步骤中,选中“移动或复制工作表”对话框中的“建立副本”选项,即可完成不同工作簿间工作表的复制。

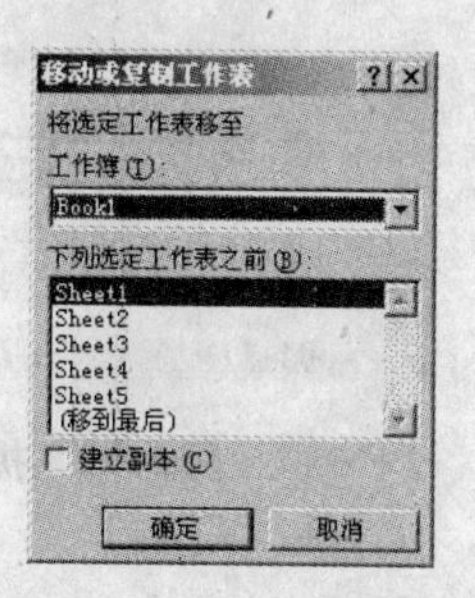

图5.13 “移动或复制工作表”对话框

5.3.4 重命名工作表

在默认情况下,所有的工作表都将按顺序依次命名为 sheet1,sheet2,sheet3,…,显示在工作表的标签上,如果希望工作表的名字能够反映出工作表的内容,就有必要重新给工作表命名。

操作实例 5-13

将“成绩统计”工作簿中的 Sheet1 和 Sheet2 工作表分别重命名为“网络1班”和“网络2班”。

方法一:双击 Sheet1 工作表的标签,此时工作表标签上的名字被反白显示。然后在工作表标签上输入“网络1班”,按回车键或用鼠标单击工作表的任意区域即可。

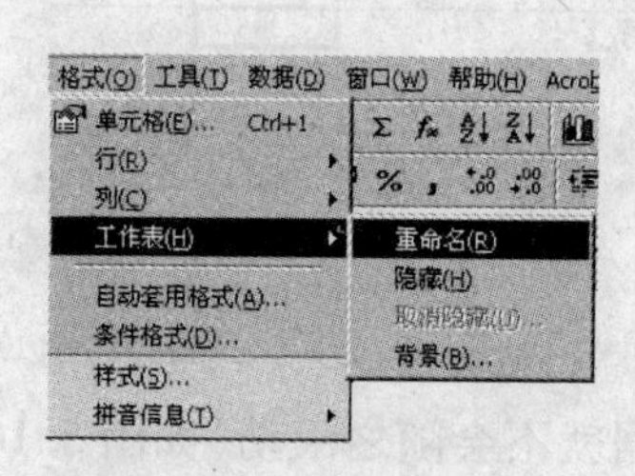

图5.14 重命名工作表

方法二:选定 Sheet1 工作表标签,单击鼠标右键,在弹出的快捷菜单中选“重命名”命令,然后在工作表标签上输入“网络1班”。

方法三:选中 Sheet1 工作表标签,选“格式”菜单中的“工作表”→“重命名”命令(如图5.14所示)。然后在工作表标签上输入“网络1班”。

同样的方法可将 Sheet2 工作表重命名为“网络2班”。

5.3.5 拆分和冻结工作表

1. 拆分工作表

拆分可按“横向”和“纵向”分割,分割后的部分称为“窗格”,有滚动条,可以方便观察。下面介绍两种拆分工作表窗口的方法。

1)使用菜单命令

步骤1:选中合适的单元格作为活动单元格。

步骤2:执行“窗口”菜单项下的“拆分”命令,就会看到如图5.15所示的结果。

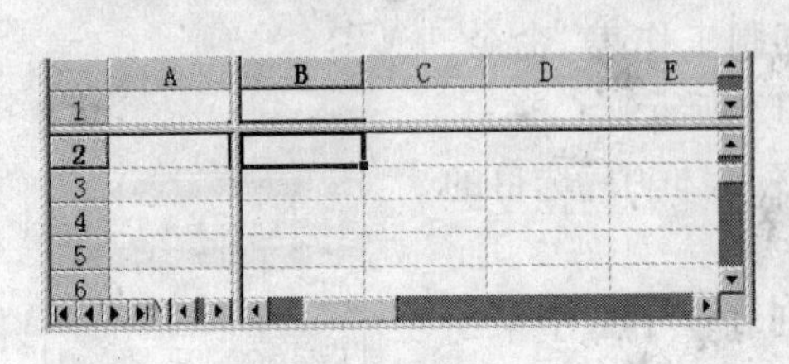

图5.15 拆分工作表

2)使用鼠标拖动分割框

将鼠标指针指向水平或垂直分割框,当鼠标变成十字形光标后,按住鼠标左键拖动分割框到需要的位置后松开。

2. 冻结工作表

一般来说,所冻结的是行标题和列标题,这样就可以将屏幕外的单元格和行标题与列标题相对应起来,查看起来比较清楚。

(1)如果要冻结列标题,首先要将要冻结的列标题下一行的第一个单元格设置为活动单元格,然后再执行“窗口”菜单项下的“冻结窗口”命令。

(2)如果要冻结行标题,就将要冻结的行标题的右边一列中的第一单元格设置为活动单元格,然后再执行“窗口”菜单项下的“冻结窗口”命令。

(3)如果要同时将行标题和列标题冻结,只要选中合适的单元格作为活动单元格即可。因为在执行“窗口”菜单项下的“冻结窗口”命令后,活动单元格的左边的列和上方的行均已被冻结了。

(4)如果要将冻结的行和列“解冻”,只要执行“窗口”菜单项下的“撤消冻结窗口”命令即可。

操作实例5-14

将图5.16的第1、2行和A、B两列冻结起来,具体的操作如下。

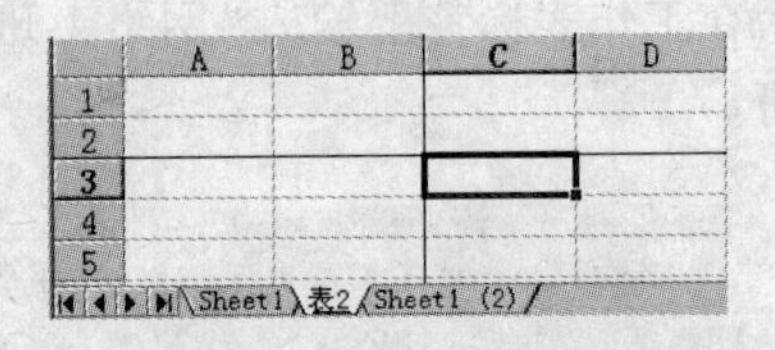

图5.16 冻结工作表

步骤1:选中C3为活动单元格。

步骤2:执行“窗口”菜单项下的“冻结窗口”命令。

此时如果滚动滚动条,第1、2行和A、B两列的数据就不会随之滚动(如图5.16所示)。

5.4 工作表中单元格的操作

Excel工作表是用户进行编辑和数据处理的直接对象。而工作表又是有多个排列有序的单元格组成的。实际上,Excel中的所有数据都是以单元格为单位进行存储及接受的。所以说,单元格是 Excel 存储和处理数据的基本单位,一个单元格就意味着一个独立的数据。在工作表中浏览单元格内容并对其中的数据进行操作,是使用 Excel 进行数据处理的必备技能。下面将介绍针对 Excel 单元格进行的一些基本操作。

5.4.1 单元格的选定和移动

在使用 Excel 的过程中,始终有一个"当前活动单元格",Excel 的任何数据操作都是对当前活动单元格进行的。

1. 单元格的选定

1)选定单个单元格

所谓"选取"一个单元格,就是将这个单元格置为当前的活动单元格,以便对它进行各种数据处理。

操作实例 5-15

在"成绩统计"工作簿中,选取"网络 1 班"工作表的 A8 单元格。

方法一:用白色十字样的鼠标指针单击 A8 单元格。

方法二:选择"编辑"菜单中的"定位"命令,在弹出的"定位"对话框的"引用位置"框中输入"A8",单击"确定"按钮。

2)多个连续单元格的选取

操作实例 5-16

在"成绩统计"工作簿中,选取"网络 1 班"工作表的 A1 到 A8 单元格。

方法一:选中 A1 单元格,拖动鼠标到 A8 单元格即可选定。

方法二:选中 A1 单元格,按下【Shift】键,同时按箭头键拉伸欲选区域,直到到达 A8 单元格为止。松开【Shift】键,即完成 A1 到 A8 单元格区域的选取。

方法三:直接选择"编辑"菜单中的"定位"命令,在弹出的"定位"对话框的"引用位置"框中输入"A1:A8",单击"确定"按钮即可选定。

注:一般单元格区域的引用地址是由冒号连接两个对角单元格地址。

3)不连续单元格的选取

如果想选定多个不相邻的区域,可以用鼠标和键盘的联合操作来完成。

操作实例 5-17

在"成绩统计"工作簿中,选取"网络 1 班"工作表的 A1、A3 和 A5 单元格。

首先选定 A1 单元格,然后按住【Ctrl】键,再单击 A3、A5 单元格,即可实现 A1、A3、A5 多个单元格的选取。

4)选定整行、整列或整个工作表

操作实例 5-18

在“成绩统计”工作簿中，选定“网络 1 班”工作表的第一行、第一列、整个工作表。

(1)单击第一行行标或第一列列标可以选定第一行或第一列(拖动鼠标可选定连续的若干行或列)。

(2)单击行标和列标的交叉处(即在工作表的左上角)的一个按钮，可以选定整个工作表(该功能可以对整个工作表做全局的编辑，例如改变整个工作表的字符格式或字体颜色等)。

2. 单元格的移动

单元格的移动，是指将单个单元格或单元格区域的内容“搬”到新的位置，也可以理解为先将原数据区“剪切”下来，存放在系统的“剪切板”中，然后再“粘贴”到新的位置。

操作实例 5-19

在“成绩统计”工作簿中，将“网络 1 班”工作表的 A1 到 A8 单元格区域移动到 B1 到 B8 单元格区域。

方法一：利用菜单命令

步骤 1：首先，选取 A1 到 A8 单元格区域。

步骤 2：选择“编辑”菜单中的“剪切”命令。这时，可以看到选中的单元格区域的边界变成流动的虚线，表示这个数据区已经被“剪切”到系统的剪切板中。

步骤 3：选中 B1 单元格，然后选择“编辑”菜单中的“粘贴”命令，单元格区域的移动工作就完成了。

方法二：利用鼠标拖动

在选中了 A1 到 A8 单元格区域后，将光标移至区域的任一边界处，这时可以看到光标由通常状态下的“粗十字”形状变成了“箭头”形状。按下鼠标左键，拖动鼠标到 B1 到 B8 单元格区域，这时鼠标所指的单元格四周为粗虚线框。松开鼠标，即完成了单元格的移动。

5.4.2 向工作表中输入数据

Excel 中的数据输入必须在活动单元格中进行，输入结束后按【Enter】键、【Tab】键、或单击编辑栏上的按钮 ✓、或单击另一个单元格，都可确认输入。按【Esc】键或单击编辑栏上的按钮 ×，可取消输入。

1. 输入数字

在 Excel 中，所有的单元格都默认为数字格式，右对齐。数字格式一般包括整数和小数两种。当输入的数据长度超出单元格宽度时，自动采用科学记数法表示（如输入“123456789123”自动表示为“1.23457E+11”）。

向单元格输入数字时，应遵循下面规则：

（1）数字前面的正号“+”被忽略；

（2）负数前面加一个负号或用括号把数字括起来；

（3）输入分数时，要先输入“0”和空格，然后输入分数，否则系统将按日期对待；

（4）数字中的单个圆点“.”作为小数点处理（如输入“.12”系统自动表示为“0.12”）。

2. 输入文本

在 Excel 中，文本可以是汉字、字母、字符型数字和空格等符号的任意组合。通常情况下，输入的文本默认为左对齐。

初始状态下，每个单元格的宽度为 8 个字符。输入数据时，若紧挨该单元格右边的单元格为空，文字允许超过列宽，扩展到右边单元格显示；若右侧单元格不为空，则截断显示。

电话号码、邮政编码等被视为文本。Excel 2000 中规定在输入文本型数字时，必须在其前面加一个撇号“′”（如：′01234）。

3. 输入日期和时间

Excel 内置了一些日期、时间格式。在单元格中输入可识别的日期和时间数据时，单元格格式就会自动转换为“日期”或“时间”格式。

在 Excel 中日期和时间的格式有多种，可以通过“设置单元格格式”来设置。

如果要输入当前日期，可按组合键【Ctrl+;】；输入当前时间用组合键【Ctrl+Shift+;】。

4. 数据填充

在日常工作中，经常需要输入连续的数据，利用 Excel 提供的“填充”功能，可实现数据的快速填充。

1）填充相同的数据

填充相同的数据相当于数据的复制。

操作实例 5-20

在“成绩统计”工作簿的“网络 1 班”工作表中输入如图 5.17 所示文字，并将 C2 单元格的内容填充到 C8 单元格，将 C9 单元格的内容填充到 C11 单元格。

步骤 1：按图 5.17 所示输入内容。

步骤 2：选中 C2 单元格，将鼠标移到该单元格右下角，鼠标指针表为细十字形状（即**+**）。

步骤 3：拖动填充手柄到 C8 单元格，数据就会自动填充。

同样的方法将 C9 单元格的内容填充到 C11 单元格。

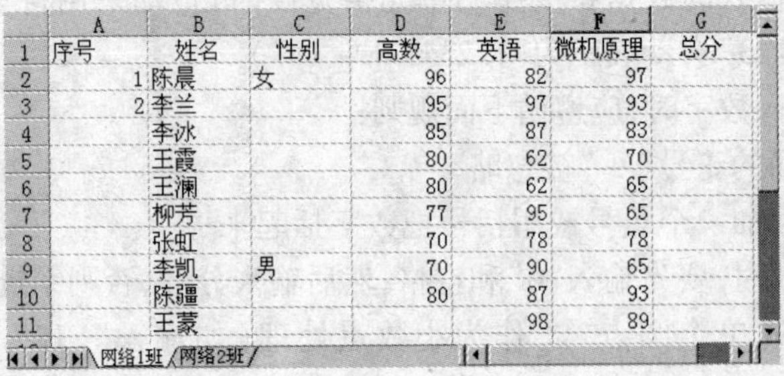

A B C D E F G
1 序号 姓名 性别 高数 英语 微机原理 总分
2 1 陈晨 女 96 82 97
3 2 李兰 95 97 93
4 李冰 85 87 83
5 王霞 80 62 70
6 王澜 80 62 65
7 柳芳 77 95 65
8 张虹 70 78 78
9 李凯 男 70 90 65
10 陈疆 80 87 93
11 王蒙 98 89
网络1班 网络2班

图 5.17 “网络 1 班”工作表

2)填充有规律的数字序列

利用创建序列的方法可以输入具有某种有规律的数据。

• 等差序列

选中填充内容所在区域,按住鼠标左键向右或向下拖动填充手柄,即可建立等差序列。

操作实例 5-21

在“成绩统计”工作簿的“网络 1 班”工作表中,以 A2、A3 单元格的内容为等差数列前两项,将该等差数列填充到 A11 单元格。

步骤 1:选中 A1、A2 单元格区域,如图 5.18 所示。

步骤 2:按住鼠标左键向下拖动填充手柄到 A11 单元格。

• 等比序列

操作实例 5-22

将图 5.19 所示等比序列填充到 A10 单元格。

步骤 1:选中 A1 到 A10 单元格。

Microsoft Excel - 成绩统计
文件(F) 编辑(E) 视图(V)
宋体
12
A2
A B
1 序号 姓名
2 1 陈晨
3 2 李兰
4 李冰

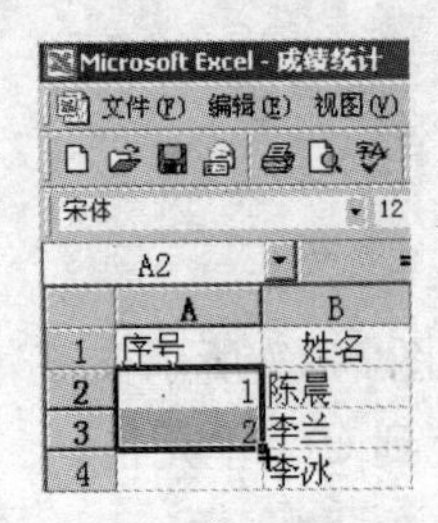

图 5.18 填充等差序列

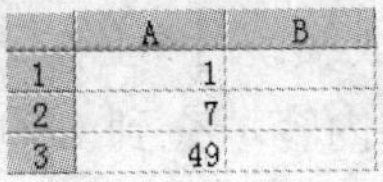

A B
1 1
2 7
3 49

图 5.19 等比序列

步骤 2:选“编辑”菜单中的“填充”→“序列”命令,打开“序列”对话框,如图 5.20 所示。

步骤 3:在“序列产生在”区域选择列,在“类型”区域选择“等比序列”,将“步长值”(即公比)设置为 7。

步骤 4:单击“确定”按钮,即可填充等比序列,如图 5.21 所示。

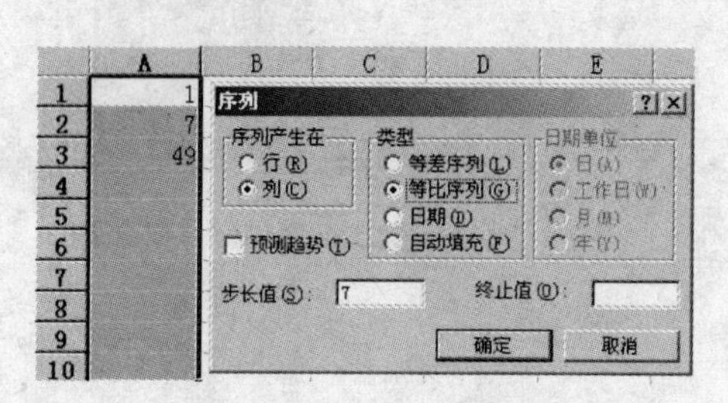

图 5.20 “序列”对话框

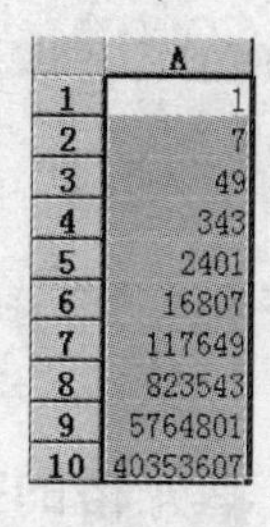

图 5.21 填充等比序列

5.4.3 编辑数据

1. 编辑单元格中的数据

对一个单元格中的数据进行修改,有以下两种情况。

(1)彻底重新输入,单击需要重新输入内容的单元格,然后直接输入新的内容。

(2)对原有内容作部分改动,双击需要改动内容的单元格,用方向键【←】和【→】移动插入点光标到需要修改的位置,然后进行删除或插入操作。

2. 清除单元格中的数据

操作实例 5-23

在“成绩统计”工作簿的“网络 1 班”工作表中,清除 F1 到 F11 单元格区域的内容。

方法一:选中 F1 到 F11 单元格区域,按【Del】键。

注:这样只是删除单元格中的内容,而它的格式和批注等仍然保留。

方法二:选中 F1 到 F11 单元格区域,单击“编辑”菜单,选择“清除”命令后,出现一个子菜单(如图 5.22 所示),若从子菜单选“全部”选项,则清除单元格中所有内容和格式等,单元格恢复为“常规”状态;若选其他三个选项,则分别清除单元格的格式、内容和批注。

方法三:选中 F1 到 F11 单元格区域,单击鼠标右键,从弹出的快捷菜单中选择“清除内容”命令。

方法四:选中 F1 到 F11 单元格区域,单击“编辑”菜单中的“删除”命令,或者单击鼠标右键,从弹出的快捷菜单中选择“删除”命令,弹出如图 5.23 所示对话框,从中选择所需的选项,这样就删除了单元格本身。

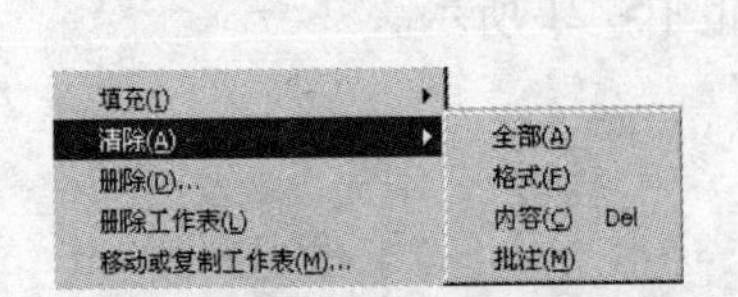

图 5.22 “清除”命令子菜单

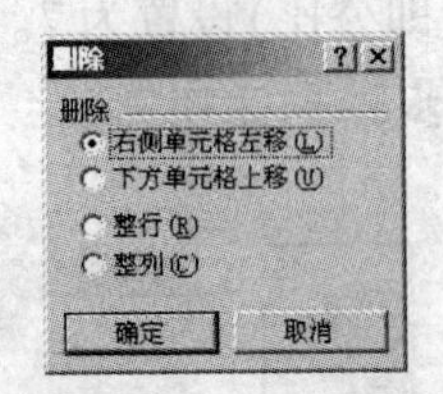

图 5.23 “删除”对话框

5.4.4 单元格的插入、复制和删除

1. 单元格的插入

Excel 允许用户在已经建立好的工作表中随时插入新的单元格，以增加工作表的信息或调整工作表的结构。可以插入一个单独的单元格，也可以整行、整列地插入新的单元格，然后，在工作表的适当位置可以填入新的内容。

1）插入单元格

操作实例 5-24

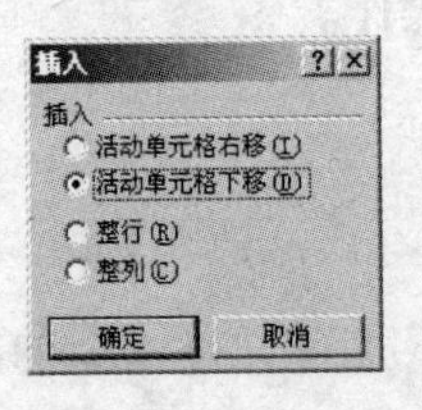

图 5.24 “插入”对话框

在“成绩统计”工作簿“网络 1 班”工作表中的 D2 单元格前插入空单元格（活动单元格下移），并在该单元格中输入 86。

步骤 1：选定 D2 单元格。

步骤 2：在“插入”菜单上单击“单元格”命令，出现如图 5.24 所示的对话框。

步骤 3：在对话框中选定“活动单元格下移”。

步骤 4：单击“确定”按钮，然后在该单元格中输入 86。

2）插入行

操作实例 5-25

在“成绩统计”工作簿“网络 1 班”工作表的第一行前插入一行，并在该行的第一个单元格中输入“学生成绩统计”。

步骤 1：单击第一行中的任意单元格。

注：如果要插入多行，则选定需要插入的新行之下相邻的若干行，选定的行数应与待插入空行的数量相等。

步骤 2：在“插入”菜单上单击“行”命令，即可插入一行，然后在该行的第一个单元格中输入“学生成绩统计”。

3）插入列

操作实例 5-26

在“成绩统计”工作簿“网络 1 班”工作表的 D 列后插入一列单元格，并按图5.25所示输入内容。

	A	B	C	D	E	F	G
1	学生成绩统计						
2	序号	姓名	性别	高数	C语言	英语	
3	1	陈晨	女	86	85	82	
4	2	李兰	女	96	68	97	
5	3	李冰	女	95	45	87	
6	4	王霞	女	85	98	62	
7	5	王澜	女	80	84	62	
8	6	柳芳	女	80	67	95	
9	7	张虹	女	77	78	78	
10	8	李凯	男	70	85	90	
11	9	陈疆	男	70	86	87	

网络1班 / 网络2班

图 5.25　操作实例 5-25 效果

步骤 1：单击 E 列中的任意单元格。

注：如果要插入多列，则选定需要插入的新列右侧相邻的若干列，选定的列数应与待插入的新列数量相等。

步骤 2：在“插入”菜单上单击“列”命令，即可插入一列单元格，然后按图 5.25 输入相应内容。

2. 单元格的复制

所谓单元格的复制，实际上是单元格内数据的复制。Excel 将某个单元格或者单元格区域内的数据复制到指定的位置上，而原先位置上的数据仍然存在。

操作实例 5-27

在“成绩统计”工作簿中，将“网络 1 班”工作表的 F2 到 F12 单元格区域移动到 G2 到 G12 单元格区域。

方法一：利用菜单命令。

步骤 1：选取 F2 到 F12 单元格区域。

步骤 2：选择“编辑”菜单中的“复制”命令。

步骤 3：选择 G2 单元格，使它成为当前的活动单元格，然后用鼠标选择“编辑”菜单中的“粘贴”命令，单元格区域的复制工作就完成了。

方法二：利用鼠标拖动。

在选中了 F2 到 F12 单元格区域后，将鼠标指针移至区域的任一边界处，这时可以看到光标由通常状态下的“粗十字”形状变成了“箭头”形状。按下鼠标左键，同时按下【Ctrl】键不放，拖动数据区到目标区域，这时“箭头”光标旁边出现了一个加号，表示源数据区将被保留。先松开鼠标，后松开【Ctrl】键，即完成了单元格的复制。

3. 单元格的删除

当 Excel 工作表中的某些数据及其位置不再需要时,可以将它们删除。注意,这里的删除与通过按【Del】键将单元格的内容清除是不一样的。按下【Del】键,仅仅清除当前单元格或单元格区域中的数据内容,清除内容之后的空白单元格将继续保留在工作表中。而删除操作将导致所选的单元格或单元格区域(如行、列等)连同所在的位置一起从工作表中消失,空出的位置将由相邻的单元格进行填补。填补的方式由用户决定。

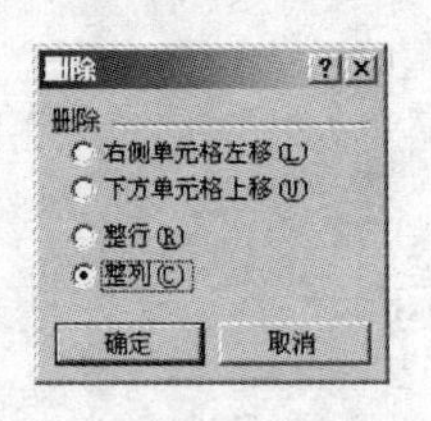

图 5.26 “删除”对话框

操作实例 5-28

删除“成绩统计”工作簿“网络 1 班”工作表的 G 列单元格。

步骤 1:首先选取 G 列中的任意一个单元格。

步骤 2:然后选择“编辑”菜单中的“删除”命令。

步骤 3:在弹出的“删除”对话框中,选择“整列”,如图 5.26 所示。

5.4.5 查找或替换单元格内容

在 Excel 中,可以查找特定的数据,还可以替换查找到的内容。可以查找包含相同内容的所有单元格,也可以查找出与活动单元格内容不匹配的单元格。

在进行查找或替换操作时,首先应该确定查找的范围,可以对整个工作表进行查找,也可以只查找工作表中的某个区域。如果想查找整个工作表,则单击任意一个单元格,如果想查找一个特定的区域,则先要选择该单元格区域。

操作实例 5-29

将“成绩统计”工作簿“网络 1 班”工作表中所有的“高数”替换为“高等数学”。

步骤 1:单击“编辑”菜单,选“查找”命令,打开“查找”对话框,如图 5.27 所示,在“查找内容”文本框中输入“高数”。

步骤 2:单击“替换”按钮,打开“替换”对话框,如图 5.28 所示,在“替换”对话框中的“替换值”框内输入“高等数学”,单击“全部替换”按钮,将立刻进行全部替换。也可单击“查找下一个”按钮,在找到的内容处,单击“替换”按钮,逐个替换。

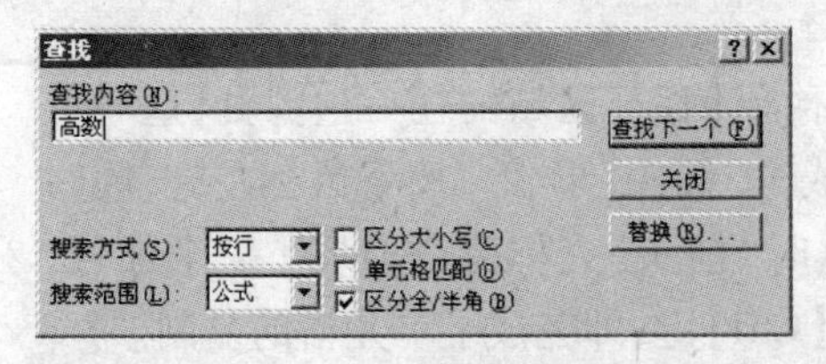

图 5.27 “查找”对话框

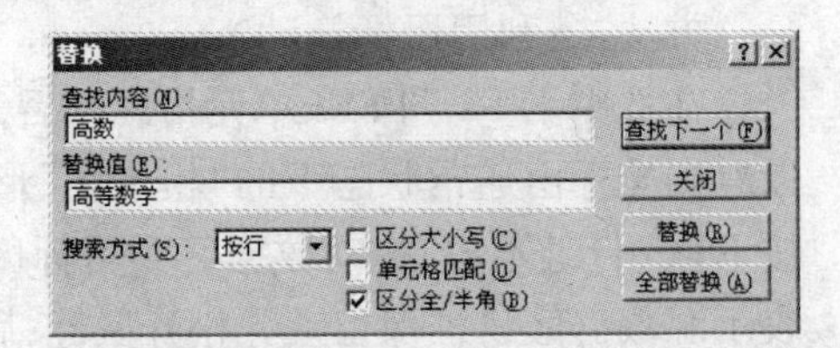

图 5.28 “替换”对话框

另外,在“查找”对话框中还可以对要执行的查找操作进行其他方面的设置,如在“搜索方式”列表框中可选择“按行”还是“按列”,在“搜索范围”列表框中可选择所要搜索的信息类型,例如“公式”、“值”或“批注”。如果想在查找时区分大小写,可选中“区分大小写”复选框,如果要查找与“查找内容”框中指定的字符完全匹配的单元格,可选中“单元格匹配”复选框。还可以在“查找”对话框的“查找内容”文本框中输入带有通配符的查找内容。通配符“?”代表单个任意字符,通配符“ * ”代表一个或多个任意字符。

5.5 工作表的格式化

要想使工作表的外观更和谐、漂亮,或者使它变得更有个性,就需要对工作表进行格式化,格式化的内容包括:调整行高和列宽;对文本格式化;对数字、日期和时间格式化;设置边框、图案和网格背景;设置对齐方式;自套用表格样式;复制单元格格式等。

5.5.1 调整行高和列宽

在通常情况下,工作表中列宽都是一样的,行高可根据用户设置的字号大小自动调整。也可以通过菜单命令精确地设置行高和列宽。

操作实例 5-30

将“成绩统计”工作簿“网络 1 班”工作表中第一行行高设置为 30。

步骤 1:选中第一行任意一个单元格。

步骤 2:选“格式”菜单中的“行”→“行高”命令,打开“行高”对话框,如图 5.29 所示。

步骤 3:在“行高”后输入 30。

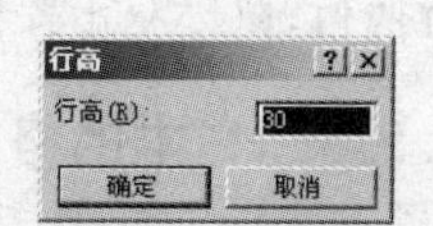

图 5.29 “行高”对话框

另外,也可以使用鼠标调节行高,方法如下:

移动鼠标到要设置行的行标的下边框处,当变成双箭头“ ‡ ”时,按下鼠标左键,拖动行标的下边界来设置所需的行高,这时将自动显示高度值,调整到合适的高度后放开鼠标左键即可。

5.5.2 对齐方式的设置

系统在默认的情况下,输入单元格的数据是按照文字左对齐、数字右对齐、逻辑值居中对齐设置的。可以通过有效地设置对齐方法,使版面更加美观。

1. 用工具栏按钮设置对齐方式

选定需要格式化的单元格后，单击“格式”工具栏上的左对齐、居中对齐、右对齐、合并及居中、减少缩进量、增加缩进量等按钮即可。

操作实例 5-31

将“成绩统计”工作簿“网络 1 班”工作表中的 A1 到 G1 单元格合并且居中。

步骤 1：选中 A1 到 G1 单元格。

步骤 2：单击“格式”工具栏上的合并及居中按钮即可。

2. 利用“单元格格式”对话框设置对齐方式

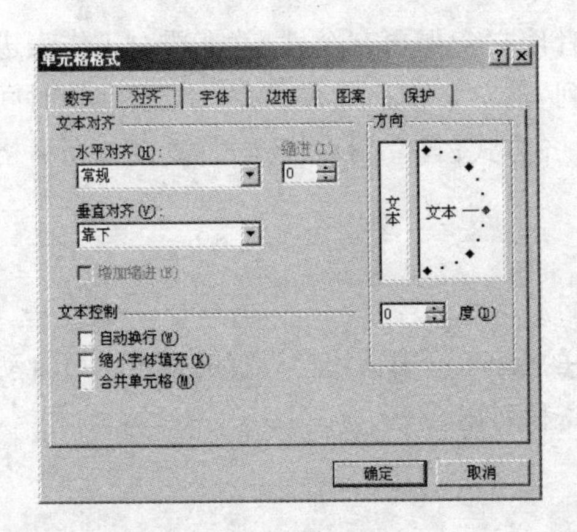

图 5.30 “对齐”选项卡

在“单元格格式”对话框的“对齐”选项卡（如图 5.30 所示）上，可设定所需对齐方式。

“水平对齐”的格式有：常规（系统默认的对齐方式）、靠左、居中、靠右、填充、两端对齐、跨列居中、分散对齐。

“垂直对齐”的格式有：靠上、居中、靠下、两端对齐、分散对齐。

另外，在“方向”列表框中，可以改变单元格内容的显示方向；如果选中“自动换行”复选框，则当单元格中的内容宽度大于列宽时，会自动换行。若要在单元格内强行换行，鼠标双击要换行的位置，再按【Alt + Enter】键即可。

5.5.3 文本的格式化

文本的格式化就是设置单元格中文本的字体、字形、字号和颜色等格式。

操作实例 5-32

将“成绩统计”工作簿“网络 1 班”工作表中 A1 单元格中的文本的字号、字体、字形、颜色分别设置为“20”、“宋体”、“加粗”、“粉红”。

步骤 1：选中 A1 单元格。

步骤 2：选择“格式”菜单中的“单元格”命令，或者单击鼠标右键，在弹出的快捷菜单中选择“设置单元格格式”命令，均可打开“单元格格式”对话框。

步骤 3：在“字体”选项卡中将字号、字体、字形、颜色分别设置为“20”、“宋体”、“加粗”、“粉红”，如图 5.31 所示，单击“确定”按钮即可。

5.5.4 数字的格式化

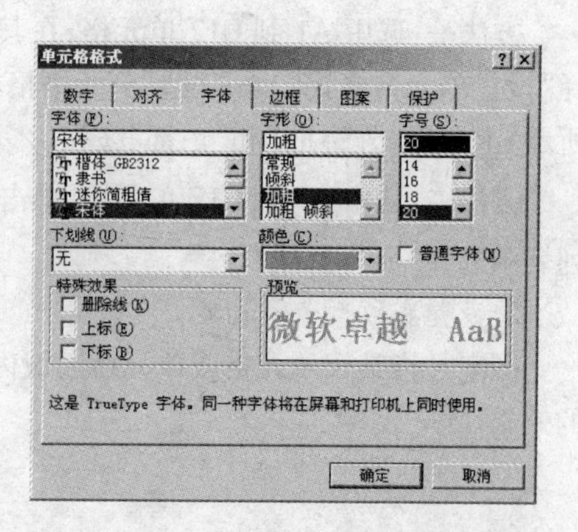

图 5.31 “单元格格式”对话框

Excel 提供了多种数字格式，在对数字格式化时，可以将一个数表示成分数、千位分隔、货币等形式，这时屏幕上的单元格表现的是格式化后的数字，编辑栏中表现的是系统实际存储的数据。

1. 用工具栏按钮格式化数字

选中包含数字的单元格，例如选中数字 122.67 所在的单元格后，单击“格式”工具栏上的“货币样式”、“百分比样式”、“千位分隔样式”、“增加小数位数”、“减少小数位数”等按钮，可设置数字格式。

2. 用“单元格格式”对话框格式化数字

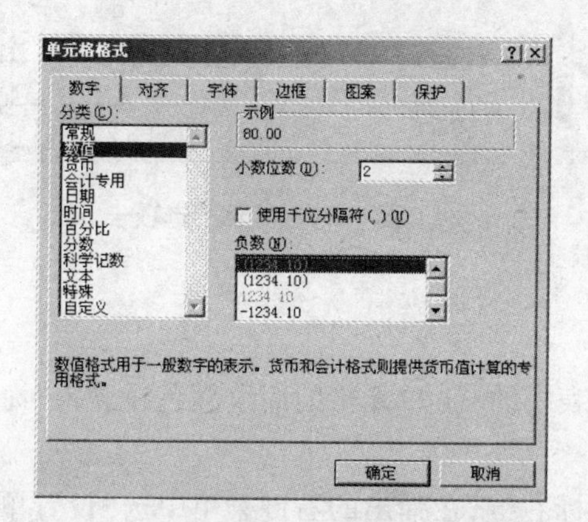

图 5.32 “设置单元格格式”对话框

操作实例 5-33

在“成绩统计”工作簿“网络 1 班”工作表中，将 D3 到 D12 单元格中的数字设置为两位小数。

步骤 1：选中 D3 到 D12 单元格区域，在其上单击鼠标右键，在弹出的右键菜单中选“设置单元格格式”，打开“设置单元格格式”对话框。

步骤 2：在“分类”下选“数值”，小数位数后输入“2”，单击“确定”按钮，如图 5.32 所示。

5.5.5 边框、底纹颜色和图案、网格线的设置

1. 边框的设置

边框指的是，某个单元格或各单元格区域的上、下、左、右四个边上的边线。

操作实例 5-34

在“成绩统计”工作簿“网络 1 班”工作表中，为 A1 到 G12 单元格区域添加边框线，如图 5.33 所示。

方法一:选中 A1 到 G12 单元格,在其上单击鼠标右键,在弹出的右键菜单中选择“设置单元格格式”,在“设置单元格格式”对话框中的“边框”选项卡(如图 5.34 所示)上单击“外边框”和“内部”按钮。

方法二:选中 A1 到 G12 单元格,单击格式工具栏的“边框”按钮,在弹出下拉列表中选择“所有框线”。

2. 设置底纹颜色和图案

图案是指某个单元格或单元格区域内图案的颜色。设置图案可起到清晰、美观的效果。

	A	B	C	D	E	F	G
1	学生成绩统计						
2	序号	姓名	性别	高等数学	C语言	英语	总分
3	1	陈晨	女	86.00	85	82	
4	2	李兰	女	96.00	68	97	
5	3	李冰	女	95.00	45	87	
6	4	王霞	女	85.00	98	62	
7	5	王澜	女	80.00	84	62	
8	6	柳芳	女	80.00	67	95	
9	7	张虹	女	77.00	78	78	
10	8	李凯	男	70.00	85	90	
11	9	陈疆	男	70.00	86	87	
12	10	王蒙	男	80.00	81	98	

网络1班 / 网络2班

图 5.33 操作实例 5-34 效果

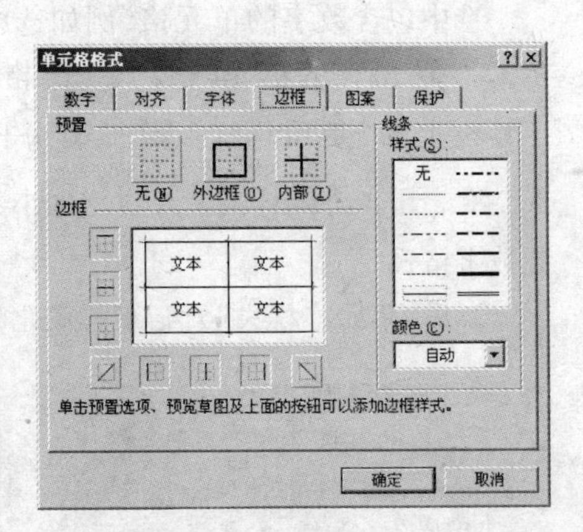

图 5.34 “边框”选项卡

操作实例 5-35

将“成绩统计”工作簿“网络 1 班”工作表中的 A1 单元格的底纹颜色设置为“海绿”、图案设置为“50% 灰色”。

步骤 1:选中 A1 单元格,在其上单击鼠标右键,在弹出的右键菜单中选“设置单元格格式”,打开“设置单元格格式”对话框。

步骤 2:在“图案”选项卡(如图 5.35 所示)中的颜色区中选“海绿”,在图案后的下拉列表中选“50% 灰色”。

3. 设置网格线

工作表中显示的网格线是为输入、编辑方便而预设置的。有时可以将网格线去掉,方法如下。

步骤 1:选“工具”菜单的“选项”命令,打开“选项”对话框,如图 5.36 所示。

步骤 2:单击“视图”标签,打开“视图”选项卡,在“窗口选项”区域中,单击“网格线”复选框,单击“确定”按钮,即可取消网格线。

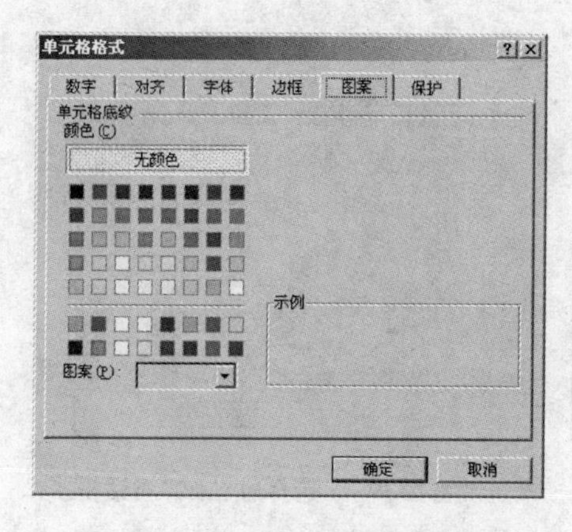

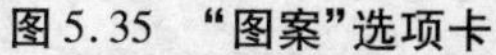
图 5.35 “图案”选项卡

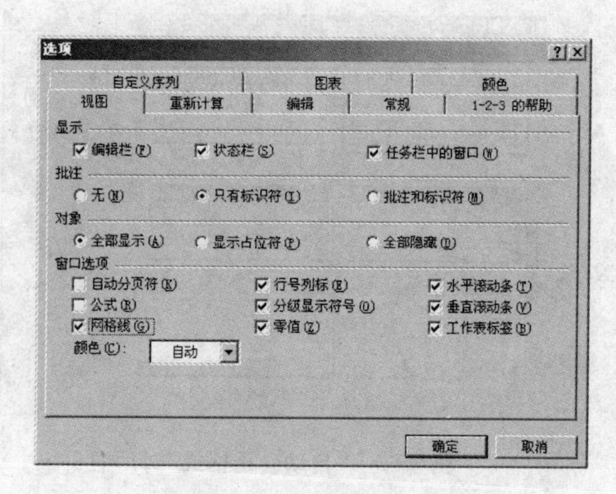

图 5.36 “选项”对话框

5.5.6 表格样式的自动套用

表格样式自动套用是指在 Excel 2000 中预先设定的一些常用的表格格式，用户可以根据需要选定，这样就将工作表自动地进行了格式化，从而节省了大量的时间。

操作实例 5-36

在“成绩统计”工作簿“网络 1 班”工作表中，将 A1 到 G12 单元格区域设置为“经典 3”的自动套用格式，如图 5.37 所示。

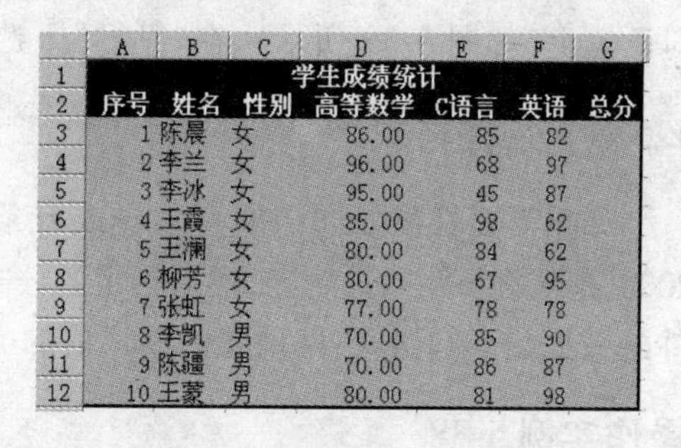

	A	B	C	D	E	F	G
1	学生成绩统计						
2	序号	姓名	性别	高等数学	C语言	英语	总分
3	1	陈晨	女	86.00	85	82	
4	2	李兰	女	96.00	68	97	
5	3	李冰	女	95.00	45	87	
6	4	王霞	女	85.00	98	62	
7	5	王澜	女	80.00	84	62	
8	6	柳芳	女	80.00	67	95	
9	7	张虹	女	77.00	78	78	
10	8	李凯	男	70.00	85	90	
11	9	陈疆	男	70.00	86	87	
12	10	王蒙	男	80.00	81	98	

图 5.37 操作实例 5-35 效果

步骤 1：选定要格式化的 A1：G12 单元格区域。

步骤 2：单击“格式”菜单中的“自动套用格式”命令，打开“自动套用格式”对话框，如图 5.38 所示。

步骤 3：选择“经典 3”格式，单击“确定”按钮。

5.5.7 复制单元格格式

当格式化表格时，往往有些操作是重复的，这时可以使用 Excel 提供的复制格式的方法来提高格式化的效率。

操作实例 5-37

在“成绩统计”工作簿“网络 1 班”工作表中，将 A2 单元格的格式复制到 A3 到 A12 单元格。

方法一：用工具栏按钮复制格式。

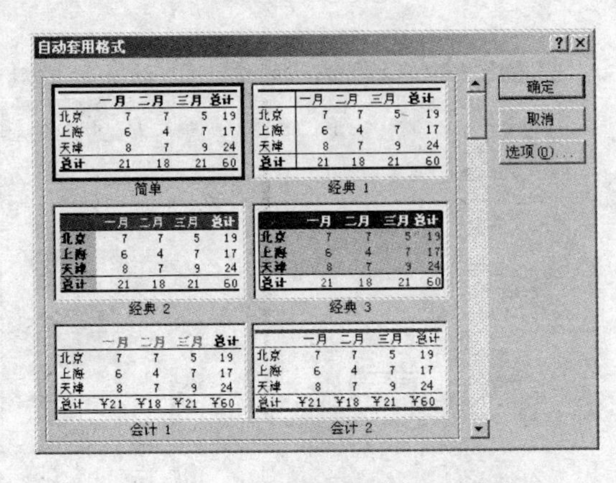

图 5.38 “自动套用格式”对话框

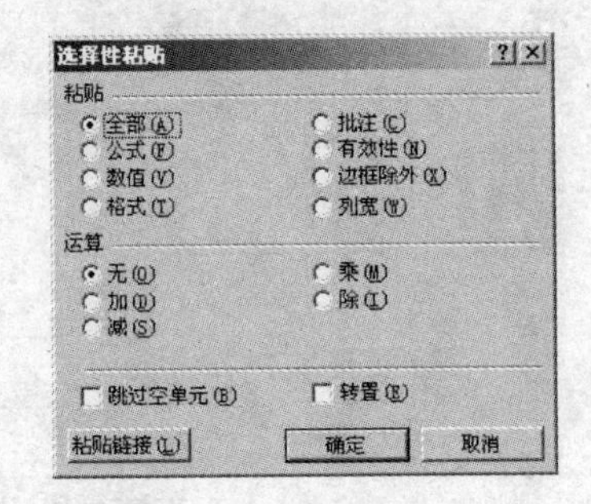

图 5.39 “选择性粘贴”对话框

选中 A2 单元格后,双击工具栏上的“格式刷”按钮 (这时所选择单元格出现闪动的虚线框),然后用带有格式刷的光标,选择 A3 到 A12 单元格即可。

方法二:用菜单的方法复制格式

选中 A2 单元格后,单击“编辑”→“复制”(这时所选单元格出现闪动的虚线框),选中 A3 到 A12 单元格后,单击“编辑”→“选择性粘贴”,然后在“选择性粘贴”对话框上(如图 5.39 所示),在“粘贴”下选择“格式”,单击“确定”按钮。

5.5.8 条件格式

如果需要根据处理结果有选择或有条件地显示不同格式的数据,可利用 Excel 2000 提供的条件格式功能,根据指定的公式或数值动态地设置符合条件与不符合条件的数据的不同格式,使设置的格式更加灵活。

操作实例 5-38

在“成绩统计”工作簿“网络 1 班”工作表中,将各科成绩中大于等于 90 分的用绿色、加粗、倾斜表示出来。

步骤 1:选择 D3 到 G12 单元格区域。

步骤 2:选择“格式”菜单中的“条件格式”命令,弹出“条件格式”对话框。

步骤 3:在“条件格式”对话框左边的两个列表框中分别选择“单元格数值”和“大于或等于”选项,在右边框中输入“90”,如图 5.40 所示。

步骤 4:单击“格式”按钮,弹出“单元格格式”对话框。

步骤 5:在“字形”下选择“加粗倾斜”,并在“颜色”下拉列表中选择“绿色”。

步骤 6:单击“确定”按钮,返回“条件格式”对话框。

步骤 7:在“条件格式”对话框中单击“确定”按钮,完成设置,结果如图 5.41 所示。

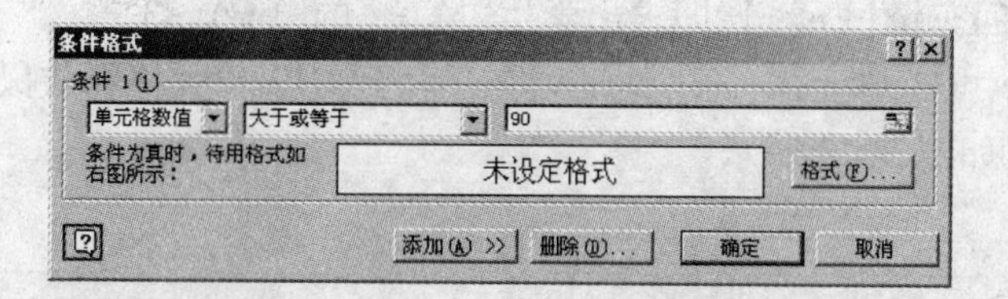

图 5.40 “条件格式”对话框

	A	B	C	D	E	F	G
1	学生成绩统计						
2	序号	姓名	性别	高等数学	C语言	英语	总分
3	1	陈晨	女	86.00	85	82	
4	2	李兰	女	96.00	68	97	
5	3	李冰	女	95.00	45	87	
6	4	王霞	女	85.00	98	62	
7	5	王澜	女	80.00	84	62	
8	6	柳芳	女	80.00	67	95	
9	7	张虹	女	77.00	78	78	
10	8	李凯	男	70.00	85	90	
11	9	陈疆	男	70.00	86	87	
12	10	王蒙	男	80.00	81	98	

图 5.41 操作实例 5-37 效果

5.6 工作表中的公式和函数

Excel 最重要的功能是能够对数据进行计算、分析和统计等。Excel 中的公式和函数不仅能够准确的计算，而且当工作表中的数据发生变化时，会自动更改计算结果，节约了大量的时间。

5.6.1 公式的使用

1. 公式的输入与修改

Excel 中公式的输入和文本的输入操作类似。选择要输入公式的单元格，在编辑栏的输入框中输入一个等号“ = ”，并输入参与运算的数值、单元格地址或其他运算对象，再输入运算符号，然后按【Enter】键（如选定 A1，在编辑栏键入“ =5 +3 * 3”，按【Enter】键后，在 A1 显示“14”）。

如果公式输入有误，修改公式的操作与修改文本的操作一样。

公式中允许使用的运算符有 +、-、*、/、( )、%、=、<、>、< = 和 > = 等。

操作实例 5-39

用公式的方法求“成绩统计”工作簿“网络 1 班”工作表中各位同学的总分。

步骤 1：选中“总分”下的 G3 单元格，然后在编辑栏里输入“ = D3 + E3 + F3”，如图 5.42 所示。

步骤2:按回车键【Enter】,即求出学生“陈晨”的总分。

步骤3:选中G3单元格,向下拖动填充手柄到G12单元格释放鼠标,即可求出其他同学的总分,如图5.43所示。

AVERAGE ▾ × ✓ = =D3+E3+F3

	A	B	C	D	E	F	G
1	学生成绩统计						
2	序号	姓名	性别	高等数学	C语言	英语	总分
3	1	陈晨	女	86.00	85	82	=D3+E3+F
4	2	李兰	女	96.00	68	97	
5	3	李冰	女	95.00	45	87	
6	4	王霞	女	85.00	98	62	
7	5	王澜	女	80.00	84	62	
8	6	柳芳	女	80.00	67	95	
9	7	张虹	女	77.00	78	78	
10	8	李凯	男	70.00	85	90	
11	9	陈疆	男	70.00	86	87	
12	10	王蒙	男	80.00	81	98	

图5.42 用公式求和

	A	B	C	D	E	F	G
1	学生成绩统计						
2	序号	姓名	性别	高等数学	C语言	英语	总分
3	1	陈晨	女	86.00	85	82	253
4	2	李兰	女	96.00	68	97	261
5	3	李冰	女	95.00	45	87	227
6	4	王霞	女	85.00	98	62	245
7	5	王澜	女	80.00	84	62	226
8	6	柳芳	女	80.00	67	95	242
9	7	张虹	女	77.00	78	78	233
10	8	李凯	男	70.00	85	90	245
11	9	陈疆	男	70.00	86	87	243
12	10	王蒙	男	80.00	81	98	259

图5.43 求和结果

2. 公式中位置的引用

在Excel的公式中,采用引用单元格地址的方式来获取数据。引用通常有以下4种。

• 相对地址的引用:指当把一个含有单元格地址的公式拷贝到一个新的位置或者用一个公式填入一个范围时,公式中的单元格地址会随着改变。在输入公式的过程中,默认使用相对地址引用单元格的位置。

• 绝对地址的引用:是指要把公式拷贝或者填入到新位置,并且使公式中的固定单元格地址保持不变。在Excel中,是通过对单元格地址的“冻结”达到此目的,也就是在列号和行号前面添加美元符号“$”。如$A$1,$B$1等。

• 混合引用:单元格地址的引用是由行和列共同决定。区分相对引用和绝对引用只是看行号或列标前有无“$”符号,单在行号前或者单在列标前加“$”符号都表示混合引用,如$A1、A$1等。

• 三维地址的引用:指在一本工作簿中从不同的工作表引用单元格。三维引用的一般格式为“工作表名!单元格地址”。比如,sheet2!B2表示工作表二中的B2单元格。引用时,系统规定用“:”代表连续区域;用“,”代表间隔。

3. 自动求和

为了简化对于多个单元格数据累加求和公式的编辑,Excel“常用”工具栏设置了自动求和按钮 Σ ,利用它可以完成对行或列中相邻单元格中数据的求和。

具体操作方法为:选定要求和的单元格区域和结果存放的单元格区域,单击常用工具栏上的自动求和按钮 Σ 即可。

操作实例5-40

在“成绩统计”工作簿“网络1班”工作表中,用自动求和的方法求总分。

步骤 1:选中 D3 到 G12 单元格区域,如图 5.44 所示。

步骤 1:单击常用工具栏上的自动求和按钮“ Σ ”即可,如图 5.45 所示。

	A	B	C	D	E	F	G
1				学生成绩统计			
2	序号	姓名	性别	高等数学	C语言	英语	总分
3	1	陈晨	女	86.00	85	82	
4	2	李兰	女	96.00	68	97	
5	3	李冰	女	95.00	45	87	
6	4	王霞	女	85.00	98	62	
7	5	王澜	女	80.00	84	62	
8	6	柳芳	女	80.00	67	95	
9	7	张虹	女	77.00	78	78	
10	8	李凯	男	70.00	85	90	
11	9	陈疆	男	70.00	86	87	
12	10	王蒙	男	80.00	81	98	

图 5.44 选中 D3 到 G12 单元格

	A	B	C	D	E	F	G
1				学生成绩统计			
2	序号	姓名	性别	高等数学	C语言	英语	总分
3	1	陈晨	女	86.00	85	82	253
4	2	李兰	女	96.00	68	97	261
5	3	李冰	女	95.00	45	87	227
6	4	王霞	女	85.00	98	62	245
7	5	王澜	女	80.00	84	62	226
8	6	柳芳	女	80.00	67	95	242
9	7	张虹	女	77.00	78	78	233
10	8	李凯	男	70.00	85	90	245
11	9	陈疆	男	70.00	86	87	243
12	10	王蒙	男	80.00	81	98	259

图 5.45 求和结果

5.6.2 函数的应用

函数是一些预定义的公式,它们使用一些称为参数的特定数值按特定的顺序或结构进行计算。例如,SUM 函数对单元格或单元格区域进行加法运算等。

1. 函数的输入与修改

输入函数时必须遵守函数所要求的格式,即函数名称、括号和参数。如 SUM(A1:D1)表示求 A1 到 D1 单元格之间数据的和。

函数输入有以下两种方法。

1)使用键盘输入

选中要存放结果的单元格,然后单击编辑栏,在编辑栏里输入函数。

2)用粘贴函数输入

当记不住函数名时,可使用粘贴函数的方式输入。选中要存放结果的单元格,然后选“插入”菜单中的“函数”命令,或者单击常用工具栏中的粘贴函数按钮 fx ,打开“粘贴函数”对话框(如图 5.46 所示),从“函数分类”列表框中选择所需要的函数类别,再从“函数名”列表框中选择所需要的函数。

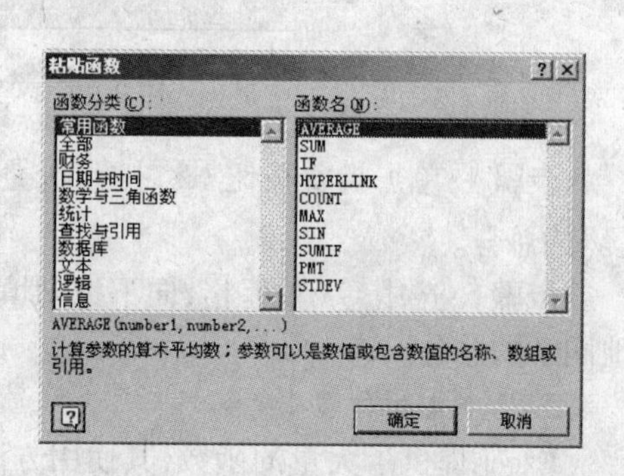

图 5.46 “粘贴函数”对话框

提示:在 Excel 2003 版本中,粘贴函数按钮 fx 在“编辑栏”的左侧。

操作实例 5-41

在“成绩统计”工作簿“网络 1 班”工作表中,用“粘贴函数”的方法求总分。

步骤 1:选中“总分”下的 G3 单元格,单击“插入”菜单下的“函数”命令,打开“粘贴函数”对话框，如图 5.46 所示。

步骤 2：从“函数分类”列表框中选择“常用函数”，再从“函数名”列表框中选择 SUM 函数，单击“确定”按钮，打开折叠面板，如图 5.47 所示。

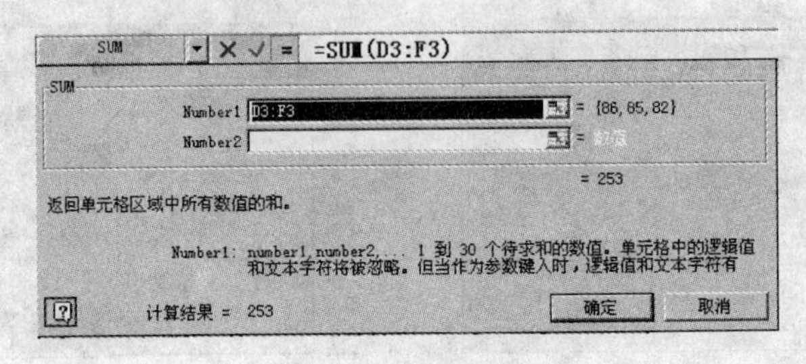

图 5.47 折叠面板

步骤 3：单击“Number1”后的折叠按钮，用鼠标拖动选择要求和的数据区域，如图 5.48 所示。

SUM =SUM(D3:F3)

D3:F3

	学生成绩统计						
2	序号	姓名	性别	高等数学	C语言	英语	总分
3	1	陈晨	女	86.00	85	82	(D3:F3)
4	2	李兰	女	96.00	68	97	
5	3	李冰	女	95.00	45	87	
6	4	王霞	女	85.00	98	62	
7	5	王澜	女	80.00	84	62	
8	6	柳芳	女	80.00	67	95	
9	7	张虹	女	77.00	78	78	
10	8	李凯	男	70.00	85	90	
11	9	陈疆	男	70.00	86	87	
12	10	王蒙	男	80.00	81	98	

图 5.48 选择求和数据区域

步骤 4：单击折叠按钮，打开折叠面板，单击“确定”按钮，即可求出学生“陈晨”的总分。

步骤 5：选中 G3 单元格，向下拖动填充手柄到 G12 单元格释放鼠标，即可求出其他同学的总分。

2. 几个常用的函数

Excel 提供了大量的函数，其使用方法大体相同，现列出如下 7 个常用的函数。

1）SUM 函数

功能：返回某一单元格区域中所有数字之和。

例如：

（1）SUM(3,2)值为 5。

（2）已知：A1 =“3”，B1 = TRUE，SUM(A1,B1,2)的值为 2。

注意：TRUE 表示为 1；FALSE 表示 0。对非数值型的值的引用不能被转换成数值。

(3)已知 A2 ~ E2 的值,如图 5.49 所示,那么,SUM(A2:C2)值为 50;SUM(B2:E2,15)值为 150。

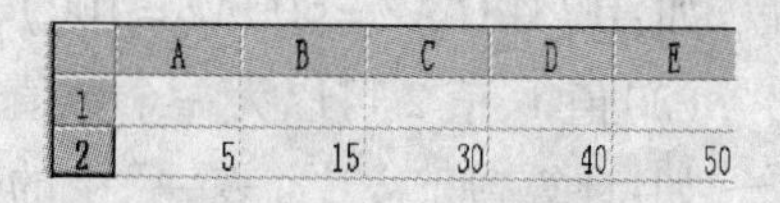

	A	B	C	D	E
1					
2	5	15	30	40	50

图 5.49 A2 ~ E2 的值

2)AVERAGE 函数

功能:返回参数的算术平均值。

例如:

AVERAGE(A1:A5)值为(A1 + A2 + …… + A5)/5;

AVERAGE(10,20,30)值为 20。

3)COUNT 函数

功能:返回参数个数,可计算数字项个数(含日期项)。

例如:

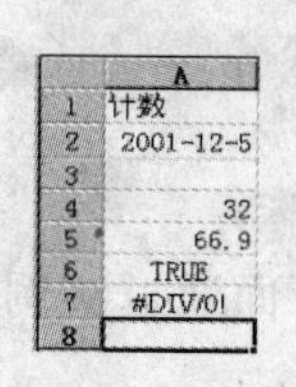

	A
1	计数
2	2001-12-5
3	
4	32
5	66.9
6	TRUE
7	#DIV/0!
8	

图 5.50 A1 ~ A7 的值

COUNT(A1:A7)值为 3,如图 5.50 所示。

COUNT(A1:A7,2)值为 4。

4)COUNTIF 函数

功能:计算给定区域内满足特定条件的单元格的数目。

使用 COUNTIF 函数的一般形式为:COUNTIF(单元格区域,条件),其中条件为:数字、表达式或文本。

例如:

若 A3:A6 中的内容分别为 22、34、68、95,则 COUNTIF(A3:A6,">50")值为 2。

5)MAX 函数

功能:返回数据集中最大数值。若参数中不包含数字,则函数 MAX 返回 0。

例如:如图 5.51 所示,MAX(A1:A5)值为 22。

6)MIN 函数

功能:返回给定参数表中的最小值。

例如:如图 5.51 所示,MIN(A1:A5)值为 7。

	A
1	15
2	22
3	7
4	9
5	18
6	

图 5.51 A1 ~ A5 的值

7)IF 函数

IF 函数是一个逻辑函数,它可以执行真假值判断,根据判断结果对单元格中的数据进行不同的处理。使用 IF 函数的一般形式为:

IF(条件表达式,值 1,值 2)

功能:如果条件表达式值为真则结果为值 1,否则结果为值 2。

说明:

(1)在条件表达式中可以用逻辑运算符("与"——AND,"或"——OR,"非"——NOT)来连接多个条件。格式为 IF(逻辑运算符(条件 1,条件 2,……),值 1,值 2)

如:IF(OR(A2 = 50,A2 = 100),200,300)

(2)值 1,值 2 可以为一个数值也可为一个公式。

如:计算“职工工资表一”中的奖金项,如果基本工资小于 300,奖金 = 基本工资 * 10%,否则,奖金 = 基本工资 * 20%。假设,基本工资第一个单元格地址为 H2,那么计算公式为:

IF(H2 < 300,H2 * 10%,H2 * 20%)

5.7 图表的使用

Excel 中图表是指将工作表中的数据用图形表示出来。由于使用图表,会使得用 Excel 编制的工作表更易于理解和交流。下面讲述如何建立一张简单的图表,再进行修饰,使图表更加精致,以及如何为图形加上背景、图注、正文等等。

5.7.1 图表的创建

利用 Excel 中提供的图表向导可以很容易的建立一个图表,下面通过实例来看图表的建立。

操作实例 5-42

建立“成绩统计”工作簿“网络 1 班”工作表对应的图表,图表的标题为“成绩统计”,X 轴为“姓名”,Y 轴为“分数”。

步骤 1:选定 A2 到 G12 单元格区域。

步骤 2:单击“图表向导”按钮,弹出“图表向导-4 步骤之 1-图表类型”对话框(如图 5.52 所示)。在“标准类型”下拉列表框中选“柱形图”,在“子图表类型”列表中选择第一个柱形图,单击“下一步”。

步骤 3:出现如图 5.53 所示的“图表向导-4 步骤之 2-图表源数据”对话框,在“系列产生在”后的选项中选择“列”,单击“下一步”。

步骤 4:出现如图 5.54 所示的“图表向导-4 步骤之 3-图表选项”对话框,在“图表标题”下输入“成绩统计”,单击“下一步”。

步骤 5:出现如图 5.55 所示的“图表向导-4 步骤之 4-图表位置”对话框,选择“作为其中的对象插入”,单击“完成”按钮建立如图 5.56 图表。

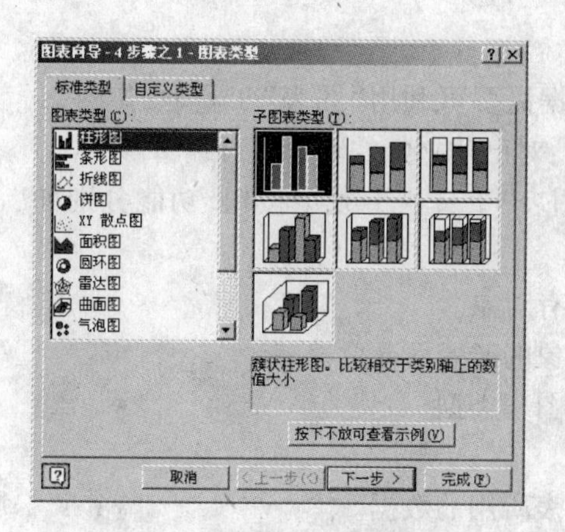

图 5.52 “图表向导-4 步骤之 1-图表类型”对话框

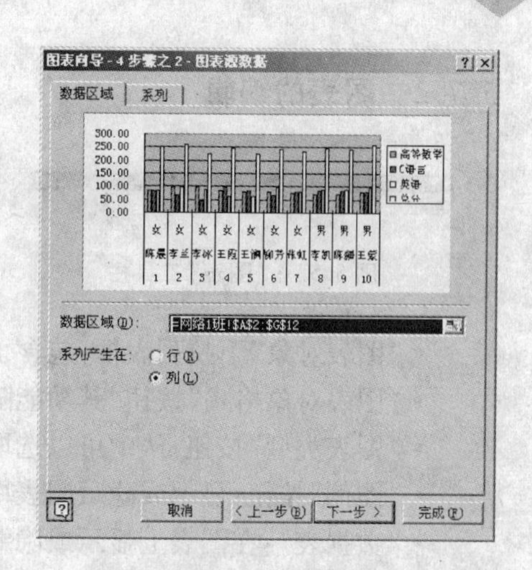

图 5.53 “图表向导-4 步骤之 2-图表源数据”对话框

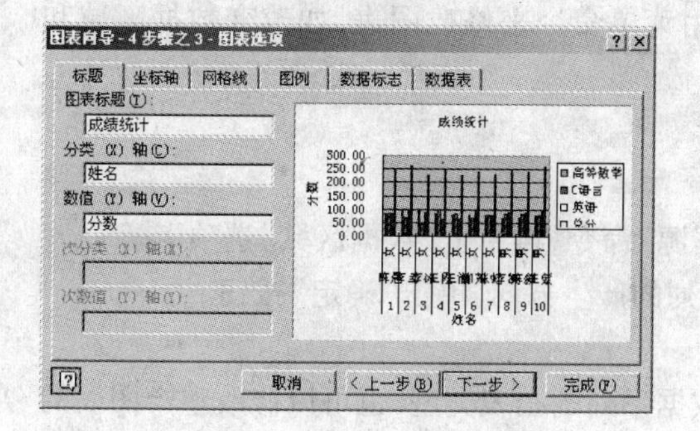

图 5.54 “图表向导-4 步骤之 3-图表选项”对话框

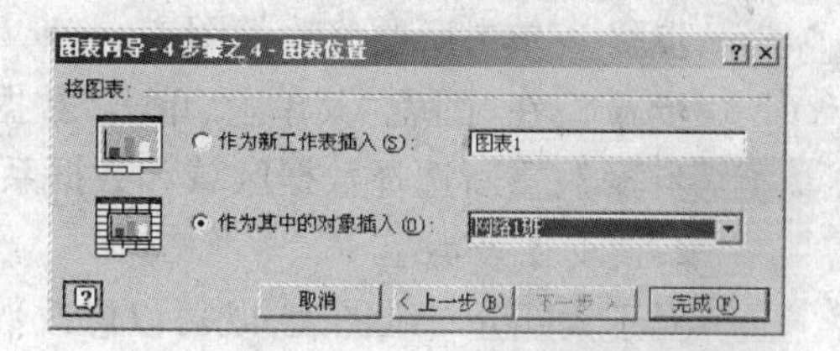

图 5.55 “图表向导-4 步骤之 4-图表位置”对话框

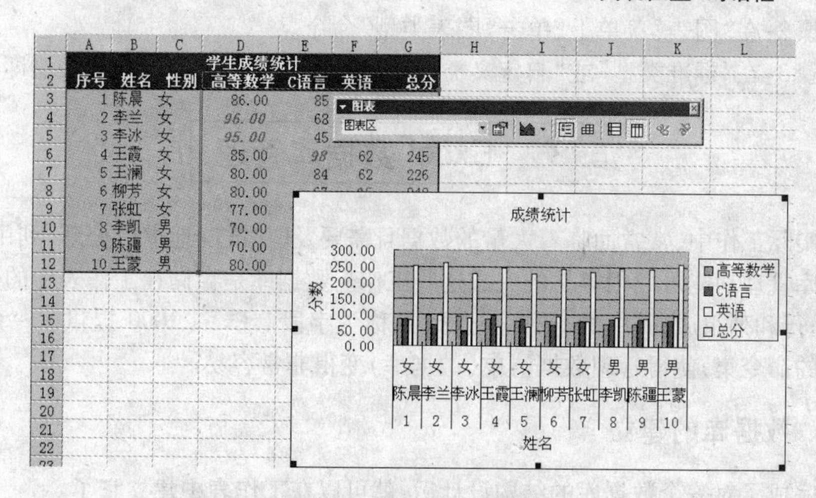

图 5.56 最后建成的图表

5.7.2 图表的编辑

图 5.57 “图表”工具栏

根据需要可利用“图表”工具栏，如图 5.57 所示，对已建立好的图表进行编辑修改。

“图表”工具栏上九个按钮，功能分别如下。

- “图表对象”下拉列表框：包含了图表所有对象。
- “图表对象格式”按钮：其功能随图表对象的改变而改变。
- “图表类型”按钮：从中可以选取所要的图表类型。
- “图例”按钮：显示或隐藏图表中的图例。
- “数据表”：在图表上显示或隐藏生成图表所用的数据。
- “按行”和“按列”：指定分类轴的数据来源的行和列。
- “斜排文字向上”和“斜排文字向下”：设置坐标轴上的文字说明排列方向。

除了用“图表”工具栏之外，还可以用菜单命令来修改图表，如改变数据区域和改变图表类型等。

1. 改变数据区域

步骤 1：单击所要修改的图表。

步骤 2：在“图表”菜单上，单击“数据源”命令，再单击“数据区域”选项卡。

步骤 3：重新选择数据区域和数据系列的产生方向，单击“确定”按钮。

2. 改变图表类型

对于大部分二维图表，既可以修改数据系列的图表类型，也可以修改整个图表的图表类型。

步骤 1：单击所要修改的图表。

步骤 2：在“图表”菜单上，单击“图表类型”命令。

步骤 3：在“标准类型”或“自定义类型”选项卡中，单击需要的图表类型即可。

5.8 Excel 数据库管理

在实际工作中，常常面临着大量的数据且需要及时、准确地进行处理，利用 Excel 的数据库管理功能可以很容易的完成这些工作。数据库是存储在工作表中的数据表格，它由行和列组成，其中的行称为记录，列称为字段。Excel 2000 提供了一整套功能强大的命令集，使得管理数据清单（数据库）变得非常容易。

5.8.1 数据库的建立

当完成了对一个数据库的结构设计后，就可以在工作表中建立它了。

1. 输入数据

操作实例 5-43

在"成绩统计"工作簿"网络 2 班"工作表中,建立一个"学生成绩统计"数据库。

(1)首先在"网络 2 班"工作表的首行依次输入各个字段:姓名、性别、数学、英语、语文和总分,如图 5.58 所示。当输入完字段后,就可以在工作表中按照记录输入数据了。

(2)要加入数据至所规定的数据库内,有两种方法,一种是直接键入数据至单元格内,一种是利用"记录单"输入数据。使用"记录单"是经常使用的方法,其操作步骤如下。

步骤 1:在想加入记录的数据清单中选中任一个单元格。

步骤 2:从"数据"菜单中选择"记录单"命令。屏幕上会出现一个如图 5.59 的对话框,选择"确定"按钮,出现图 5.60 的对话框。

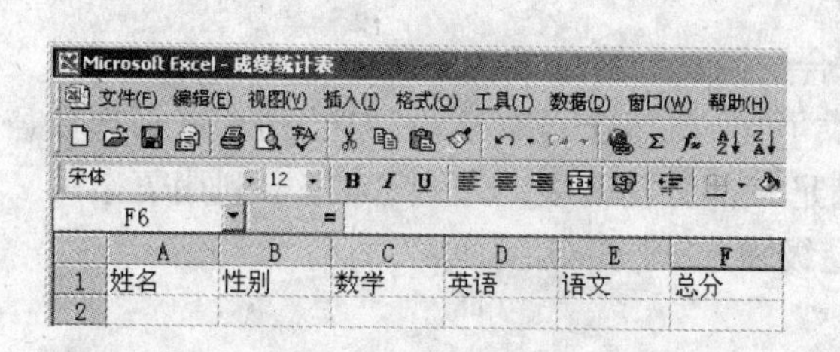

图 5.58 建立一个"学生成绩统计"数据库

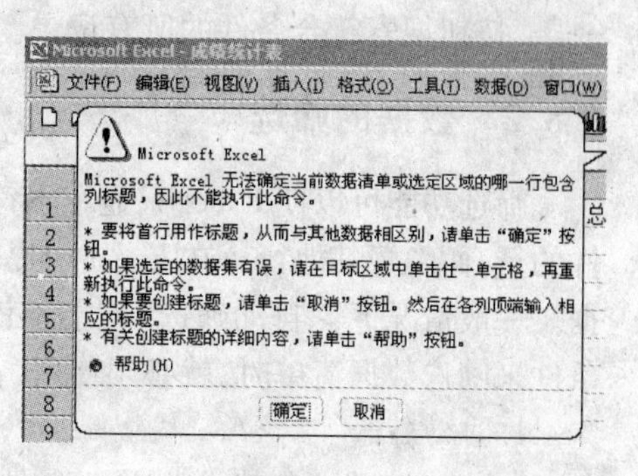

图 5.59 没有设定列标题

步骤 3:在各个字段中输入新记录的值。要移动到下一个域中,按【Tab】键。当你输完所有的记录内容后,按【Enter】键即可加入一条记录。

步骤 4:如此重复加入更多的记录,当你加完所有记录后,选择"关闭"按钮。

这样就在清单底部加入了新增的记录,如图 5.61 所示。

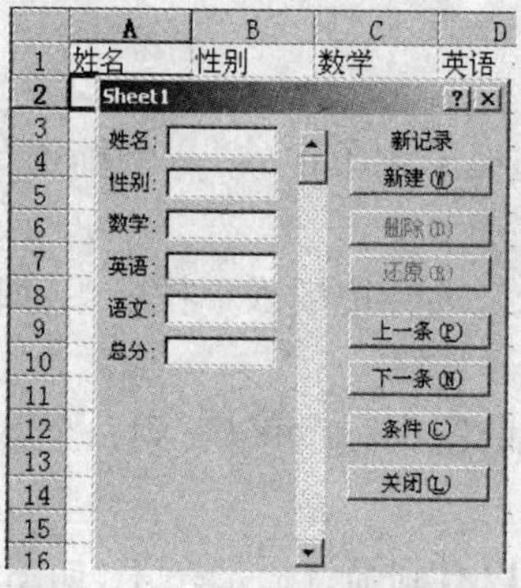

图 5.60 "记录单"对话框

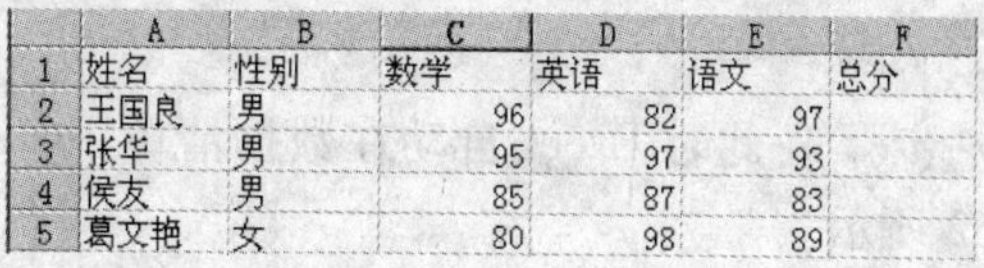

	A	B	C	D	E	F
1	姓名	性别	数学	英语	语文	总分
2	王国良	男	96	82	97	
3	张华	男	95	97	93	
4	侯友	男	85	87	83	
5	葛文艳	女	80	98	89	

图 5.61 增加记录后的数据库

2. 编辑记录

对于数据库中的记录,可以采用在相应的单元格上进行编辑,方法如下。

步骤 1:选择数据清单中的任一单元格。

步骤 2:从“数据”菜单中选择“记录单”命令,出现一个记录单对话框。

步骤 3:查找并显示出要修改数据的记录,编辑该记录的内容。

步骤 4:选择“关闭”按钮退出。

3. 搜索记录

单击“记录单”对话框中的“条件”按钮,进入“条件”对话框,此时的字段框不是用来输入记录的字段值,而是用来输入搜索条件的。在输入的搜索条件中可以使用 >、<、> =、< =、< >、= 等比较运算符。例如,要搜索所有男学生,可在“性别”框中输入“男”;若要查找数学成绩大于 90 分的同学,则在“数学”框中输入“ >90”。Excel 自动按照所输入的条件找到满足条件的记录,然后可通过单击“上一条”和“下一条”按钮搜索符合条件的所有记录。

5.8.2 数据的筛选

筛选功能可以使 Excel 只显示出符合我们设定筛选条件的某一值或符合一组条件的行,而隐藏其他行。在 Excel 中提供了“自动筛选”和“高级筛选”命令来筛选数据。一般情况下,“自动筛选”就能够满足大部分的需要。不过,当需要利用复杂的条件来筛选数据清单时,就必须使用“高级筛选”才可以。

1. 自动筛选

“自动筛选”一般又分为单一条件筛选和自定义筛选。单一条件筛选是指筛选的条件只有一个,自定义筛选是指筛选的条件有两个或在某个条件范围内。

1)单一条件筛选

操作实例 5-44

在“成绩统计”工作簿“网络 2 班”工作表中的“学生成绩统计”数据库中,筛选性别为“男”的同学。

步骤 1:在要筛选的数据清单中选定任一单元格。

步骤 2:执行“数据”菜单中的“筛选”命令,然后选择子菜单中的“自动筛选”命令。

步骤 3:此时 Excel 自动在数据清单中每一个列标记的旁边插入下拉箭头,如图 5.62 所示。

步骤 4:单击包含想显示的数据列(如“性别”)中的箭头,就可以看到一个下拉列表,如图 5.63 所示。

步骤 5:选定要显示的项(如“男”),在工作表就可以看到筛选后的结果,如图 5.64 所示。

	A	B	C	D	E	F
1	姓名	性别	数学	英语	语文	总分
2	王国良	男	96	82	97	
3	张华	男	95	97	93	
4	侯友	男	85	87	83	
5	葛文艳	女	80	98	89	

图 5.62 使用自动筛选后的数据清单

	A	B	C	D	E	F
1	姓名	性别	数学	英语	语文	总分
2	王国良	(全部)	96	82	97	
3	张华	(前 10 个...) (自定义...)	95	97	93	
4	侯友	男 女	85	87	83	
5	葛文艳	女	80	98	89	

图 5.63 打开一个自动筛选下拉列表

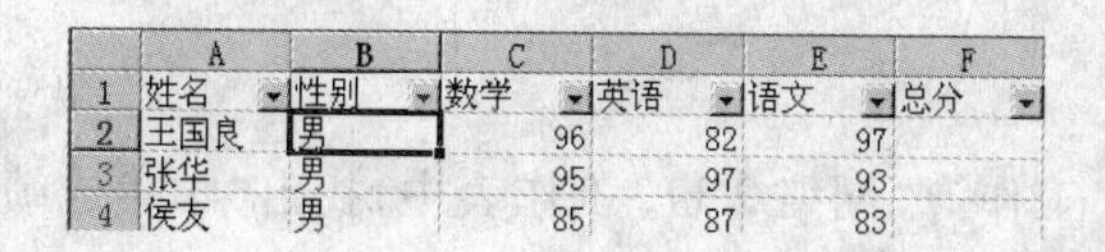

	A	B	C	D	E	F
1	姓名	性别	数学	英语	语文	总分
2	王国良	男	96	82	97	
3	张华	男	95	97	93	
4	侯友	男	85	87	83	

图 5.64 筛选后的结果

2)自定义筛选

操作实例 5-45

在“成绩统计”工作簿“网络 2 班”工作表中,找出“学生成绩统计”数据库中数学成绩大于 90 分的同学。

步骤 1:在要筛选的数据清单中选定单元格。

步骤 2:执行“数据”菜单中的“筛选”命令,然后选择子菜单中的“自动筛选”命令。

步骤 3:单击“数学”列中的箭头,可以看到一个下拉列表。

步骤 4:在下拉列表选定“自定义”选项,出现一个自定义对话框,如图 5.65 所示。

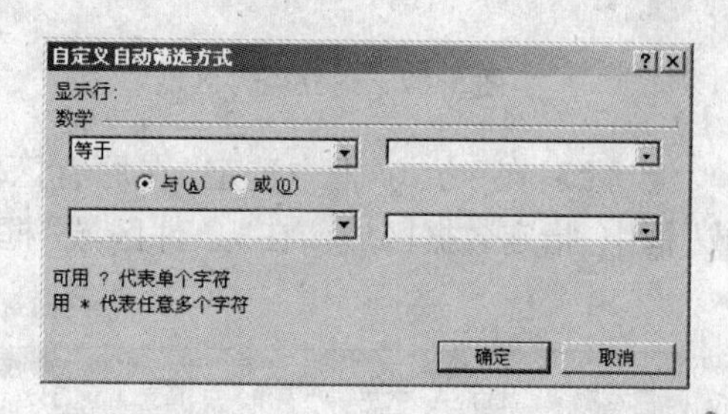

图 5.65 自定义对话框

步骤 5:单击第一个框旁边的箭头,然后选定要使用的比较运算符。单击第二个框旁边的箭头,然后选定要使用的数值。在本例中设定的条件为,所有“数学 >90”的记录。单击“确定”按钮,就可以看到如图 5.66 所示的筛选结果。

另外,若要取消自动筛选,可执行“数据”菜单中的“筛选”命令,然后在其子菜单中,取消“自动筛选”命令项前的√。

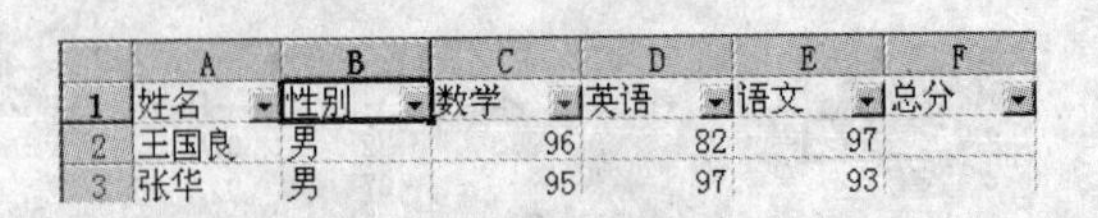

	A	B	C	D	E	F
1	姓名	性别	数学	英语	语文	总分
2	王国良	男	96	82	97	
3	张华	男	95	97	93	

图 5.66 筛选之后的结果

提示:在 Excel 2003 版本中新增了列表功能,将某一区域指定为列表后,默认情况下,在标题行中为列表中的所有列启用自动筛选功能,从而允许您快速筛选或排序数据。

2. 高级筛选

使用自动筛选命令寻找合乎准则的记录既方便又快速,但该命令的寻找条件不能太复杂,如果要执行较复杂的寻找,就必须使用高级筛选命令。

操作实例 5-46

在“成绩统计”工作簿“网络 2 班”工作表中,找出“学生成绩统计”数据库中数学、英语和语文成绩都大于 90 分的同学。

步骤 1:在数据清单的下方建立条件区域(数学 >90,英语 >90,语文 >90),如图 5.67 所示。

步骤 2:在数据清单中选定单元格。执行“数据”菜单的“筛选”菜单中的“高级筛选”命令,出现一个如图 5.68 所示的对话框。

	A	B	C	D	E	F
1	姓名	性别	数学	英语	语文	总分
2	王国良	男	96	82	97	
3	张华	男	95	97	93	
4	侯友	男	85	87	83	
5	葛文艳	女	80	98	89	
6						
7	数学	英语	语文			
8	>90	>90	>90			

图 5.67 建立条件区域

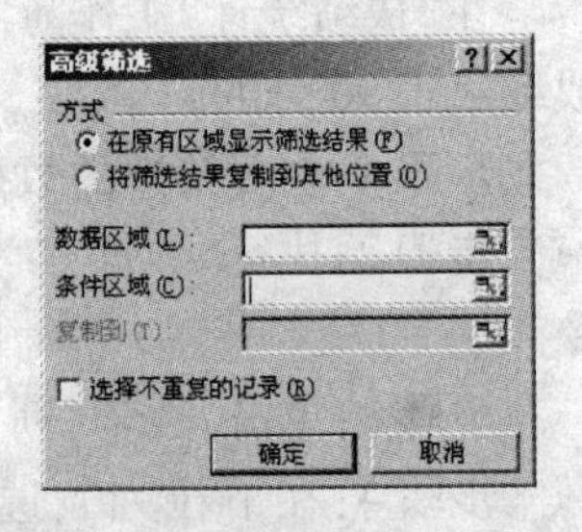

图 5.68 “高级筛选”对话框

步骤 3:在“方式”框中选定“在原有区域显示筛选结果”选项按钮。在“数据区域”框中,指定数据区域。在“条件区域”框中,指定条件区域,包括条件标记。若要从结果中排除相同的行,可以选定“选择不重复的记录”选择框。

步骤 4:最后按下“确定”按钮即可,之后就会看到如图 5.69 的显示结果。

	A	B	C	D	E	F
1	姓名	性别	数学	英语	语文	总分
3	张华	男	95	97	93	
6						
7	数学	英语	语文			
8	>90	>90	>90			

图 5.69 执行高级筛选的结果

5.8.3 数据的排序

Excel 可以对某一列按关键字排序，也可以对所选定的单元格区域内的数据排序。

1. 对某一列数据排序

对某一列数据排序，可以用"常用"工具栏上的"降序" 或"升序" 按钮进行排序。方法为：单击工作表中要进行排序的列中的任意一个单元格，然后再单击"常用"工具栏上的 或 按钮即可排序。

2. 对单元格区域数据的排序

如果要进行排序的列中有重复的数据时，单一关键字无法进行排序，此时可以借助"次要关键字"和"第三关键字"排序，具体为：单击工作表中要进行排序的列中的任意一个单元格，选"数据"菜单中的"排序"命令，打开"排序"对话框（如图 5.70 所示），"主要关键字"、"次要关键字"和"第三关键字"分别选择列 A、列 B 和列 C，再选择"递增"或"递减"，然后单击"确定"按钮即可排序。

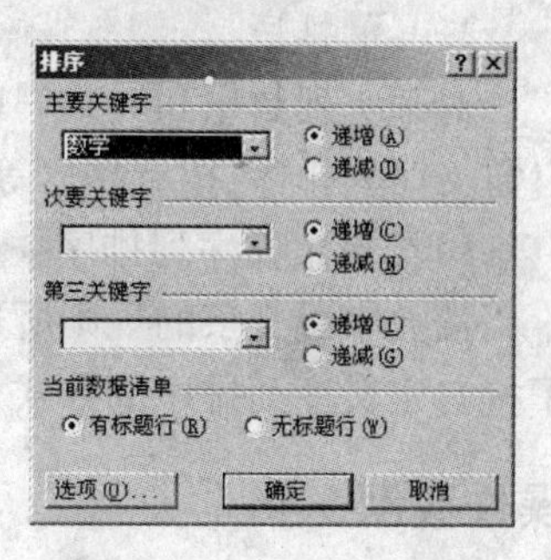

图 5.70 "排序"对话框

操作实例 5-47

在"成绩统计"工作簿"网络 2 班"工作表中，将"学生成绩统计"数据库以"数学"为主要关键字，以"英语"为次要关键字，以"语文"为第三关键字进行递增排序。

步骤 1：单击工作表中要进行排序的列中的任意一个单元格，选"数据"菜单中的"排序"命令，打开"排序"对话框，如图 5.71 所示。

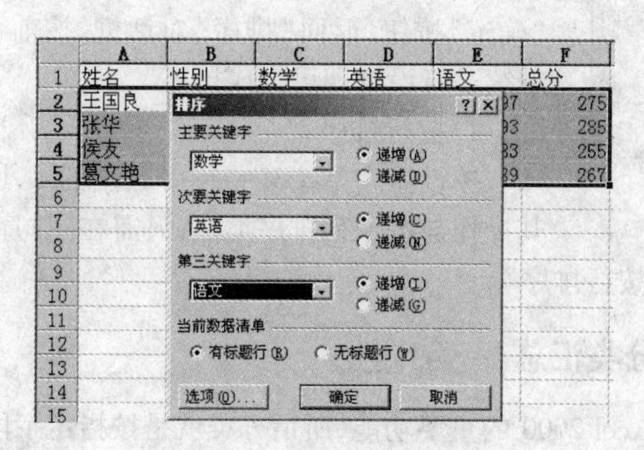

图 5.71 用"排序"对话框排序

步骤 2：在"主要关键字"下拉列表中选"数学"，再选中其后的"递增"选项；在"次要关键字"下拉列表中选"英语"，再选中其后的"递增"选项；在"第三关键字"下拉列表中选“语文”,再选中其后的“递增”选项。

步骤3:单击“确定”按钮,就按要求完成了数据的排序,排序结果如图 5.72 所示。

	A	B	C	D	E	F
1	姓名	性别	数学	英语	语文	总分
2	葛文艳	女	80	98	89	267
3	侯友	男	85	87	83	255
4	张华	男	95	97	93	285
5	王国良	男	96	82	97	275

图 5.72　排序结果

3. 其他排序

对某一列数据和对某一单元格区域数据除了按关键字排序外,Excel 还提供了按自定义序列排序、按行排序等特殊功能。

1)按自定义序列排序

按数字或文字的规则所进行的普通排序,有时不能满足用户的需求,Excel 提供了按自定义序列排序的方式。

操作实例 5-48

在“成绩统计”工作簿“网络 2 班”工作表中,将“学生成绩统计”数据库以第一列降序排序。

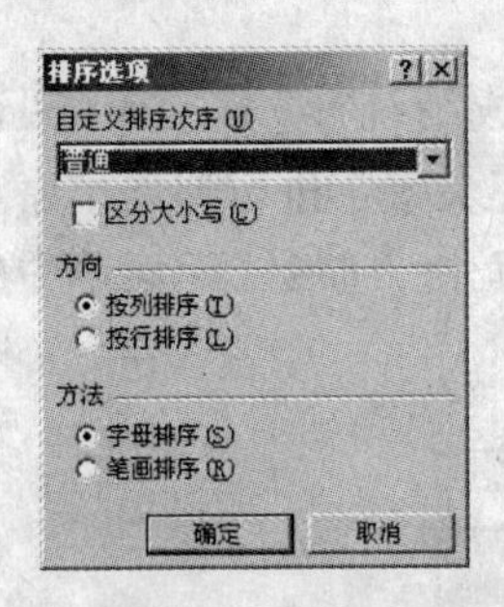

图 5.73　“排序选项”对话框

步骤1:单击工作表中要进行排序的列中的任意一个单元格,选“数据”菜单中的“排序”命令,打开“排序”对话框,如图 5.70 所示。

步骤2:再单击“选项”按钮,出现“排序选项”对话框(如图 5.73 所示),在“方向”下选“按列排序”,最后单击“确定”按钮,返回“排序”对话框,按前面所述的排序方法继续进行设置即可完成排序。

2)按行排序

按行排序是按某一行中数据的大小或先后次序排序,其操作与按序列排序类似,只需在“排序选项”对话框中的“方向”区域选中“按行排序”。

5.8.4　数据的分类汇总

分类汇总是 Excel 2000 的重要功能,所谓分类就是按指定字段排序,分类最好选择有代表性的字段;所谓汇总就是对同类中的记录按指定字段值汇总。汇总只能对数值型字段而言。分类汇总所选择的分类字段也必须是排序字段。

分类汇总的一般步骤为:首先以分类字段作为关键字进行排序,然后单击要分类汇总的数据表中的任意一个单元格,选“数据”菜单中的“分类汇总”命令,打开“分类汇总”对话框(如图5.74所示),在“汇总方式”下拉列表中选定用于分类汇总计算的函数,从“选定汇总项”列表框中,选定要进行分类汇总计算的数值字段,最后单击“确定”按钮。

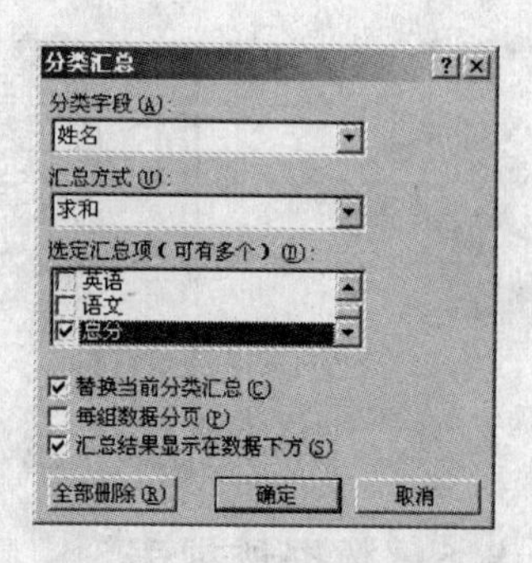

图5.74　“分类汇总”对话框

操作实例 5-49

在“成绩统计”工作簿“网络2班”工作表中,对“成绩统计”进行分类汇总,分类字段为“性别”,汇总方式为求和。

步骤1:首先以分类字段“性别”作为关键字进行递增排序,如图5.75所示。

	A	B	C	D	E	F
1	姓名	性别	数学	英语	语文	总分
2	侯友	男	85	87	83	255
3	张华	男	95	97	93	285
4	王国良	男	96	82	97	275
5	葛文艳	女	80	98	89	267

图5.75　以字段“性别”递增排序

步骤2:单击要分类汇总的数据表中的任意一个单元格,选“数据”菜单中的“分类汇总”命令,打开“分类汇总”对话框(如图5.74所示),在“汇总方式”下拉列表中选定SUM函数,从“选定汇总项”列表框中,选定“数学”、“英语”、“语文”和“总分”,如图5.76所示。

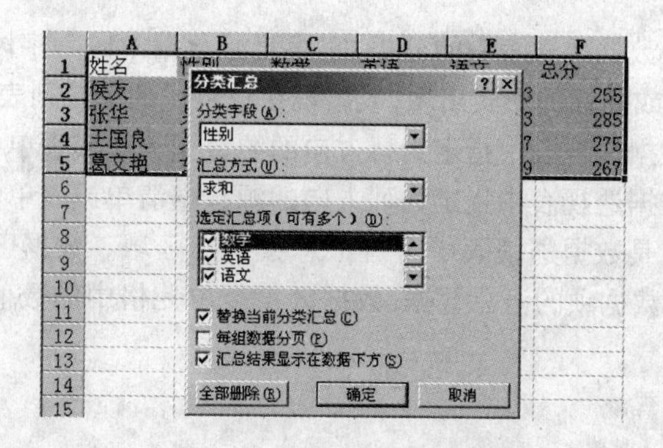

图5.76　设置“分类汇总”对话框

步骤3:单击“确定”按钮,汇总结果如图5.77所示。

另外,若要取消分类汇总,单击“数据”菜单下的“分类汇总”命令,在打开的分类汇总对话框中单击“全部删除”按钮,可取消分类汇总结果的显示,并恢复至原始数据清单。

	A	B	C	D	E	F
1	姓名	性别	数学	英语	语文	总分
2	侯友	男	85	87	83	255
3	张华	男	95	97	93	285
4	王国良	男	96	82	97	275
5		男 汇总	276	266	273	815
6	葛文艳	女	80	98	89	267
7		女 汇总	80	98	89	267
8		总计	356	364	362	1082

图 5.77 汇总结果

5.8.5 数据透视表

数据透视表是一种可以对大量数据快速汇总和建立交叉列表的交互式表格。它能够对行和列进行转换以查看源数据的不同汇总结果,并显示不同页面以筛选数据,还可以根据需要显示区域中的明细数据。数据透视表是一种动态工作表,它提供了一种以不同角度观看数据清单的简便方法。

1. 数据透视表的组成

数据透视表一般由以下 6 个部分组成。

(1)页字段:是数据透视表中指定为页方向的源数据清单或表单中的字段。单击页字段的不同项,在数据透视表中会显示与该项相关的汇总数据。源数据清单或表单中的每个字段或列条目或数值都将成为页字段列表中的一项。

(2)数据字段:是指含有数据的源数据清单或表单中的字段,它通常汇总数值型数据,数据透视表中的数据字段值来源于数据清单中同数据透视表行、列、数据字段相关的记录的统计。

(3)数据项:是数据透视表中的分类,它代表源数据中同一字段或列中的单独条目。数据项以行标或列标的形式出现,或出现在页字段的下拉列表框中。

(4)行字段:数据透视表中指定为行方向的源数据清单或表单中的字段。

(5)列字段:数据透视表中指定为列方向的源数据清单或表单中的字段。

(6)数据区域:是数据透视表中含有汇总数据的区域。数据区中的单元格用来显示行和列字段中数据项的汇总数据,数据区每个单元格中的数值代表源记录或行的一个汇总。

2. 创建数据透视表

操作实例 5-50

以图 5.78 中的数据作为数据源创建数据透视表,求各院系的政治、高数、外语三门课程的总成绩。

步骤 1: 在工作表中单击“数据”菜单项,选择其中的“数据透视表”命令,屏幕出现如图 5.79 所示的“数据透视表和数据透视图向导—3 步骤之 1”对话框。

步骤 2: 使用的源数据是工作表中的数据,因此,选择“Microsoft Excel 数据清单

	A	B	C	D	E	F	G	H
1	院系	学号	姓名	政治	高数	英语	计算机基础	体育
2	计算机	0001	张雷	97	94	93	93	88
3	计算机	0031	韩文岐	80	73	69	87	81
4	计算机	0016	郑俊霞	85	71	67	77	73
5	环境工程	0004	马云燕	88	81	73	81	67
6	环境工程	0023	王晓燕	89	62	77	85	90
7	环境工程	0034	贾莉莉	91	68	76	82	82
8	艺术工程	0007	李广林	86	79	80	93	76
9	艺术工程	0012	马丽萍	93	73	78	88	75
10	机电	0009	高云河	94	84	60	86	68
11	机电	0017	王卓然	55	59	98	76	81

图 5.78 源数据

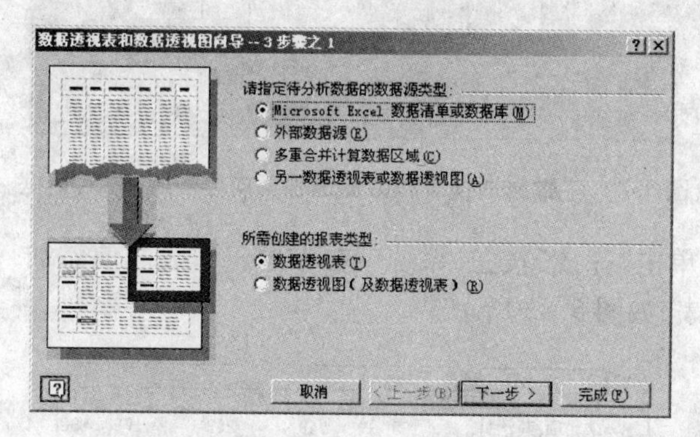

图 5.79 “数据透视表和数据透视图向导—3 步骤之 1”对话框

或数据库”选项，按“下一步”按钮后，屏幕就会出现“数据透视表和数据透视图向导—3 步骤之 2”对话框，如图 5.80 所示。

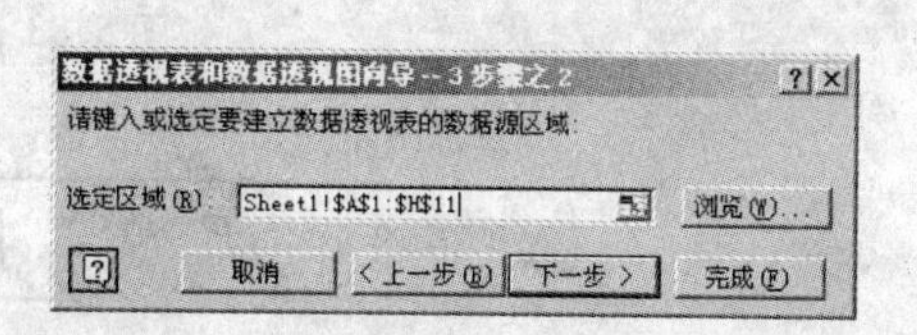

图 5.80 “数据透视表和数据透视图向导—3 步骤之 2”对话框

步骤 3：在“选定区域”中输入源数据所在的位置后，单击“下一步”按钮，屏幕会显示“数据透视表和数据透视图向导—3 步骤之 3”对话框，如图 5.81 所示。

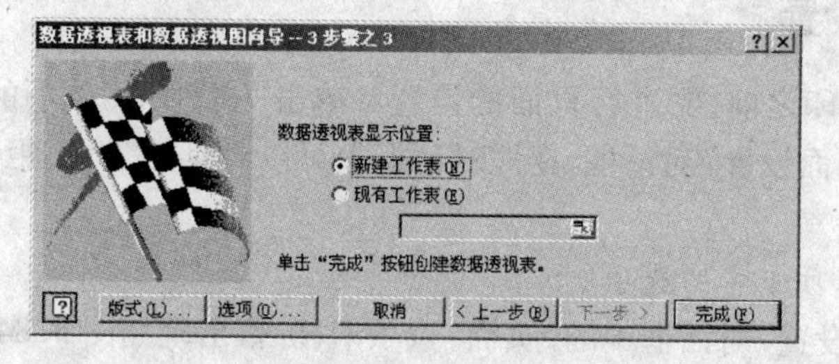

图 5.81 “数据透视表和数据透视图向导—3 步骤之 3”对话框

步骤 4：在这个对话框中，选择“版式”按钮，可以看到如图 5.82 所示的对话框，在此对话框中,将“院系”移动到“列字段”,将政治、高数、外语移到“数据区域”中,三个字段会自动显示为“求和项:政治”、“求和项:高数”、“求和项:外语”。按“确定”按钮返回到图 5.82 所示的对话框中,一般选择其默认的“新建工作表”项。

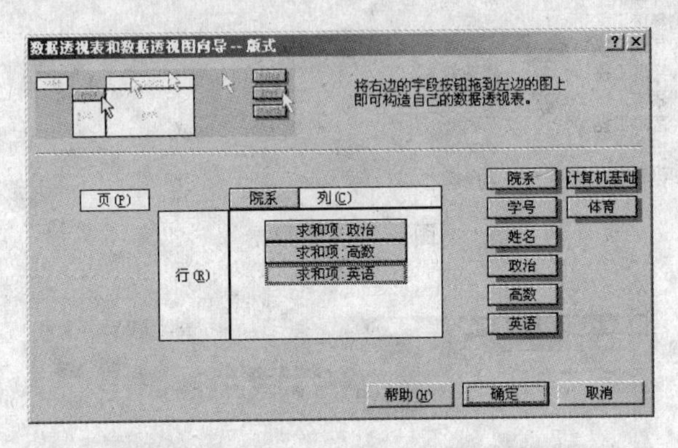

图 5.82　“数据透视表和数据透视图向导—版式”对话框

步骤 5:最后单击“完成”按钮,系统就会在原工作表之前添加一个工作表,即源数据的数据透视表,如图 5.83 所示。

		院系				
3		院系				
4	数据	环境工程	机电	计算机	艺术工程	总计
5	求和项:政治	268	149	262	179	858
6	求和项:高数	211	143	238	152	744
7	求和项:英语	226	158	229	158	771

图 5.83　数据透视表

5.9 打印工作表

工作表或图表创建好之后,为了提交或查阅方便,常常将它打印出来。下面我们讲述如何打印工作表或图表。

5.9.1 页面设置

工作表在打印之前,要进行页面的设置。单击“文件”菜单下的“页面设置”选项,就可激活“页面设置”对话框,在该对话框中可以对页面、页边距、页眉/页脚和工作表进行设置。

1.“页面”选项卡中的选项

选择“页面设置”对话框中的“页面”选项卡,屏幕出现如图 5.84 所示的对话框。在这个对话框中,用户可以将“方向”调整为“纵向”或“横向”;调整打印的“缩放比例”,可选择“10%”至“400%”尺寸的效果打印,“100%”为正常尺寸;设置“纸张大小”,从下拉列表中可以选择用户需要的打印纸的类型;“打印质量”列表中列出了可供选择的选项。如果用户只打印某一页码之后的部分，可以在“起始页码”中设定。

2. 页边距的设置

打开“页边距”选项卡，分别在“上”、“下”、“左”、“右”编辑框中设置页边距；在“页眉”、“页脚”编辑框中设置页眉、页脚的位置；在“居中方式”中，可选“水平居中”和“垂直居中”两种方式。

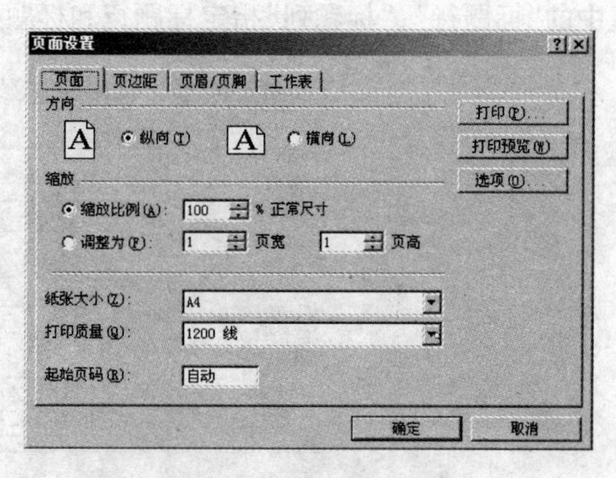

图 5.84 “页面设置”对话框

3. 页眉/页脚的设置

打开“页眉/页脚”选项卡。在“页眉/页脚”选项卡中单击“页眉”下拉列表可选定一些系统定义的页眉；同样，在“页脚”下拉列表中可以选定一些系统定义的页脚。单击“自定义页眉”或“自定义页脚”就可以进入下一个对话框，进行用户自己定义的页眉、页脚的编辑。

单击“自定义页眉”或“自定义页脚”按钮后，系统会弹出一个如图 5.85 所示的对话框。在这个对话框中，用户可以在“左”、“中”、“右”框中输入自己期望的页眉、页脚。另外，在上方还有七个不同的按钮，按 A 按钮，可以对页眉、页脚进行字体的编辑。按按钮和按钮，表示在光标所在位置插入页码和总页码。按按钮，可在光标所在位置插入日期。按按钮，可在光标所在位置插入时间。按按钮，表示在光标所在位置插入 Excel 2000 工作簿的名称。按按钮，是在光标所在位置插入标签。

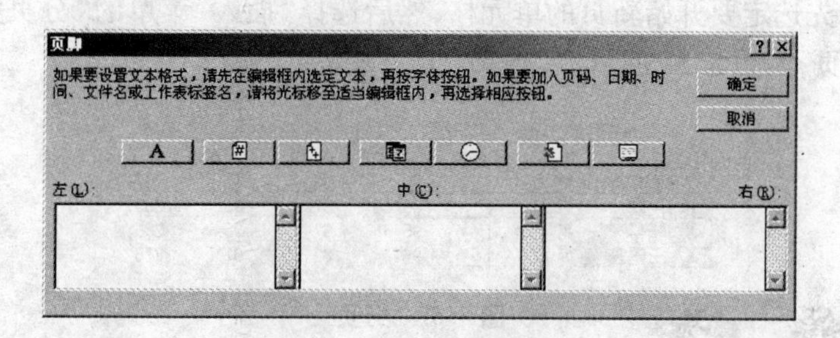

图 5.85 自定义页眉页脚

4. 工作表的设置

选择“工作表”选项卡，得到如图 5.86 所示的对话框。如果要打印某个区域，则可在“打印区域”文本框中输入要打印的区域。如果打印的内容较长，要打印在两张纸上，而又要求在第二页上具有与第一页相同的行标题和列标题，则在“打印标题”

框中的“标题行”、“标题列”指定标题行和标题列的行与列，还可以指定打印顺序等。

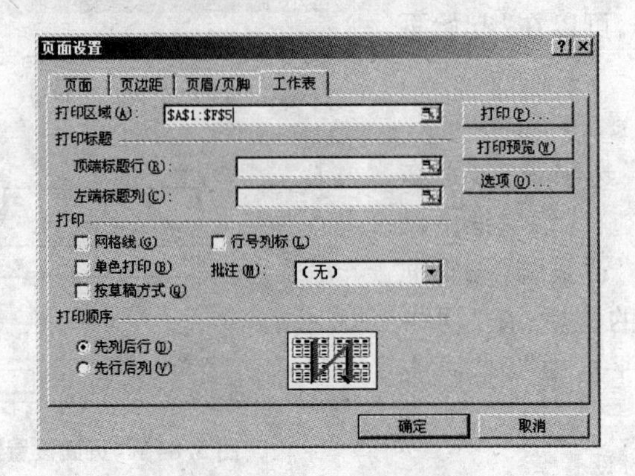

图 5.86　工作表设置

5.9.2　设置分页

一个 Excel 2000 工作表可能有很大，而能够用来打印的纸张面积都是有限的，对于超过一页信息的工作表，系统能够自动设置分页符，在分页符处将文件分页。而用户有时需要对工作表中的某些内容进行强制分页，因此，用户需要在打印工作表之前，先对工作表进行分页。

对工作表进行人工分页，一般就是在工作表中插入分页符，插入的分页符包括垂直的人工分页符和水平的人工分页符。

操作实例 5-51

在“成绩统计”工作簿“网络 2 班”工作表中插入和删除分页符。

步骤 1：先选定要开始新页的单元格，然后选择“插入”菜单的“分页符”命令，以进行人工分页，如图 5.87 所示。

	A	B	C	D	E	F
1	姓名	性别	数学	英语	语文	总分
2	葛文艳	女	80	98	89	267
3	侯友	男	85	87	83	255
4	张华	男	95	97	93	285
5	王国良	男	96	82	97	275

图 5.87　分页

步骤 2：当要删除一个人工分页符时，应选定人工分页符下面的第一行单元格（垂直分页符）或右边的第一列单元格（水平分页符），然后单击“插入”菜单，此时弹出的下拉菜单中的“分页符”命令将变为“删除分页符”命令，单击此命令就可删除这个人工分页符。如果要删除全部人工分页符，则应选中整个工作表，然后单击“插入”菜单下的“重设所有分页符”命令。

5.9.3 打印预览和打印

1. 打印预览

在打印前,一般都会先进行预览,因为打印预览看到的内容和打印到纸张上的结果是一模一样的,这样就可以防止由于没有设置好表的外观使打印的表不合要求而造成浪费。

单击“文件”菜单,选择“打印预览”命令,或直接单击工具栏中的“打印预览”按钮,屏幕就会显示如图 5.88 所示的打印预览状态。

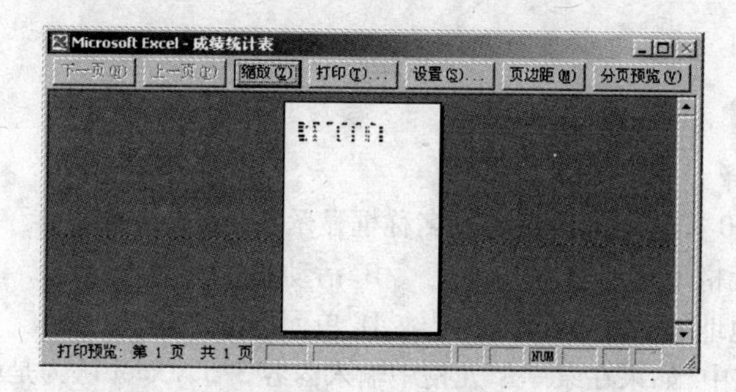

图 5.88 打印预览

在图 5.88 所示的窗口中,可以按“缩放”按钮,放大预览看到的结果,按“页边距”按钮,观察打印内容在一页中的位置等。

2. 打印工作表

在打印机安装和设置好之后,打印之前还要进行如下设置(如图 5.89 所示)。

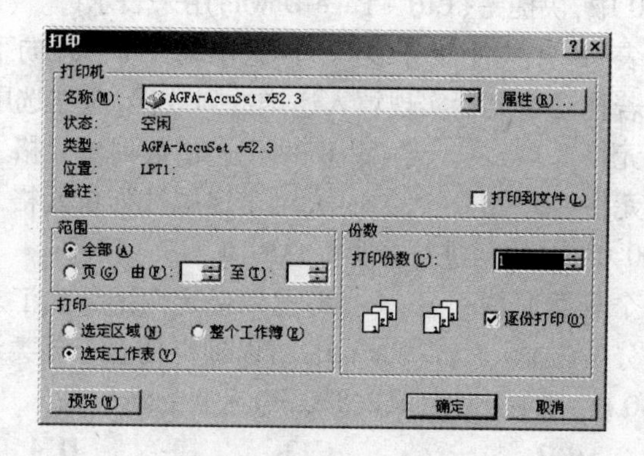

图 5.89 打印工作表

(1)设定打印工作表的范围,可以选择打印全部或者打印连续的几页。

(2)设定打印对象,可选择“选定区域”、“选定工作表”和“选定整个工作簿”中的任意一个。

(3)设定打印分数,一切准备就绪后,单击“常用”工具栏的“打印”按钮,即可打印。

本章小结

本章主要介绍了中文 Excel 2000 的基本操作,内容包括:工作表的建立、编辑和格式化;工作表中数据的编辑和计算;工作表中数据的排序和分类汇总;图表的创建和编辑以及工作表和图表的打印设置方法等。通过本章的学习,你可以熟练地使用中文 Excel 2000 制作常用的工作表。

习题 5

一、单项选择

1. Excel 2000 工作表编辑栏中的名称框显示的是(　　)。

A. 活动单元格地址的名字　　B. 活动单元格的内容

C. 单元格地址的名字　　D. 单元格的内容

2. 在工作表中,如果在某一单元格中输入内容 3/5,Excel 认为是(　　)。

A. 文字型　　B. 日期型　　C. 数值型　　D. 逻辑型

3. 地址 R7C6 表示的是(　　)单元格。

A. G7　　B. F7　　C. G6　　D. F6

4. 在 Excel 中,单元格行高的调整可通过(　　)菜单进行。

A."数据"　　B."视图"　　C."工具"　　D."格式"

5. 在 Excel 2000 中,快捷键【Ctrl + Page Down】用来表示(　　)。

A. 下一个工作表　B. 上一个工作表　C. 向上滚动一屏　D. 向下滚动一屏

6. 在 Excel 中,若拖动填充柄实现填入递增数列数据,应先选中(　　)。

A. 一个文字单元格　　B. 两个递增数列单元格

C. 一个数字单元格　　D. 两个递减数列单元格

7. 在 Excel 2000 中,对数据进行分类汇总时,(　　)字段。

A. 必须确定一个分类汇总　　B. 可以确定两个分类汇总

C. 可以不确定分类汇总　　D. 可以确定任意个分类汇总

8. 在 Excel 2000 中,函数 SUM(1,2,TRUE)返回的结果是(　　)。

A. 1　　B. 2　　C. 3　　D. 4

9. 在 Excel 2000 中,创建公式的操作步骤是(　　)。

①在编辑栏键入"="　　③按 Enter 键

②键入公式　　④选择需要建立公式的单元格

A. ④③①②　　B. ④①②③　　C. ④①③②　　D. ①②③④

10. 在 Excel 中,对数据分类汇总之前,首先要进行的操作是(　　)。

A. 排序　　B. 筛选　　C. 合并计算　　D. 分列

二、填空题

1. 进入 Excel 2000 后，系统自动打开一个新工作簿，其默认名称是______。

2. Excel 2000 工作簿文件的扩展名是______。

3. 选择几个不连续的单元格区域，需按键盘上的______键。

4. 在编辑 Excel 2000 工作表时，如输入分数应先输入______，再输入分数。

5. 单元格引用符冒号(:)用于______。

6. 在 Excel 2000 中，A1:B3 代表______个单元格。

7. Excel 2000 的公式必须以______开头。

8. 一次排序最多可以使用______个关键字。

9. 标题合并居中时，不仅可以使用______菜单操作，而且可以使用"格式"工具栏的"合并及居中"按钮。

10. 创建图表应使用______菜单中的______命令。

三、判断题

1. 在 Excel 2000 中，直接处理的对象为工作表，若干工作表的集合称为工作簿。(　　)

2. 在 Excel 2000 中，一个工作簿可以只含一个工作表。(　　)

3. 在 Excel 2000 中对工作表按某列进行排序时，必须选定整个表格区域。(　　)

4. 在 Excel 2000 中，一行中各个单元格的高度可以不同。(　　)

5. 在公式 =F$2+E6 中，F$2 是绝对引用，而 E6 是相对引用。(　　)

6. 在 Excel 2000 中，表格的边框可以是双线。(　　)

7. 在 Excel 中自动筛选可以实现对多个字段之间的与运算。(　　)

8. 在 Excel 2000 中，SUM 函数只能对列信息实现求和。(　　)

9. 单元格中的错误信息都以#开头。(　　)

10. 运算符有数学运算符、文字运算符和比较运算符和引用运算符。(　　)

四、操作题

1. 制作题图 5.1 所示的"工资报表"，用求和函数 SUM 计算每人七月到十二月的工资之和。

工资报表

姓名	七月	八月	九月	十月	十一月	十二月	合计
李青					1234	1256	
吴佳	1520	1511	1210	1220	1230	1568	
刘红	1610	1600	1630	1632	1635	1655	

题图　5.1

2. 制作如题图 5.2 所示的成绩单，然后利用公式(成绩 = 平时 * 30% + 总分 * 70%)和函数求总分、平均分和成绩。

成绩单						
课程 姓名	数学	英语	平时	总分	平均分	成绩
李力	98	87	92			
张强	89	95	90			
王红	99	93	88			

题图 5.2

3. 对题图 5.3 所示的数据清单以“产品”作为“分类字段”进行分类汇总。

地区	产品	一月	二月	三月
天津	彩电	10522	12350	11591
上海	彩电	10555	11345	1014
上海	彩电	577	13455	1514
北京	电冰箱	10511	11345	1668
北京	电冰箱	1054	12350	1518
天津	电冰箱	1056	12350	1514
北京	洗衣机	10500	12350	1645
上海	洗衣机	10533	13450	1574

题图 5.3

4. 根据题图 5.4 所示的“成绩单”表，统计“数学”字段中≥80 且 <90 的人数，结果添在 C12 单元格内。

成绩单						
学号	姓名	数学	英语	物理	哲学	总分
200401	王红	90	88	89	74	341
200402	刘佳	45	56	59	64	224
200403	赵刚	84	96	92	82	354
200404	李立	82	89	90	83	344
200405	刘伟	58	76	94	76	304
200406	张文	73	95	86	77	331
200407	杨柳	91	89	87	84	351
200408	孙岩	56	57	87	82	282
200409	田笛	81	89	86	80	336

题图 5.4

5. 在工作表中建立数据表，内容如题图 5.5 所示，以“课程名称”和“人数”为分页，以“班级”为列字段，以“课时”为求和项，从 Sheet2 工作表的 A1 单元格起，建立数据透视表。

班级	课程名称	人数	课时
2	德育	50	26
4	德育	76	35
9	离散数学	75	36
5	离散数学	44	62
4	离散数学	48	61
5	体育	44	61
4	体育	57	26
9	线性代数	58	41
5	线性代数	58	26
4	线性代数	75	44

题图 5.5

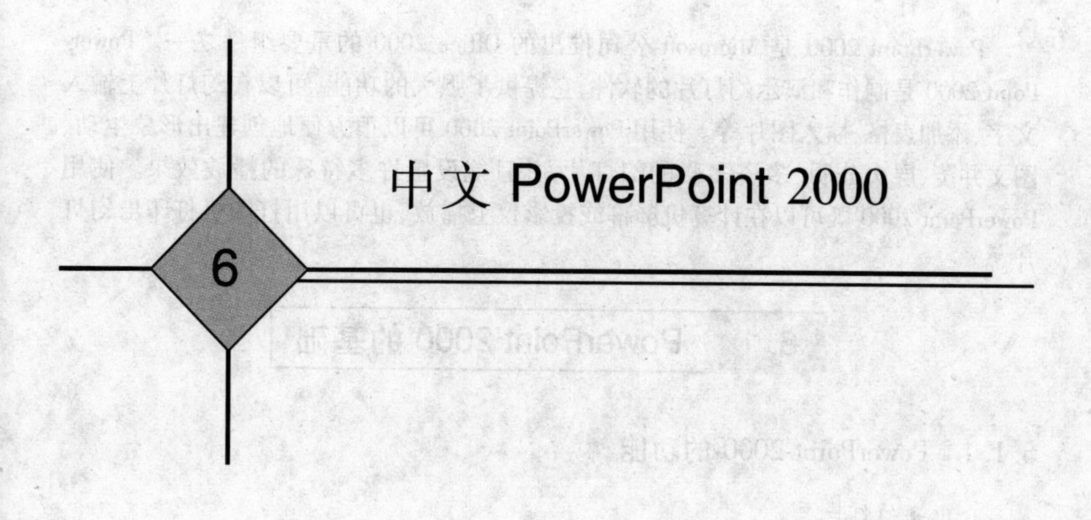

中文 PowerPoint 2000

🕮 本章主要内容

☑ PowerPoint 2000 的主要功能
☑ 演示文稿创建和编辑
☑ 幻灯片的放映和打印

PowerPoint 2000 是 Microsoft 公司推出的 Office 2000 的重要组件之一。PowerPoint 2000 是制作和演示幻灯片的软件,它提供了强大的功能,可以在幻灯片上输入文字、添加表格、插入图片等。使用 PowerPoint 2000 可以很方便地创建出形象生动、图文并茂、层次分明、多姿多彩的幻灯片,并且能设置许多特殊的播放效果。使用 PowerPoint 2000 既可以在计算机屏幕或投影仪上播放,也可以用打印机打印出幻灯片。

6.1 PowerPoint 2000 的基础

6.1.1 PowerPoint 2000 的功能

1. 电子幻灯片

PowerPoint 可以创建包含文本、图表、图形、剪贴画、影片、声音以及其他多媒体信息的电子幻灯片。若干张幻灯片可以组成电子演示文稿,可以在屏幕上演示。

2. 投影幻灯片

可以将电子幻灯片打印在透明胶片上,制作成可以在幻灯机上放映的幻灯片。

3. 35 mm 幻灯片

电子幻灯片还可以用专门设备转换成 35 mm 幻灯片,用于大型会议等场合的演示放映。

4. 打印文稿

可以将幻灯片、演讲者备注或包括标题和重点文件大纲打印出来进行分发,在放映演示文稿时,观众既可以观看屏幕,又可以阅读文字材料。

5. Web 演示文稿

可以专门为 Internet 设计演示文稿,将网页格式的演示文稿副本放到 Internet 上,使用 Web 浏览器作为演示工具,如用于视频会议,远程教学和电子商务等。

6.1.2 PowerPoint 2000 的启动和退出

1. PowerPoint 2000 的启动

操作实例 6-1

PowerPoint 2000 的启动。

方法一:从 Windows 2000 的开始菜单启动,单击任务栏中"开始"按钮,选择"程序"→"Microsoft Powerpoint",启动后如图 6.1 所示。

方法二:利用桌面上的快捷方式
。

方法三:通过打开已存在的演示文稿来启动 PowerPoint。如果要启动 PowerPoint 2000 的同时打开指定的演示文稿,只需要在“资源管理器”或“我的电脑”中双击演示文稿的文件名即可。

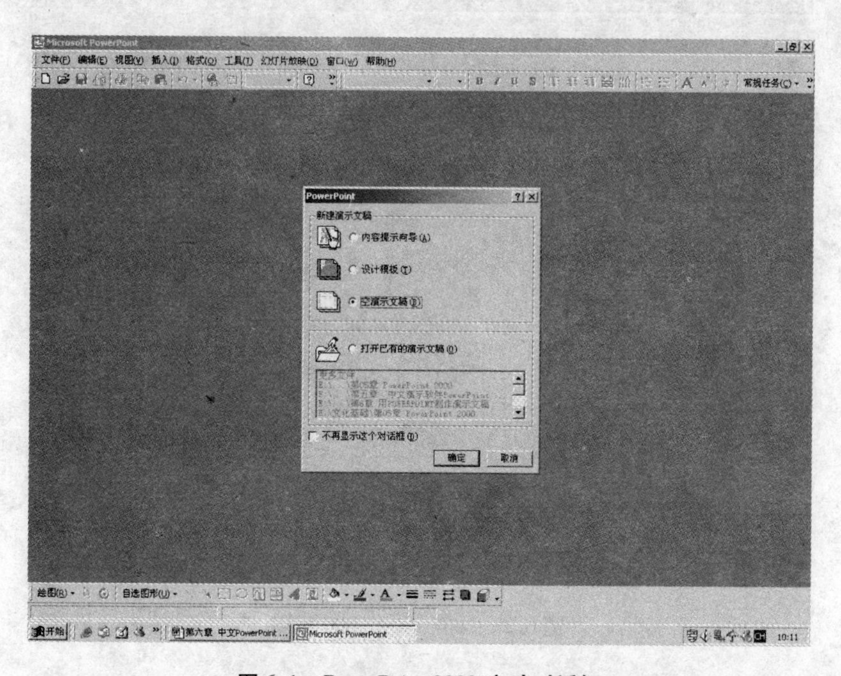

图 6.1 PowerPoint 2000 启动对话框

提示:PowerPoint 2003 与 PowerPoint 2000 的启动界面不同。

2. PowerPoint 2000 的退出

操作实例 6-2

PowerPoint 2000 的退出。

方法一:单击 PowerPoint 菜单栏选择“文件”→“退出”。

方法二:单击右上角关闭按钮 ✕ 。

方法三:键盘上按【Alt + F4】组合键。

方法四:单击窗口左上角的控制按钮,在弹出的菜单中选择“关闭”选项。

方法五:双击窗口左上角的控制按钮。

6.1.3 PowerPoint 2000 的窗口

当 PowerPoint 启动后,可在对话框中选择默认的“空演示文稿”,并在下一个对话框中选择默认的“标题幻灯片”版式,就可以进入 PowerPoint。

PowerPoint 2000 提供给用户的操作界面与 Microsoft Office 软件中的其他界面相

似,也是由标题栏、菜单栏、工具栏、视图窗口、滚动条及状态栏等界面元素组成。

PowerPoint 2000 的窗口组成如图 6.2 所示。

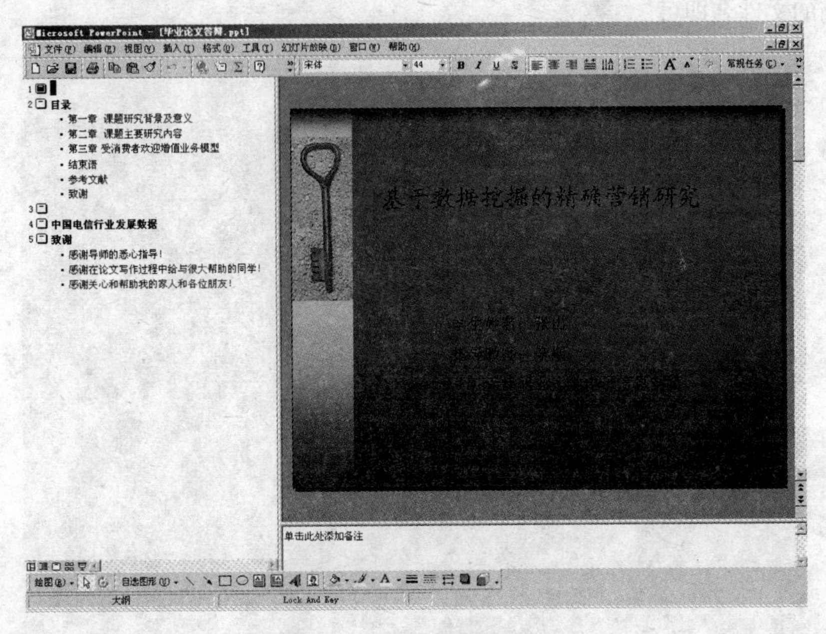

图 6.2 PowerPoint 2000 窗口

6.1.4 PowerPoint 2000 的各种视图

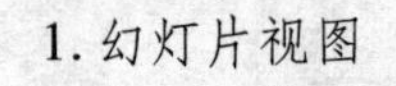

图 6.3 幻灯片“视图”按钮

PowerPoint 2000 提供了 6 种不同的视图方式:普通视图、大纲视图、幻灯片视图、幻灯片浏览视图、幻灯片放映视图、备注页视图。可以在“视图”菜单中选择相应的命令从一种视图状态切换到另一种视图状态。在 PowerPoint 2000 的视图窗口的“水平”滚动条左方有 5 个按钮,如图 6.3 所示,单击按钮,也可以从一种视图状态切换到另一种视图状态。

1. 幻灯片视图

单击“幻灯片视图”按钮即转换到幻灯片视图。幻灯片的建立及对幻灯片中各个对象进行的编辑,大都在此视图下进行。幻灯片视图每次显示一张幻灯片,使用这种视图可以修改单张幻灯片。在幻灯片视图下不仅可以输入文字,还可以插入剪贴画、表格、图表、艺术字、组织结构图等。幻灯片视图界面如图 6.4 所示。

使用垂直滚动条或者单击位于垂直滚动条底端的“上一张幻灯片”和“下一张幻灯片”按钮,可以很容易的切换幻灯片的显示,单击屏幕左端的各页面标签(1.2.3...)也可方便地定位幻灯片。当鼠标上、下拖拽垂直滚动条上的滚动块时,屏幕上会显现一个标签。它表示如果此时释放鼠标,这张幻灯片将会出现。

图 6.4　幻灯片视图

2. 大纲视图

单击“大纲视图”按钮即转换到大纲视图。大纲视图将以大纲格式显示一个幻灯片的标题及幻灯片内容的列表，此时仅显示文稿中所有标题和正文，如图 6.5 所示。使用这种视图可以生成演示文稿的内容。在大纲视图中，将显示一个特殊的工具栏(在图 6.5 中是出现在窗口的左边框上)。它能够帮助组织和输入大纲，可利用

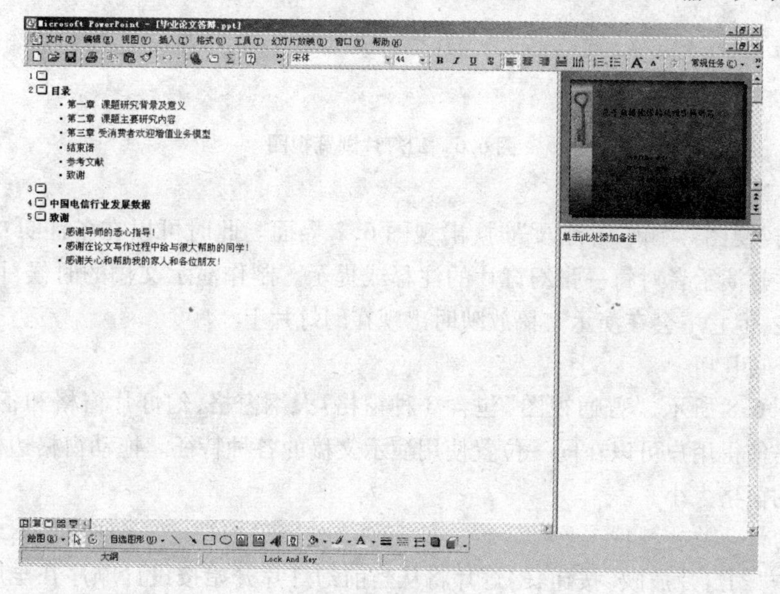

图 6.5　大纲视图

该工具栏调整幻灯片标题、正文的布局、展开或折叠幻灯片的内容、移动幻灯片的位置等。

在此视图方式下，当前幻灯片的一个“缩略图”或缩小的图会出现在窗口中右端，提供幻灯片外观印象。幻灯片都是有编号的，同时每张幻灯片都有一个图标与之对应。

3. 幻灯片浏览视图

单击“幻灯片浏览”按钮，系统切换到浏览视图方式，演示文稿中所有幻灯片按顺序以缩略图的形式排列在屏幕上，如图 6.6 所示，用户可以通过常用工具栏中显示比例下拉列表框来改变幻灯片的大小以及每行显示的幻灯片数目。用户可以用鼠标方便地调整幻灯片的次序和对幻灯片进行插入、移动、复制、删除等操作。

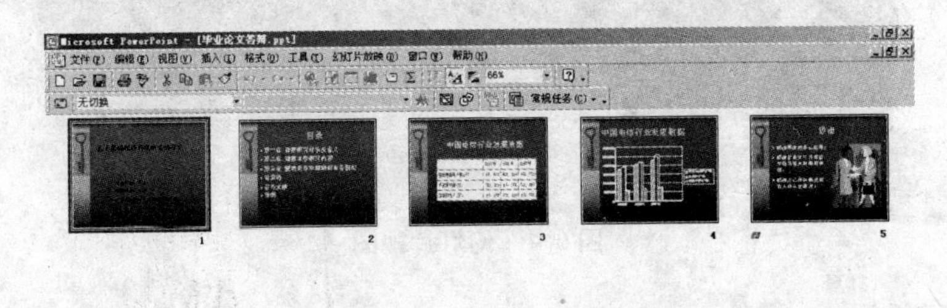

图 6.6 幻灯片浏览视图

4. 备注页视图

单击“视图”菜单“备注页”时，出现图 6.7 界面。此时可以在备注页中输入内容。备注是演示者对每一张幻灯片的注释或提示。制作演示文稿的时候，可以使用这些备注，但它不会在演示文稿放映时出现在幻灯片上。

5. 普通视图

如图 6.8 所示，“普通视图”包含 3 种窗格：大纲窗格、幻灯片窗格和备注窗格。这些窗格使得用户可以在同一位置使用演示文稿的各种特征。拖动窗格边框可以调整不同的窗格大小。

6. 幻灯片放映视图

单击“幻灯片放映”按钮，幻灯片将从当前幻灯片开始按设计顺序在全屏幕上显示，每次一张，如图 6.9 所示。在幻灯片放映视图中，单击鼠标或按回车键显示下一

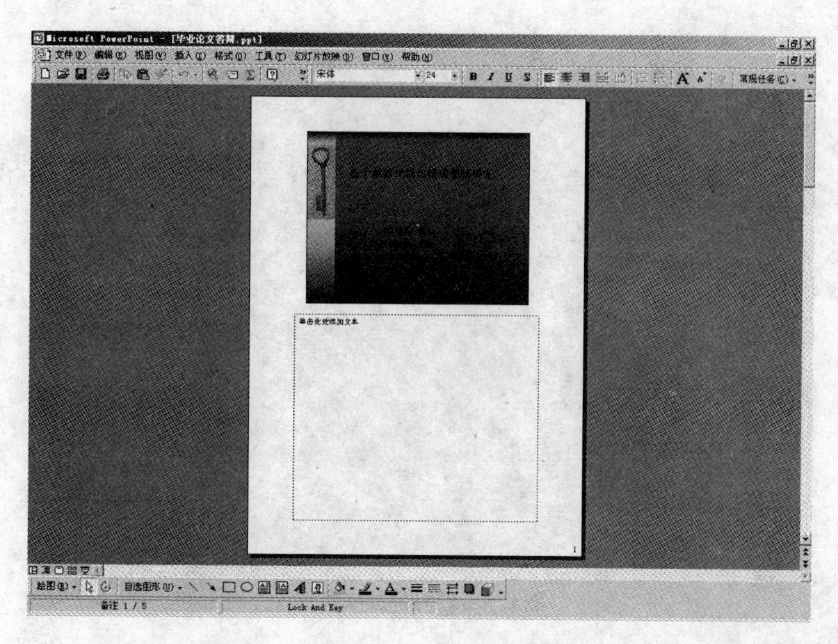

图 6.7　备注页视图

张,放映完所有的幻灯片后恢复到原视图。可以在任何时候通过按【Esc】键退出幻灯片放映视图,并返回到以前的视图中。

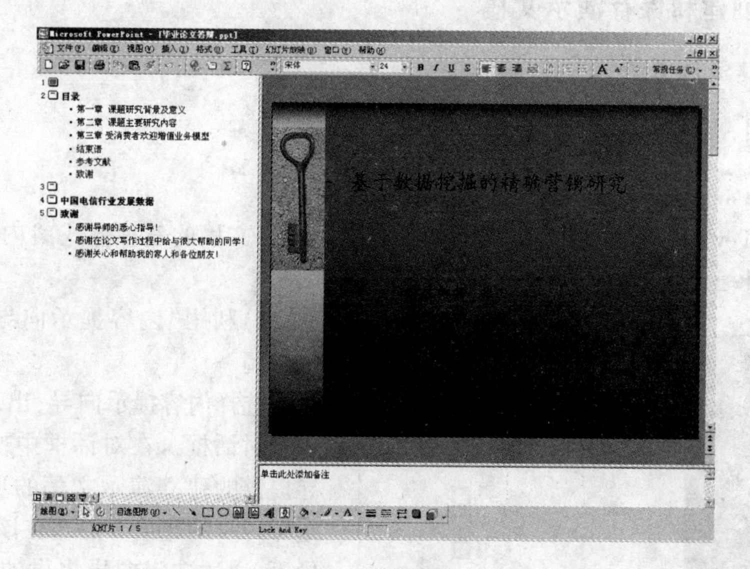

图 6.8　普通视图

图6.9 幻灯片放映视图

6.2 创建和编辑演示文稿

6.2.1 创建和保存演示文稿

1. 创建演示文稿

操作实例 6-3

创建 PowerPoint 2000 演示文稿。

启动 PowerPoint 时,在启动对话框中有建立演示文稿的三种方式:“内容提示向导”、“设计模板”和“空演示文稿”(如图 6.1 所示)。

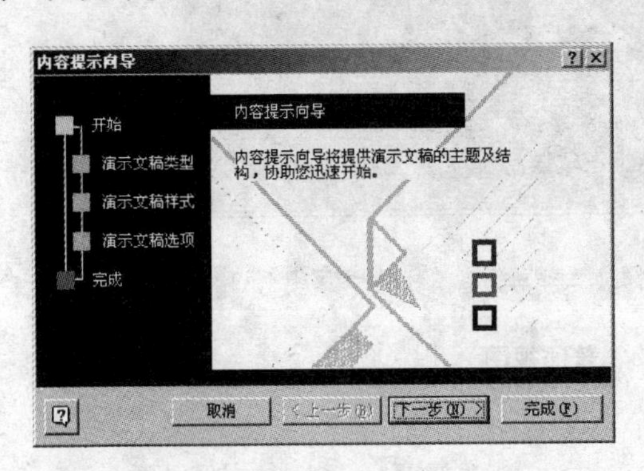

图 6.10 “内容提示向导”对话框

1)利用“内容提示向导”建立演示文稿

选择内容提示向导,出现图 6.10 所示对话框。在对话框中,左边是向导提供的建立演示文稿的步骤,右边是每一步的选项界面。在该向导的指导下,通过选定向导提供的每一个界面选项,可以快速完成演示文稿的建立。

“内容提示向导”包括各种不同

主题的演示文稿范例,如推荐策略、公司会议、财政状况总览、项目概况、活动计划等。

如果已经进入 PowerPoint 的运行环境,可以选择“文件”菜单的“新建”命令,弹出“新建演示文稿”对话框,如图 6.11 所示,并在对话框中选择“常用”选项卡中的“内容提示向导”图标,也能进入图 6.10 所示的“内容提示向导”对话框。

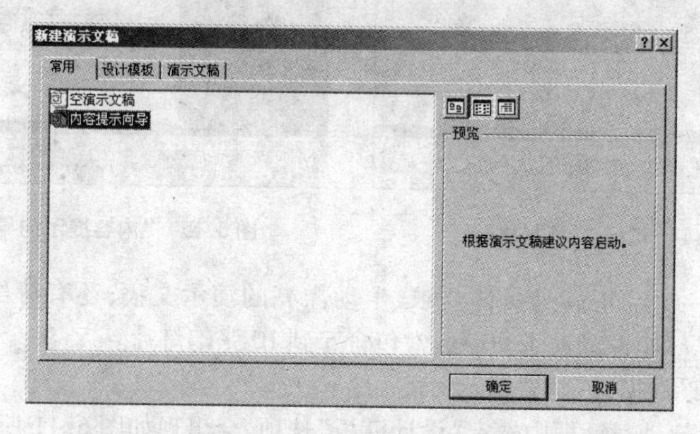

图 6.11 **“新建演示文稿”对话框中的“常用”选项卡**

使用“内容提示向导”生成演示文稿的步骤如下。

步骤 1:进入“内容提示向导”对话框(如图 6.10 所示),单击“下一步”,打开“演示文稿类型”对话框,如图 6.12 所示。

步骤 2:单击“全部”按钮或单击想要的类型按钮,列出类型选项,然后在右边的列表框中选择想要的演示文稿类型,单击“下一步”按钮,如图 6.13 所示。

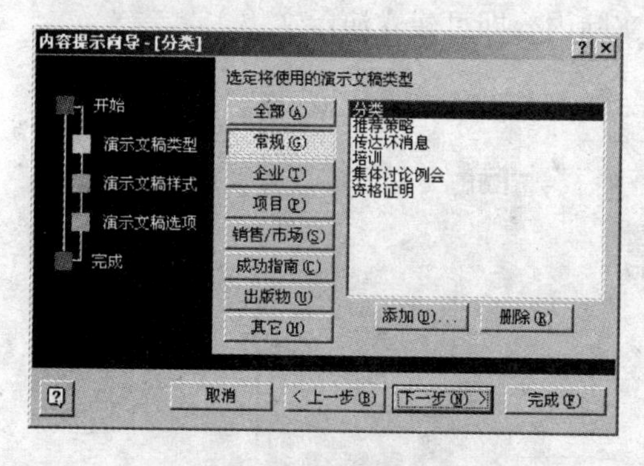

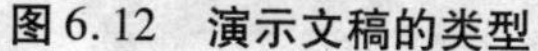

图 6.12 **演示文稿的类型**

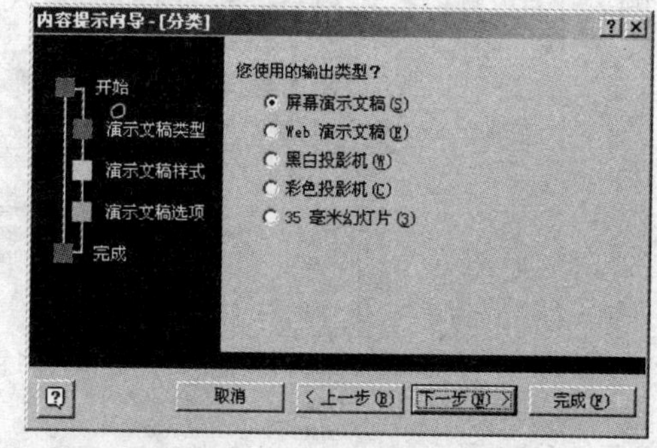

图 6.13 **演示文稿的输出类型选项**

步骤 3:在对话框中选择适合的演示文稿输出类型,然后单击“下一步”按钮,出现如图 6.14 所示的对话框,可以输入演示文稿的标题信息和页脚信息。

步骤 4:单击“下一步”按钮,出现如图 6.15 所示的对话框,阅读最后一个向导对话框,然后单击“完成”按钮。

完成上述步骤就利用向导快速创建了演示文稿,但此时的演示文稿只是一个概

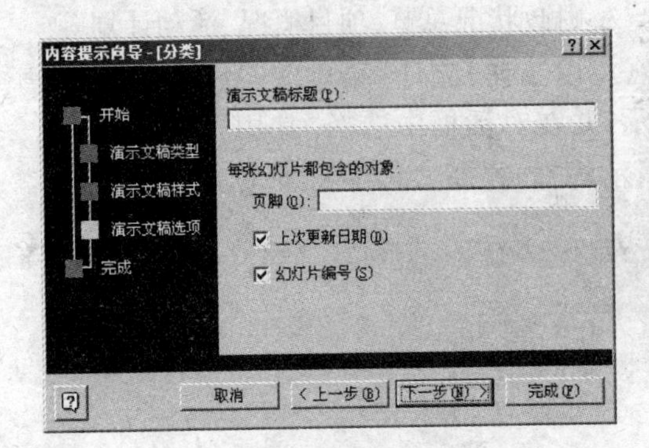

图 6.14　演示文稿样式

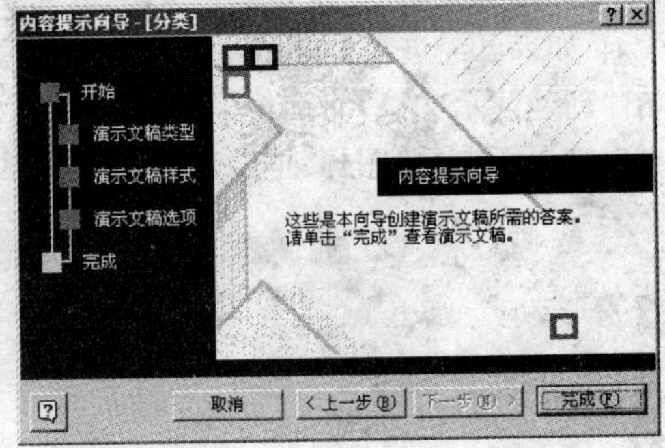

图 6.15　“内容提示向导”对话框

貌,要想创建一个真正满足具体要求、生动漂亮的演示文稿,还有待细化。一个按“内容提示向导”组织的演示文稿通常包含 5 到 10 张幻灯片。

2)利用“设计模板”建立演示文稿

在图 6.1 启动对话框中选定“设计模板”选项,会出现如图 6.11 所示的“新建演示文稿”对话框,在该对话框中选择“常用”选项卡中的“空演示文稿”,即可以创建一个无任何修饰的空演示文稿。

若选择该对话框的“设计模板”或“演示文稿”选项卡,则可以利用 PowerPoint 提供的现有模板自动快速创建演示文稿。

如果选中的是“演示文稿”选项卡,将列出如图 6.16 所示的一组预先设计好的演示文稿模板供用户选择。每个模板都提供了带有背景图案、文字格式和提示文字的若干张幻灯片,用户只要根据提示,输入实际内容即可建立演示文稿。

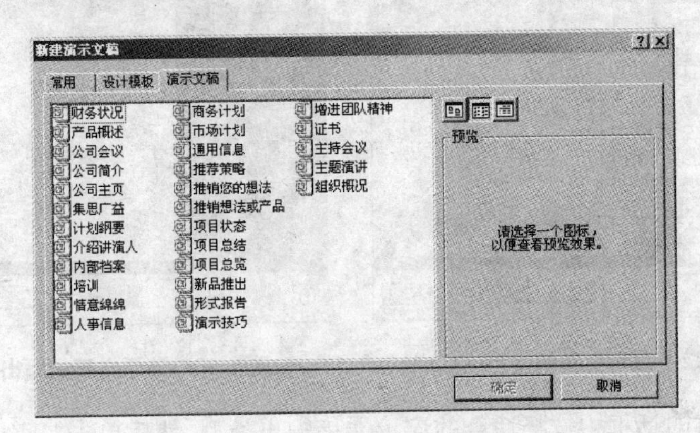

图 6.16　“新建演示文稿”对话框的“演示文稿”选项卡

如果选中的是“设计模板”选项卡,PowerPoint 提供的是仅有背景图案的空演示文稿,如图 6.17 所示。选择此选项后,建立幻灯片的方法与下面介绍的“建立演示文稿”相同。

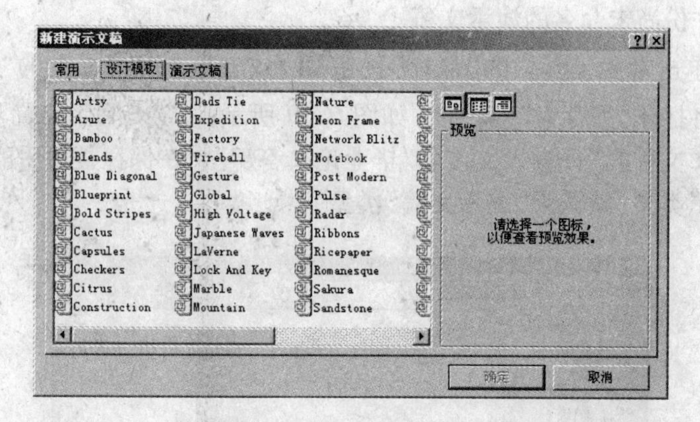

图 6.17 “新建演示文稿”对话框的“设计模板”选项卡

3)利用“空演示文稿”建立演示文稿

在如图 6.1 所示的启动对话框中选择“空演示文稿”选项或选择“文件”菜单中的“新建”命令，在弹出的“新建演示文稿”对话框中选择“常用”中的“空演示文稿”图标，出现图如 6.18 所示的“新幻灯片”对话框。

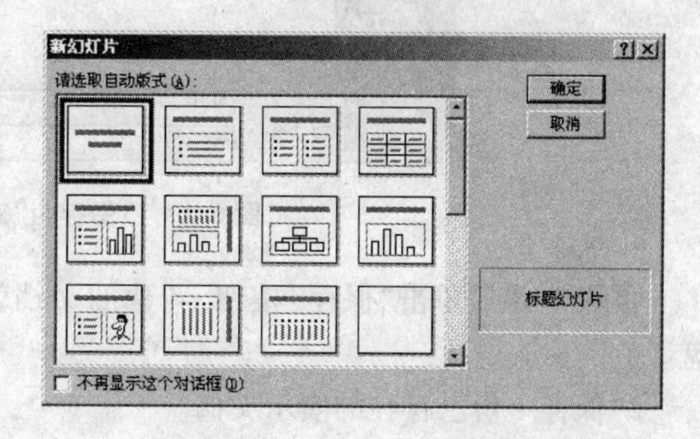

图 6.18 “新幻灯片”对话框

如果希望建立具有自身风格和特色的幻灯片，可以从“空白的演示文稿”开始设计。它不包含任何背景图案，但包含了 28 种自动版式供用户选择。可以先在对话框中选择某种自动版式，然后再输入内容。在这些版式中包含许多占位符，用于添加如标题、文字、图片、图表和表格等各种对象。用户既可以按照占位符中的文字提示输入内容，也可以删除多余的占位符或通过选择“插入”菜单的“对象”命令，插入需要的图片、Word 表格与 Excel 表等各种对象。

如果对插入的对象不满意，可以进行修改。对那些用“绘图”按钮绘制的各种图形，可单击选中后再进行修改或删除；修改文本时先单击选中文本框，再对文字进行修改；对艺术字、图表、Word 表格等对象进行修改时，要双击待修改的对象，跳转到创建该对象的应用程序。用户进行修改后再单击对象外的空白处便可以返回 PowerPoint。此外，对选定的对象可以进行移动、复制、删除等操作。

2. 保存演示文稿

操作实例 6-4

将当前编辑的演示文稿以“毕业论文答辩”为文件名保存到 D 盘上。

1)保存一份尚未命名的演示文稿。

步骤1:单击常用工具栏的"保存"按钮,或者单击菜单栏上的"文件"→"保存"命令项,将打开"另存为"对话框(如图6.19所示)。在"保存位置"下拉菜单中选定D盘,在"文件名"框输入文件名"毕业论文答辩"。在保存类型后的下拉列表中选"演示文稿"类型(默认为"演示文稿"类型)。

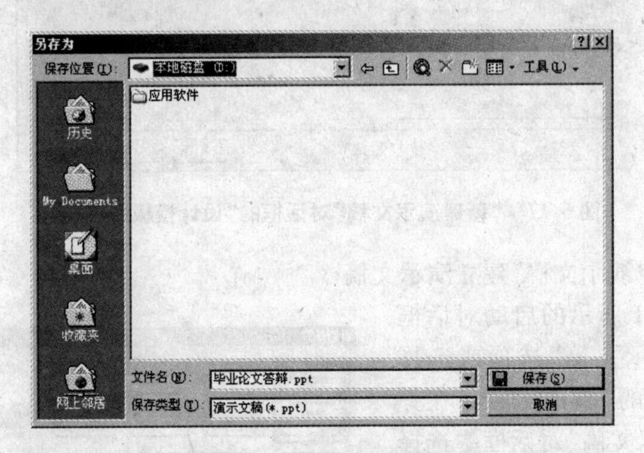

图6.19 "另存为"对话框

步骤2:最后单击"保存"按钮,新建的文档就会以"毕业论文答辩"为文件名存盘。

2)保存一份已存在的演示文稿。

操作实例6-5

将"毕业论文答辩"演示文稿再次保存。

输入新内容后,单击常用工具栏的"保存"按钮,或者单击菜单栏上的"文件"→"保存"命令项,则当前"毕业论文答辩"文档以该文件名再次存盘。

3)将本次编辑的结果保存为另一个演示文稿。

操作实例6-6

将"毕业论文答辩"演示文稿以"毕业论文答辩副本"为名重新保存。

步骤1:单击"文件"菜单下的"另存为"命令,打开"另存为"对话框。

步骤2:在"文件名"框输入新文档名"毕业论文答辩副本",单击"保存"按钮。

4)设置定时自动保存

操作实例6-7

将"毕业论文答辩"演示文稿自动保存时间间隔设置为5分钟。

步骤 1:单击菜单栏上的“工具”→“选项”,打开“选项”对话框,如图 6.20 所示。

步骤 2:选中“保存”选项卡,在选中其中的“保存自动恢复信息”,然后设置每隔 5 分钟。

步骤 3:最后单击“确定”按钮。

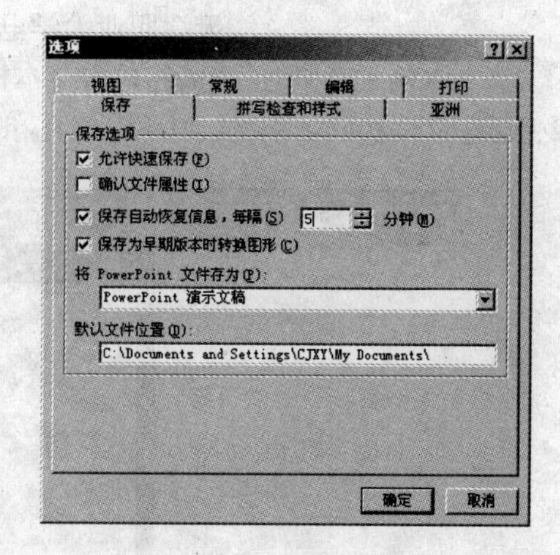

图 6.20 “选项”对话框

如果在 PowerPoint 中同时打开了多个文件,则要注意 PowerPoint 保存的是当前操作的演示文稿。如果要保存其他演示文稿的内容,必须将该演示文稿显示为当前活动窗口,然后再执行上述步骤。

PowerPoint 的文件类型默认为“. ppt”,可以通过在“另存为”对话框的“保存类型”中选择“Web 页”,或者选择“文件”菜单中的“另存为 Web 页”命令,将当前演示文稿保存为 Web 页,并且可以通过对话框中的“发布”按钮来发布 Web 页,以便于在网络上放映。

6.2.2 文字的添加和格式设置

在选择了某种版式的新建空白幻灯片上,可以看到一些带有提示信息的虚线框,这是为标题、文本、图表、剪贴画等内容预留的位置,称为占位符。在文本占位符的内部单击将选定的文本块激活,即可以添加、删除、编辑文本或将其变为项目编号列表,可以通过使用菜单栏“插入”菜单的“文本框”命令选项,添加新的文本框进行文字的添加。

在幻灯片中不仅可以输入和编辑文字,而且可以插入和编辑表格、图表、图片、组织结构图、文本框、影片和声音等对象。

1. 文本的输入和编辑

操作实例 6-8

将“毕业论文答辩”演示文稿输入如图 6.21 所示文字。

步骤 1:在要输入的区域单击鼠标,将出现一个文本框并且光标的插入点将定位于该文本框中,如图 6.21 所示。

步骤 2:把该文本框原有的文字选中或删除后,直接从键盘上输入“基于数据挖掘的精确营销研究”的内容,该内容将替换原来的缺省内容。在副标题添加如下内容。

学生姓名:张山
指导教师:李斯

天津职业大学电子信息学院

当文本输入完毕时,用鼠标单击文本框外的任意地方,文本框即可关闭,如图 6.22 所示。

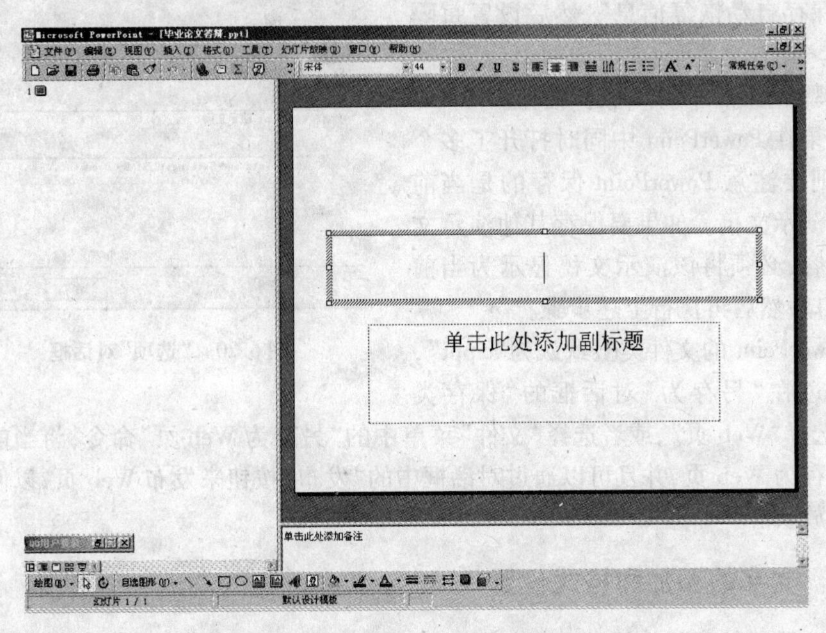

图 6.21　毕业论文答辩幻灯片(一)

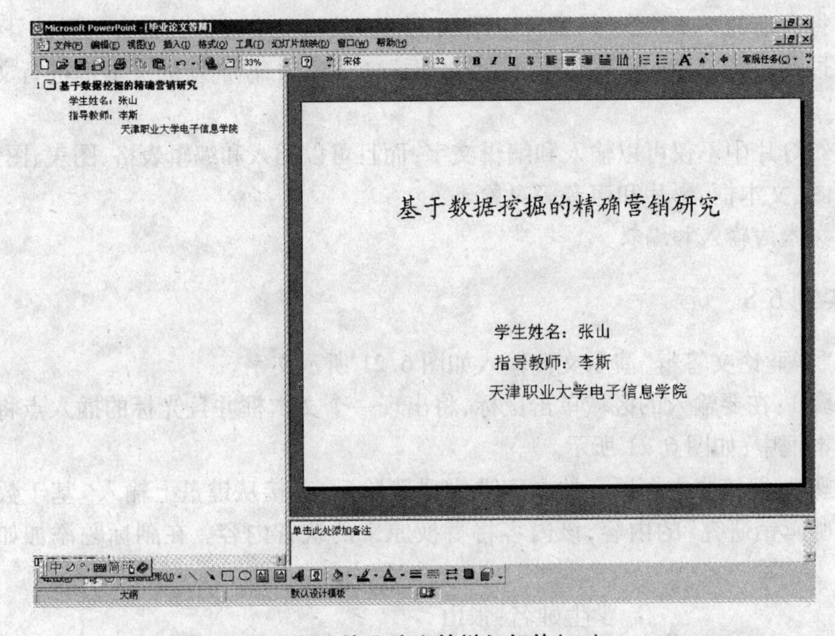

图 6.22　毕业论文答辩幻灯片(二)

步骤 3:如果对文本框的大小或位置不满意,随时可以用鼠标拖动改变文本框的大小或位置,方法同 Word 中改变文本框的大小和位置一样。

步骤 4:如果对输入的文字内容或格式不满意,随时可以对文字进行删改、复制、移动等操作。也可以选定文字后,利用"格式"菜单中相关命令进行格式的设置。

提示:PowerPoint 2003 与 PowerPoint 2000 的版式有所不同。

2. 插入和编辑图表

操作实例 6-9

将"毕业论文答辩"演示文稿输入如图 6.25 所示图表。

步骤 1:新建一个幻灯片如图 6.18 所示,选取一个含有图表区版式的幻灯片,单击"确定"按钮,出现具有图表区的幻灯片如图 6.23 所示。

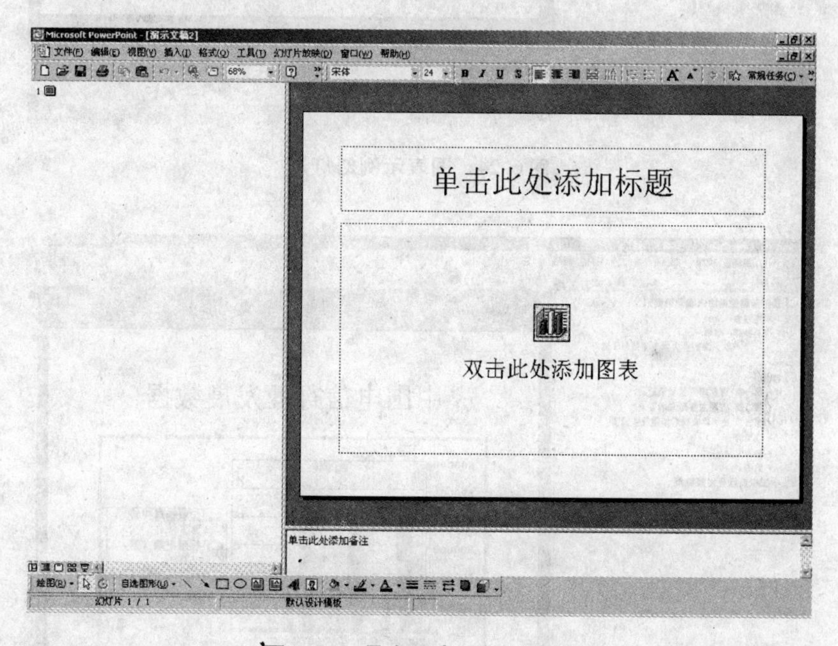

图 6.23 具有图表区的幻灯片

步骤 2:用鼠标双击图表区域显示一个图表和一个数据表如图 6.24,也可以在已有幻灯片上要加入图表的区域单击,再选择"插入"菜单中的"图表"命令。这是 PowerPoint 提供的一个示例,根据实际需要替换数据表中的数据如图 6.25,并可在"图表"菜单中选择一种合适的图表类型。

步骤 3:向数据表中依次输入新的数据,并可以使用"编辑"菜单中的命令复制、移动和删除数据,使用"插入"菜单插入行、列和单元格;使用"格式"菜单设置数据表中的数据。

步骤 4:数据表修改完毕后,关闭数据表对话框,幻灯片中将出现一个图表。

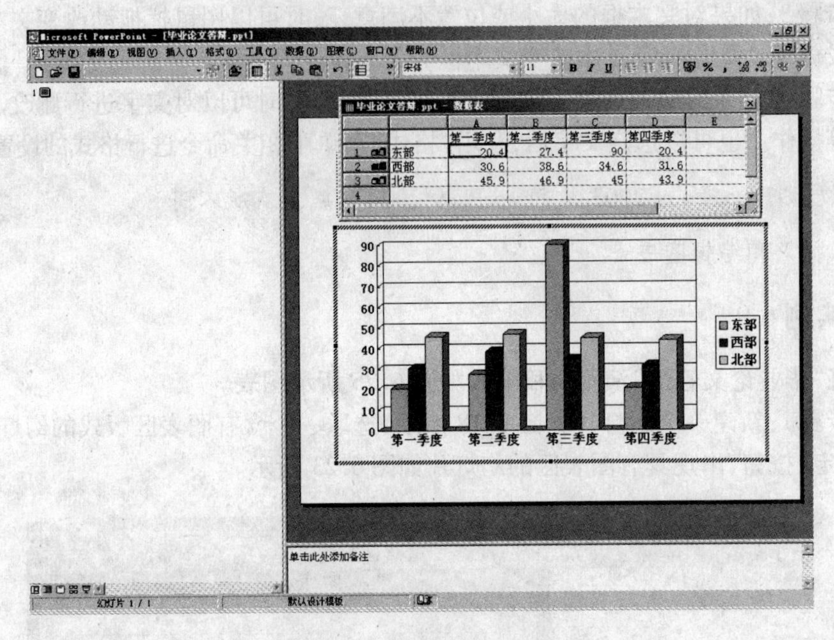

图 6.24 图表示例幻灯片

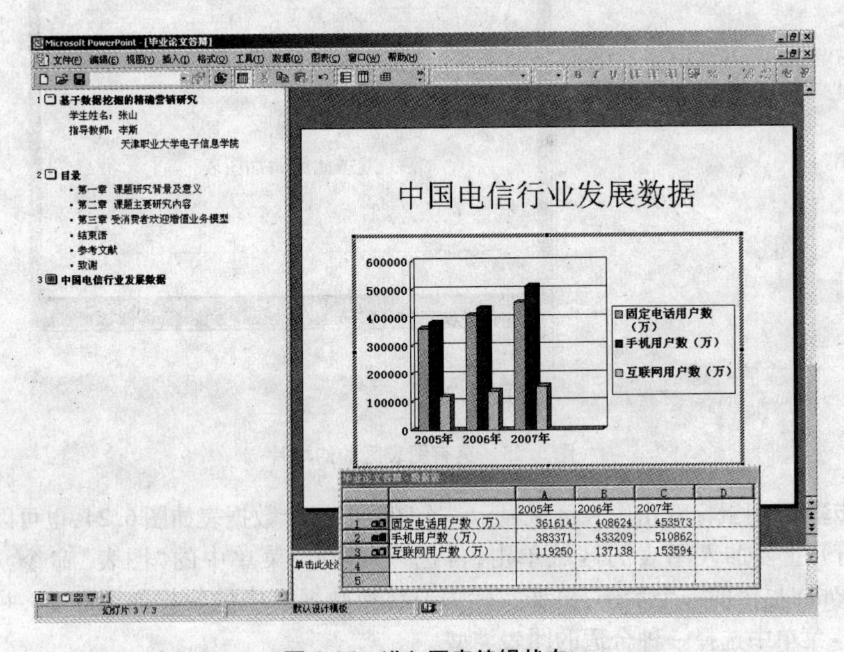

图 6.25 进入图表编辑状态

步骤 5：用户可以对该图表进行编辑，利用鼠标拖动的方法改变图表的大小，移动图表的位置。大小和位置均调整好后，用鼠标左键单击图表框以外的区域，则图表框消失，出现调整后的新幻灯片视图。

6.2.3 其他媒体信息的插入和格式设置

幻灯片图文并茂能使整个演示文稿美观、生动、更具说服力。可以加入图片、声音、影片、自己绘制图形、艺术字等多媒体对象，增加幻灯片的可视性和生动性。

1. 添加图片

用户可以使用两种方式插入图片。一种方式与在 Word 2000 中一样，使用“插入”菜单中的“图片”命令，这种方式可以插入剪贴画和各种其他图片文件等等，另外一种方式是 PowerPoint 特有的方式，即使用剪贴画占位符，使用这种方式，只能在指定位置插入剪辑库中的剪贴画。

操作实例 6-10

将“毕业论文答辩”演示文稿添加如图 6.27 所示幻灯片。

操作步骤如下。

步骤 1：插入如图 6.26 所示幻灯片。

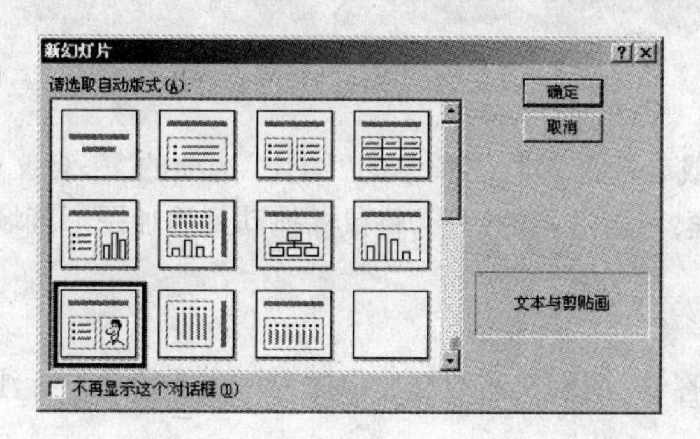

图 6.26 “新幻灯片”对话框

步骤 2：在标题处输入“致谢”。

在文本处输入如下内容。

- 感谢导师的悉心指导！
- 感谢在论文写作过程中给予很大帮助的同学！
- 感谢关心和帮助我的家人和各位朋友！

步骤 3：双击剪贴画区域打开“剪辑图库”对话框，选择剪贴画的类别，在“工作人员”中选择第二个。

步骤 4：单击所需剪贴画，然后右击，在弹出的菜单中选“插入”，即可在幻灯片中插入如图 6.27 所示的剪贴画。

2. 添加图形

如果想在幻灯片中加入自己绘制的图形，与插入图片类似。首先在幻灯片视图中打开要加入图形的幻灯片，然后利用“绘图工具栏”上的各种绘图工具和自选图形

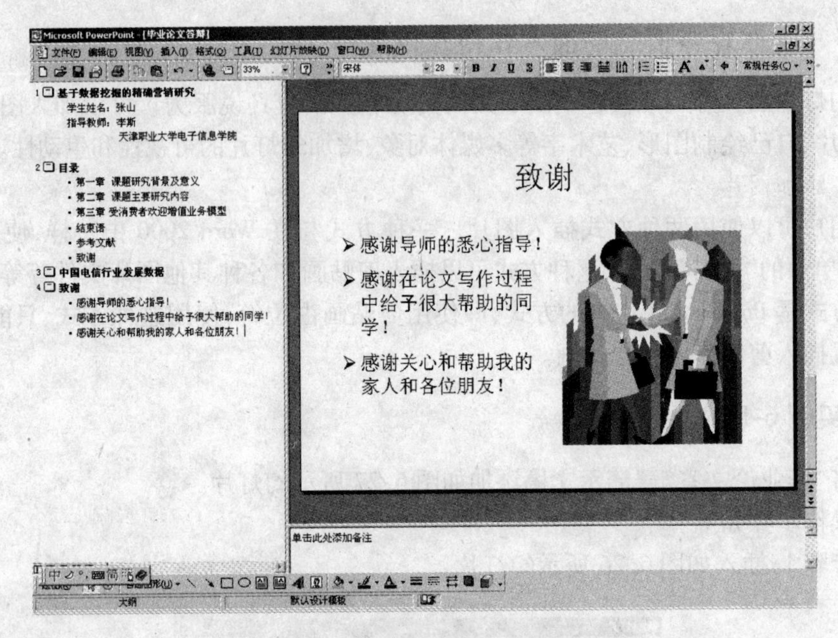

图 6.27　添加图片的幻灯片

在幻灯片上绘图；或者选择“插入”菜单的“图片”选项的“来自文件”命令选项，打开“自选图形”对话框，单击选中的图形，将鼠标拖动到添加图形区域即可添加图形。

操作实例 6-11

将“毕业论文答辩”演示文稿幻灯片中插入一个圆角矩形标注如图 6.28 所示。

操作步骤如下。

步骤 1：单击“绘图”工具栏中的“自选图形”按钮，在弹出的菜单中选择“标注”下的“圆角矩形标注”或者选择“插入”菜单的“图片”选项，在弹出的级联菜单中选择“自选图形”，打开“自选图形”工具栏（如图 6.29 所示），从中再选择所需“圆角矩形标注”。

步骤 2：当鼠标指针变成“ + ”字型后，在幻灯片上拖动鼠标使之出现一个方框，松开鼠标后在幻灯片上即可出现指定的图形，输入“数据产生的直方图”；可以设置自选图形格式使幻灯片更美观，插入效果如图 6.30。

3. 添加艺术字

操作实例 6-12

将“毕业论文答辩”演示文稿添加一张幻灯片如图 6.33 所示。

操作步骤如下。

步骤 1：插入一张新幻灯片。

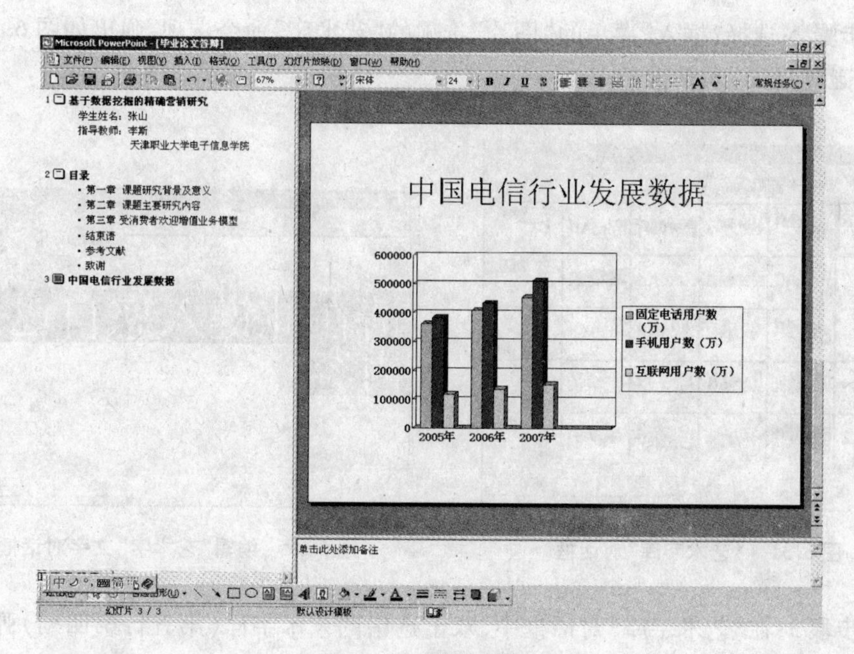

图 6.28 图表幻灯片

图 6.29 “自选图形”工具栏

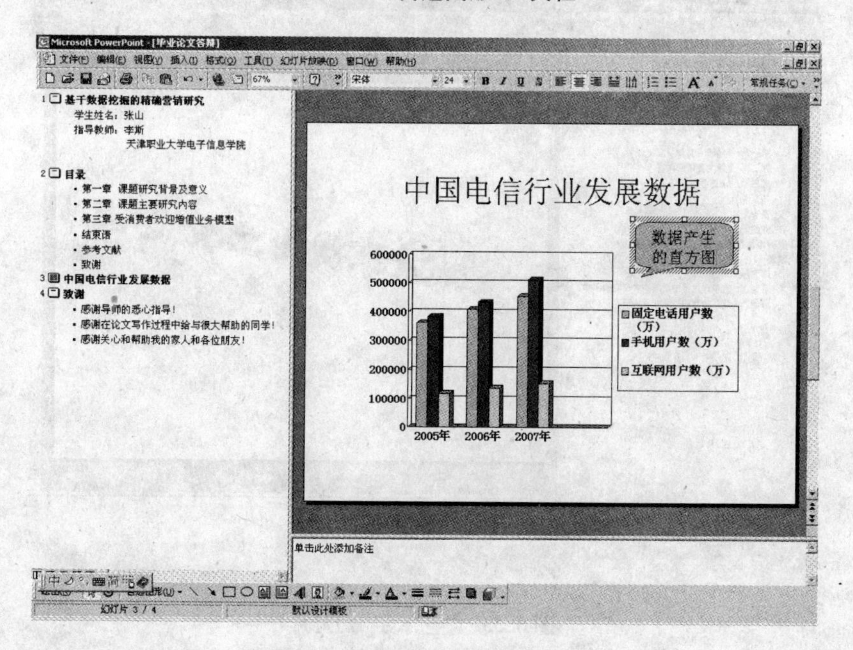

图 6.30 插入自选图形样例

步骤 2:选择“插入”菜单的“图片”选项的“艺术字”命令选项,弹出如图 6.31 所示的“艺术字库”对话框。

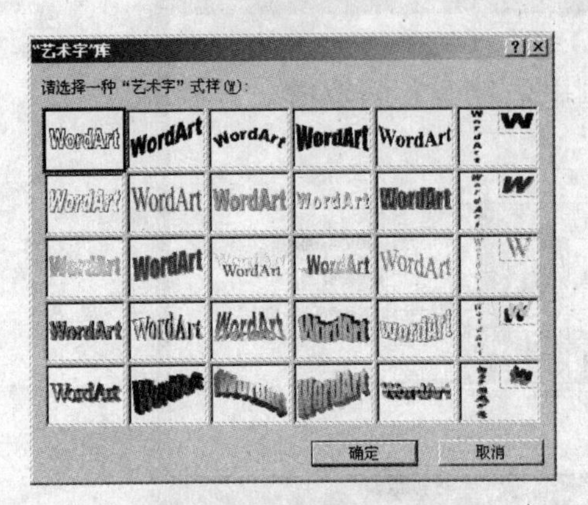

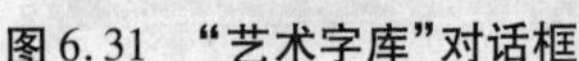
图 6.31 “艺术字库”对话框

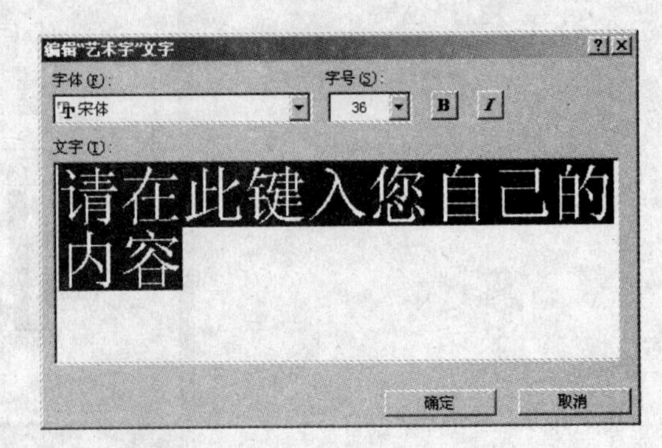

图 6.32 编辑“艺术字”文字对话框

步骤 3:在“艺术字库”对话框中,双击选中的艺术字样(第五行第四列)弹出如图 6.32 所示的“编辑艺术字文字”对话框,“字体”选择“楷体—GB2312”、“字号”列表框中选择字号 60,输入“欢迎大家提出宝贵意见!”,然后单击“确定”按钮如图 6.33 所示。

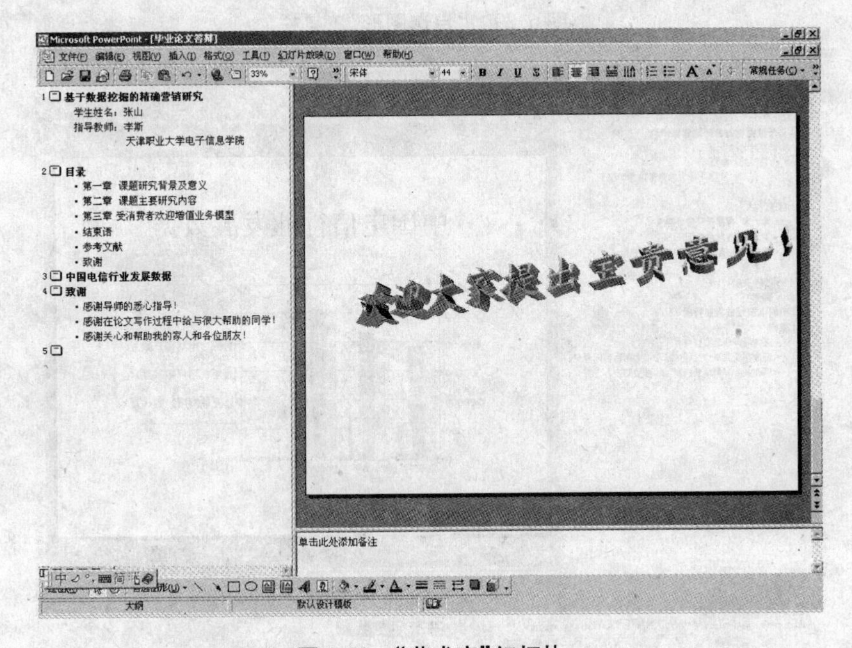

图 6.33 “艺术字”幻灯片

步骤4:在幻灯片中单击艺术字,弹出“艺术字”工具栏如图6.34,根据需要可以进行艺术字颜色和形状等格式的设置,然后将艺术字移到幻灯片的相应位置即可。

图6.34 “艺术字”对话框

4. 添加声音和影片

1)在幻灯片中插入声音

操作实例6-13

将上例“毕业论文答辩”演示文稿中最后一张幻灯片添加一首歌曲。

操作步骤如下。

步骤1:选取图6.33所示的幻灯片。

步骤2:单击“插入”菜单中的“影片和声音”命令,出现一个级联子菜单。

步骤3:在子菜单中单击“文件中的声音...”,在随后出现的对话框中选取所需声音文件并插入,如图6.35所示。

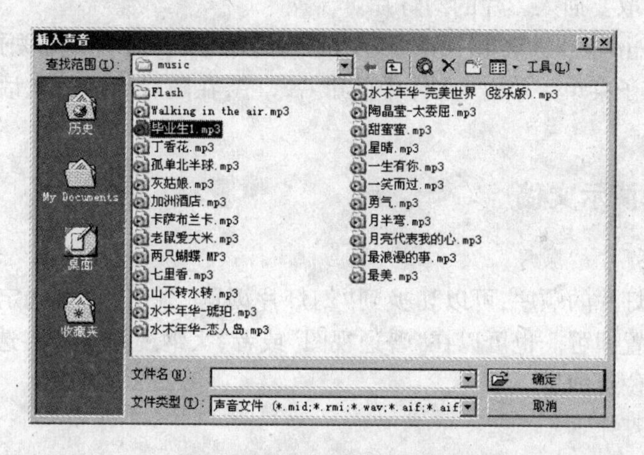

图6.35 “插入声音”对话框

步骤4:之后会出现一个询问框,询问“是否需要在幻灯片放映时自动播放声音?”(如图6.36所示)如果选择“否”,则您单击时播放声音,此时可以单击“是”按钮,则可在将来幻灯片放映时自动播放该声音。

图6.36 消息框

2)在幻灯片中插入影片

方法一:使用“媒体剪辑”占位符插入影片。

步骤1:选取“插入”菜单的“新幻灯片...”命令,出现“请选取自动版式”对话框。

步骤2:选取“文本与媒体剪辑”版式或者“媒体剪辑与文本”版式,单击“确定”按钮。

步骤3:在出现的“媒体剪辑”占位符上双击鼠标,出现“Microsoft 剪辑图库”对话框,从中选取所需影片并插入。

方法二:使用“插入”菜单插入 PowerPoint 剪辑库中的影片。

步骤1:选取要插入影片的幻灯片。

步骤2:单击“插入”菜单中的“影片和声音”命令,出现一个级联子菜单。

步骤3:在子菜单中单击“剪辑库中的影片...”,在随后出现的对话框中选取所需影片并插入。

3)使用“插入”菜单插入其他视频文件。

步骤1:选取要插入影片的幻灯片。

步骤2:单击“插入”菜单中的“影片和声音”命令,出现一个级联子菜单。

步骤3:在子菜单中单击“文件中的影片...”,在随后出现的对话框中找到所需影片并插入。

6.2.4 编辑演示文稿

1.改变幻灯片的顺序

要改变幻灯片的顺序,可以切换到“幻灯片浏览”视图,单击选定的幻灯片将其拖动到新的位置即可。也可以在“普通视图”或者“大纲视图”中,将选定幻灯片的图标拖动到新的位置即可。

2.删除幻灯片

选定需要删除的幻灯片后,选择菜单栏“编辑”菜单的“清除”命令选项或者是直接按下【Del】键即可。

3.复制幻灯片

选定幻灯片,使用菜单、工具栏或快捷方式将幻灯片复制到剪贴板,在所需位置使用粘贴命令即可。

4.插入其他演示文稿中的幻灯片

先打开所需演示文稿,使用“复制”或“粘贴”命令将幻灯片加入当前演示文稿中。也可以使用菜单栏“插入”菜单的“幻灯片(从文件)”命令选项,打开如图 6.37“幻灯片搜索器”对话框,选择一个幻灯片文件单击“浏览”按钮(如图 6.38),选定幻灯片后单击,选择“插入”或“全部插入”按钮将幻灯片加入到当前演示文稿中。

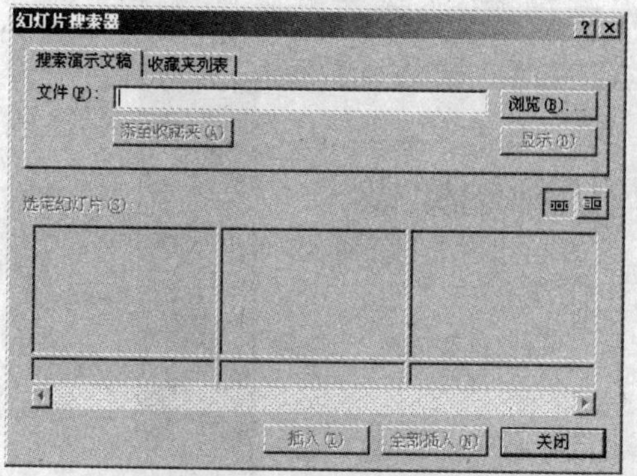

图 6.37 “幻灯片搜索器”对话框

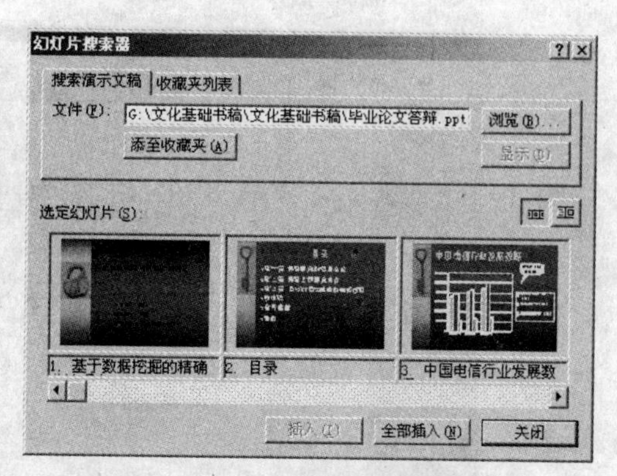

图 6.38 “幻灯片搜索器”浏览对话框

6.3 演示文稿的外观设计

6.3.1 使用幻灯片母版

PowerPoint 2000 母版分为四种母版:幻灯片母版、标题母版、讲义母版和备注母版。幻灯片母版保存了幻灯片文字的位置与格式,背景图案,在每张幻灯片上显示的页码、页脚及日期的位置等。

PowerPoint 中最常用到的是幻灯片母版,它控制着除标题幻灯片以外的所有幻灯片的统一格式。如果演示文稿要求一种统一的外观,最好在幻灯片母版上进行设置,而不是对幻灯片进行逐张修改。

进入幻灯片母版视图的方式是:选择“视图”菜单中的“母版”命令,在弹出的子菜单中选择需要设计的母版,在母版上完成设置后,单击从中进一步选择“幻灯片母版”子项。单击“母版”工具栏的“关闭”按钮可退出母版编辑状态,所有的幻灯片随着母版设计的改变而改变。用户可以设置母版的背景、配色方案、字体、插入的图片等。

1. 幻灯片母版

每个设计模板都有自己的幻灯片母版,母版上的元素控制着模板上的对应项目。幻灯片母版的布局,如图 6.39 所示。

幻灯片母版的底部是日期区、页脚区以及数字(即页码)区,可以将这几个区的位置在母版中做任意移动,以确定在放映时相应日期、页脚及页码在每一张幻灯片上出现的位置。但要想在具体的幻灯片中真正显示出这几项内容,还需要借助于“视图”菜单中的“页眉和页脚”命令将这几个区的显示激活。

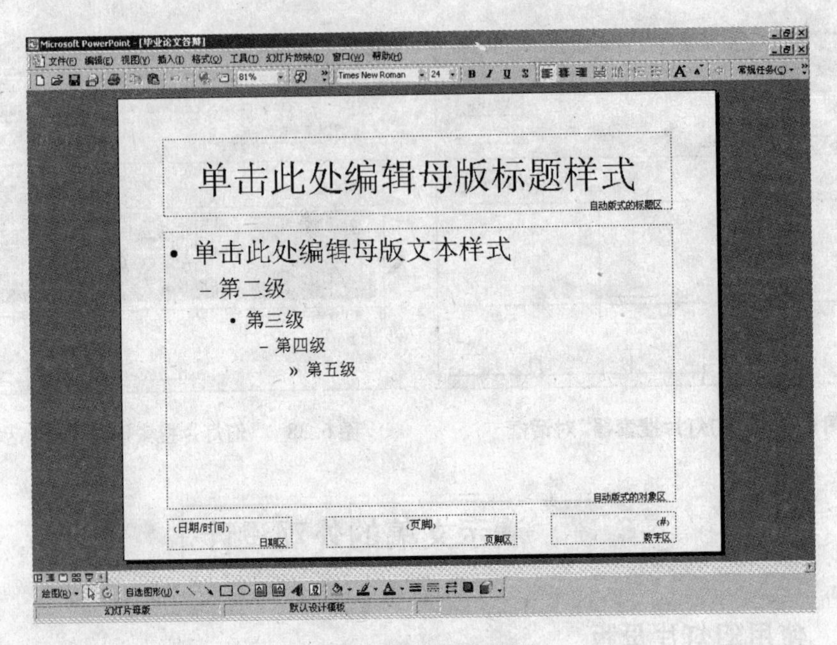

图 6.39 幻灯片模板

操作实例 6-14

利用幻灯片母版对“毕业论文答辩”演示文稿设置日期和时间为自动更新、页脚为“毕业论文答辩”并添加幻灯片编号。

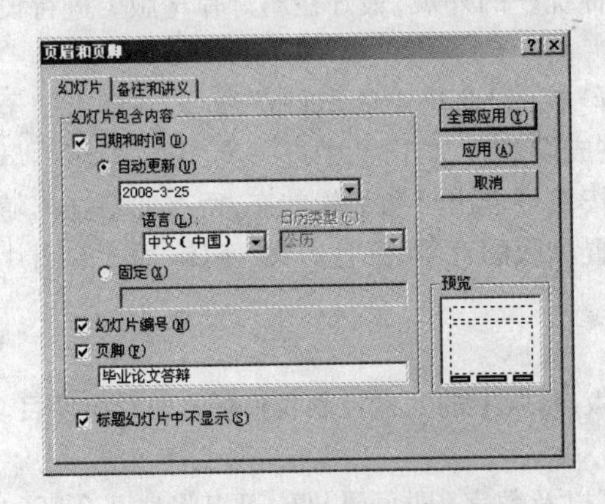

图 6.40 “页眉和页脚”对话框

步骤 1:打开“毕业论文答辩”演示文稿,选取“视图”菜单的“页眉和页脚”命令。

步骤 2:在随后出现的对话框中,对“幻灯片”选项卡进行相应设置,其中,“日期和时间”选项对应于母版中的日期区选择自动更新;“幻灯片编号”选项对应于母版中的数字区,选中改选项;“页脚”选项对应于母版中的页脚区,在此输入“毕业论文答辩”,如图 6.40 所示。

步骤 3:按下“全部应用”按钮,使设定适用于所有幻灯片。如果按下“应用”按钮,则设定只适用于当前一张幻灯片。

2. 标题母版

标题母版可以控制演示文稿的第一张幻灯片。这张幻灯片必须是用“新幻灯片”对话框中的第一种“标题幻灯片”版式建立的。由于标题幻灯片相当于幻灯片的封面,所以要单独设计。

PowerPoint 不提供专门的标题母版入口,修改标题母版时,先选中标题幻灯片,然后再按住【Shift】键不放,原滚动条上的“幻灯片视图”按钮即成为“标题母版视图”按钮,单击该按钮,或选择“视图”菜单的“母版”子菜单中的“标题母版”命令,就进入“标题母版”视图,如图 6.41 所示。

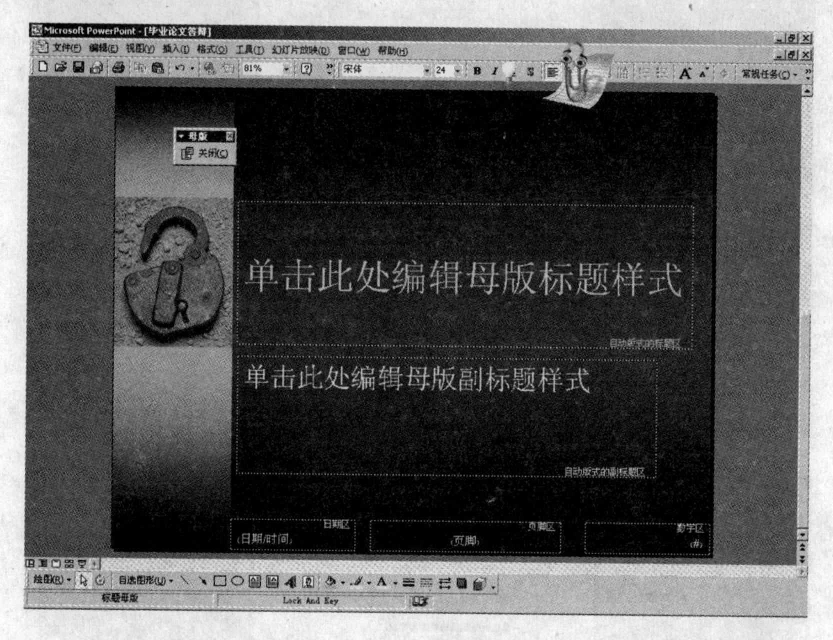

图 6.41 **“标题母版”视图**

3. 讲义母版

在讲义母版状态下,可以规定幻灯片以讲义形式打印的格式,可增加用于显示的页码、页眉和页脚等。修改讲义母版时,先选中待设置格式的幻灯片,然后按住【Shift】键不放,原滚动条上的“大纲视图”与“幻灯片浏览视图”按钮即成为“讲义母版视图”按钮。单击该按钮,或者选择“视图”菜单的“母版”子菜单中的“讲义母版”命令,就进入“讲义母版”视图,如图 6.42 所示。

4. 备注母版

备注母版主要为演讲者提供备注空间以及备注幻灯片的格式。修改备注母版时,先选中待修改的幻灯片,选择“视图”菜单的“母版”子菜单中的“备注母版”命令,进入“备注母版”视图,如图 6.43 所示。此时,可以进行格式设置。

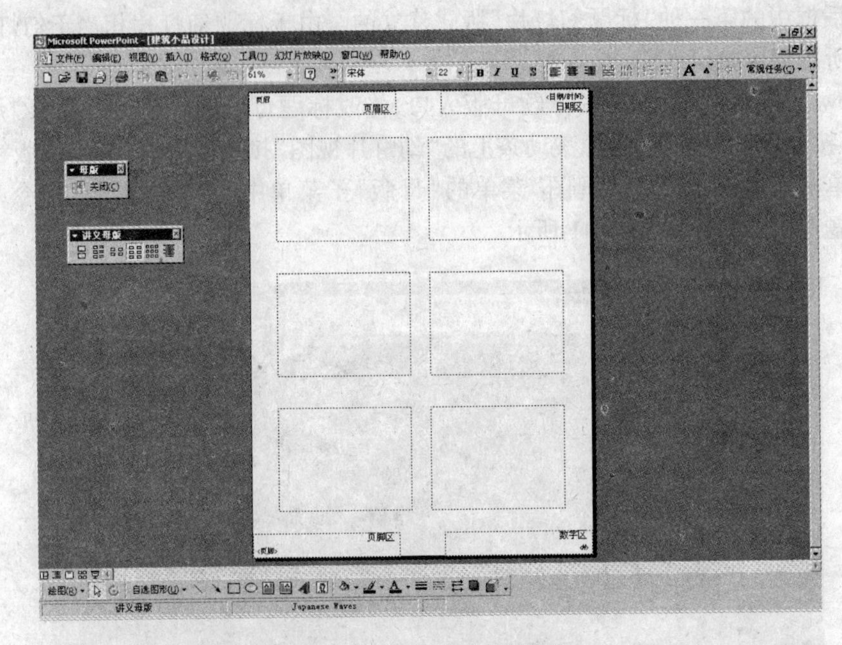

图 6.42 “讲义母版”视图

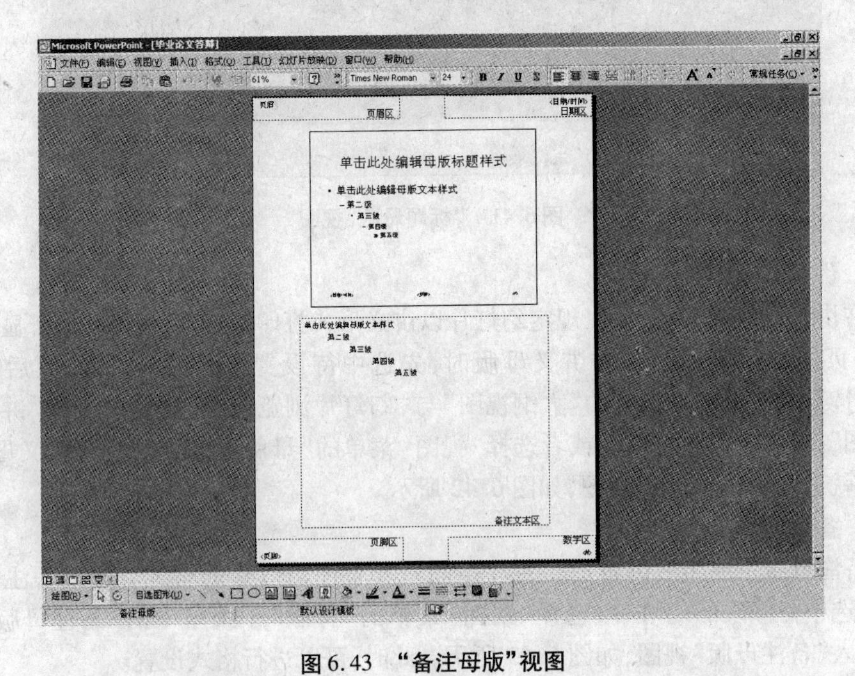

图 6.43 “备注母版”视图

6.3.2 设置演示文稿的背景和配色方案

1. 幻灯片背景的修改

模板所规定的背景是可以修改的,包括背景颜色和背景图案,其操作步骤如下。

步骤1:选择“格式”菜单中的“背景”命令,进入背景对话框。

步骤2:在“背景”对话框中的“背景填充”下拉列表中选择一种颜色或选择一种填充效果。

步骤3:单击“全部应用”作用于全部幻灯片,或单击“应用”作用于当前幻灯片。

通过在背景对话框的“背景填充”下拉列表中选择“填充效果”的“过渡”选项卡,可以生成一种具有颜色过渡效果的特殊背景。

此外,还可以通过“填充效果”中的“纹理”、“图案”等选项卡设置幻灯片的背景纹理或背景图案。

2. 应用配色方案

对于幻灯片中的背景、强调文字、阴影、标题文本、填充以及超级链接等各个对象使用什么颜色,PowerPoint 2000 给出了很多搭配方案,这些方案被称作“配色方案”。

进入“配色方案”对话框的方式如下。

选择“格式”菜单中的“幻灯片配色方案”命令,随后出现“配色方案”对话框。在这个对话框中,“标准”选项卡用于选择 PowerPoint 2000 提供的现成的七种配色方案,如图 6.44 所示,“自定义”选项卡用于自己定义配色方案,如图 6.45 所示。

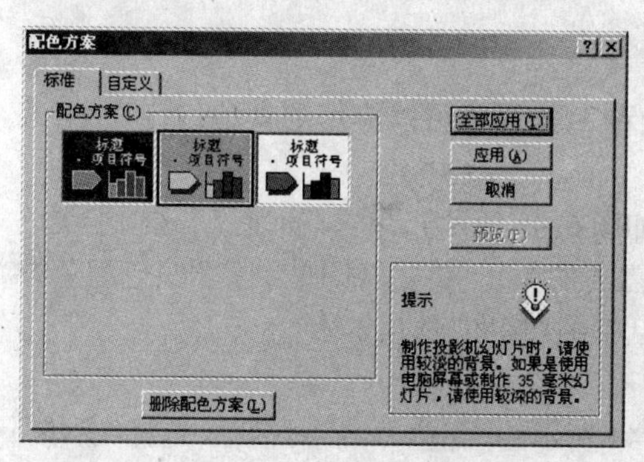

图 6.44 “配色方案”对话框的“标准”选项卡

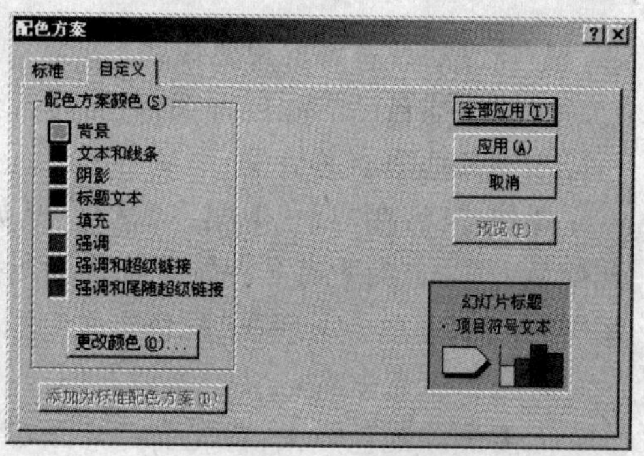

图 6.45 “配色方案”对话框的“自定义”选项卡

使用“自定义”选项卡的具体方法是如下。

步骤1:在八个项目(背景、文本和线条等)中单击要更改颜色的项目。

步骤2:单击“更改颜色”按钮,选定一种新的颜色。

步骤3:设定完毕后,单击“全部应用”按钮可将设定的配色方案作用于所有幻灯片。单击“应用”按钮只将设定的配色方案作用于当前幻灯片。

3. 更改配色方案

可以更改一种现存的配色方案，并将此种更改应用到几张幻灯片或整个演示文稿中。也可以把更改的某种配色方案添加到配色方案的集合中，这样演示文稿中的任何幻灯片就都可以使用该种配色方案了。

在“幻灯片”视图中，若想更改其配色方案的幻灯片的一个空白区域。可以单击鼠标右键，在出现的快捷菜单中选择“幻灯片配色方案”，在弹出的“配色方案”对话框中单击“自定义”选项卡，在“配色方案颜色”列表中，选中想要更改颜色的元素，再单击“更改颜色”按钮，出现图 6.46 所示的“标准”选项卡，也可以选择“自定义”选项卡更改颜色，如图 6.47 所示。

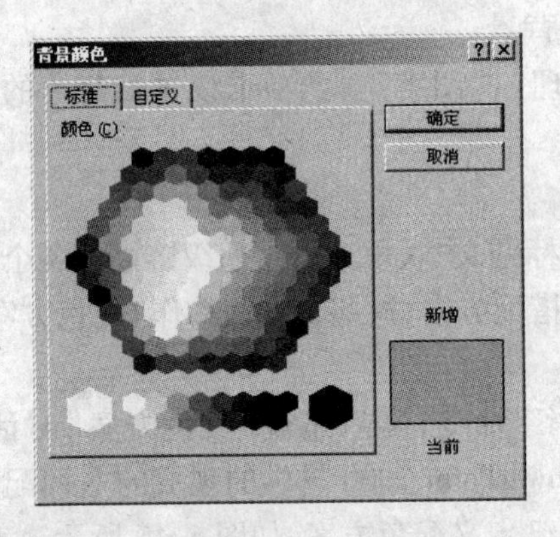

图 6.46　选择“标准”颜色更改标题文本颜色

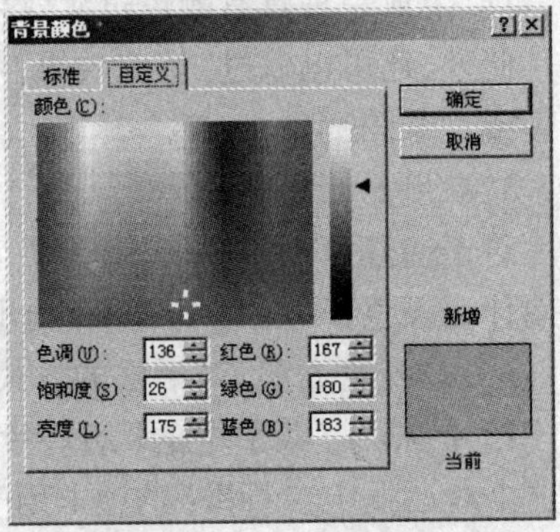

图 6.47　选择“自定义”颜色更改背景颜色

4. 保存已经更改的配色方案

可以创建自己的配色方案，然后将其保存，这样就可以应用到其他幻灯片中，甚至应用到其他演示文稿中。

操作步骤：在“配色方案”对话框中(如图 6.45 所示)，单击“自定义”选项卡更改此配色方案，直到所有 8 种颜色都成为所需要的为止，单击“添加为标准颜色配色方案”按钮，新方案会出现在“配色方案”对话框的“标准”选项卡中。

5. 删除配色方案

若要删除配色方案，首先要打开图 6.44 所示的“配色方案”对话框，选择“标准”选项卡，选中要删除的配色方案后，单击“删除配色方案”按钮即可。

6.3.3　使用幻灯片模板

中文 PowerPoint 2000 特别为演示文稿提供了几十种不同风格的模板，每一种模板赋予幻灯片不同的外观和背景。用户使用模板可以使设计出来的演示文稿的所有幻灯片具有一致的外观。

操作实例 6-15

使用幻灯片模板中“lock and key”对“毕业论文答辩”演示文稿进行设置。

操作步骤如下。

步骤 1:打开“毕业论文”演示文稿,选择“格式”菜单中的“应用设计模板”命令,出现一个“应用设计模板”对话框,如图 6.48 所示。

图 6.48 “应用设计模板”对话框

步骤 2:从出现的设计模板名称列表中,选取“lock and key”模板,此时在对话框右侧出现模板的预览效果。

步骤 3:单击“应用”按钮完成操作。

> **提示**:PowerPoint 2003 与 PowerPoint 2000 的应用设计模板不同。

6.3.4 使用幻灯片版式

单击“格式”菜单中的“幻灯片版式”命令或单击“格式”工具栏右端的“常规任务”按钮,选择“幻灯片版式”命令弹出“幻灯片版式”对话框,选择一种版式,单击“应用”按钮,所选版式将应用到当前幻灯片中。

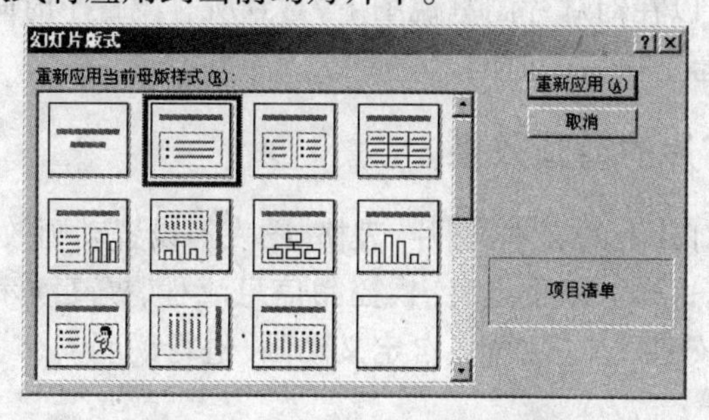

图 6.49 “幻灯片版式”对话框

6.4 格式化单元格

6.4.1 设置幻灯片放映效果

当向一张幻灯片中添加切换效果时,这种效果将在移走屏幕上已有的幻灯片并显示新幻灯片时出现。

操作实例 6-16

对“毕业论文答辩”演示文稿进行幻灯片放映效果设置。操作步骤如下。

步骤 1:切换到幻灯片浏览视图中,然后选择要设置放映效果的幻灯片。

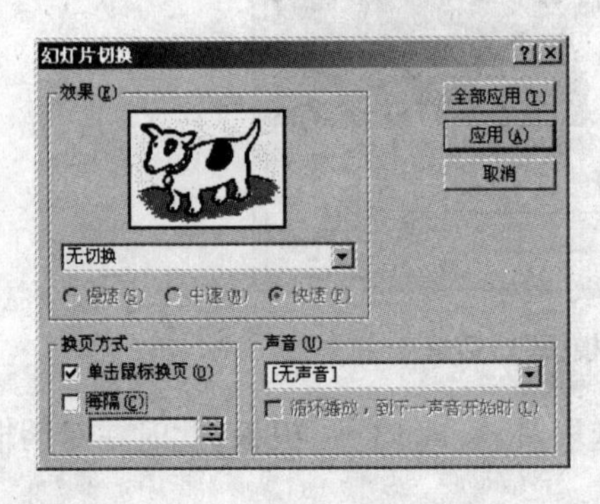

图 6.50 “幻灯片切换”对话框

步骤 2:在菜单栏里的“幻灯片放映”菜单中单击“幻灯片切换”命令选项,弹出如图 6.50 所示“幻灯片切换”对话框,在此选择“垂直百叶窗”。

步骤 3:在“幻灯片切换”对话框中左下角“换页方式”对话框中选择“每隔”复选框,然后在下面的框内输入希望幻灯片停留的时间,以秒为单位。

步骤 4:如果只是要将此设置应用于一张幻灯片,单击“应用”按钮;如果要将所做的设置应用于所有的幻灯片上,那么单击“全部应用”按钮。

如果要设置每一张幻灯片的放映时间都不相同,就必须运用以上的方法对每一张幻灯片的放映时间做具体的设置。

如果希望在单击鼠标和经过预定时间后都进行换页,并以较早发生的为准,必须同时选中“单击鼠标换页”和“每隔”复选框。

设置完毕后,可以在幻灯片浏览视图下,看到所有设置了时间的幻灯片下方都显示有该幻灯片在屏幕上停留的时间。

6.4.2 设置幻灯片的动画效果

用户可以为幻灯片上的文本、图片、表格、图表等设置动画效果,将对象一个一个地引入到幻灯片中,这样可以重点突出、控制信息流程、提高演示的趣味性。下面就“预设动画”、“动画效果”工具栏和“自定义动画”进行说明。

1. 预设动画

操作实例 6 – 17

对“毕业论文答辩”演示文稿进行预设动画“打字机”效果设置。

首先选取“毕业论文答辩”演示文稿中要设置动画的“目录”幻灯片，然后单击“幻灯片放映”菜单中的“预设动画”命令，出现一个子菜单，从中选取“打字机”动画效果。在放映幻灯片时，就会看到相应的动画效果。

2. “动画效果”工具栏

在工具栏的任意位置单击鼠标右键，从中选取“动画效果”，即可出现“动画效果”工具栏，如图 6.51 所示。首先选取要设置动画的对象，然后单击“动画效果”工具栏中的相应按钮，即为所选对象设置了动画效果。

图 6.51 幻灯片内“动画效果”工具栏

3. 自定义动画

当幻灯片中插入的图片、表格、艺术字等难以区别层次的对象时，可以通过“自定义动画”对话框定义幻灯片中各对象的显示顺序。

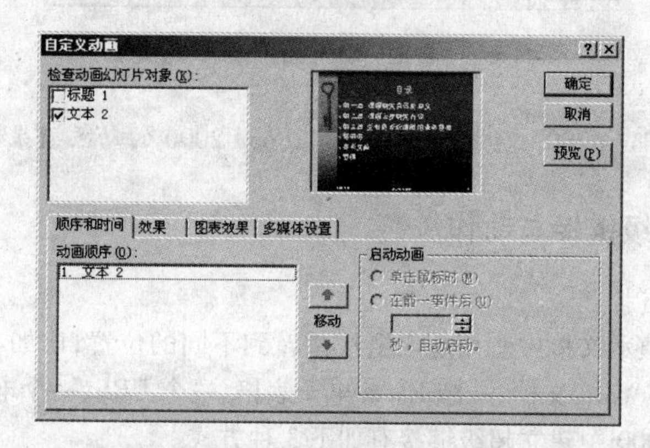

图 6.52 “自定义动画”对话框

选择“幻灯片放映”菜单中的“自定义动画”命令，出现如图 6.52 所示的对话框。对话框共有四张选项卡：“顺序和时间”、“效果”、“图表效果”和“多媒体设置”。

1) “顺序和时间”选项卡

该选项卡用于设置幻灯片上各动画对象的播放顺序以及动画的播放时间。

2) “效果”选项卡

用于设置各对象出现的动画效果以及播放动画时声音的控制。

3) “图表效果”选项卡

如果幻灯片中有插入的图表，该选项卡用于设置各个图表对象的动画显示效果。

4) “多媒体设置”选项卡

用于设置声音或影片等多媒体对象的动画播放效果。

可以按照不同的方式将动画应用到对象中。对于文本对象,可以将文本逐字或者逐词地引入到幻灯片上。操作步骤:先从动画效果列表中选择一种效果,然后单击“引入文本”的下拉按钮,从中选择“整批发送”、“按字母”或“按词”,如图 6.53 所示。通过单击“预览”按钮,观察效果,直到满意后再单击“确定”按钮。

可以使文本以相反的顺序显示,要想使文本以相反的顺序显示,可以选定“相反顺序”复选框。

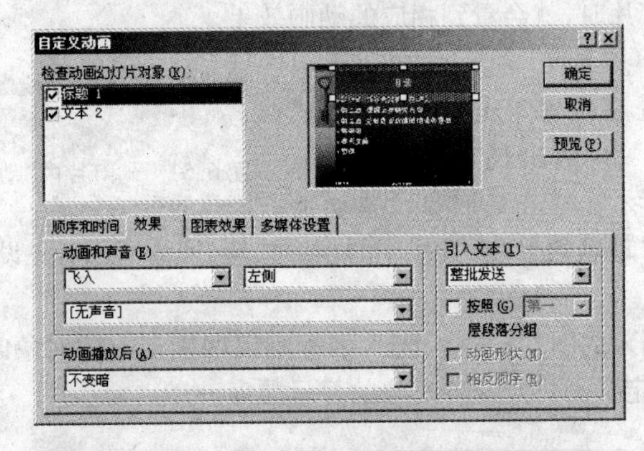

图 6.53 “自定义动画”的“效果”选项卡

提示:PowerPoint 2003 动画方案与 PowerPoint 2000 的动画效果有所不同。

6.4.3 设置超级链接与动作按钮

1. 设置超级链接

用户可以在演示文稿中利用超级链接跳转到不同的位置,比如本演示文稿中的其他幻灯片、一个 Word 文档、一个 Excel 电子表格、一个 URL、一个电子邮件地址等。

PowerPoint 2000 中建立超级链接有如下 3 种方式。

1) 使用“超级链接”命令建立超级链接

操作实例 6-18

对“毕业论文答辩”演示文稿进行超级链接设置。

步骤 1:选取建立超级链接的第二张“目录”幻灯片,选中“致谢”二字。

步骤 2:选择“插入”菜单中的“超级链接”命令,出现“插入超级链接”对话框,如图 6.54 所示。

步骤 3:在对话框中指定链接的目的位置为本文档中的位置,展开幻灯片标题,选择第四张幻灯片“致谢”。

步骤 4:单击“确定”按钮“完成操作。

删除使用“超级链接”命令建立的超级链接有两种方法。

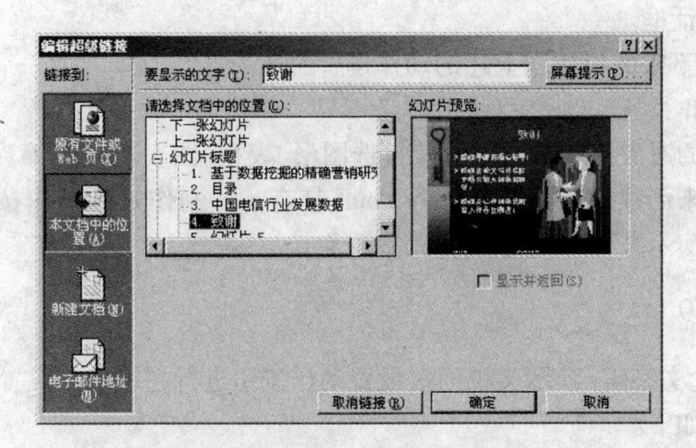

图 6.54 “插入超级链接”对话框

方法一的操作步骤如下。

步骤 1:选中具有超级链接的对象。

步骤 2:单击鼠标右键,在出现的快捷菜单中选取“超级链接”命令的子菜单“删除超级链接”。

方法二的操作步骤如下。

步骤 1:选中具有超级链接的对象。

步骤 2:选择“插入”菜单中的“超级链接”命令,出现插入超级链接对话框。

步骤 3:在对话框中单击“取消链接”按钮。

2)使用“动作设置”命令建立超级链接

步骤 1:选取要建立超级链接的对象。

步骤 2:选择“幻灯片放映”菜单中的“动作设置”命令。

步骤 3:在随后出现的对话框中,选择“单击鼠标”选项卡中的“超级链接到”,从中选择一个链接位置即可完成超级链接。使用“播放声音”,可以在链接跳转的同时播放声音。

步骤 4:单击“确定”按钮完成操作。

在“动作设置”中取消超级链接的步骤如下。

步骤 1:选中具有超级链接的对象。

步骤 2:单击鼠标右键,在出现的快捷菜单中选取“动作设置”命令。

步骤 3:选取“单击鼠标”选项卡中的“无动作”选项。

步骤 4:单击“确定”按钮完成操作。

3)使用“动作按钮”命令建立超级链接

步骤 1:选择“幻灯片放映”菜单中的“动作按钮”命令。

步骤 2:在随后出现的级联子菜单中选取一种按钮,此时鼠标指针变成十字形。

步骤 3:在幻灯片的适当位置用鼠标拖动出一个按钮的形状,之后会弹出一个

“动作设置”对话框。

步骤4:接下来的操作同上述的动作设置命令。

2. 设置动作按钮

超级链接的对象很多,包括文本、自选图形、表格、图表和画图等。此外,还可以利用动作按钮来创建超级链接。PowerPoint 带有一些制作好的动作按钮,可以将动作按钮插入到演示文稿并为之定义超级链接。

操作实例 6-19

对“毕业论文答辩”演示文稿通过设置动作按钮进行超级链接设置。

操作步骤如下。

步骤1:选中“毕业论文答辩”演示文稿的第二张幻灯片,单击“幻灯片放映”菜单上的“动作按钮”命令选项。

步骤2:选择某一个按钮,将光标移动到幻灯片窗口中,光标变成“ + ”字形状,按下鼠标并在窗口中拖动,出现所选的动作按钮,释放鼠标,这时如图 6. 55 所示的“动作设置”对话框将自动打开。

步骤3:在“动作设置”对话框的“单击鼠标”选项卡中设置操作,在“超级链接到”列表中给出了建议的超级链接,也可以自己定义链接,最后单击“确定”按钮,完成动作按钮的设置。

步骤4:单击动作按钮,弹出“设置自选图形格式”对话框(如图 6. 56 所示),可以对动作按钮进行外观设置。

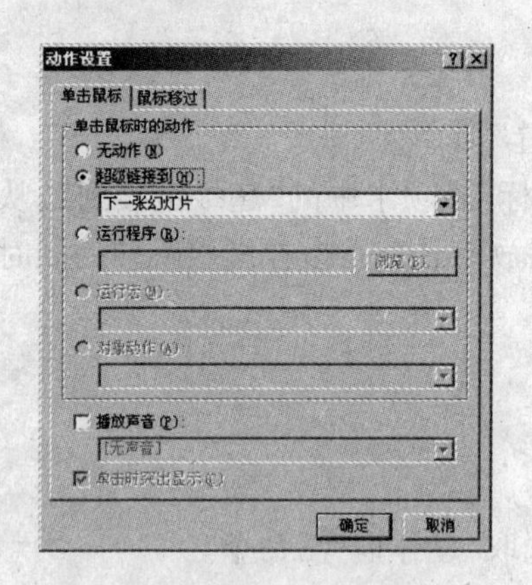

图 6. 55 “动作设置”对话框

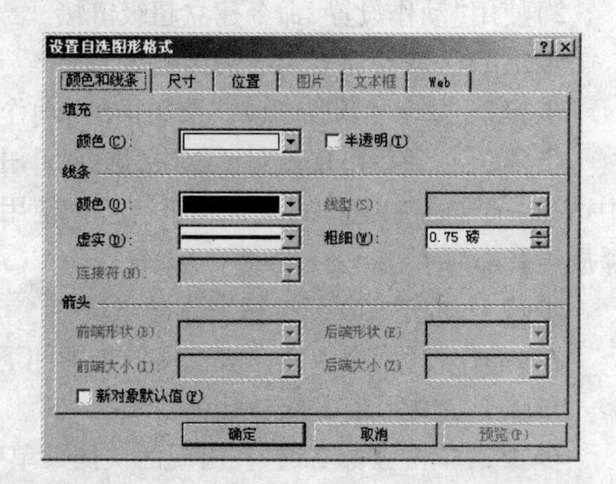

图 6. 56 “设置自选图形格式”对话框

6. 4. 4 创建自定义放映

自定义放映功能就是建立一个临时放映组合,即将不同的幻灯片组合起来并加以命名,形成一个自定义放映。自定义放映就是根据已经做好的演示文稿,自己定义放映哪些幻灯片,放映的顺序怎样。

操作实例 6-20

对“毕业论文答辩”演示文稿进行自定义放映设置。操作步骤如下。

步骤 1:选择“幻灯片放映”菜单中的“自定义放映”命令。

步骤 2:在随后出现的“自定义放映”对话框中单击“新建”按钮,出现“定义自定义放映”对话框,如图 6.57 所示。

步骤 3:在“幻灯片放映名称”文本框中为“自定义放映 1”起一个名字“毕业论文答辩简稿”。

步骤 4:从“在演示文稿中的幻灯片”列表框中选取需要放映的幻灯片 1、2、4 添加到右侧的列表中,如图 6.58 所示。

步骤 5:单击“确定”按钮。

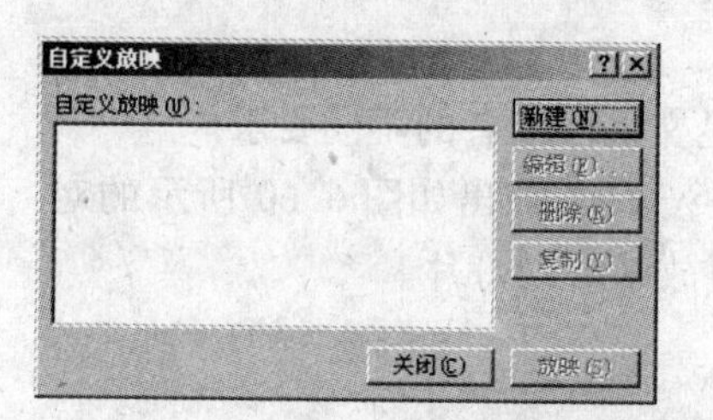

图 6.57 “自定义放映”对话框

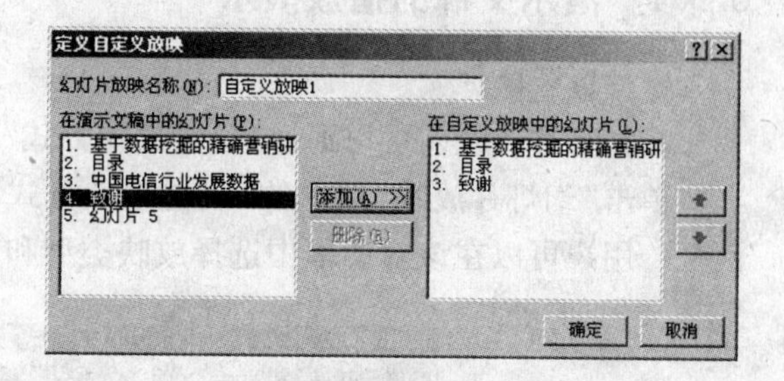

图 6.58 “定义自定义放映”对话框

6.4.5 设置放映时间

单击鼠标左键可以一张一张放映幻灯片。如果需要自动放映而不需要人工干预,那么就需要设置幻灯片的放映时间。

1. 人工设置幻灯片放映时间

操作步骤如下。

步骤 1:单击“幻灯片放映”菜单中的“幻灯片切换”命令,打开“幻灯片切换”对话框如图 6.50 所示。

步骤 2:在“换页方式”区域中选中“每隔”复选按钮,并在其下的数字调节器中输入间隔时间。

步骤 3:单击“全部应用”按钮设置所有幻灯片以相同的时间间隔放映,如果只设置当前幻灯片切换时间则单击“应用”按钮。

2. 排练计时

在排练计时中,进入幻灯片放映视图,幻灯片上所有项目都将预演放映一遍,每张幻灯片预演所用的时间都被记录下来,如图 6.59 所示。正式放映时,将按预演时记录下的时间放映幻灯片。进行排练计时的操作步骤如下。

图6.59 演示文稿的排练计时

步骤1：单击“幻灯片放映”菜单中的“排练计时”命令，进入幻灯片放映视图。

步骤2：屏幕上出现“排练”对话框，对话框中显示了总计所用时间、本张幻灯片用的时间。单击“下一项”按钮可进行下一个对象或幻灯片的播放，单击“重复”按钮可重复设置当前幻灯片使用的时间，单击“暂停”按钮可暂停幻灯片的排练。

步骤3：当所有幻灯片放映完毕后，屏幕出现对话框询问是否使用该排练时间，单击“”按钮退出排练计时状态，此后即可按此设定自动放映演示文稿。

6.5 放映和打印演示文稿

6.5.1 演示文稿的播放演示

1.设置放映方式

在幻灯片放映前可以通过“设置放映方式”满足文稿演示者的不同要求。

单击“幻灯片放映”菜单的“设置放映方式”命令选项，弹出如图6.60所示的对话框。用户可以在该对话框中选择放映类型和需要放映的幻灯片。

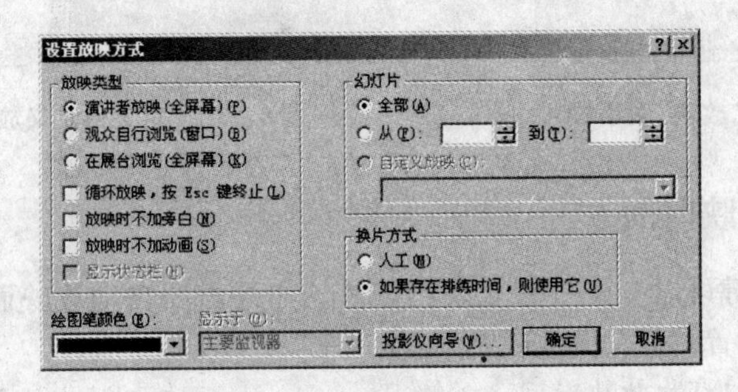

图6.60 “设置放映方式”对话框

PowerPoint 提供了3种不同的放映幻灯片的方式。

1）演讲者放映

该方法以全屏幕方式显示，用此方式放映时演讲者可以用 PowerPoint 提供的绘图笔在演示时对幻灯片做现场勾画。使用图“设置放映方式”对话框下方的“绘图笔颜色”下拉列表框可以设置绘图笔的颜色。

2）观众自行浏览

以窗口形式显示，可以利用滚动条或“浏览”菜单显示所需要的幻灯片。此时可以利用“编辑”菜单中的“复制幻灯片”命令将当前幻灯片图像拷贝到 Windows 剪贴板上，也可以通过“文件”菜单的“打开”命令打开幻灯片。

3)在展台浏览

以全屏幕形式在展台上演示。在放映过程中,除了保存鼠标指针用于选择屏幕对象外,其余功能全部失效,终止要按【Esc】键。因为展出不需要现场修改,也不需要提供额外功能,以免破坏演示画面。

2.启动幻灯片的放映

放映幻灯片可以在 PowerPoint 2000 中进行,也可以在 Windows 环境下进行。

1)在 PowerPoint 中放映演示文稿

步骤1:单击"幻灯片放映"菜单下的"设置放映方式"命令,打开"设置放映方式"对话框。

步骤2:在"放映类型"选择组框中选择一种放映方式。

步骤3:在"幻灯片"组框中,可以为演示文稿的放映指定幻灯片放映的范围。

步骤4:在"换片方式"组框中,可以指定换片方式,单击"确定"按钮后,即可按指定的放映方式放映演示文稿。

2)不进入 PowerPoint 界面直接放映演示文稿

选择"文件"中的"另存为"选项,在打开"另存为"对话框中选择保存类型为"PowerPoint 放映"。这种类型的演示文稿文件在放映时不需进入 PowerPoint 界面,但计算机中仍要求安装有 PowerPoint 程序。

6.5.2 演示文稿的打印

除了可以演示外,演示文稿还可以打印成教材或资料。打印需要以下设置。

1.页面设置

单击菜单栏中的"文件"→"页面设置",在"页面设置"对话框中对以下3项进行设置,如图6.61所示。

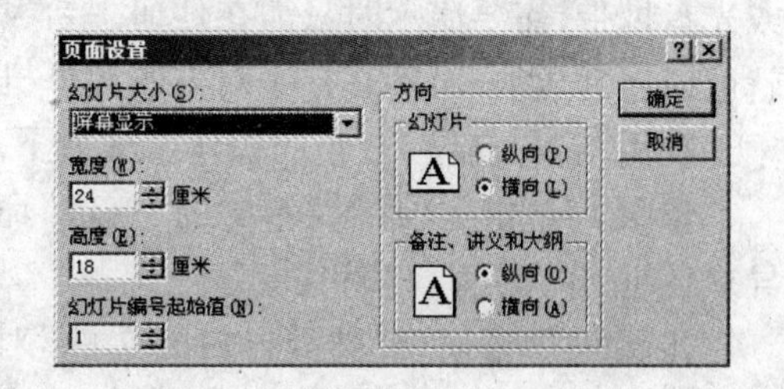

图6.61 "页面设置"对话框

(1)设置幻灯片大小。在此项设置中可以选择7种幻灯片大小。

(2)设置幻灯片编号起始值。在此项中可以重新设置幻灯片的起始值。幻灯片默认的起始值是"1"。

(3)设置打印方向。可以设置幻灯片的打印方向和备注、讲义、大纲的打印方向。

2.打印页面

单击"文件"菜单下的"打印"命令,在弹出的"打印"对话框中可以设置"打印机"、"打印范围"、"打印内容"、"打印份数"等一些参数,如图6.62所示。

打印讲义、备注页或大纲的方法如下。

步骤1:在"页面设置"对话框中设置讲义、备注页和大纲的打印方向。

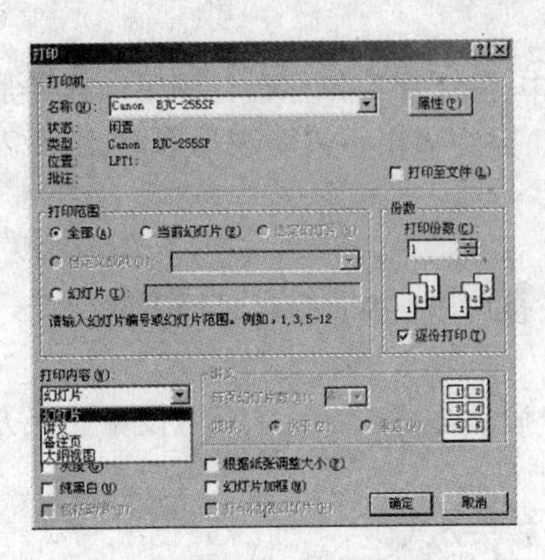

图 6.62 “打印”对话框

步骤 2：单击“文件”菜单下的“打印”命令，打开“打印”对话框。

步骤 3：单击“打印内容”下拉列表框，从中选择打印“讲义”、“备注页”或“大纲”。如果选择打印讲义，那么还可以设置每页幻灯片数。

步骤 4：如果幻灯片设置了颜色、图案，为了打印的清晰应选“纯黑白”复选框。

步骤 5：单击“确定”按钮开始打印。

6.5.3 演示文稿的打包及解压

在许多情况下，用户需要外出演示自己的幻灯片，而有时会遇到对方的计算机内没有安装 PowerPoint 2000 软件或安装的版本低，而造成无法播放的情况。针对这种情况，可以使用“打包”向导。PowerPoint“打包”功能提供了一个“向导”，根据“向导”可以将演示文稿所需的所有文件和字体以及 PowerPoint 播放器打包到软盘内或其他位置，然后到另一台计算机上进行解包，哪怕这台计算机没有安装 PowerPoint，照样能够进行幻灯片放映。

1. 打包演示文稿

PowerPoint 2000 提供了“打包向导”功能，它可以将演示文稿和它所链接的声音、影片、文件等组合在一起，成为一个包。经过打包后的 PowerPoint 文稿，可由软盘或光盘携带，需要演示时只需在任何一台 Windows 操作系统的机器中简单安装一下就可以正常放映，而不必在乎对方的计算机里是否安装了 PowerPoint 2000 软件。

利用“打包向导”打包的操作步骤如下。

步骤 1：单击“文件”菜单中的“打包”命令，弹出一个如图 6.63 所示的“打包”向导对话框，单击“下一步”按钮。

步骤 2：屏幕出现“选择打包的文件”对话框，如图 6.64 所示。如果对当前打开的演示文稿打包，直接单击“下一步”；否则单击“其他演示文稿”复选框，并单击“浏览”按钮，找到欲打包的演示文稿。

步骤 3：单击“下一步”，在“选择目标”对话框中指定存储打包后文件的目录位置。

步骤 4：单击“下一步”，弹出如图 6.65 所示的“链接”对话框。其中，有两个复选框“包括链接文件”和“嵌入 TrueType 字体”。“包括链接文件”的意思是，PowerPoint“打包”程序将所有超级链接的文件都保存到演示文稿中；而“嵌入 TrueType 字体”则是为了保证演示文稿的文字字体原貌，将这些字体同时打包，即确保在未安装同样字体的机器中正确显示文本，但是，如果是中文 TrueType 字库，则可能造成打包文件很大的问题，所以如果不是必要的话尽量不要使用该选项。

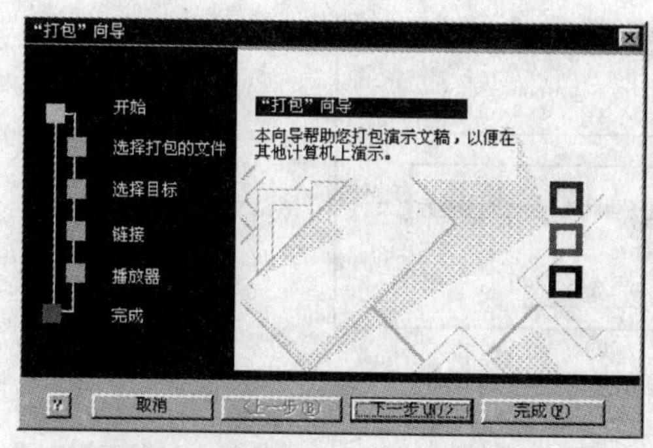

图6.63 "打包"向导对话框

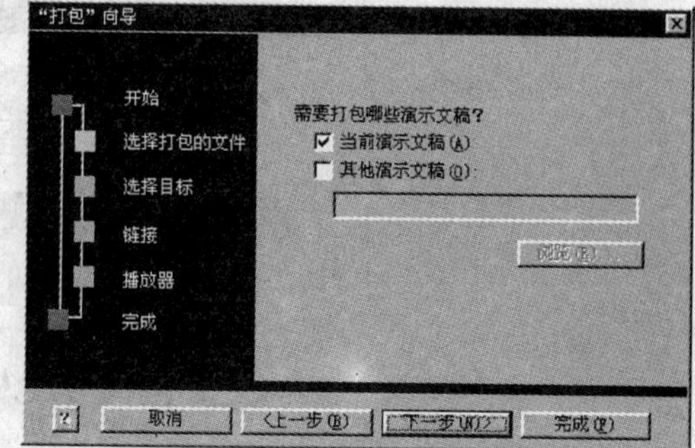

图6.64 指定打包的演示文稿

步骤5:单击"下一步",出现如图6.66所示的播放器对话框。在播放器框中选择相应的单选项,单击"下一步"。此时,会出现文稿将要保存的路径,如需要更改,请单击"上一步"按钮进行相应的更改,确认无误后则单击"完成",系统会自动生成一个pngsetup.exe文件,在其他计算机中只要双击它即可将打包好的文件安装到目的计算机中。

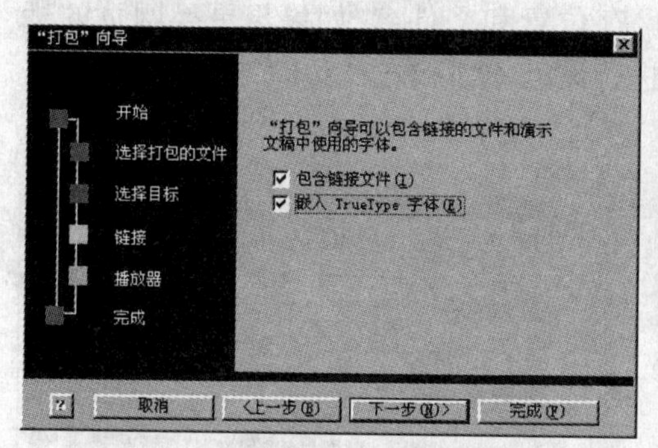

图6.65 打包"链接"对话框

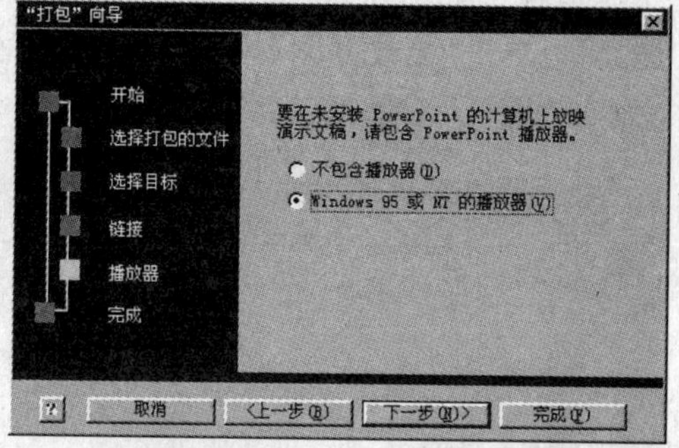

图6.66 打包"播放器"对话框

提示:如果在"打包"向导中的任意一步单击"完成"按钮,PowerPoint将在所有以后的步骤中按照默认方式执行。

2. 解开已打包的演示文稿

如果要在另一台计算机上解开已打包的演示文稿,可以按照下述操作步骤进行。

步骤1:将打包文件复制到该计算机硬盘的某个文件夹中。在打包文件中找到pngsetup.exe文件,双击该文件。当运行pngsetup.exe程序后,会出现"'打包'安装程序"对话框,如图6.67所示。

步骤2:输入演示文稿的目标文件夹,然后单击"确定"按钮,即可开始安装。安装完毕后,会出现一个对话框,提示演示文稿已经安装完成,如果单击"是"按钮,则立即放映演示文稿;如果单击"否"按钮,则不立即放映演示文稿。

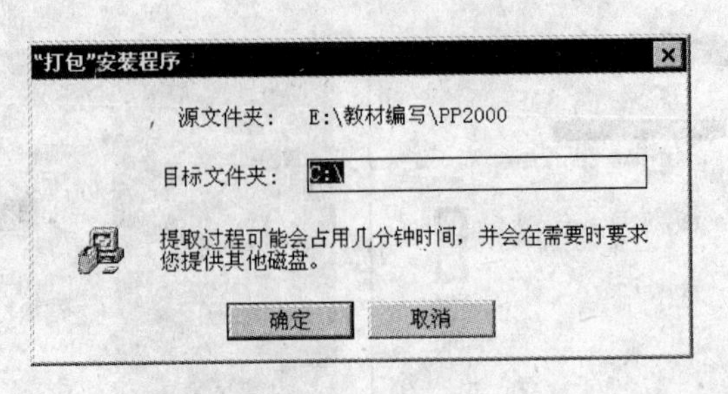

图 6.67 "'打包'安装程序"对话框

如果在打包文件中包含了播放器，则播放器程序 Ppview32. exe 将被安装到相同的文件夹中，双击播放器程序 Ppview32，再单击要运行的演示文稿，就可以在没有安装 PowerPoint 2000 的计算机上放映演示文稿。

6.5.4 演示文稿的 Web 发布

用 PowerPoint 还可以把演示文稿在网上发表，具体步骤如下。

步骤 1：单击"文件"菜单中的"另存为 Web 页"选项打开"另存为"对话框。

步骤 2：如图 6.68 所示，设定文件的保存位置和文件名，如果想更换网页的标题，可以单击"更改标题"按钮打开对话框进行设定，然后单击"发布"按钮，就会弹出"发布为网页"对话框，如图 6.69 所示。

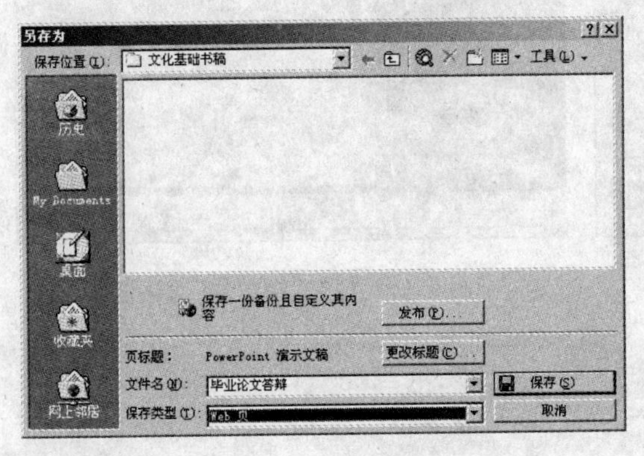

图 6.68 "另存为"对话框

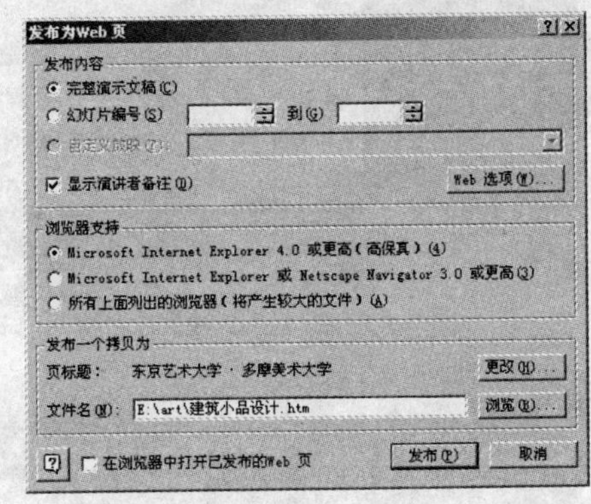

图 6.69 "发布为 Web 页"对话框

步骤 3：在"发布内容"中，你可以选择完整的演示文稿，幻灯片的任意几张或是某个自定义放映，如果要显示备注，就选中"显示演讲者备注"复选框。在"浏览器支持"选项组可以选择合适的浏览器。在"发布一个拷贝为"选项区中，系统给出了一个默认的文件名称和路径，用户也可以重新设定。需要查看效果，就选中对话框底部的"在浏览器中打开已发布的 Web 页"复选框。单击"发布"按钮，稍等，系统将调出浏览器来打开这个网页文档，幻灯片就变成网页形式了。

本章小结

通过本章学习我们了解了演示文稿的概念，了解了三种主要的视图即普通视图、幻灯片浏览视图和幻灯片放映视图。学会了创建演示文稿以及演示文稿修饰和美化的方法，掌握了设计模板、母版和配色方案的使用，学会了超级链接与动作按钮的使用，了解了幻灯片放映中的动态效果，知道了切换是指从一张幻灯片切换到另一张幻灯片时产生的特殊效果。此外，我们还学习了演示文稿的打印和打包等等。

习题 6

一、选择题

1. 在 PowerPoint“文件”菜单中列出的文件名列表是(　　)。

A. 最近建立过的几个演示文稿

B. 最近处理过的几个演示文稿

C. 当前打开的几个演示文稿

D. 以上都不对

2. 为所有幻灯片设置统一的、特有的外观风格，应使用(　　)。

A. 母版　　B. 配色方案　　C. 自动版式　　D. 幻灯片切换

3. 在 PowerPoint 中，若想同时查看多张幻灯片，应选择(　　)视图。

A. 备注页　　B. 大纲　　C. 幻灯片　　D. 幻灯片浏览

4. 在 PowerPoint 中，若想设置幻灯片中对象的动画效果，应选择(　　)。

A. 普通幻灯片视图　　B. 幻灯片浏览视图

C. 幻灯片放映视图　　D. 以上均可

5. 在 PowerPoint 的(　　)下，可用鼠标拖动的方法改变幻灯片的顺序。

A. 备注页视图　　B. 幻灯片视图

C. 幻灯片放映视图　　D. 幻灯片浏览视图

6. 在 PowerPoint 编辑状态下，在(　　)视图中可以对幻灯片进行移动、复制、排序等操作。

A. 幻灯片　　B. 幻灯片浏览　　C. 幻灯片放映　　D. 备注页

7. 在编辑幻灯片内容时，首先应(　　)。

A. 选择编辑对象　　B. 选择“幻灯片浏览视图”

C. 选择工具栏按钮　　D. 选择“编辑”菜单

8. 在 PowerPoint 中，选择“格式”菜单中的(　　)命令，可以改变当前一张幻灯片的布局。

A. 幻灯片版式　　B. 幻灯片配色方案

C. 应用设计模版　　　　　　　　　D. 母版

9. 要改变幻灯片的顺序,可以切换到“幻灯片浏览”视图,单击选定的(　　)将其拖动到新的位置即可。

A. 文件　　　B. 幻灯片　　　C. 图片　　　D. 模版

10. 为创建一些内容与格式相同或相近的幻灯片,可以使用 PowerPoint 的(　　)功能。

A. 模版　　　B. 插入域　　　C. 样式　　　D. 插入对象

二、填空题

1. 在大纲视图中,只是显示文稿的________内容。

2. 在选择了某种版式的新建空白幻灯片上,可以看到一些带有提示信息的虚线框,这是为标题、文本、图表、剪贴画等内容预留的位置,称为________。

3. PowerPoint 演示文稿的默认文件扩展名是________。

4. 当幻灯片中插入了声音后,幻灯片中将出现________。

5. 在 PowerPoint 中,要同时选定多个图形,可以先按住________键,再用鼠标单击要选定的图形对象。

6. 设置 PowerPoint 对象的超级链接功能是指把对象链接到其他________上。

7. 如果要终止幻灯片的放映,可直接按________键。

8. 演示文稿打包后,将在目标盘上产生一个名为________的可执行文件。

9. 打印演示文稿时,如果在“打印内容”栏中选择了“讲义”,则每页打印纸上最多能输出________张幻灯片。

10. 设置动画效果可以在________菜单的“预设动画”命令中执行。

三、操作题

制作精美的幻灯片。要求:针对诗歌《再别康桥》进行讲解,要求声情并茂,有视频和音频贯穿和衔接整个演示文稿,设置幻灯片中对象的动画效果以吸引学生的注意力。

制作本案例需要用到的知识点如下:

(1)在演示文稿中插入声音;

(2)插入艺术字;

(3)使用文本框添加文本;

(4)在演示文稿中插入超级链接。

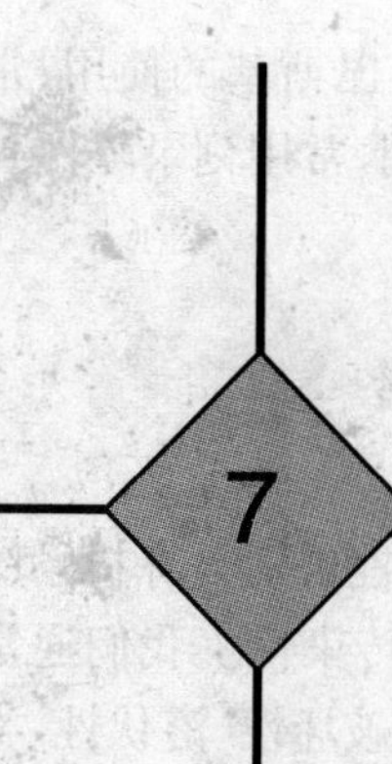

常用工具软件的使用

📖 本章主要内容

☑ 常用工具软件的使用,包括常用杀毒软件瑞星、卡巴斯基的使用
☑ 常用下载软件 Flashget 网际快车的使用
☑ 常用压缩软件 Winrar 压缩软件的使用
☑ 常用刻录软件 Nero 的使用

本章介绍常用工具软件的使用,包括常用杀毒软件瑞星、卡巴斯基的使用;常用下载软件 Flashget 网际快车的使用、常用压缩软件 Winrar 的使用、常用刻录软件 Nero 的使用等。

7.1 防病毒软件

计算机病毒是人为编制的一个程序或一段可执行代码。它能够对计算机系统进行各种破坏,而且它像生物病毒一样,同时能够自我复制,具有传染性。我们通常察觉不到计算机病毒的存在。一般来讲,计算机病毒具有传染性、破坏性、潜伏性、寄生性、隐蔽性、针对性等特点。在极端的情况之下,病毒能够删除数据、破坏文件,甚至格式化硬盘。

计算机病毒无孔不入,我们只有在平时使用计算机时养成良好的安全防范意识,才能够最低程度的降低病毒对我们的危害。

防范计算机病毒可从硬件和软件两个方面来考虑。

(1)从软件方面看,可能的措施有:

- 慎用来历不明的软件,也不要打开来历不明的网站链接;
- 移动硬盘、U 盘使用前最好使用杀毒软件进行检查;
- 及时更新系统补丁,并使用正版的杀毒软件和病毒防火墙,经常升级病毒库和查杀病毒;
- 重要数据和文件定期做好备份,以减少损失。

(2)在硬件方面,主要是采用防病毒卡来防范病毒的入侵。

7.1.1 常用杀毒软件——瑞星的使用

瑞星杀毒软件是北京瑞星电脑科技公司针对流行于国内外危害较大的计算机病毒自主开发的反病毒软件。用于对已知病毒的查找、实时监控和清除,恢复被病毒感染的文件或系统,维护计算机的安全。瑞星杀毒软件支持 DOS、Windows 98/2000、Windows NT 多平台杀毒,能清除 CIH 病毒、各种宏病毒、幽灵病毒和防范各种电子邮件病毒。

1. 瑞星杀毒软件的安装

操作实例 7-1

瑞星杀毒软件的安装。

步骤 1:安装前请关闭所有其他正在运行的应用程序。

步骤 2:从光盘安装,将瑞星杀毒软件光盘放入光驱,系统会自动显示安装界面,如图 7.1 所示,选择“安装瑞星杀毒软件”。如果没有自动显示安装界面,可以浏览光盘,运行光盘根目录下的 Autorun. exe 程序,然后在弹出的安装界面中选择“安装瑞星杀毒软件”。

图 7.1 瑞星杀毒软件的安装界面

步骤 3:在弹出的语言选择框中,您可以选择“中文简体”、“中文繁體”、“English”和“日本語”四种语言中的一种进行安装,按“确定”开始安装,以选择“中文简体”安装为例,如图 7.2 所示。

图 7.2 “选择语言”界面

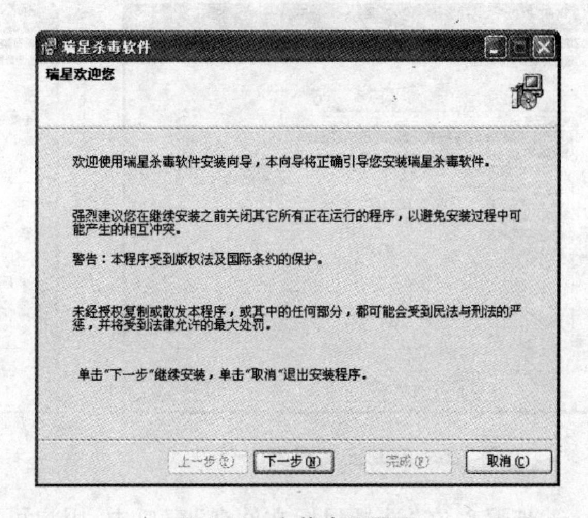

图 7.3 安装欢迎界面

步骤 4:进入安装欢迎界面,如图 7.3 所示,按“下一步”继续。

步骤 5:阅读“最终用户许可协议”如图 7.4 所示,选择“我接受”,按“下一步”继续。

步骤 6:在“验证产品序列号和用户 ID”窗口中,正确输入产品序列号和 12 位用户 ID(产品序列号与用户 ID 见用户身份卡),按“下一步”继续,如图 7.5 所示。

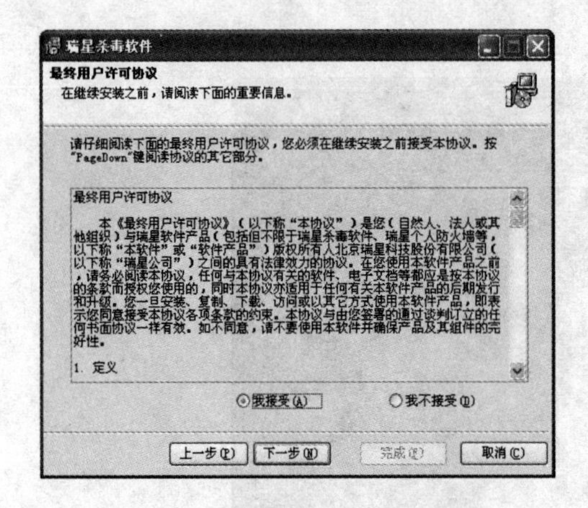

图7.4　最终用户许可协议界面

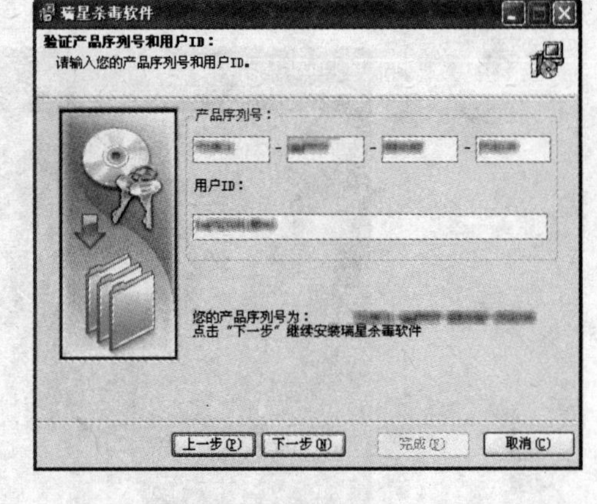

图7.5　验证产品序列号和用户ID界面

步骤7:在“定制安装”窗口中,选择需要安装的组件。您可以在下拉菜单中选择全部安装或最小安装(全部安装表示将安装瑞星杀毒软件的全部组件和工具程序;最小安装表示仅选择安装瑞星杀毒软件必需的组件,不包含各种工具等),如图7.6所示,也可以在列表中勾选需要安装的组件,如图7.7所示。按“下一步”继续安装,也可以直接按“完成”按钮,按照默认方式进行安装。

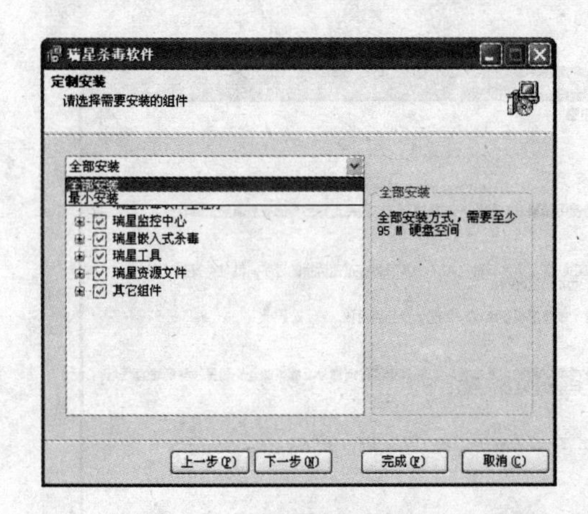

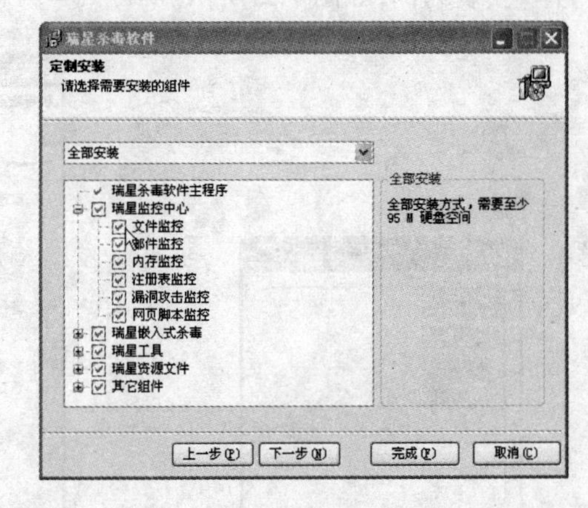

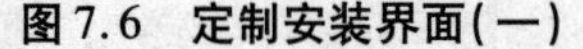

图7.6　定制安装界面(一)　　图7.7　定制安装界面(二)

步骤8:在“选择目标文件夹”窗口中,用户可以指定瑞星杀毒软件的安装目录,按“下一步”继续安装,如图7.8所示。

步骤9:在“选择开始菜单文件夹”窗口中输入程序组名称,如图7.9所示,按“下一步”继续安装。

步骤10:在“安装信息”窗口中,如图7.10所示,显示了安装路径和程序组名称的信息,在下面可以勾选安装前先执行内存病毒扫描,确保在一个无毒的环境中安装瑞星杀毒软件。确认后按“下一步”开始复制文件。

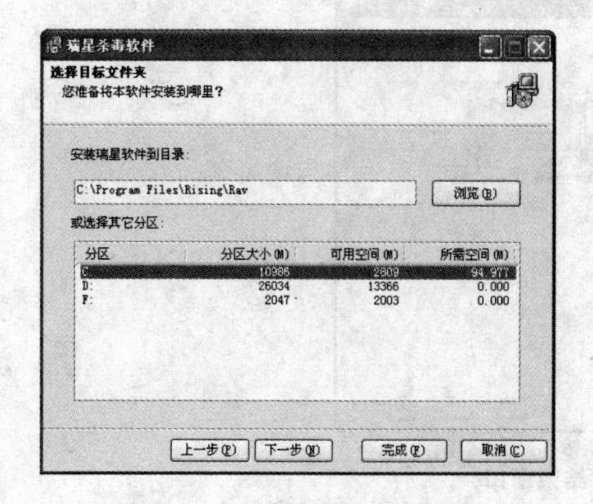

图7.8 选择目标文件夹界面

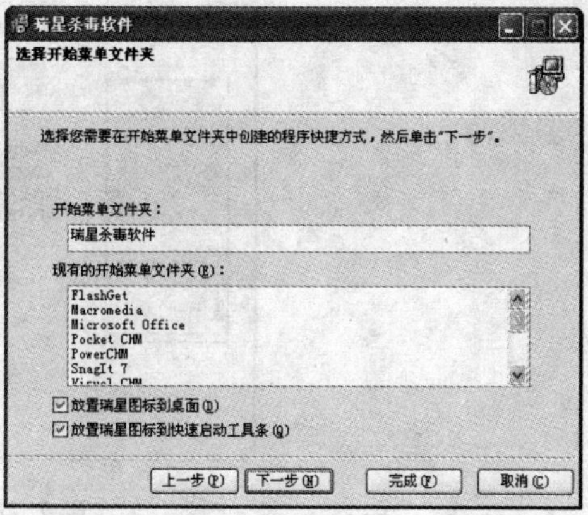

图7.9 选择开始菜单文件夹界面

步骤11:如果您在上一步选择了“安装之前执行内存病毒扫描”,在“瑞星内存病毒扫描”窗口中程序将进行系统内存扫描。根据您系统内存情况,此过程可能要花费3~5分钟,请等待。如果您需要跳过此功能,请选择“跳过”继续安装,如图7.11所示。

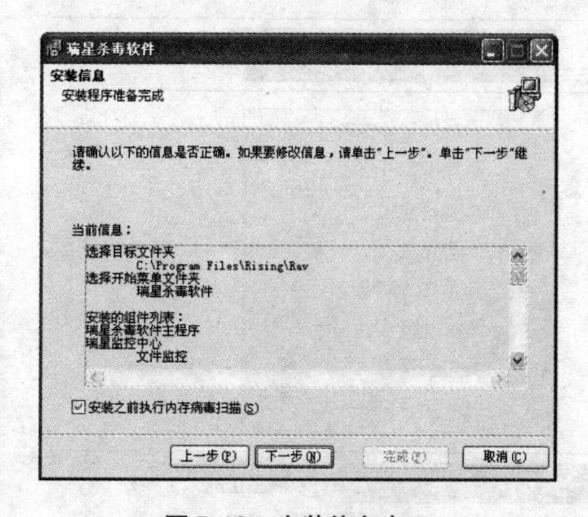

图7.10 安装信息窗口

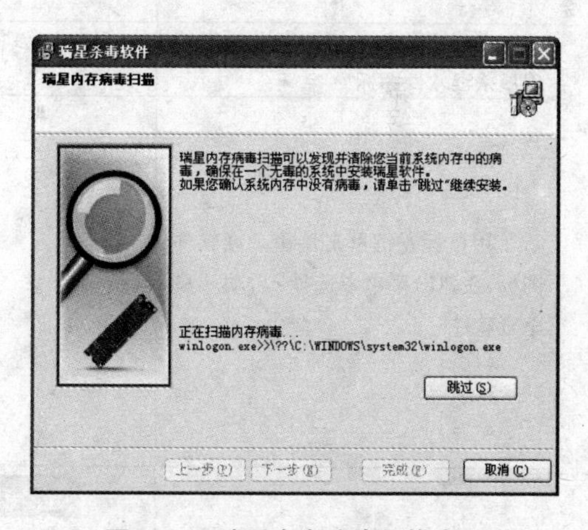

图7.11 瑞星内存病毒扫描窗口

步骤12:文件复制完成后,在“结束”窗口中,您可以选择“运行设置向导”、“运行瑞星杀毒软件主程序”、“运行监控中心”和“运行注册向导”四项来启动相应程序,最后选择“完成”结束安装,如图7.12所示。

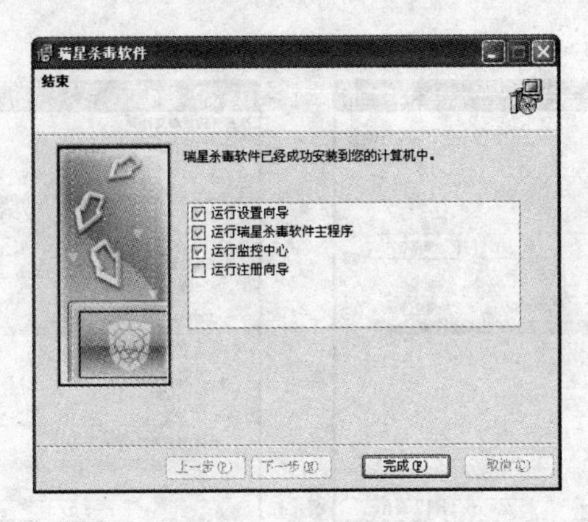

图 7.12　结束窗口

2. 可以快速启动瑞星杀毒软件主程序

表 7.1　快速启动瑞星杀毒软件主程序的方法

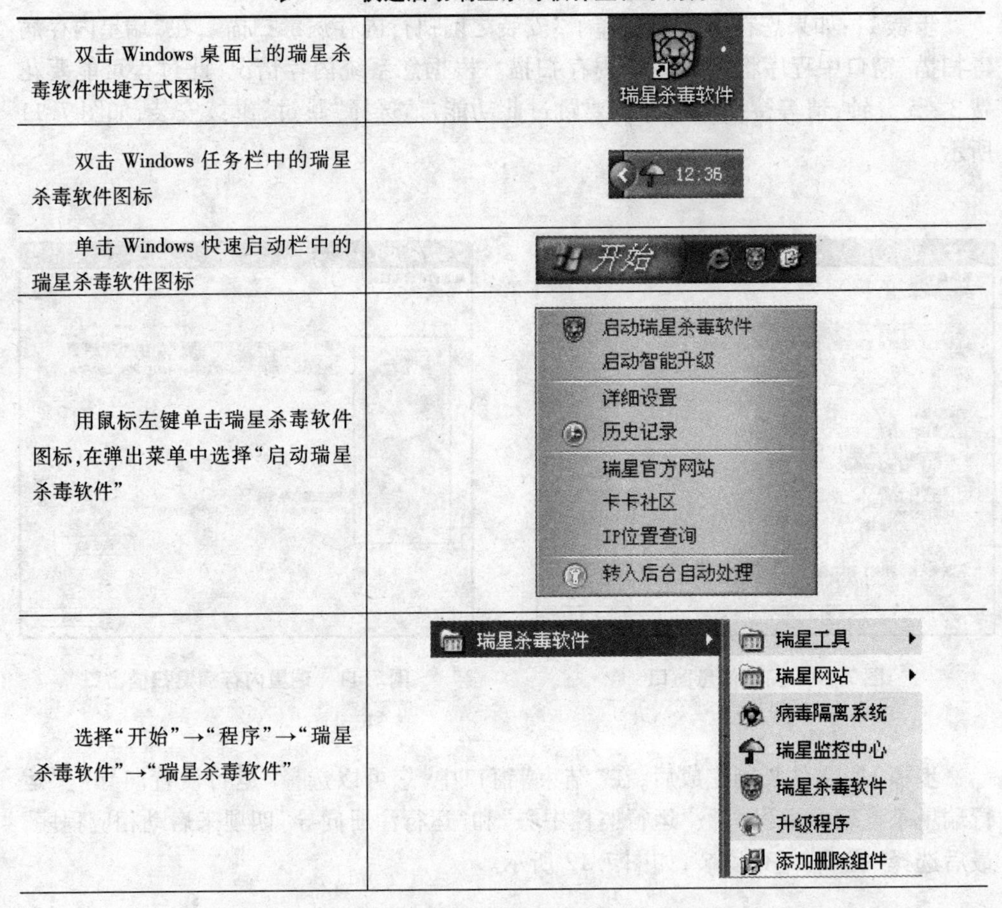

方法	图示
双击 Windows 桌面上的瑞星杀毒软件快捷方式图标	瑞星杀毒软件
双击 Windows 任务栏中的瑞星杀毒软件图标	12:36
单击 Windows 快速启动栏中的瑞星杀毒软件图标	开始
用鼠标左键单击瑞星杀毒软件图标，在弹出菜单中选择“启动瑞星杀毒软件”	启动瑞星杀毒软件 启动智能升级 详细设置 历史记录 瑞星官方网站 卡卡社区 IP位置查询 转入后台自动处理
选择“开始”→“程序”→“瑞星杀毒软件”→“瑞星杀毒软件”	瑞星杀毒软件 瑞星工具 瑞星网站 病毒隔离系统 瑞星监控中心 瑞星杀毒软件 升级程序 添加删除組件

3. 瑞星杀毒软件的使用

1)瑞星主程序界面

菜单栏:用于进行菜单操作的窗口,包括“操作”、“视图”、“设置”和“帮助”四个菜单选项。

菜单栏的下面是四个标签页面:“信息中心”、“快捷方式”、“工具列表”和“监控中心”,如图7.13所示。

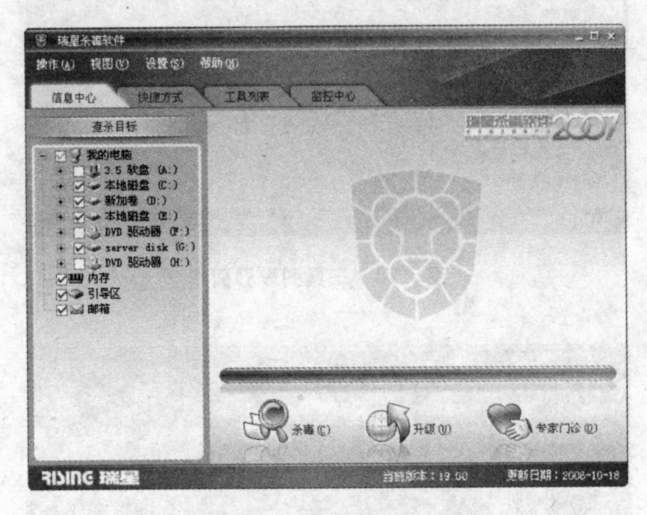

图7.13 瑞星主程序界面

• 信息中心:包括查杀目标栏和病毒列表。

查杀目标栏:用于选择查杀目标,具体的文件夹、磁盘、内存、引导区、邮箱。

病毒列表:若瑞星杀毒软件发现病毒,则会将文件名、所在文件夹、病毒名称和状态显示在此窗口中。

• 快捷方式:除使用默认的快捷方式外,用户也可以根据自己的需要,自定义新的快捷方式。

• 工具列表:切换到工具列表界面,如图7.14所示,此界面包含病毒隔离系统等瑞星工具,能够显示工具名称、图标、简单介绍、大小、版本、更新时间等信息。这些工具可以按照名称、大小、版本、更新时间进行排序。单击“运行”可以启动相应工具。

• 监控中心:此界面显示了所有监控及其状态,如图7.15所示。包括的监控有“漏洞攻击监控”、“内存监控”、“网页监控”、“文件监控”、“引导区监控”、“邮件发送监控”、“邮件接收监控”和“注册表监控”。可以通过单击“开启”或“禁用”按钮来改变监控状态。

2)使用步骤

图 7.14 工具列表界面

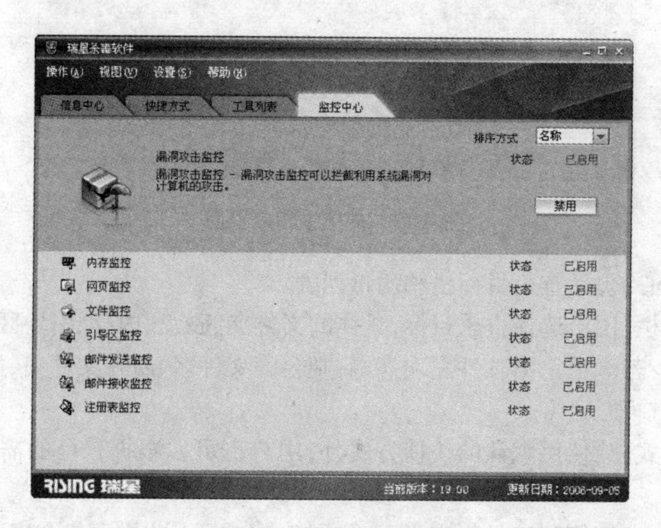

图 7.15 监控列表界面

操作实例 7-2

瑞星杀毒软件的使用。

步骤 1:启动瑞星杀毒软件。

步骤 2:在“查杀目标”栏中显示了待查杀病毒的目标,默认状态下,所有本地磁盘、内存、引导区和邮箱都为选中状态,如图 7.16 所示。

步骤 3:单击瑞星杀毒软件主程序界面上的“杀毒”按钮,即开始扫描所选目标,发现病毒时程序会采取用户选择的处理方法。扫描过程中可随时选择“暂停”按钮暂停扫描过程,按“继续”按钮可继续扫描,也可以选择“停止”按钮结束当前扫描。

对扫描中发现的病毒，病毒文件的文件名、所在文件夹、病毒名称和状态都将显示在病毒列表窗口中。

3)病毒隔离系统。

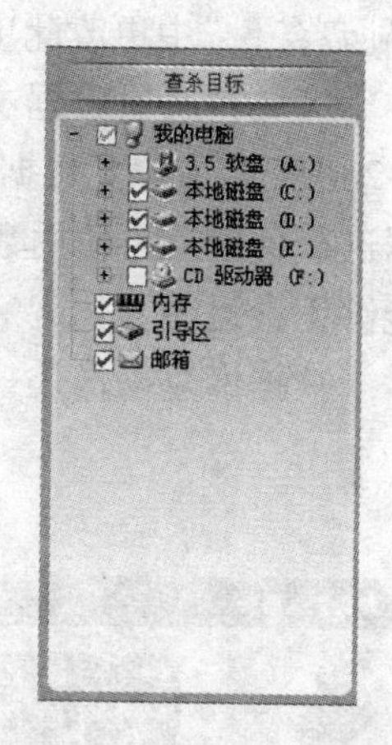

图 7.16 查杀目标界面

操作实例 7-3

瑞星杀毒软件病毒隔离系统的使用。

步骤 1:启动病毒隔离系统。

方法一:在瑞星杀毒软件主程序界面中，选择“工具列表”→“病毒隔离系统”→“运行”。

方法二:在 Windows 画面中，选择“开始”→“程序”→“瑞星杀毒软件”→“病毒隔离系统”，如图 7.17 所示。

如果选择杀毒时备份染毒文件到病毒隔离系统的方式(设置方法:在瑞星杀毒软件主程序界面中，选择“设置”→“详细设置”→“其他设置”，在“将染毒文件备份到病毒隔离系统”复选框中勾选)，则病毒隔离系统将保存染毒文件的备份，并且在必要时，可以恢复备份的染毒文件副本。

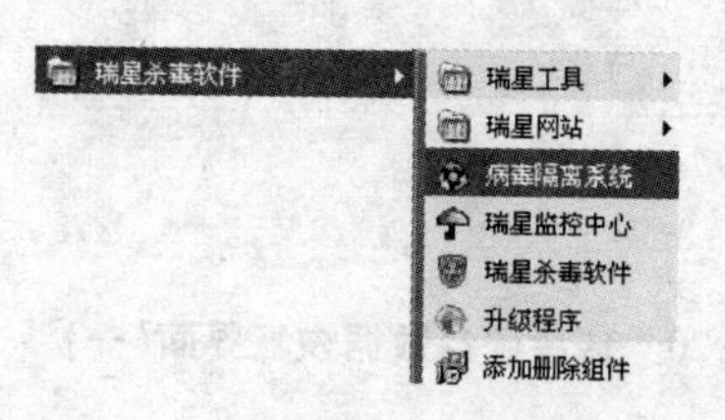

图 7.17 启动病毒隔离系统界面

步骤 2:设置隔离区存储空间。

为避免由于备份文件过多而占用大量磁盘空间，您可以设置病毒隔离系统占用存储空间的大小。当隔离区空间已满时，您可以选择“空间自动增长”或使用“替换最老的文件”处理。方法是:启动“病毒隔离系统”，选择“工具”→“设置空间”，在“设置”对话框中选择后，再按“确认”保存设置，如图 7.18 所示。

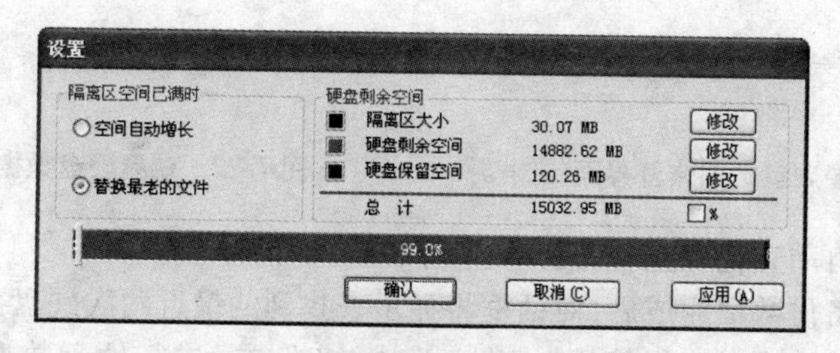

图 7.18 设置隔离区存储空间界面

步骤 3:硬盘数据备份与恢复。

瑞星硬盘数据备份，其界面如图 7.19 所示，只备份了整个硬盘的重要信息(而非所有信息)。数据备份功能与 GHOST 或操作系统提供的系统还原等传统备份、恢复功能有很大差别。

瑞星软件在安装后默认启用了定时备份硬盘数据，您也可以进入“详细设置”→

“硬盘备份”中更改此项设置。

当您在遇到数据文件丢失的时候，可尝试进行数据恢复，数据恢复界面如图7.20所示，为避免数据恢复过程中出现意外，进行恢复之前务必先对硬盘现有的数据进行备份后再使用数据恢复功能，如图7.21所示，恢复后的硬盘不保证操作系统能够正常运行。

数据恢复操作是一项有很大风险且无法保证成功率的操作，要谨慎使用。

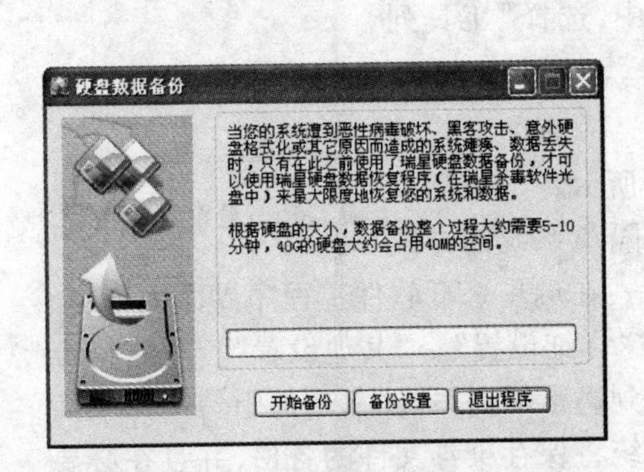

图7.19　硬盘数据备份界面

图7.20　瑞星硬盘数据恢复界面(一)

单击“开始恢复”按钮，按“确定”继续(如图7.22所示)。

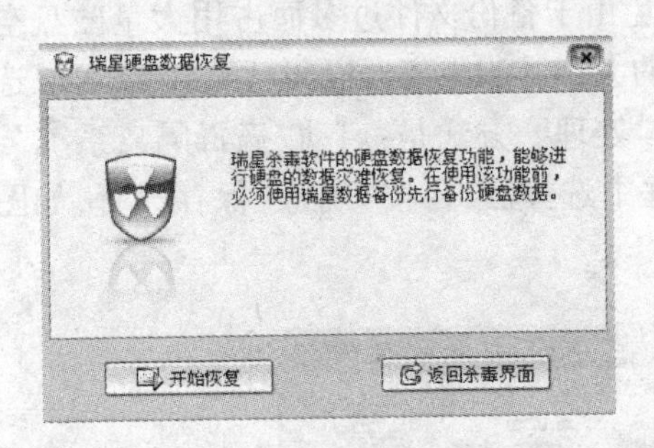

图7.21　瑞星硬盘数据恢复界面(二)

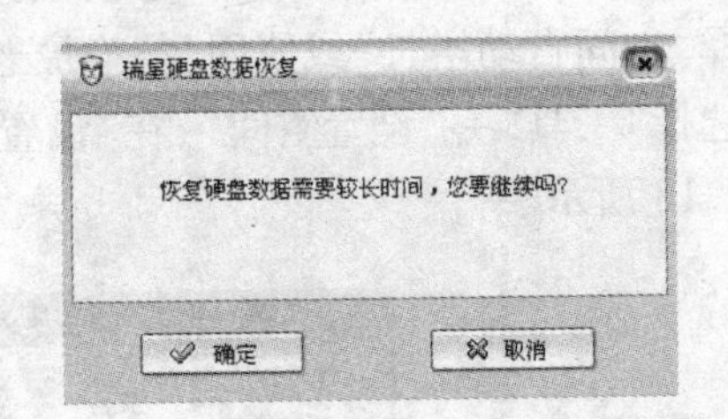

图7.22　瑞星硬盘数据恢复界面(三)

程序开始自动查找和整合备份数据，如图7.23所示。

查找整合备份数据完成后，对话框将显示查找到的最近两次硬盘数据备份结果，如图7.24所示，您可以选择使用“备份一”或“备份二”进行硬盘数据恢复，若单击“取消”按钮则退出。

进入选择数据恢复过程对话框，您可以选择“分区信息”、“基本信息”、“深层信息”三种过程，如图7.25所示。分区信息选项是对各个分区的主引导信息、DOS引导信息进行修复；基本信息选项是对各个分区的FAT表、根目录或MFT表(NTFS)进行修复；深层恢复选项包含以上两种修复且会修复深层目录结构。

硬盘数据恢复成功后，将弹出对话框，如图7.26所示。按“完成”，然后将光盘

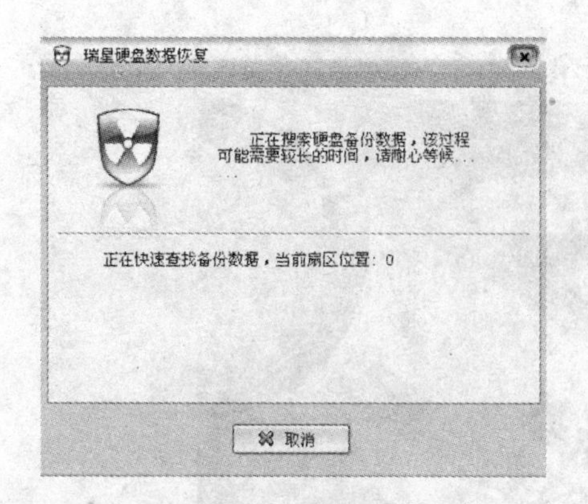

图 7.23 瑞星硬盘数据恢复界面(四)

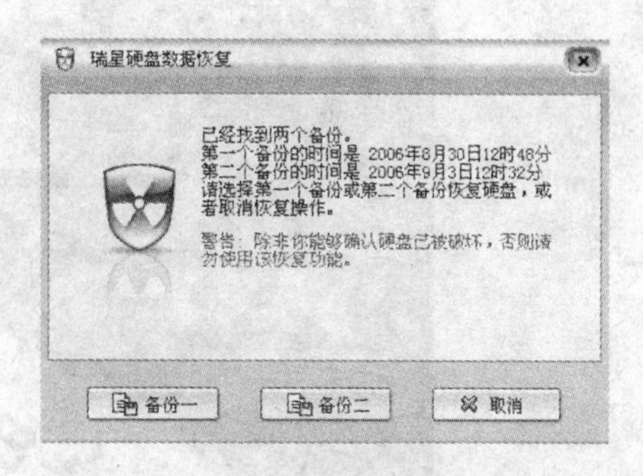

图 7.24 瑞星硬盘数据恢复界面(五)

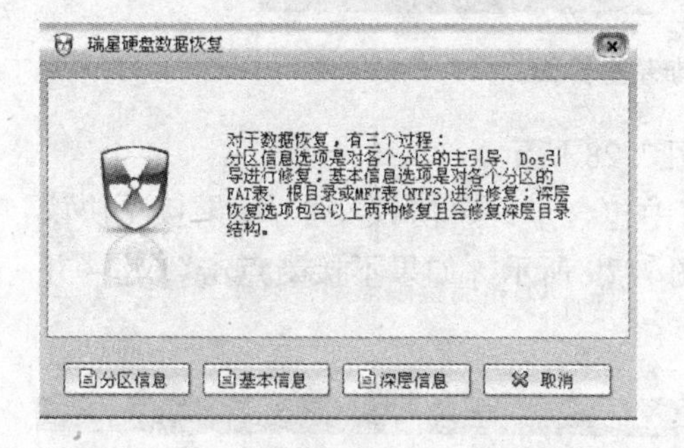

图 7.25 瑞星硬盘数据恢复界面(六)

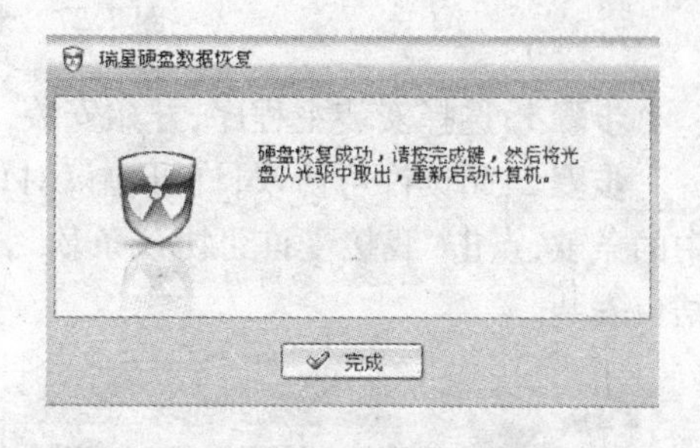

图 7.26 瑞星硬盘数据恢复界面(七)

从光驱中取出,重新启动计算机。

7.1.2 常用杀毒软件——卡巴斯基的使用

卡巴斯基实验室成立于 1997 年,卡巴斯基实验室是一家全球化的公司。总部设在俄罗斯联邦,在英国,法国,德国,日本,韩国,美国,加拿大,比利时、荷兰、卢森堡三国经济联盟,中国和波兰有办事处。公司的旗舰产品——卡巴斯基反病毒软件。卡巴斯基反病毒软件对计算机和网络上存在的各种类型恶意程序、垃圾邮件和黑客攻击等提供了全面的保护和解决方案。

1. 卡巴斯基杀毒软件的安装

操作实例 7-4

卡巴斯基杀毒软件的安装。

将卡巴斯基互联网安全套装的软件光盘放入光驱内。若自动安装程序没有启动,则需要运行光盘根目录中的 Autorun. exe 文件。在启动安装程序后,出现以下如图 7.27 所示的界面。

图 7.27 卡巴斯基主界面

步骤 1:选择安装主程序,开始安装,如图 7.28 所示。

步骤 2:阅读许可协议,许可协议对话框中包含了许可协议文本,如果接受协议中的条款,点击“我接受许可协议条款”,如图 7.29 所示。如果不接受点击“取消”并结束安装。

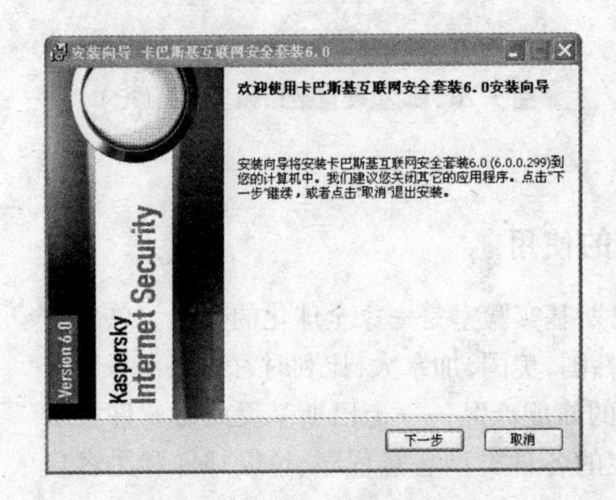

图 7.28 卡巴斯基安装向导界面

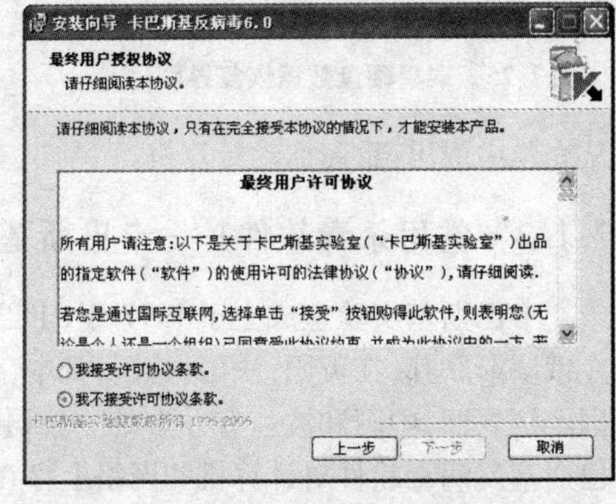

图 7.29 卡巴斯基授权协议界面

步骤 3:选择安装目录,通过浏览可以更改安装路径,也可以通过在目标文件夹之下输入所选择的安装路径来手动更改,同时还可以点击磁盘状态查看磁盘空间是否足够(安装需要 50 MB 磁盘空间),如不需要更改默认路径,直接点击“下一步”即可,如图 7.30 所示。

步骤 4:选择安装的类型,如图 7.31 所示,有以下三种安装类型。

完整——安装所有的程序组件(默认)。

自定义——安装所需要的程序组件,进行选定安装。

反病毒组件——不安装反黑客(防火墙)、反间谍保护和反垃圾邮件而只安装病毒防护部分。

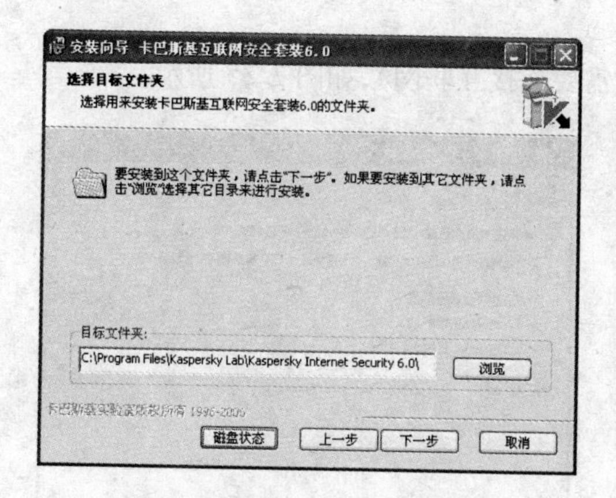

图 7.30　选择目标文件夹界面

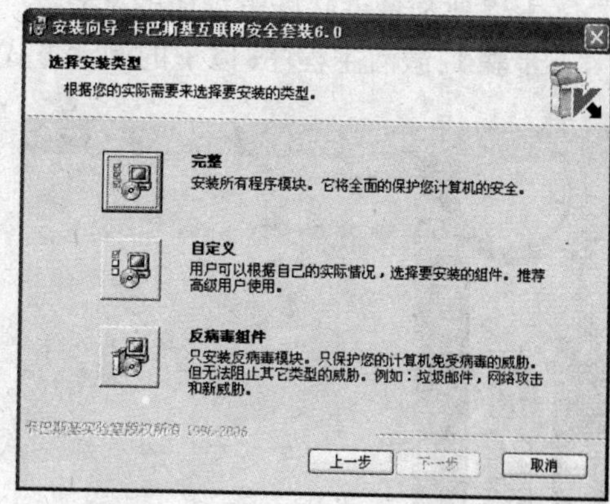

图 7.31　选择安装类型界面

步骤 5:关闭 Windows 防火墙(Windows XP SP2 操作系统)

如果选择安装的程序组件包括反黑客,会出现如图 7.32 所示的界面,在默认状态下为关闭 Windows 防火墙,打开卡巴斯基反黑客程序。

如果选择保持 Windows 防火墙的启动状态,为避免系统冲突,卡巴斯基反黑客程序将会处于关闭状态,需要手动开启它。

步骤 6:准备安装

点击“开始”便会安装所选择安装的组件,如图 7.33 所示。

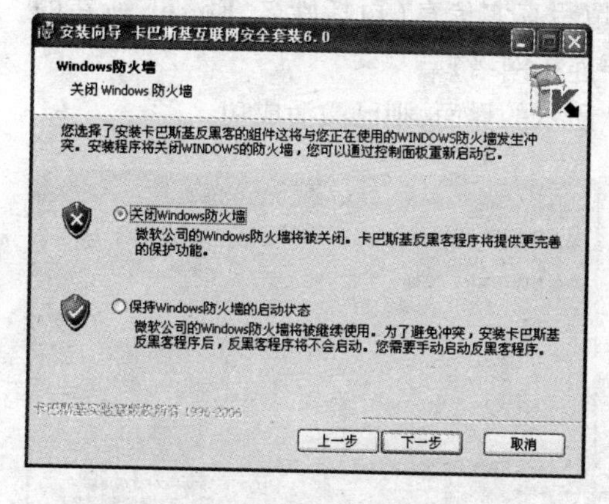

图 7.32　关闭 Windows 防火墙界面

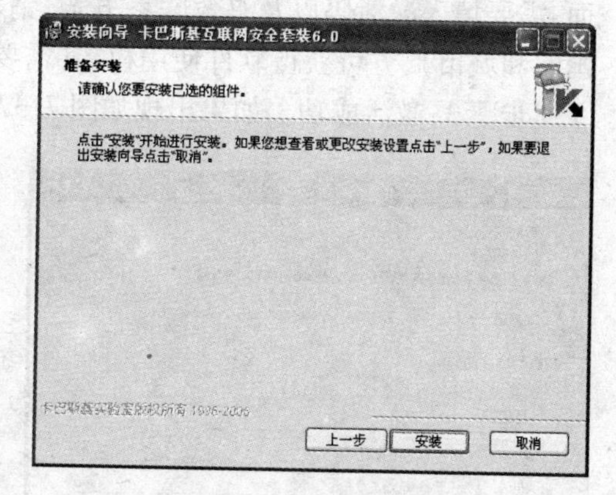

图 7.33　安装界面

步骤 7:安装完成

在安装完成之后点击下一步会进入配置界面,如图 7.34 所示。

2. 配置主程序

在安装结束之后安装向导并不会结束,因为仍需要进行相应配置。

操作实例 7-5

卡巴斯基杀毒软件主程序的配置。

步骤 1:激活主程序(以下的激活方式需要连接互联网),如图 7.35 所示。

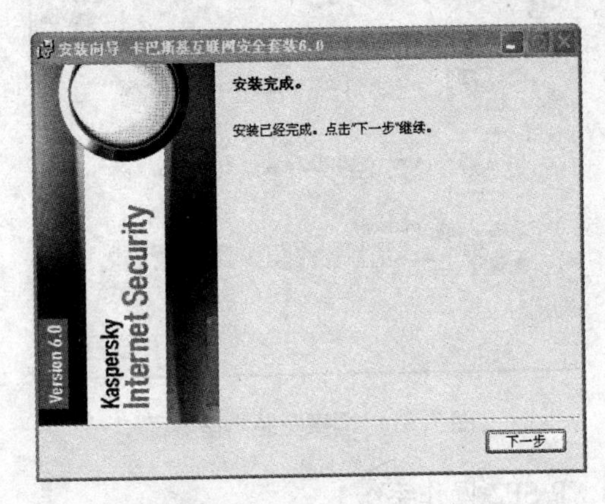

图 7.34 **安装完成界面**

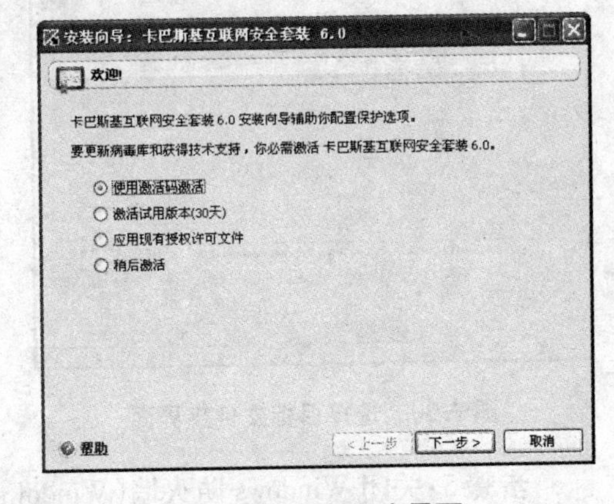

图 7.35 **激活程序界面**

使用激活码激活:您需要输入正版的激活码方可激活并使用产品。

激活试用版本(30 天):仅限试用用户。选择此种方式激活产品,将获得本软件三十天的试用许可期限。

稍候激活在配置完程序之后,再激活现有的主程序。

步骤 2:输入激活码。如果选择输入激活码激活便会出现如图 7.36 所示的界面,需要填入激活码以及有效联系方式,请填写真实信息(包括姓名、E-mail、所在的国家和城市),方可获得软件使用权。(需要连接网络)

步骤 3:激活成功。如果出现如图 7.37 所示的界面,则已激活成功。

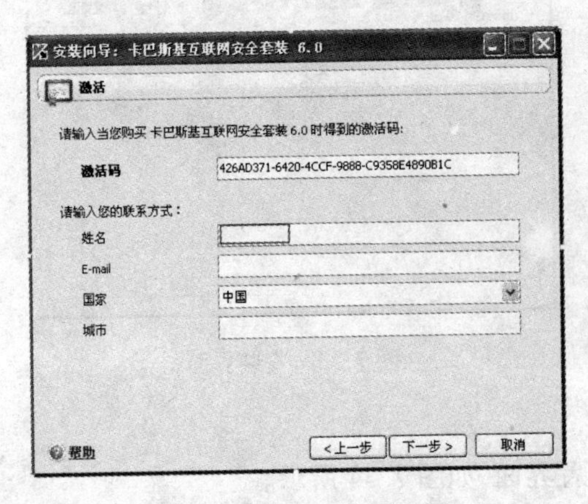

图 7.36 **输入激活码界面**

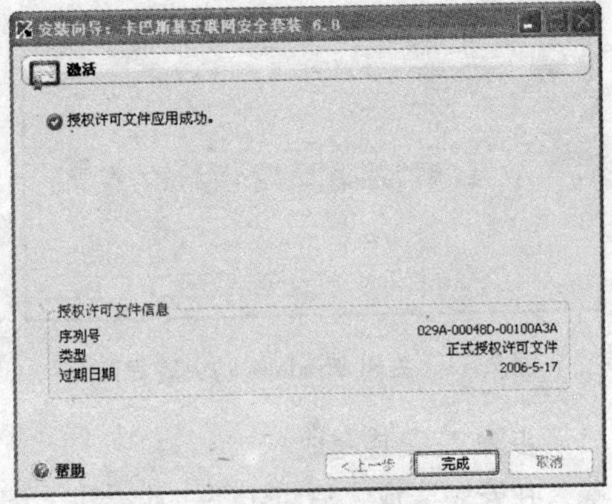

图 7.37 **激活成功界面**

步骤4:选择反病毒库更新模式,有以下3个选项。

自动:程序会按照默认设置自动更新反病毒数据库。

每隔1天:默认为一天,可以通过更改按钮更改更新的频率。

手动:只进行手动更新。

另外,可以在图7.38所示界面点击“立即更新”进行反病毒数据库更新(默认状态为连接互联网更新反病毒数据库),同时还能通过设置按钮选择更新方式以及更新源。

步骤5:常规扫描,其界面如图7.39所示。如果计算机内存较小,或者希望获得更快的开机速度,建议取消在系统启动时运行前面的“对钩”,这样便不会开机扫描启动项。同时还可以设置扫描关键区域以及全盘扫描的频率。

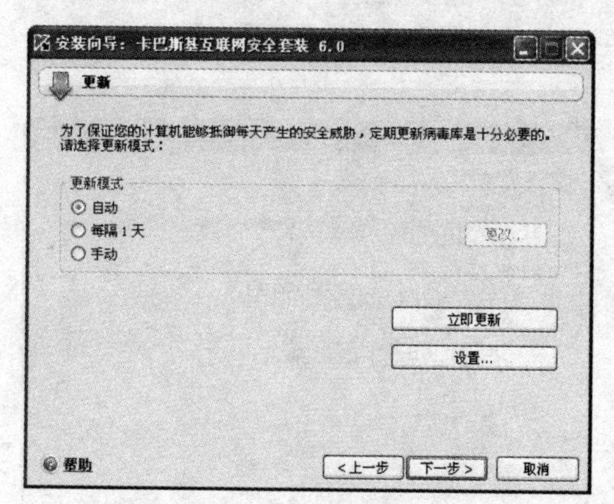

图7.38 **更新程序界面**

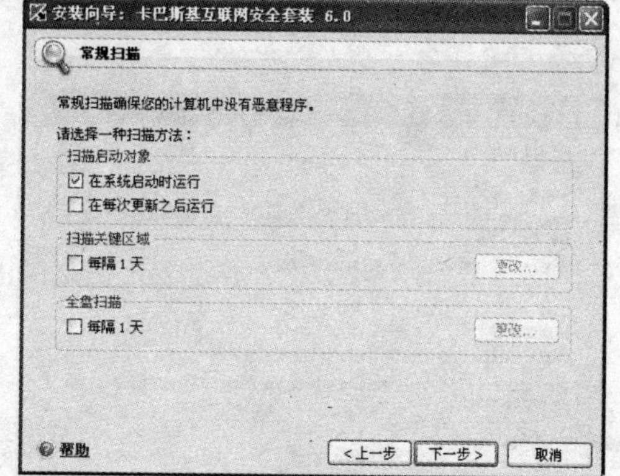

图7.39 **常规扫描界面**

步骤6:设置密码。可以选择使用此程序时是否需要设定权限密码,密码保护的范围包括保存设置、退出程序以及停止或暂停任务,如图7.40所示。

步骤7:设置反黑客。设置反黑客里面的网络安全区域,如图7.41所示,内外网IP地址以及网络连接方式,同时还可以选择是否使用隐身模式。

步骤8:设置网络程序。这里可以设置是否需要为应用程序创建规则,以及是否需要禁用DNS缓存服务,如图7.42所示。

步骤9:设置交互式保护,如图7.43所示,有以下两种。

基本保护:适合初级用户,只对危险事件作出警告。

交互式保护:适合专业用户,危险事件以及可疑事件都会通知用户。同时可以选择提示的类别。

步骤10:配置完成。选择“完成”将会重新启动计算机,取消重启计算机前面的对钩,则不会重启。

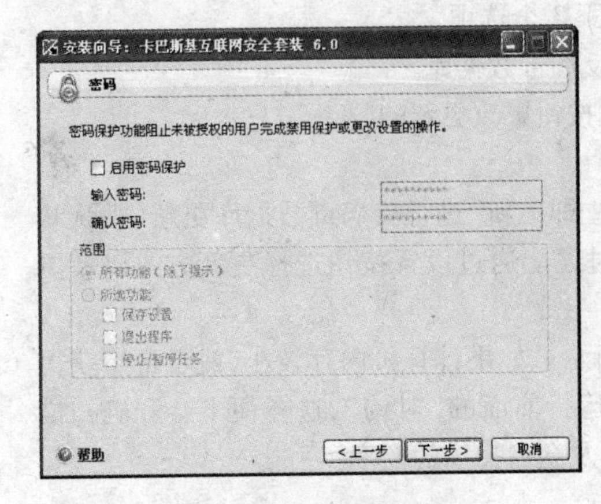

图 7.40　设置密码界面

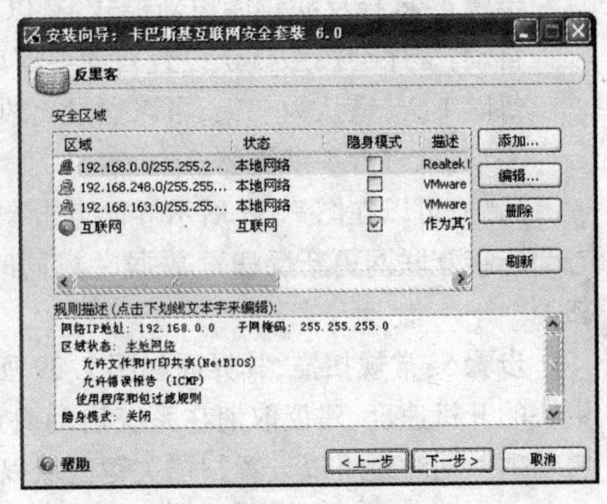

图 7.41　设置反黑客界面

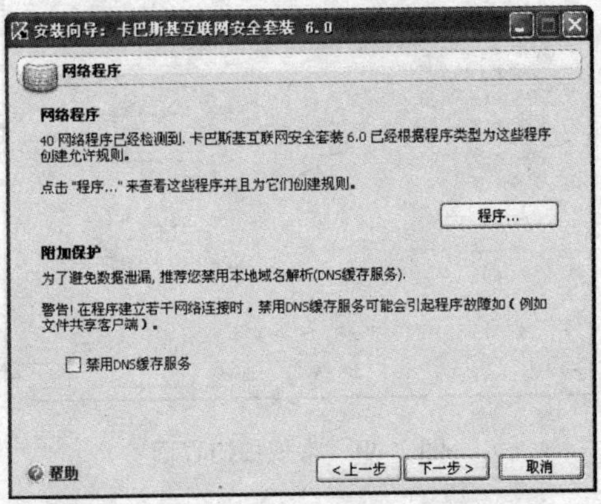

图 7.42　设置网络程序界面

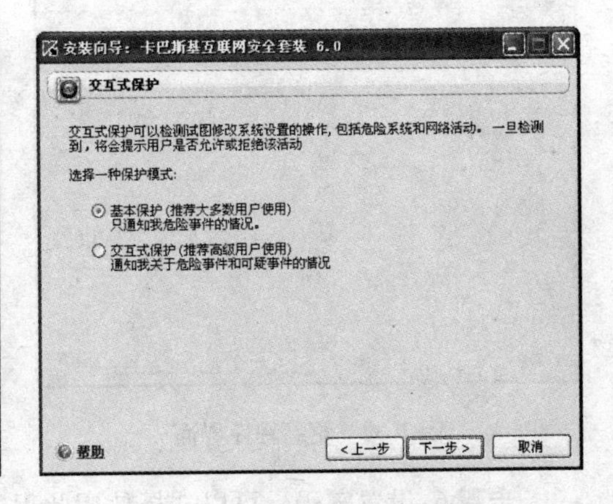

图 7.43　设置交互式保护界面

3. 卡巴斯基网络杀病毒软件使用流程

1)卡巴斯基适用的操作系统

工作站:Windows 98/ME/XP/NT Workstation/2000 Pro

服务器:Windows NT SP6a/2000 server SP2/2003 sever

2)卡巴斯基安装时注意问题

安装本软件前必须将本机上的其他反病毒软件完全卸载,否则会引起无法预料的问题.由于本软件的工作站版本带有防火墙(默认没启用),为了避免出现问题,建议将工作站上的原有防火墙也完全卸载.

3)卡巴斯基互联网安全套装主程序的主界面简介

卡巴斯基互联网安全套装主程序的主界面是一个简易的,友好的界面,它分为左右两个窗口,如图 7.44 所示。左边窗口是导航界面,可以方便快速的找到并运行程序模块,执行扫描任务和获取程序的相关支持。右边窗口部分是通知面板界面,它显示左边窗口选择组件的相关信息,也可以通过这个窗口实现病毒扫描,隔离文件和备份文件,管理许可文件等操作。

图 7.44　卡巴斯基互联网安全套装主程序界面

4)卡巴斯基网络杀病毒软件的使用

在程序安装完成之后,将提示"您的计算机没有进行全盘扫描"。卡巴斯基互联网安全套装默认情况下,会在程序主窗口的扫描窗口内建立一个全盘扫描的任务。

选择扫描我的电脑后,可以在主窗口的右边查看关于最近扫描计算机的情况,点击"设置"后您可以选择保护级别以及检测到危险对象采取的动作。

扫描关键区域。从安全角度看,计算机中有些地方是非常关键的,如系统目录,进程,内存等,它们经常会成为恶意程序攻击的首先目标。保护关键区域,对维护计算机正常运转非常重要,我们为此在程序主界面的"扫描"中建立了专门用来扫描关键区域的任务,这样可以更快地找到恶意程序并且减少扫描时间。选择关键区域后,将在右部窗口中看到最近扫描的统计。

扫描文件,文件夹和磁盘。在这个任务里可以单独选择扫描的目标。例如,一个硬盘,一个程序,游戏,邮件数据库,存档文件,邮件附件等等。也可以在系统运行窗口(例如资源管理器程序窗口或您的桌面等等)选择一个目标进行扫描。

扫描指定的目标。选择一个目标点击鼠标右键选择扫描病毒。

操作实例 7-5

卡巴斯基杀毒软件的使用。

选择 D 盘击鼠标右键选择扫描病毒,如图 7.45 所示。

如果在邮件、打开的文件或者是启动的程序中,发现了危险对象,一个特殊的通知信息将会弹出来，如图 7.46 所示。

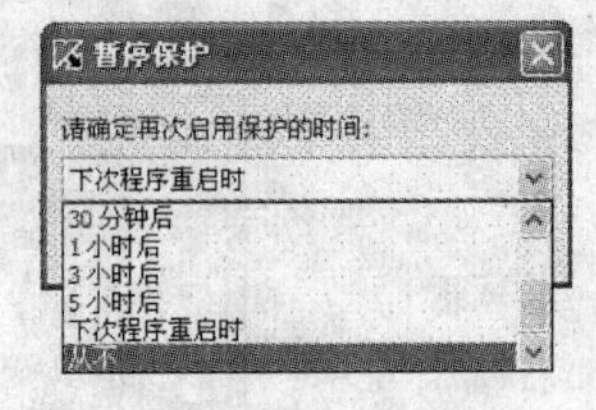

图 7.45 扫描病毒界面　　图 7.46 文件保护警报窗口　　图 7.47 暂停保护窗口

如果想暂停保护，可以选中暂停保护按钮，弹出如图 7.47 所示的窗口，确定再次启动保护的时间。

7.2 下载软件

网络的发展实现了资源共享，网络为我们提供了非常丰富的资源，我们经常需要下载信息或软件。

7.2.1 常用下载软件

常用下载软件有迅雷、比特 Bitcomet、电驴 eMule、网际快车 FlashGet 等。

1. 迅雷

尽管现在宽带的普及率越来越高，但是，受各种因素的限制，大容量文件的传输仍然需要很长的时间。迅雷是一款新型的基于 P2SP 技术的下载软件。它使得下载更稳定、更迅速。P2SP 除了包含 P2P 以外，更多了个 S（P2SP 的“S”是指服务器）。P2SP 有效地通过多媒体检索数据库把原本孤立的服务器和其镜像资源以及 P2P 资源整合到了一起。在下载的稳定性和下载的速度上，都比传统的 P2P 或 P2S 有了非常大的提高。

2. 比特 BitComet

BitComet 是基于 BitTorrent 协议的 P2P 免费软件（俗称 BT 下载客户端），高效的网络内核，多任务同时下载依然保持很少的 CPU 内存占用。支持对一个 Torrent 中的文件有选择的下载。支持磁盘缓存技术，有效减小高速随机读写对硬盘的损伤。只需一个监听端口即可满足所有下载需要，自动保存下载状态，续传无需再次扫描文件，作种子也无需扫描文件。BitComet 支持多 Tracker 协议；它是绿色软件，不需安装，仅运行时关联.torrent 文件；它也是多语言界面。

3. 电驴 eMule

电驴 eMule 起源 2002 年 5 月 13 日一个叫做 Merkur 的人,他不满意当时的 eDonkey2000 客户端并且坚信他能做出更出色的 P2P 软件,于是便着手开发。他凝聚了一批原本在其他领域有出色发挥的程序员在他的周围,eMule 工程就此诞生。他的目标是将 eDonkey 的优点及精华保留下来,并加入新的功能以及使图形界面变得更好。eMule 已是世界上最大并且最可靠的点对点文档共享的客户端软件。

客户端使用多个途径搜索下载的资料源,ED2K、来源交换、Kad 共同组成一个可靠的网络结构。eMule 的排队机制和上传积分系统有助于激励人们共享并上传给他人资源,以使自己更容易、更快速地下载自己想要的资源。

每个下载的文件都会自动检查是否损坏以确保文件的正确性(FTP 却不能保证精确复制)。自动优先权及来源管理系统允许您一次下载许多个资源而无须监视它们。预览功能允许您在下载完成之前查看您的视频文件。eMule 的 Web 服务特性和 Web 服务器允许您快速得从网络存取资料。

4. 网际快车 FlashGet

FlashGet 通过把一个文件分成几个部分同时下载来成倍地提高速度。它是一个多任务多线程断点续传下载管理工具,如图 7.48 所示,它具有以下特点。

(1)多任务处理能力:允许用户最多设定 8 个下载任务。

(2)多线程下载功能:允许用户最多将一个软件分成 10 个部分同时下载,每个部分建立一个连接线程,所有的线程同时下载。

(3)下载管理功能:可以创建不同的类别,下载的软件可以按树状结构分门别类地保存起来。强大的管理功能包括支持拖拽,更名、添加描述、查找、文件名重复时可

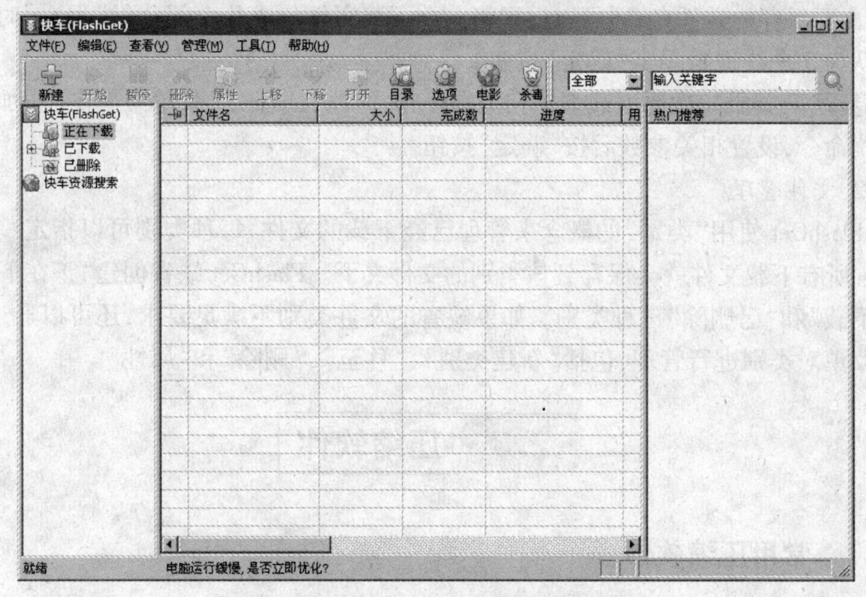

图 7.48 网际快车(FlashGet)主窗口

以自动重命名等等。

(4)断点续传功能：可以在任何意外中断情况下接着已有的部分继续下载。

7.2.2 FlashGet 网际快车的使用

1. 下载文件

步骤 1：当在 IE 浏览器中下载文件时，系统会自动启动网际快车(FlashGet)主窗口。

步骤 2：点击需要下载的任务，弹出"添加新的下载任务"对话框，单击"确定"按钮即可开始下载。

图 7.49 "添加新的下载任务"对话框

步骤 3：打开 FlashGet 主窗口，单击"文件"菜单中的"新建下载任务"命令，如图 7.49 所示，在"网址"文本框中输入需要下载文件的网址，选择保存文件类别与路径及给出要保存的文件名，还可以设置将一个下载文件分成几个部分(线程)同时下载(默认为 5 个线程)，单击"确定"按钮。

步骤 4：如果一次要下载多个相关的任务，可以在"任务"菜单中单击"添加成批任务"命令，设置相关参数后按"确定"按钮。

2. 文件管理

FlashGet 使用"类别"的概念来管理已经下载的文件，每种类别可以指定一个文件夹，所有下载文件就会保存到该类别的文件夹下。FlashGet 缺省创建"正在下载"、"已下载"和"已删除"三种类别。如果缺省的文件类别不满足要求，还可以通过"类别"菜单对类别进行管理，包括"新建类别"、"移至"、"删除"和"属性"。

7.3 压缩软件

7.3.1 常用压缩软件

压缩与解压缩软件是较为常用的工具软件。所谓压缩是按照一定的算法将数据或文件转换成一种数据量缩减的表达形式。经过压缩的数据或文件是不能直接使用的,必须将其恢复原样才能重新使用,即按原算法进行还原,这个过程称为解压缩。压缩与解压缩经常用于数据的备份和网络文件的传输上。压缩格式有很多,比如:常见的 ZIP 格式、RAR 格式、CAB 格式、ARJ 格式等等。还有一些比较少见的压缩格式,如 BinHex、HQX、LZH、Shar、TAR、GZ 格式等等。另外,像 MP3、VCD 和 DVD 等音频、视频文件都使用了压缩技术,但不是平常的压缩,而一种实时的压缩,是在播放时直接解压。我们最常见的压缩软件就是 WinZip 和 WinRAR。WinRAR 是目前最好的压缩工具,界面友好,使用方便,在压缩率和速度方面都有很好的表现,在此介绍 WinRAR 的使用。

7.3.2 WinRAR 压缩软件的使用

WinRAR 通常能达到 50% 以上的压缩率,不仅支持 RAR 和 ZIP 压缩文件,还支持对诸如 CAB、ARJ、LZH、TAR、GZ、ACE、UUE、BZ2、JAR、ISO 等十几种非 RAR 压缩文件的管理。WinRAR 压缩软件提供了一个非常友好的向导功能,跟着它一步一步做就可以顺利完成,如图 7.50 所示。

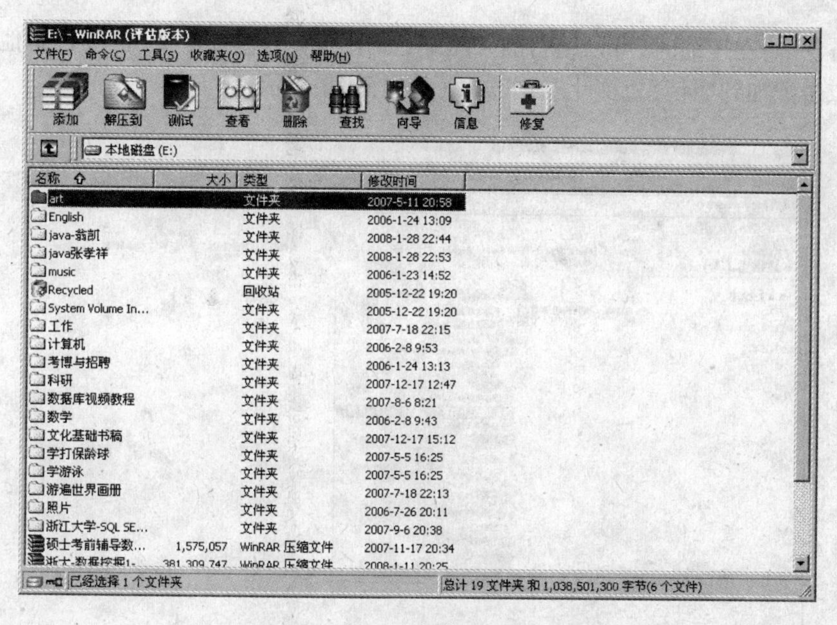

图 7.50 WinRAR 压缩软件主界面

1. 文件压缩方法

操作实例 7-6

把第 3 章建立的“计算机文化基础”文件夹压缩。

方法一:单击"命令"菜单中的"添加文件到压缩文件中"命令或单击工具栏上的"添加"按钮,按要求输入压缩的"计算机文化基础"文件名及设置相关的参数后,单击"确定"按钮即可(如图7.51所示)。

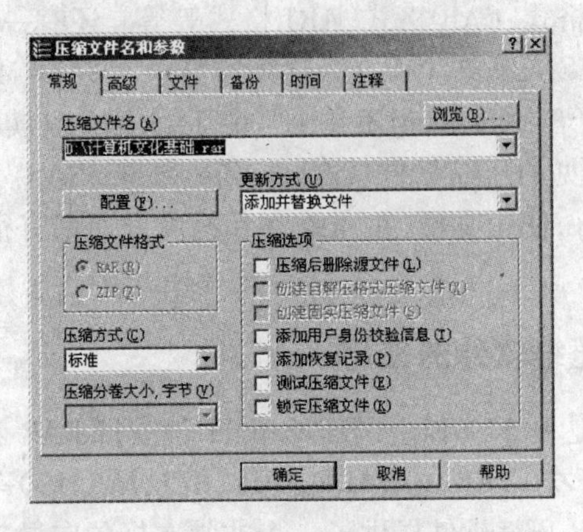

图7.51　WinRAR压缩软件输入压缩的文件名及设置相关的参数界面

方法二:在压缩时,可以用右键来压缩,如果名字不想自定义,也没有其他要求,直接点击添加到"计算机文化基础.rar"(如图7.52所示)。

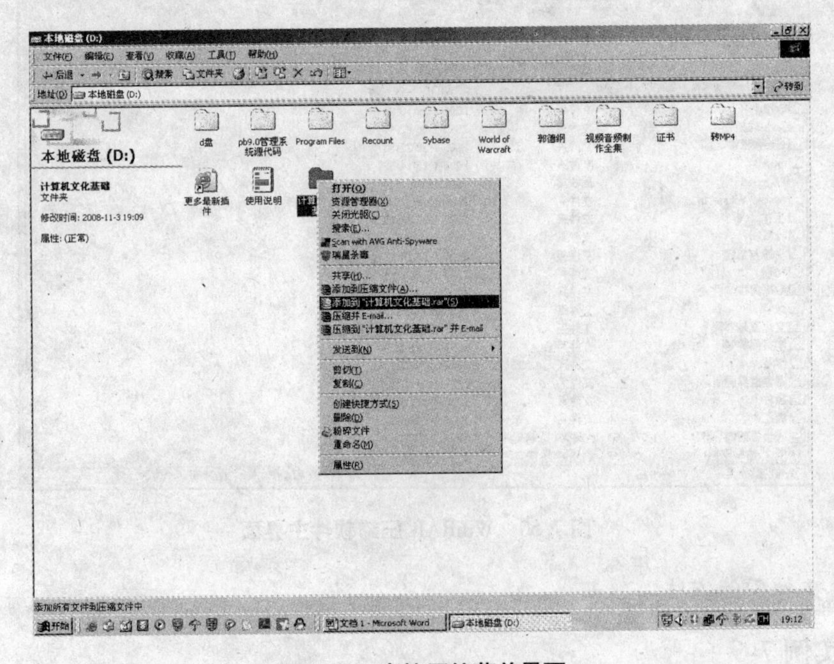

图7.52　直接压缩菜单界面

2. 解压缩文件方法

操作实例 7-7

把“计算机文化基础”压缩文件夹解压。

方法一:在 WinRAR 主窗口选中压缩文件“计算机文化基础”(扩展名为. rar 或文件图标为),单击“命令”菜单中的“解压到指定文件夹”命令或单击工具栏上的“解压到”按钮 ,即可对选定的压缩文件进行解压缩。

方法二:双击需要解压缩的压缩文件“计算机文化基础”,启动 WinRAR 解压缩文件窗口。从中选择一个、多个或全部需要解压缩的文件,单击“命令”菜单中的“解压到指定文件夹”命令或单击工具栏上的“解压到”按钮 ,单击“确定”按钮,即可对选定的压缩文件进行解压缩。

3. 生成自解压文件

将需要压缩的文件制作成自解压文件后,可以脱离 WinRAR 软件环境自行解压缩来还原文件。

操作实例 7-8

建立“计算机文化基础”文件夹的自解压文件。

对文件进行压缩时,在“压缩文件名和参数”对话框中(如图 7.51 所示),先选中“压缩选项”栏中的“创建自解压格式压缩文件”复选框,然后给出压缩文件名“计算机文化基础”及压缩的目标路径,再单击“确定”按钮,即可产生一个自解压文件,自解压文件的扩展名为“. exe”,其文件名图标为 。要对该自解压文件进行解压缩时,双击该文件即可自动执行解压缩操作。

7.4 计算机刻录软件

7.4.1 常用刻录软件

1. Easy CD

Easy CD 是强大的一款刻录软件,由 Adaptec 公司出品。可以执行通用类刻录功能,如光盘对光盘对拷;硬盘内容拷到刻录机,制作音乐光盘等。额外典型功能是可以制作 Boot 启动光盘,镜像刻录等。刻出的盘在其他 PC 的光驱上可读性好,不易丢东西,刻出的内容如果选择了 ISSO9660 格式的话还可在 DOS 或 MAC 下读取。

2. Direct CD

Direct CD 的特点可以用“操作简易”这四个字概括,同样是 Adaptec 公司出品的软件。可以先用 Direct CD 把空白光盘格式化,使它成为类似软盘一样的东西,不需要进入软件,只要在资源管理器上用鼠标把您想要的内容拖拽到已格式化好的刻录机光驱上就可以完成了。时间短,易执行都是它的优点。它有优点就也有缺点,缺点就是刻录出来的内容在其他光驱上的可读性很差。

3. MYCD

MYCD 是惠普新款系列刻录机带的软件,你可以把它说成是 Easy CD 的“缩水版”,是由 Veritas 公司开发的。它的好处是操作像“傻瓜相机”,只要跟着向导提示走就可以了。刻出的盘在其他光驱上读得也很好,但是缺乏许多专业功能,如上面提到的 Easy CD 可以实现的映像文件刻录、Boot 光盘刻录等,MYCD 都不能进行。

4. Video Pack

Video Pack 是几乎每一位想将. mpeg 文件转刻成 VCD 格式的用户都试用的软件。Video Pack 是 Cequadrat 公司(现已改名为 Roxio 公司)出品的一套 Video CD 2. 0 制作软件。它集成 VCD 的采样、编辑和刻录几种功能为一体,流畅地为用户实现了全套制作包含自己个性想法的 VCD 的过程。因操作简便等诸多优点,深受 VCD 发烧友及光盘刻录爱好者的喜爱。

5. Clone CD

Clone CD 对有“光盘对刻”需求的用户来说,不得不提。它的功能单一,但很强大,就是整盘复制,生成映像文件,刻录映像文件和擦除 CD-RW 光盘四大功能。而且可以整盘复制 VCD,很方便,效果也很好。即便是有些加密的盘片也可以复制成功。擦除 CD-RW 盘片的速度也很快。

6. Video Studio(会声会影)

Video Studio(会声会影)是国内的友立公司出品的刻录软件,它可以用来配合视频采集卡采集视频流,然后编辑成. mpeg 文件。5. 0 版本在添加了 DVD plug-in 插件之后,还可以同时刻录成 VCD 格式的光盘。

7. FinalBurner

FinalBurner 免费的刻录软件,它可以说是那些昂贵的 CD/DVD 刻录软件的免费替代者,用户可以使用它刻录出数据、音频和视频光盘,以及 ISO 镜像等,它支持多种类型的光盘,包括 CD R/RW、DVD + R/RW、DVD-R/RW、DVD DL 等,其功能专一够用,完全可以满足我们普通人的刻盘需要。

8. Nero

Nero 是一款功能全面而强大的刻录软件,与 Easy CD 差不多,基本上用户所有的刻录需求都可以得到满足。在这些第三方的光盘刻录软件中,Nero 无疑是市场占有率最大的一款。Nero 支持数据光盘、音频光盘、视频光盘、启动光盘、硬盘备份以及混合模式光盘刻录,高速、稳定的刻录核心,再加上友善的操作接口,使得 Nero 成为最受欢迎的光盘刻录软件之一。

7.4.2 刻录软件 Nero 的使用

Nero 是一款德国公司的刻录软件产品，它支持数据光盘、音频光盘、视频光盘、启动光盘、硬盘备份以及混合模式光盘刻录，操作简便并提供多种可以定义的刻录选项，同时拥有经典的 Nero Burning ROM 界面如图 7.53 所示和易用界面 Nero Express 如图 7.54 所示。

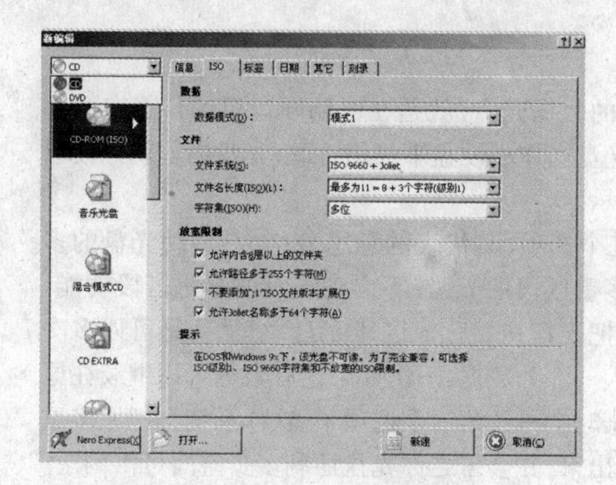

图 7.53 Nero Burning ROM 界面

图 7.54 Nero Express 界面

使用 Nero 刻录光盘的步骤并不复杂。最重要的是首先要选择正确的刻录格式，是 CD 还是 DVD？对 CD 来说常用的光盘格式包括 CD-ROM(ISO)、音乐光盘、混合模式 CD、CD 副本、Video CD、Super Video CD、miniDVD 等，对 DVD 来说同样也有类似的区分，如 DVD-ROM(ISO)、DVD 副本、DVD-视频等，根据自己的应用需求选定合适的格式。如果在操作中选择不当的格式，显然会导致刻录的失败。

事实上，在 Nero 中设置光盘刻度类型相当简单，下面就以经典界面为例说明如何用 Nero 刻录不同类型的光盘。

从程序中打开经典界面，如图 7.55 所示。

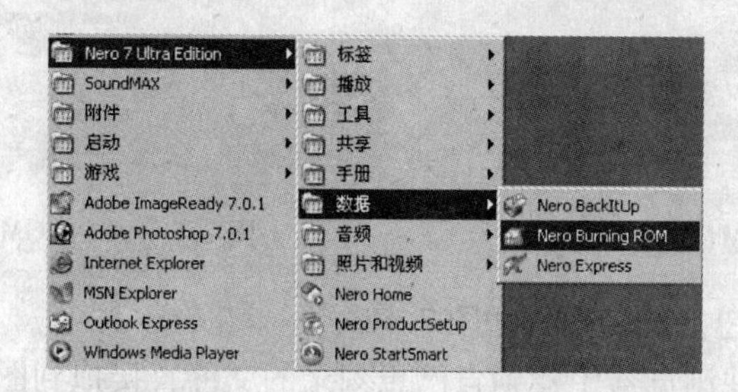

图 7.55 从程序中打开 Nero Burning ROM 界面

弹出新编辑对话框，在对话框左上方可以选择你的光盘类型(CD 或是 DVD)，如

图 7.53 所示。

鉴于 CD 刻录与 DVD 刻录在具体步骤上基本一致,下文中就以记录不同类型的 CD 为例详细介绍具体的操作,至于 DVD 刻录,方法相同,不再赘述。

1. CD 刻录

CD 类型的光盘包含有以下几种常用的格式:CD-ROM(ISO)、音乐光盘、混合模式 CD、CD 复本、Video CD、Super Video CD、miniDVD。下面介绍如何刻录以上几种格式的光盘。

1)CD-ROM(ISO)刻录

这种光盘类型是最常见和最常用的数据光盘,就是在电脑硬盘里的什么东西都可以刻进光盘里,一言以蔽之就是把光盘当作小硬盘来使用,读取光盘内容就像读取硬盘里的内容一样容易,如图 7.56 所示。

上图中在“多重区段”设置中有三个选项,其代表的意思分别为:启动光盘的多重区段功能;第二次把数据刻录到有多重区段的光盘;不启动光盘的多重区段功能。其中选中第一项就是在第一次刻盘时把光盘初始化成区段光盘,意思就是可以多次往未满的光盘里写入数据,第一次写入一部分数据,下次如果还有数据可以继续往原光盘里写入,第二次往光盘里写入数据时就得选第二个选项了,这样系统会把原多重区段光盘里的内容以灰色的形式显示出来,并会告之你光盘还剩多少空间可供刻录。第三个选项就是让光盘只能刻一次,不管你光盘满不满都不能再次向光盘里写入任何数据。

切换到“刻录”设置选项,可选择刻录速度及刻录方式等,如图 7.57 所示。

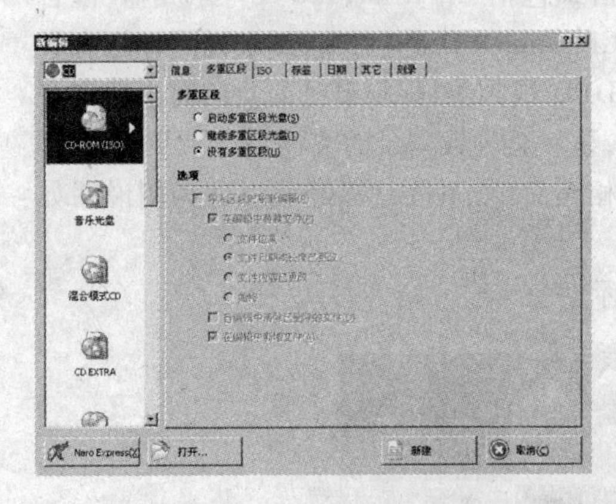

图 7.56　CD-ROM(ISO)界面(一)

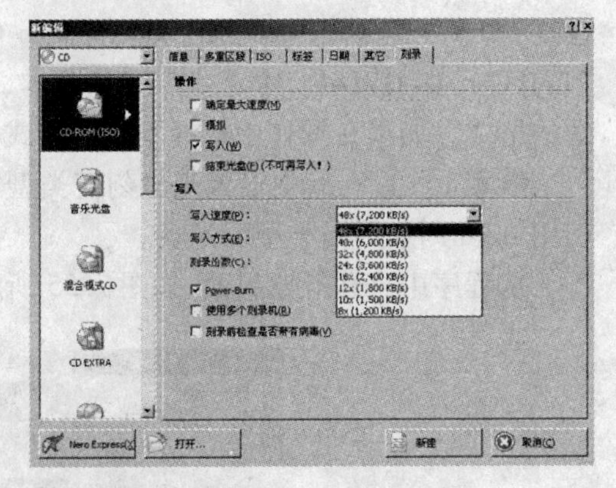

图 7.57　CD-ROM(ISO)界面(二)

点击“新建”按钮,弹出界面,如图 7.58 所示。

这时只需在文件浏览器中找到自己想刻录的文件直接拖到图中红色箭头所指的区域就可以了,然后点击上方的按钮就可以进行刻录了。

2)音乐光盘刻录

音乐光盘就是我们平时常说的 CD 光盘,Nero 可将 Wav、MP3、WPA 格式的音频文件刻录到光盘中。注意:不要将这里所说的音乐光盘刻录理解为只是将那些音频文件“拷贝”到光盘中,如果那样,就仍属数据 CD 的范畴,而只能在 PC 上播放,不能用在常见的音响设备如 CD 播放机等播放。理论上说,音频 CD 的格式采用的是与 PC 不同的文件格式,一首歌曲是作为 CD 的声轨存在而不是 Windows 系统下的可读取文件,如图 7.59 所示。

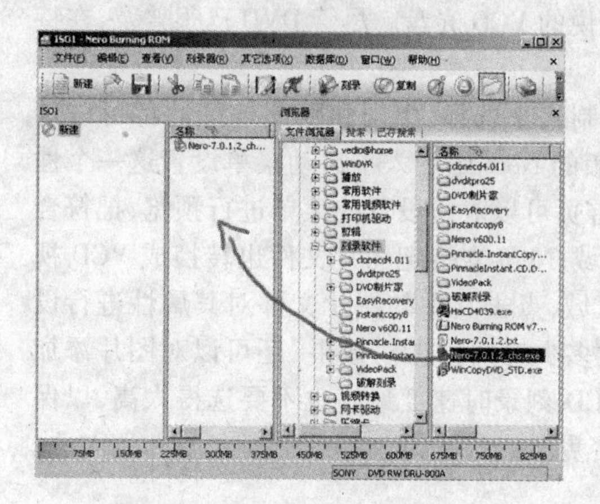

图 7.58 CD-ROM(ISO)界面(三)

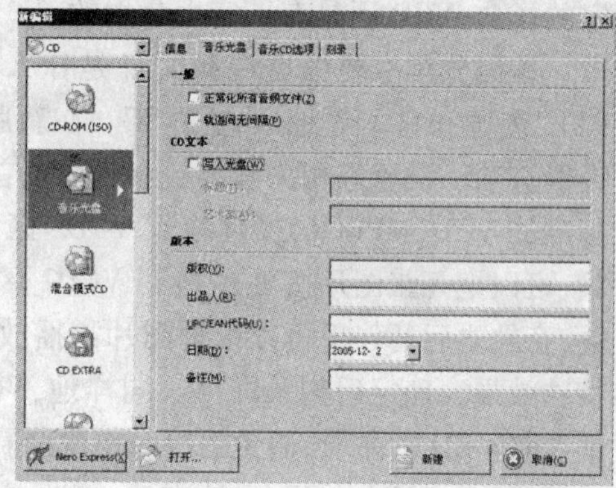

图 7.59 音乐光盘界面(一)

轨道音无间隔的意思就是你所刻录的音乐之间没有时间间隔,Nero 默认的是有 2 秒的时间间隔的。点击“新建”按钮,弹出音频文件选择界面,如图 7.60 所示。

Nero 支持的音频文件有 WAV、MP3、MPA 等,但是如果不是标准的 MP3 格式或是其他音频格式 Nero 的自动侦测文件功能就会提示文件类型出错。

把自己要刻录的音乐一首一首拖到音乐区域后会自动排序,如图 7.61 所示。

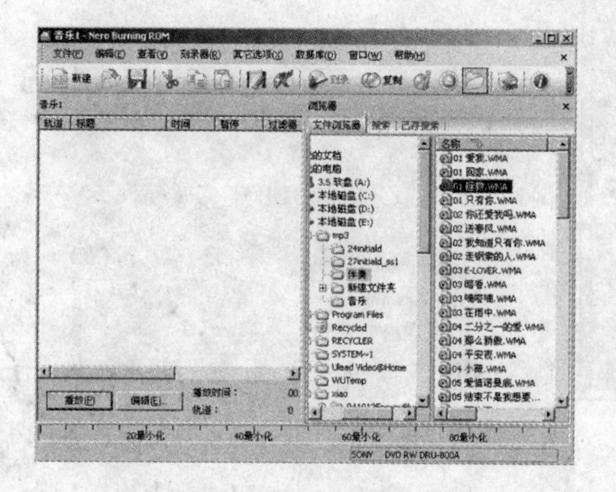

图 7.60 音乐光盘界面(二)

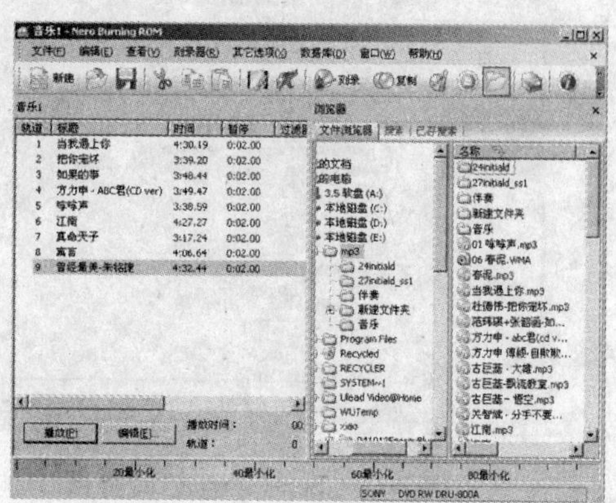

图 7.61 音乐光盘界面(三)

如果你对其中的音乐想加点特殊效果的话可以在其属性里进行设置。如标题、演唱者以及与下首音乐之间的时间间隔(也就是暂停)都可以自动修改。切换到"索引、限制、分割"界面还可以对所选定的音乐进行编辑,例如从什么时候开始什么时候结束等。确定后回到主界面点击刻录按钮就可以进行刻录了。在刻录音乐 CD 时最好把刻录速度放慢点,这样才能最大限度地保证音乐光盘的品质,保证刻出来的 CD 不会产生爆音及失真等情况的发生。

2. Video CD 的刻录

所谓的 Video CD,也即通常意义上所说的 VCD 光盘。尽管 DVD 已很普及,在特定的场合,VCD 还是有一定生命力的。

编码分辨率要根据视频文件是什么制式来选择,中国和欧洲地区的都可以选 PAL,美国和日本等地区选 NTSC。在新版的 Nero 中加入了启动菜单设置这一个性设置选项。设置好相关参数后点击预览首页可以对所设置的菜单进行预览,把符合标准的 VCD(MPEG1)文件拖到 VCD2 区域,Nero 支持把图片文件也转换成 VCD 视频,可以把几张图片按顺序拖到 VCD2 区域,点击其中的图片文件对其属性进行设置,音轨之后暂停里可以设置图片需播放多少时间,点击"效果"还可以对图片添加特殊效果。确定后刻录即可。同样地,VCD 刻录时速度最好也不要选得太高,以保证 Video CD 的品质,避免播放时出现马赛克。

3. Super Video CD 的刻录

生成 Super Video CD 的界面如图 7.62 所示,所谓的 Super Video CD,也就是平时所说的超级 VCD,与 VCD 相比,其分辨率为 480×576,视频质量得到一定的提升。不过,需要说明的是,Super Video CD 并不是一个真正意义的国际标准,不同厂家间的技术十分纷杂,导致很多情况下兼容性问题相当严重,即使一张完美刻录的 Super Video CD 也可能会在某些超级 VCD 机上不能播放。

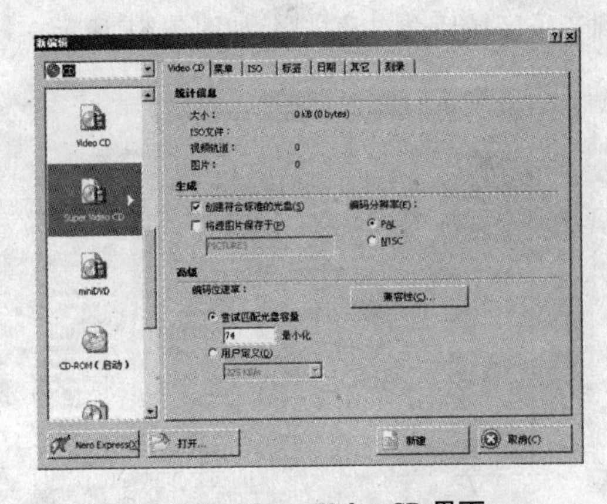

图 7.62　Super Video CD 界面

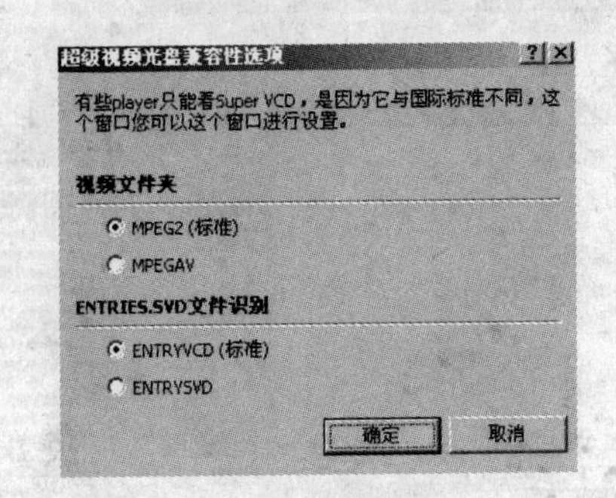

图 7.63　兼容性选项界面

为保证刻录出的 Super Video CD 具有最大程度的适用范围,可以点击"兼容性"

可对其进行设置,如图7.63所示。

点击“新建”按钮后把标准的Super Video CD文件拖到相关区域里后进行刻录即可,同样刻录速度不要太高。

4. 其他格式的刻录

1)混合模式CD

此类光盘就是在音乐CD光盘里加入一些数据文件,一般使用极少。

2)CD副本

所谓的CD副本,也就是复制光盘,即为光盘制作备份。在快速复制设置选项里可以选择要复制的原光盘的类型,这样Nero会自动把相关设置内容设置成与所选类型最匹配的环境。

3)miniDVD

miniDVD就是把DVD视频文件刻录到CD光盘上,由于DVD文件比较大,而CD光盘的容易却只有700 MB,所以一般一张CD光盘最多能装下20分钟左右的DVD视频文件,因此就叫miniDVD也就是迷你型的DVD。Nero还是不能直接支持MPEG2文件,只能把它支持的文件如BUP、IFO、VOB等文件拖到DVD视频文件夹VIDEO_TS中。

5. 映像文件的刻录

除支持将硬盘上的多个文件、光盘上的文件或光盘自身作为刻录源外,Nero还支持使用光盘映像文件来刻录,当然,也可以使用Nero将整张光盘制作映像存放到硬盘上,作为备份。

使用映像文件刻录时,首先打开Nero主界面,点击主菜单里的刻录器中的刻录映像文件,如图7.64所示。

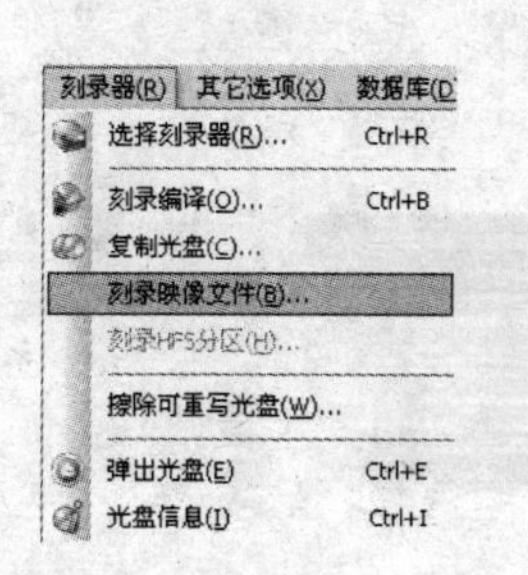

图7.64 刻录映像文件界面

这时会弹出选择文件对话框让你选择你要刻录的映像文件,单击刻录即可。

除上文介绍的外,还有几种光盘类型,这里没有详细说明,主要因为剩下的几种光盘类型一般比较少用,并且也需要一些专业的知识,比如启动盘的制作就需要自己对启动文件有所了解,在此略过。对Nero自身而言,这里介绍的只是最基本的刻录功能,除此之外,还有许多相当有用的特性,在以后使用中逐步体会到。

本章小结

本章介绍了常用工具软件的使用,包括瑞星杀毒软件、卡巴斯基的使用、常用下载软件FlashGet网际快车的使用、WinRAR压缩软件的使用、刻录软件Nero的使用等。

习题 7

一、思考题

1. 压缩与解压缩软件的功能是什么？一般在什么情况下使用压缩与解压缩软件？

2. 怎样在不解压缩的情况下查看压缩文本文件中的内容？

3. 如何使用 WinRAR 压缩文件,如何还原一个被压缩的文件？

4. 常用的计算机杀毒软件有哪些？如何查杀计算机病毒？

5. 如何使用网际快车(FlashGet)下载软件？

6. 如何使用 Nero 刻录光盘？

二、上机题

1. 利用网际快车(FlashGet)下载 WinRAR 压缩软件。把 C 盘中的某个文件夹压缩,然后再解压缩。

2. 利用计算机中已经安装的杀毒软件对 D 盘进行杀毒。

3. 在装有刻录机的计算机上,利用 Nero 刻录一张光盘。

8 常用办公设备的工作原理及常见故障的排除

本章主要内容

☑ 打印机的工作原理及常见故障排除
☑ 扫描仪的工作原理及常见故障排除
☑ 复印机的工作原理及常见故障排除
☑ 数码相机的工作原理及常见故障排除
☑ 传真机的工作原理及常见故障排除

8.1 打印机的工作原理与常见故障的排除

8.1.1 工作原理

针式打印机的基本工作原理是利用机械和电路驱动原理,使打印针撞击色带和打印介质,进而打印出点阵,再由点阵组成字符或图形来完成打印任务的。打印机在联机状态下,通过接口接收PC机发送的打印控制命令、字符打印或图形打印命令,再通过打印机的CPU处理后,从字库中寻找与该字符或图形相对应的图像编码首列地址(正向打印时)或末列地址(反向打印时),如此一列一列地找出编码并送往打印头驱动电路,驱动打印头出针打印。

喷墨打印机按工作原理可分为固体喷墨和液体喷墨两种(现在又以后者更为常见),而液体喷墨方式又可分为气泡式(佳能和惠普)与液体压电式(爱普生)。气泡技术(bubble jet)是通过加热喷嘴,使墨水产生气泡,喷到打印介质上的。与此相似,hp采用的热感应式喷墨技术(thermal inkjet technology)是利用一个薄膜电阻器,在墨水喷出区中将小于0.5%的墨水加热,形成一个气泡。这个气泡以极快的速度(小于10微秒)扩展开来,迫使墨滴从喷嘴喷出。数秒后便消失回到电阻器上。当气泡消失,喷嘴的墨水便缩回。接着表面张力会产生吸力,拉引新的墨水去补充到墨水喷出区中。热感应式喷墨技术,便是由这样一个整合的循环技术程序所架构出来的。而在压电式喷墨技术中,墨水是由一个和热感应式喷墨技术类似的喷嘴所喷出,但是墨滴的形成方式是由缩小墨水喷出的区域来形成。而喷出区域的缩小,是由施加电压到喷出区内的一个或多个压电板来控制的。由于墨水在高温下易发生化学变化,性质不稳定,所以打出的色彩真实性就会受到一定程度的影响;另一方面由于墨水是通过气泡喷出的,墨水微粒的方向性与体积大小不好掌握,打印线条边缘容易参差不齐,一定程度的影响了打印质量。这都是压电式喷量技术的不足之处。微压电打印头技术是利用晶体加压时放电的特性,在常温状态下稳定的将墨水喷出。它有着对墨滴控制能力强的特点,容易实现1440 dpi的高精度打印质量,且微压电喷墨时无需加热,墨水就不会因受热而发生化学变化,故大大降低了对墨水的要求。目前,爱普生、惠普、佳能三家公司生产的液态喷墨打印机代表了市场的主流产品。

随着激光打印机技术的不断发展,激光打印机的价格趋于合理,逐渐摆脱了其"贵族身份",开始在办公领域普及,并进入家庭。它是近年来增长速度最快的机种。激光打印机是将激光扫描技术和电子照排技术相结合的输出设备,由计算机提供的数据信息,被视频控制转换成视频信号,再由视频接口/控制系统把视频信号转换为激光驱动信号。当调制的激光束在感光鼓面上沿轴向横向扫描时,按点阵组成字符的原理,鼓面感光,构成负(正)电荷字符潜像,当鼓面经过带正(负)电荷的墨粉时,曝光部位即吸附上墨粉,然后将墨粉转印到纸上,纸上的墨粉经过热熔化形成永久性的字符或图形。其打印过程是(感光鼓)带电→(感光鼓)充电→显影(显像)→转印→定影→消除残像。

8.1.2 常见故障排除

维修打印机之前需要对打印机的问题有一定了解。打印机出现问题后,首先是利用打印机自检系统来进行检测,可以通过打印机自带的指示灯或者是蜂鸣器的声音加以判断,其中指示灯可以指示出最基本的故障,包括缺纸、缺墨、没有电源等情况。蜂鸣器的判断主要是依靠听觉,比如大多数打印机蜂鸣器以一声长鸣表示准备就绪可以开始打印了,以短促的声音表示打印机有故障等。其次,可以进行线路观察,从检测打印机电缆开始(包括端口、通道、打印线的检测),再分析打印机的内部结构(包括托纸架、进纸口、打印头等),看部件是否正确工作,针对不同的故障情况锁定相关的部件,再确定存在问题的部件。再次,可以使用测试法,进行测试页打印或者局部测试打印机内部件,看故障原因。当然打印机的另一个故障是软件故障,类似的故障就需要通过升级驱动程序或者访问其官方网站得到解决。

下面针对一些打印机最常见的故障加以简单介绍。

1. 打印效果与预览不同

一般这种情况是在文本编辑器下发生的,常见的如 Word 或 WPS 2000 等,在预览时明明是格式整齐,但是打印出来却发现部分字体是重叠的。这种情况一般都是由于在编辑时设置不当形成的,其解决的方法是改变一下文件“页面属性”中的纸张大小、纸张类型、每行字数等,一般可以解决。

2. 打印字迹不清晰

这种问题在平时使用打印机中非常常见,一般来说这种情况主要和硬件的故障有关,遇到这种问题一般都应当注意打印机的一些关键部位。我们在这里就以喷墨打印机为例,遇到打印品颜色模糊、字体不清晰的情况,可以将故障锁定在喷头,先对打印头进行机器自动清洗,如果没有成功可以用柔软的吸水性较强的纸擦拭靠近打印头的地方;如果上面的方法仍然不能解决的话,就只有重新安装打印机的驱动程序了。

3. 无法打印大文件

这种情况在激光打印机中发生的较多,可能在打印小文件时还是正常的,但是打印大文件时就会死机,这种问题主要是软件故障,你可以查看硬盘上的剩余空间,删除一些无用文件,或者查询打印机内存数量,是否可以扩容。

4. 选择打印后打印机无反应

一般遇到这种情况时,系统通常会提示“请检查打印机是否联机及电缆连接是否正常”。一般原因可能是打印机电源线未插好;打印电缆未正确连接;接触不良;计算机并口损坏等情况。解决的方法主要有以下 3 种。

(1)如果不能正常启动(即电源灯不亮),先检查打印机的电源线是否正确连接,在关机状态下把电源线重插一遍,并换一个电源插座试一下看能否解决。

(2)如果按下打印电源开关后打印机能正常启动,就进BIOS设置里面去看一下并口设置。一般的打印机用的是ECP模式,也有些打印机不支持ECP模式,此时可用ECP+EPP模式,或"Normal"方式。

(3)如果上述的两种方法均无效,就需要着重检查打印电缆,先把电脑关掉,把打印电缆的两头拔下来重新插一下,注意不要带电拔插。如果问题还不能解决的话,换个打印电缆试试,或者用替代法。

5. 打印不完全

如果您遇到这样的问题,可以肯定地说是由软件故障引起的,可以在Windows 95/98内更改打印接口设置,依次选择"开始→设置→控制面板→系统→设备管理→端口→打印机端口→驱动程序→更改驱动程序→显示所有设备",将"ECP打印端口"改成"打印机端口"后确认。

上面我提到几种方法都是使用打印机过程中较为常见的故障,而其实解决打印机的故障最主要的还是判断,只要能够找到故障的原因,我们就可以通过硬件方法或者软件方法进行维修。当然人们在实际使用打印机时还会碰到其他的故障,这就需要掌握更多打印机的维修技巧。

8.2 扫描仪的工作原理及常见故障的排除

8.2.1 工作原理

扫描仪是图像信号输入设备。它对原稿进行光学扫描,然后将光学图像传送到光电转换器中变为模拟电信号,又将模拟电信号变换成为数字电信号,最后通过计算机接口送至计算机中。它是除键盘和鼠标之外被广泛应用于计算机的输入设备。用户可以利用扫描仪输入照片建立自己的电子影集;输入各种图片建立自己的网站;扫描手写信函再用E-mail发送出去以代替传真机;还可以利用扫描仪配合OCR软件输入报纸或书籍的内容,免除键盘输入汉字的辛苦。所有这些为我们展示了扫描仪的不凡功能,它使我们在办公、学习和娱乐等各个方面提高效率并增进乐趣。

扫描仪扫描图像的步骤是:首先将欲扫描的原稿正面朝下铺在扫描仪的玻璃板上,原稿可以是文字稿件或者图纸照片;然后启动扫描仪驱动程序,安装在扫描仪内部的可移动光源开始扫描原稿。为了均匀照亮稿件,扫描仪光源为长条形,并沿y方向扫过整个原稿;照射到原稿上的光线经反射后穿过一个很窄的缝隙,形成沿x方向的光带,又经过一组反光镜,由光学透镜聚焦并进入分光镜,经过棱镜和红绿蓝三色滤色镜得到的RGB三条彩色光带分别照到各自的CCD上,CCD将RGB光带转变为模拟电子信号,此信号又被A/D变换器转变为数字电子信号。至此,反映原稿图像的光信号转变为计算机能够接受的二进制数字电子信号,最后通过串行或者并行等接口送至计算机。扫描仪每扫一行就得到原稿 x 方向一行的图像信息,随着沿 y 方向的移动,计算机内部逐步形成原稿的全图。

在扫描仪获取图像的过程中,有两个元件起到关键作用。一个是 CCD,它将光信号转换成为电信号;另一个是 A/D 变换器,它将模拟电信号变为数字电信号。这两个元件的性能直接影响扫描仪的整体性能指标,同时也关系到用户选购和使用扫描仪时如何正确理解和处理某些参数及设置。

8.2.2 常见故障排除

扫描仪的普及率越来越高了,但是这类外设的故障也比较多,而且故障的原因也比较复杂。以往的手持式扫描仪、滚筒式扫描仪现在都不是市场的主流了,而平板扫描仪才是最受欢迎的。就使用寿命来说,平板扫描仪是最长的,其次是滚筒式扫描仪,手持式扫描仪的使用寿命相对较低。这主要是因为这三种扫描仪的内部结构不同,使用方式不同所致。扫描仪的常见故障如下。

1. 找不到扫描仪

无法正确安装是扫描仪的常见故障之一,对于 USB 接口的扫描仪,首先应该在电脑的控制面板中检查 USB 状态:如果在“设备管理”、“通用串行总线控制器”下总是出现一个未知设备,可以将其删除,然后进入主板 BIOS 设置,确认“OnChipUSB”和“Arrange IRQ for USB”两项,设为“Enable”,重新启动系统,扫描仪应能找到。对于 SCSI 接口的扫描仪,则首先应检查 SCSI 卡是否正常工作,可以查看控制面板中系统属性有关 SCSI 的内容,看是否正常工作。若不正常,则应调节 SCSI 卡的 IRQ 或 I/O 的设置,使其正常工作;如果 SCSI 卡工作正常,在扫描仪的检测软件中还是找不到扫描仪,则应检查扫描仪后的终端器是否插好了,并确认 SCSI 信号线没问题。同时,还应检查“设备管理器”中扫描仪是否与其他设备冲突(IRQ 或 I/O 地址),若有冲突就要进行更改。记住,这类故障无非就是线路问题、驱动程序问题和端口冲突问题。

2. 扫描仪没有准备就绪

打开扫描仪电源后,若发现 Ready(准备)灯不亮,先检查扫描仪内部灯管。若发现内部灯管是亮的,可能与室温有关,解决的办法是让扫描仪通电半小时后关闭扫描仪,一分钟后再打开它,问题即可迎刃而解。若此时扫描仪仍然不能工作,则先关闭扫描仪,断开扫描仪与电脑之间的连线,将 SCSI ID 的值设置成 7,大约一分钟后再把扫描仪打开。在冬季气温较低时,最好在使用前先预热几分钟,这样就可避免开机后 Ready 灯不亮的现象。

3. 扫描出来的画面颜色模糊

首先通过观察法看看扫描仪上的平板玻璃是否脏了,如果是的话请将玻璃用干净的布或纸擦干净,注意不要用酒精之类的液体来擦,那样会使扫描出来的图像呈现彩虹色。如果不是玻璃的问题,请检查扫描仪使用的分辨率是多少,如 300 dpi 的扫描仪扫 1200 dpi 以上的影像会比较模糊。因为 300 dpi 的扫描仪扫 1200 dpi 相当于将一点放至四倍大。另外,请检查显示器设置是否为16 bit色或以上。如果是扫描一些印刷品,有一定的网纹造成的模糊是可以理解的,处理方法可以用扫描仪本身自带的软件,也可以用Photoshop等图像软件加以处理。

4. 输出图像色彩不够艳丽

遇到这种故障,首先可以先调节显示器的亮度、对比度和Gamma值。Gamma值越高,感觉色彩的层次就越丰富。可以对Gamma值进行调整。当然,为了求得较好的效果,你也可以在Photoshop等软件中对Gamma值进行调整,但这属于"事后调整",可以根据扫好的照片的具体情况进行Gamma值的调整。在扫描仪自带的软件中,如果是普通用途,Gamma值通常设为1.4;若是用于印刷,则设为1.8;网页上的照片则设为2.2。还有就是扫描仪在使用前应该进行色彩校正,否则就极可能使扫描的图像失真;此外还可以对扫描仪驱动程序对话框中的亮度/对比度选项进行具体调节。

5. 扫描时发出的噪音很大

这是扫描仪工作时机械部分的移动产生的,与扫描速度密切相关。根据各品牌机器的具体软件,把扫描速度设置成中速或低速就可以解决问题。

6. 扫描仪指示灯为桔黄色

若打开扫描仪后,其指示灯一直呈桔黄色,则应关闭扫描仪电源,并检查扫描仪电源是否插紧在插座上,以及是否接地。大约60秒后再打开扫描仪电源开关。

8.3 复印机的工作原理及常见故障的排除

8.3.1 工作原理

目前的复印机从基本技术来讲主要可以分为模拟复印机、数码复印机两大类。模拟复印机是通过曝光、扫描的方式将原稿的光学模拟图像通过光学系统直接投射到已被充电的感光鼓上,产生静电潜像,再经过显影、转印、定影等步骤,完成整个复印过程。数码复印机是首先通过电荷耦合器件(即CCD)将原稿的模拟图像信号进行光电转换成为数字信号,然后将经过数字处理的图像信号输入到激光调制器,调制后的激光束对被充电的感光鼓进行扫描,在感光鼓上产生静电潜像,再经过显影、转印、定影等步骤,完成整个复印过程。数码式复印机相当于把扫描仪和激光打印机融合在一起。

8.3.2 常见故障排除

复印机由于涉及光、磁、电和机械各个方面,整机结构比较复杂,所以复印机的故障现象多种多样,产生的原因也千差万别。这里仅对共性的、一般常见的故障及其成因和排除方法加以介绍。

1. 复印机复印出的复印件全黑或全白

曝光灯管或曝光灯控制电路故障，首先观察曝光灯是否发光，是否为曝光灯管损坏、断线或灯脚与灯座接触不良等原因，再检查曝光灯控制电路板电压是否正常，必要时更换电路板。另外的光学系统被异物遮住，使曝光灯发出的光线无法到达感光鼓表面也可造成全黑。转印电极丝接触不良或断路，转印电极高压发生器损坏或高压线接触不良可造成光鼓有图像而复印件全白，可通过重新接通电极丝、检修更换高压发生器或重新接通高压线来解决。另外离合器老化或损坏、充电电极高压发生器损坏或高压线接触不良、显影器脱位或驱动齿轮损坏及感光鼓安装不到位都可造成感光鼓上无图像而使复印件全白。

2. 复印件图像时有时无

原因在于充电或转印电极到高压变压器的连线或高压变压器本身损坏。检查时可打开机器后盖，拆下电极插座。按下复印开始键后，用电极插座的金属部分碰触机器金属架，如发现放电灯火现象，证明此电极是好的。如没有放电打火，则高压变压器输出端不良，需要更换。如果两个电极插座均有放电打火现象，说明高压变压器无问题，而是插座与电极的连接不良，或是电极本身有漏电、接触不良的现象，应进行修复。

3. 复印后复印件颜色淡，对比度不够

可能由如下原因造成。

(1)感光鼓表面充电电位过低，造成曝光后表面电位差太小，即静电潜像的反差小。调整充电电位或调整充电电极丝与感光鼓的距离。

(2)复印机工作的环境湿度过大，纸张含水率过大。

(3)由于复印纸的理化指标没有达到要求，如纸张厚度、光洁度和密度等原因。

(4)机电方面的原因有:转印电极丝太脏，粘有墨粉、灰尘、纸屑，影响转印电压；转印电极丝距离感光鼓表面(纸张)太远，转印电流太小，不能使纸背面带有足够的转印电荷，影响转印效果。可清洁转印电极丝或调整转印电极丝与感光鼓的距离。

4. 复印件图像上出现白色斑点

可能由如下原因造成。

(1)显影偏压过高，可调整显影偏压。

(2)感光鼓表面光层剥落、碰伤，可清洁打磨或更换感光鼓。

(3)转印电极丝电压偏低，造成转印效率低。

(4)复印纸局部受潮也可能出现白斑。

5. 复印件图像错位和丢失

可能由如下三种原因造成。

(1)输纸定时与光学系统的时序不同步，如搓纸离合器调整不当，造成进纸时间过早或过晚。在大多数机器中，进纸时间是可以调整的，一般是调整该离合器的位置。

(2)对位辊离合器打滑，运转不均匀，使感光鼓与纸张的接触时间改变，需要对离合器进行清洁。

(3)如果感光鼓上的图像也少一段，而充电、显影、曝光灯、稿台钢丝均正常，则故障可能是驱动马达、传动链条松动的缘故，松动会使光学部件的扫描与感光鼓的转动不同步，需要反复调整。

6. 复印件图像密度不均匀，一边深，一边浅

可能的原因如下。

(1)充电电极丝或转印电极丝的高度前后不一致，注意在高度调整后还必须调整充电或转印电流。

(2)曝光灯上有脏物污染，出现色斑、色环或灯丝变形，应给予清洁或更换。

(3)曝光灯位置，显影装置位置不准确。

(4)复印机放置不在水平位置。

7. 成像模糊

可能由如下原因造成。

(1)镜头和反光镜污染，可清洁镜头和反光镜。

(2)镜头和反光镜位置错动，可调整镜头和反光镜的位置。

(3)扫描移动钢丝松驰，可张紧钢丝绳。

8. 按下复印键机器不工作

可能由如下三种原因造成。

(1)复印键微动开关工作不正常，可调整和更换按钮微动开关。

(2)主电动机故障，检查风机，如正常，说明主电机故障，如风机不转，说明电源不通，可调整和调换主电机。

(3)控制线路中的继电器发生故障，需要检查、修复或更换继电器。

9. 复印机偶尔卡纸

卡纸后，面板上的卡纸信号会点亮，我们可根据面板上所显示出卡纸的位置打开机门或左(定影器)右(进纸部)侧板，取出卡住的纸张。一些高档机可显示出卡纸张数，以“p1、p2”等表示，“p0”表示主机内没有卡纸，而是分页器中卡了纸。取出卡纸后，应检查纸张是否完整，不完整时应找到夹在机器内的碎纸。分页器内卡纸时，需将分页器移离主机，压下分页器进纸口，取出卡纸。

10. 多张进纸

可能的原因如下。

(1)纸张毛边粘连，可反复搓动纸张、重装。

(2)纸张与纸盒的摩擦力太小，可增加纸盒两侧摩擦力。

(3)纸装反，可调整纸的反正面。

(4)纸的抗静电能力太差。

(5)纸的裁切宽度比纸盒标准尺寸窄的多，压纸脚没有起到作用。

(6)纸盒压纸脚角度不好,可调整纸盒压纸角度。

8.4 数码相机的工作原理及常见故障的排除

8.4.1 工作原理

数码相机首先通过镜头接收光线,然后被称为 CCD 的摄影元件(有时也使用 CMOS 传感器)将所接收的光线转换成电信号,最后将电信号作为数据记录到内置存储器和存储卡中。所以,数码相机的基本性能可以说受摄影元件和镜头的影响非常大。

8.4.2 常见故障排除

数码相机的常见故障及排除方法如下。

(1)用数码相机近距离拍摄的照片效果很差。在拍摄照片时,如果物体离数码相机太近,超出了焦距对焦范围,那么,拍摄出来的照片的最终效果就不会太清晰。如果数码相机有微距拍摄功能,只要激活其功能并在相机允许的近距离范围内拍摄相片即可得到较好的效果。

提示:现在市场上流行的很多数码相机不具有微距拍摄的功能,所以最好在数码相机的焦距范围内拍摄照片。

(2)数码相机使用的是外接电源,没有使用电池进行连接,在使用时不小心碰掉了外接电源的插头,当再次开机使用时,发现相机中的 SIM 卡既无法删除旧照片,也无法再保存新照片。

多数是由于 SIM 卡正在使用时突然断电导致写入数据错误或存储卡数据系统紊乱,从而导致无法删除和保存照片。一般只要使用读卡器重新格式化 SIM 卡后即可解决问题。

(3)液晶显示器加电后能正常显示当前状态和功能设定,但是不能正常显示图像,而且画面有明显瑕疵或出现黑屏现象。

这种现象多数是由于 CCD 图像传感器存在缺陷或损坏导致的,一般更换 CCD 图像传感器即可排除故障。

(4)数码相机一直使用正常,但最近发现在相同的光线亮度环境下拍摄,最终成像的四角出现明暗不一的现象。

暗角现象与镜筒组件的位置结构有一定的关系,相机中的镜头光轴与 CCD 中心相对应,这样的结构使得 CCD 四周的光量与中心相比虽然暗一点,可是并没有明显的暗角;如果 CCD 往镜筒左上角偏移,越靠近镜筒边缘入射光量就变得越少,于是暗角现象会慢慢凸现;直到 CCD 左上角完全没有了光线入射,此时暗角就会比较明显。

可以有如下解决方法。

①在拍摄照片时将相机设置为光圈优先模式。

②先使用最小光圈拍摄蓝天,接着一档一档开大光圈进行拍摄。

③在电脑中应该使用看图软件浏览照片,检查周围是否有明显差异。

④如果出现的暗角比较明显,应该送维修站纠正 CCD 与镜筒口径位置,或更换镜筒组件。

(5)数码相机使用了最高分辨率,光线也很好,但拍摄出来的照片却模糊不清。

这种现象通常是由于在按快门释放键时照相机抖动而造成的,可按情况用如下方法解决。

①在拍摄照片时一定要拿稳相机,建议最好使用三角架,或者将相机放到桌子、柜台或固定的物体上。

②将自动聚焦框定位于拍照物上或使用聚焦锁定机能。

③镜头有脏污会造成相机取景困难,从而使拍摄出的图像模糊,用专用的清洁镜头用纸清洁镜头。

④在选择标准模式时,拍照物短于距离镜头的最小有效距离(0.6 m),或者在选择近拍模式时,拍照物远于最小有效距离。

⑤在自拍模式下,站在照相机的正面按快门释放键,应看着取景器按快门释放键,不要站在照相机前按快门释放键。

⑥在不正确的聚焦范围内使用快速聚焦功能,应视距离使用正确的快速聚焦键。

(6)数码相机使用的是最高分辨率,但拍摄的照片颜色发暗,而且上面出现颗粒图像。

这种现象一般是由于光线不足造成的。如果相机有闪光灯,不仅在室内拍照需要使用,而且在室外拍摄阴影下的物体时也要使用,这样可以避免照片发暗,并且可以避免出现颗粒状图像的现象。

(7)用数码相机拍摄的照片正常,但是打印出来后却模糊不清、黑暗和过度饱和。

此故障可能是由于打印时所用的纸张不符合要求而导致的,在打印图像时选好纸张类型即可避免此种现象的发生。

8.5 传真机的工作原理及常见故障的排除

8.5.1 工作原理

传真机的工作原理其实相对简单,首先将需要传真的文件通过光电扫描技术将图像、文字转化为采用霍夫曼编码方式的数字信号,经 V.27、V.29 方式调制后转成音频信号,然后通过传统电话线进行传送。接收方的传真机接到信号后,会将信号复原然后打印出来,这样,接收方就会收到一份原发送文件的复印件。总结一下就是发送时:扫描图像→生成数据信号→对数字信息压缩→调制成模拟信号→送入电话网传输;接收时:接收来自电话网的模拟信号→解调成数字信号→解压数字信号成初始的图像信号→打印。

不同类型的传真机在接收到信号后的打印方式是不同的,他们的工作原理的区别也基本上在这些方面。现在市场上主要有两种传真机即:热敏纸传真机和喷墨/激光传真机。

热敏纸传真机是通过热敏打印头将打印介质上的热敏材料熔化变色,生成所需的文字和图形。热转印从热敏技术发展而来,它通过加热转印色带,使涂敷于色带上的墨转印到纸上形成图像。常见的传真机中应用的就是热敏打印方式。

激光式普通纸传真机是利用炭粉附着在纸上而成像的一种传真机,其工作原理主要是利用机体内控制激光束的一个硒鼓,凭借控制激光束的开启和关闭,从而在硒鼓产生带电荷的图像区,此时传真机内部的炭粉会受到电荷的吸引而附着在纸上,形成文字或图像图形。喷墨式传真机的工作原理与点矩阵式列印相似,是由步进马达带动喷墨头左右移动,把从喷墨头中喷出的墨水依序喷布在普通纸上完成打印的工作。

另外,现在市场上还有一种平板式喷墨多功能一体机,虽然自身硬件并未提供传真功能,但它们可使用相关软件实现电脑收发传真

8.5.2 常见故障排除

传真机出现故障后,如果还能打印,赶快打印错误报告(Error Report)、系统报告(System Report)、维修报告(Service Report),转储协议报告(Protocol Dump)根据维修手册查出故障原因;如果不能打印了,请检查是否有 Service Call,或查看维修功能中的 Error Code(进入维修模式请见维修手册);如果传真机没有显示了,并且什么反应也没有了,那么只能从电源、主控板、操作面板、连接线路等逐一检查了,请小心地测试,以免加剧损坏的状况。其实在实践中可以根据传真机的工作原理欺骗某一个特定传感器,减少反复拆装的次数(例如想检查 CIS 工作的状况您可以打开面板,用黑色的遮挡物先遮盖进纸传感器,再遮盖纸到位传感器,按 COPY 键,于是 CIS 的工作状况是否正常便可以检测出来了。其他可以欺骗的传感器有 Close Cover Sensor、No Paper Sensor、Paper Jam Sensor 等),在您模拟传感器的动作时您还可以实时检测控制信号的状况。

1. 传真机不能与特定地点通讯

在传真机使用过程中经常会遇到与特定地点不能进行传真通讯,这是传真机内的 NCU 设置参数不适应通讯地的交换机或通讯线路质量太差,可以修正以下参数。

(1)将 DIS 检出次数(回波对策)导致的接收中断关闭。

(2)将传真有效压缩方式改为国际通用的 MH 或 MR 方式。

(3)若线路质量太差,可将 ECM 关闭。

(4)调整国家代码设置,使设置能适应对方所在地的交换机。

(5)打开线路均衡开关。

2. 热敏纸传真机收发时稿件质量不佳

如果您的传真机复印质量良好,赶快通知对方传真机用户去修理;如果您的传真机复印不佳,但打印各类报告良好,那么应该把扫描部分(CIS)清洁一下,检查复印时 CIS 发光二极管阵列是否完好(即是否全亮),建议做一次白电平调整;如果打印报告时有纵向白线,那么感热头坏了;如果打印报告时颜色偏淡,请换理光传真纸或调整感热头的脉宽(以缩短感热头的寿命为代价)。

3. 显示"CHECK PAPER SIZE",出现卡纸

故障排除:复印或接收多张传真机稿件,打印出一张后,显示"CHECK PAPER SIZE",出现卡纸,做全清等常规调试及更换所有电路板均无效,检查记录纸边缘传感器,发现其动作不够灵活,当传感器拨杆到达一定位置时卡住不能复位,拆下其主件,稍微打磨拨杆的轴部,并加上润滑液,即恢复正常。

4. 复印或接收文件中有一条或数条竖白线

分析处理:通常是热敏头(TPH)断丝或沾有污物。传真机有专门测试热敏头的程序,若有断丝,则应更换相同型号的热敏头。若有污物可用棉球清除。一般情况下断一条丝不会影响使用。

5. 不能自动进稿

分析处理如下。

(1)进稿器部分有异物阻塞,原稿位置扫描传感器失效,进纸滚轴间隙过大等。

(2)检查发送电机是否转动,如不转动则需检查与电机有关的电路及电机本身是否损坏。

6. 双方传真机不能通信

分析处理如下。

(1)双方是否能通话,若不能通话则为线路故障。

(2)双方机器设定的通信密码不一致。

(3)双方传真操作程序是否正确,当发机收到收机的 DIS 信号(被叫用户标识信号)后应按发信键(START)。

(4)发机的发送电平设置是否合适。一般来说,为了适应线路的需要,发送电平可以在 0 ~ -15 dB 范围内通过软件设置。当线路状况不好时,可适当提高发送电平。

(5)本机与其他机器通信是否正常,若不正常,将速率降至 2.4 kbit/s,如仍不能通信,则可能是线路通话质量太差,另外就是本机有故障。

7. 操作所有键都不起作用,即"死机"

分析处理如下。

(1)首先检查按键是否有被锁定的,有则应解除锁定。然后重新打开电源,让传真机再一次进行复位检测,以清除某些死循环程序。

(2)若进行以上操作后仍无法恢复正常,则可能是操作面板或主控板电路损坏,需检修或更换。

8. 记录纸输送走斜

分析处理如下。

(1)更换托纸盘,看是否转动灵活。

(2)排纸滚两端是否均匀地与记录纸导轨接触。

(3)感热头与记录纸接触是否良好。

9. 传真机接通电源后,"哔、哔"报警声响个不停

出现报警声通常是主电路板检测到整机有异常情况,可按下列步骤处理。

(1)检查纸仓里是否有记录纸,且记录纸是否放置到位。

(2)纸仓盖、前盖等是否打开或者合上时不到位。

(3)各个传感器是否完好。

(4)主控板是否有短路等异常情况. 。

10. 开机后液晶显示器无任何显示,电源指示灯也不亮

分析处理如下。

(1)首先应检查电源保险丝是否烧毁,如未烧毁,再查各组输出电压是否正常,尤其注意电压为 +5 V。

(2)电源至主板的连接线是否插好。

(3)如各组电压正常,线扎也连接完好,有可能是液晶显示器本身损坏,另一个可能是主板有故障。

11. 复印、发送文件中有一条(或几条)竖黑线

分析处理:采用线状电耦合器件(CCD)的机器一般为反射镜头上有脏物;采用接触式图像传感器(CIS)的机器是其透光玻璃上有脏物。出现这种情况用棉球或软布蘸酒精擦清洁即可。

本章小结

本章介绍了打印机、扫描仪、复印机、数码相机和传真机的基本工作原理。着重介绍了这五种常用办公设备的常见故障及相关故障分析与排除方法。

参考文献

[1] 李佳. 计算机文化基础教程[M]. 北京:北京师范大学出版社,2005.
[2] 刘刚. 计算机公共基础[M]. 北京:高等教育出版社,2003.
[3] 马希荣. 计算机应用基础教程[M]. 北京:电子工业出版社,2004.
[4] 傅连仲. 计算机应用基础教程题库[M]. 北京:电子工业出版社,2004.
[5] 曲建民. 微型计算机应用基础教程[M]. 天津:天津大学出版社,2004.
[6] 严运国. 信息技术应用基础[M]. 北京:科学出版社,2008.
[7] 许晞. 计算机应用基础[M]. 北京:高等教育出版社,2007.